农业科学技术理论研究丛书

设施栽培条件下土壤质量演变及调控

李廷轩　张锡洲 等　编著

科学出版社

北　京

内 容 简 介

本书针对我国设施栽培的生产现状，系统研究了典型设施栽培区的土壤质量演变特征；重点阐述了我国典型设施栽培条件下的养分平衡，土壤有机质、盐分、酸化、重金属及生物学特点等方面的演变规律。同时，基于土壤次生盐渍化发生的本质，从养分交互作用和水盐运移的角度，提出一些相应的调控措施，以期为解决设施土壤的退化问题和设施栽培的科学管理提供参考。

本书可供从事土壤生态、土壤质量、水土保持、生态环境、农业科技、农业工程、设施农业科技等方面的科研工作者和管理者、大专院校师生及生产单位技术人员参考。

图书在版编目(CIP)数据

设施栽培条件下土壤质量演变及调控/李廷轩，张锡洲等编著. —北京：科学出版社，2011.3
(农业科学技术理论研究丛书)
ISBN 978-7-03-030281-6

Ⅰ.①设… Ⅱ.①李…②张… Ⅲ.①保护地栽培-土壤肥力-研究 Ⅳ.①S625.5

中国版本图书馆 CIP 数据核字(2011)第 022602 号

责任编辑：丛 楠 贺窑青 / 责任校对：刘亚琦
责任印制：张克忠 / 封面设计：耕者设计工作室

科学出版社出版
北京东黄城根北街 16 号
邮政编码：100717
http://www.sciencep.com
骏杰印刷厂印刷
科学出版社发行 各地新华书店经销
*
2011 年 3 月第 一 版 开本：787×1092 1/16
2011 年 3 月第一次印刷 印张：16
印数：1—2 000 字数：380 000

定价：55.00 元

编著委员会

主　　编：李廷轩　张锡洲

副 主 编：郑子成　余海英　王永东　林超文

编著人员：（按姓氏笔画排序）

王永东　王　珊　吕小娜　刘媛媛　李　卫　李廷轩
何　丹　何淑勤　余海英　张树金　张锡洲　林超文
郑子成　黄　霞　曾　礼

序

设施栽培在我国蔬菜生产和供应中发挥着极为重要的作用，在实现蔬菜和其他重要经济作物的周年均衡供应、节约土地资源、促进农业产业化、增加农民收入等方面均显示出了巨大的优越性，因此在全国各地得以大面积推广应用，并成为许多地区的支柱产业。目前，中国已是世界上设施栽培面积及总产量最大的国家，但由于我国的设施生产起步较晚，生产方式多样，对生产技术和栽培管理缺乏系统的深入研究，技术水平远远落后于美国、日本、以色列等国，生产实践中存在着诸多问题。设施栽培数量的快速增长和产品质量较低的矛盾一直十分突出，尤其是片面追求高产而忽视了产品质量，以及由于养分管理不当产生的土壤质量恶化及相关环境问题，从而导致温室生产越来越偏离其优质、高效且环境友好的发展方向，严重制约了设施农业的可持续发展。

如何解决并克服设施栽培生产中已经出现的各种问题，实现可持续发展，是摆在广大科技工作者面前的重要课题。近年来，设施农业发展的相关科学问题已获得国家科学技术部、农业部及地方各级部门的广泛关注，并在科学研究上给予了大力支持。本书的研究小组在国家自然科学基金重点项目，中国科学院知识创新项目，四川省教育厅、科学技术厅重点项目及土壤与农业可持续发展国家重点实验室开放基金等部、省级项目的支持下，针对我国设施栽培的生产现状，开展了多年的广泛调查和研究探索，积累了大量的研究数据，形成了较为丰富的研究成果。作者在系统总结这些数据和成果的基础上，编写了这本《设施栽培条件下土壤质量演变及调控》专著，重点阐述了我国典型设施栽培条件下的养分平衡、土壤有机质、盐分、酸化、重金属及生物学特点等方面的演变规律，并提出了一些相应的调控措施，希望这些成果能为解决设施土壤的退化问题和设施栽培的科学管理提供参考。

我之所以愿意为《设施栽培条件下土壤质量演变及调控》一书作序，并把它介绍给广大读者，是因为这本书提供了大量珍贵的调查数据，分析了在目前管理模式下设施栽培土壤质量的变化特点，其研究成果能为大家了解我国设施栽培土壤的现状、高效开展相关研究工作发挥积极作用。同时，也希望研究组同志和全国有关领域的科研人员能更加深入地开展这项工作，并不断为土壤质量调控提出有效的实用技术和实践措施，促进我国设施农业的可持续发展。

周健民

2010 年 10 月

前言

设施农业是通过改变自然环境，获得生物最适生长条件，使农业生产从“资源依存型”转向“科技依存型”的一种手段。由于其具有一定的环境调控功能，可不同程度地摆脱不利自然环境条件与有限土地资源的制约，进行周年生产和空间延伸性生产，从而大大提高作物的产量和土地资源的利用率，缓解我国人地矛盾。因此，设施农业高效、持续的生产方式，对促进我国农业发展和现代农业科技进步具有重要的战略意义。目前，我国设施蔬菜栽培面积已达 334.3 万 hm^2，其面积及总产量均跃居世界首位，设施生产取得了显著的经济效益和社会效益，但就可持续发展而言，由于受设施内局部小环境以及特殊水肥管理方式的影响，设施的可持续利用周期较短，其主要原因就在于设施内土壤环境质量的恶化。在设施栽培条件下，由于温室、大棚等覆盖条件下的土壤缺少雨水淋洗，且温度、湿度、通气状况和水肥管理等均与露地栽培有较大差别，加之设施栽培长期处于高集约化、高复种指数、高肥料施用量的生产状态下，同时其特殊的生态环境、高强度及高频度的人为利用对土壤生态系统本身带来的强烈干扰和巨大压力，导致土壤养分失衡、土壤板结、土壤酸化、有害物质积累、微生物种群和功能多样性衰退等，严重影响了土壤生态系统的稳定性及功能的发挥。

通过对山东、江苏、四川、辽宁等设施农业发展较快和较早地区的调查发现，土壤的次生盐渍化是设施农业生产中最为普遍的生产障碍，并已成为设施农业发展的瓶颈，不仅直接影响生产效益，同时也给区域水土环境造成了一定的环境风险。如何解决设施农业生产上已经出现的严重问题，确保设施生产的优质、高效，并持续发展，已成为土壤科技工作亟待解决的重要生产课题。本书的研究内容正是针对这些问题开展的，这些问题也正是本研究理论意义和现实价值所在。

了解设施栽培条件下土壤质量的动态演变、积极创造有利于设施作物生长的环境条件、避免连作障碍的发生是非常紧迫的任务。同时，为了提高设施栽培的产量和质量，为作物生长创造良好的土壤条件，保证设施农业可持续发展，应针对设施栽培的特殊环境及管理现状，选择适当的调控措施防治土壤质量恶化。因此，本书不仅探讨设施土壤质量的动态演变，而且重视设施栽培条件下土壤质量调控等问题并加以研究，这也是本书的特点之一。

本书是对国家自然科学基金重点项目“设施园艺作物连作中的土壤环境变化规律及其可持续利用研究[项目批准号(30230250)]”、四川省科技厅资助的重点项目“设施土壤障碍因子及其防治研究(项目批准号 03JY029-0301)”，以及四川省教育厅资助的重点项目“设施栽培土壤中的营养障碍因子及其防治研究(项目批准号 2003A022)”、“保护地土壤水盐运移机理及其调控研究(项目批准号 2006A008)”和土壤与农业可持续发展国家重点实验室开放基金自主项目“设施栽培土壤生物学特性变化研究(项目批准号 055124)”的相关研究成果进行整理而成的。本书综合了理论分析、勘察调研和室内模拟试验，将土壤学、生物学、环境科学及数理统计分析等学科的先进方法和技术进行有机地结合，以山东寿光，辽宁沈阳、北镇，江苏常州，四川双流等地的土壤为研究对象，系统研究了我国不同地区设施栽培条件下土壤质量演变特征及调控机理；通过对不同地区设施栽培现状的野外调查和典型设施栽培土壤与相邻露地土壤的取样分析，弄清了我国典型设施栽培条件下土壤的酸化特征、有机质演变和微生物学特性演变规律，阐明了土壤养分的平衡状况以及养分的累积情况，揭示了土壤盐分的累积、迁移现象，盐分离子的组成变化规律。设施栽培条件下土壤质量的主要问题是次生盐渍化，其实质是过量施肥所产生的“肥害”。一方面盐分累积的来源在于土壤中未被作物吸收利用的肥料及副成分；另一方面，“盐随水来，盐随水去”，设施内局部小环境的改变，如棚室密闭、缺少雨水淋洗、高温、高湿、通气不良等状况，使设施内土壤水分的运行方式明显有别于常规露地栽培，从而间接影响土壤盐分累积的方向和速率。因此，通过合理的水肥管理技术来解决设施栽培条件下土壤质量问题显得相对快捷和更为有效。本书系统地开展了有机肥、无机肥及它们的交互作用对设施土壤养分有效性和盐分含量变化影响的研究，是揭示设施栽培条件下土壤养分有效性及转化机理的重要途径；开展土壤的水分、盐分运移研究，是揭示设施土壤次生盐渍化的本质及调控的基础，对设施栽培土壤质量调控和设施农业的可持续发展具有重要的理论价值与现实意义。

《设施栽培条件下土壤质量演变及调控》共分 8 章，包括绪论、设施土壤有机质演变特征、设施土壤酸化特征、设施土壤养分演变特征、设施土壤盐分演变规律、设施土壤微生物学特性演变、设施土壤污染及评价和设施土壤质量调控机理研究的内容。其中，第 1 章由李廷轩、张锡洲撰写；第 2 章由郑子成、王永东，何淑勤撰写；第 3 章由张锡洲、李廷轩、吕小娜撰写；第 4 章由余海英、林超文、张树金、何丹撰写；第 5 章由李廷轩、余海英、郑子成撰写；第 6 章由张锡洲、李廷轩、王永东、王珊撰写；第 7 章由余海英、王永东、黄霞撰写；第 8 章由郑子成、林超文、曾礼、刘媛媛、李卫撰写。全书由李廷轩、郑子成统稿完成。

本书在写作过程中得到许多同行的鼓励、支持和帮助，考虑到全书的系统性，书中参阅了国内外相关领域许多专家的研究成果和资料，借此机会，向这些文献的作者，包括未能列出的参考文献的作者和所有关心、支持本研究的各位前辈、领导表示衷心感谢。

科学出版社为本书的出版给予了大力协助，在此谨向他们表示诚挚的感谢。

限于时间和水平，书中难免有不妥与疏漏之处，恳请读者批评指正。

编　者

2010 年 8 月于四川农业大学

目　　录

1 绪　论

1.1 设施农业概况

1.1.1 设施农业的定义及内涵

设施农业(greenhouse agriculture)是借助一定的硬件设施对作物生长的全部或部分阶段所需的环境条件(如光、温、水、肥、气等)进行调节、控制,甚至创造,使植物地上部和根际的环境得以改善,从而增加作物产量、改善品质、延长生长季节、提高作物的光能利用率,并使作物在露地不能生长的季节和环境中正常生长。它汇集了现代生物技术、农业工程、农用新材料等学科,以先进的农业设施为依托,是科技含量高、产品附加值高、土地产出率高和劳动生产率高的现代农业。设施农业旨在缓解或解决作物与其生长环境、人与自然资源以及社会需求与供给等方面可能存在的矛盾,具有鲜明的地域性,并与社会经济、文化发展紧密相关。新世纪设施农业的涵义应具备以下特点。

(1) 设施农业是一种手段。设施农业利用机械工业、农业工程、农业综合信息产业、生物工程、化学工业等先进的设施,以可调控的技术手段对农业资源进行合理配置、综合调控、高效利用并使之良性循环,充分利用时间这个不可再生资源,在环境友好的基础上使生物达到高产、高效、优质。同时,生物资源开发与生物产品加工增值的巨大潜力也应通过生物技术、环境控制技术、化学调控技术等高新技术在农业上的大力应用得以释放。可见,设施农业是使农业生产从"资源依存性"转向"科技依存性"的一种手段。

(2) 设施农业是一种标志。设施农业的理论依据包括很多学科,因而可以融入各种技术。它的构造与设备是依据建筑材料学、结构力学、传热学以及采暖、通风等领域的原理来设计、施工或制造的;它的环境理论是依据质量、能量平衡等原理,包括辐射平衡、热量平衡以及水分、气体平衡等;它的生态生理方面的依据是光温周期对作物生长发育过程的影响、气体代谢与作物干物质的积累及产品质量的关系、激素调节及激素在作物体内各部位的相互作用与器官形成的关系;它的栽培学原理是依据系统工程分析方法,得出优化栽培管理模式,达到规范化、标准化;它的环境调控技术涉及电子学、自动化以及计算机网络控制系统和知识工程系统等技术。随着生物技术的发展,优质、高产的生物产品将会逐渐增加,随着各种工程技术和化控技术的发展,新材料、新激素、新的营养物质将会进一步应用于生物生产中,但这些技术都必须在适宜的环境条件下才能充分发挥作用。设施农业为这些新技术的应用提供了环境保证,它是现代化农业的一个重要标志。

(3) 设施农业是一个新兴的综合行业。作为农业产业化重要分支的设施农业并不仅仅着重于发展某种专门技术与产品,而是以光合作用为基础建立的生物物质与自然资源互益、优化、可持续发展的集约化农业系统。在这个系统中,水土流失得以控制,土壤肥力稳定，气、热、光等自然资源得到充分利用，化肥、化学农药施用量较少，生产的产品是无公害、无污染、营养优质、高商品性的绿色食品。它不仅具有现代化农业的典型特征，同时也为其自身设施及附属设备的研制与产业化开辟了一个综合的工业行业。

(4) 设施农业是一个环境友好的生态系统。21世纪农业的发展将朝着设施农业、工厂化农业、空间延伸性农业、新能源农业和观光旅游农业等方向发展，其中设施农业是其他农业的基本支撑点。没有设施农业，工厂化农业生产无法进行；没有先进的可调控的环境设施，农业不可能延伸到高山、沙漠、海洋、两极甚至星球之外。同时，冬季北方的观光农业和夏季南方的观光农业离不开保温设施和遮阴设施；新能源农业离不开发酵设施。可见，设施农业已发展成为一个综合性农业生态系统，在这个生物最适宜或较为适宜的环境系统中，生物的生产潜能可得到最大限度的发挥，同时生物与生物之间、生物与自然之间、生物与人类之间也可得到协调、持续的发展，最终使农业生产摆脱低值性及大自然的束缚。

(5) 设施农业具有经济、社会、生态三重性。设施农业系统是典型的生态经济系统，具有经济、社会和生态综合效益。首先，设施农业通过对环境条件的控制，使农业生产摆脱自然环境的束缚，实现周年性、全天候和反季节的规模生产，产量高且产品品质好、生产周期短，从而提高经济效益；其次，设施农业可为人们提供新鲜、健康、安全的农副产品，满足城乡居民对农产品的市场需求，从而取得社会效益；再次，设施农业可使农业资源得到优化配置和高效利用，并改善农业环境，从而取得生态效益。

1.1.2　国内外设施农业的发展概况

1.1.2.1　国外设施农业发展概况

设施农业历史久远。在国外，公元前4世纪就有保护地种植的相关记载。到公元初期的罗马时代，已开始利用透明的云母片覆盖黄瓜，使之提早成熟；15～16世纪，英国、荷兰、法国和日本等国家开始建造简易的温室，栽培时令蔬菜和小水果；17～18世纪，法国、英国、荷兰等国家出现玻璃温室；19世纪初，英国学者开始大量研究温室屋面的坡度对进光量的影响以及温室加温设备问题，在英国、荷兰、法国等国家出现了双屋面玻璃温室，这一时期，温室主要栽培的品种有黄瓜（*Cucumis sativus*）、甜瓜（*C. melo*）、葡萄（*Vitis vinifera*）、柑橘（*Citrus* spp.）、甜橙（*Citrus sinensis*）和凤梨（*Ananas comosus*）等。19世纪后期，温室栽培技术从欧洲传入美洲及世界各地，中国、日本、朝鲜等国家开始建造单屋面温室。1860年，美国建立了世界上第一个温室试验站，到20世纪初美国已有1000多个温室用于各季蔬菜栽培。这时，美国有1100 hm^2 的温室用于生产鲜花和观赏植物，550 hm^2 温室生产蔬菜，生产的蔬菜中番茄（*Lycopersicon esculentum*）占43%，黄瓜占33%。50～60年代，美国、加拿大的温室发展与生产达到了高峰，欧洲荷兰、德国的温室工业化生产业也已兴起。20世纪60年代，美国研制成功无土栽培，使温室栽培技术产生了一次大变革。到70年代初，西方发达国家在设施农业上的投入和补贴较多，设施农业真正作为一种产业得到大规模的迅猛发展，此时，美国已有400 hm^2 无土栽培温室用于生产黄瓜、番茄等。1980年，全世界用于蔬菜生产的温室面积达16.5万 hm^2，年总产值达300亿美元；用于花卉生产的温室5.5万 hm^2，年总产值达160亿美元。这个时期，亚洲和地中海地区温室数量迅速增加。欧洲南部的温室主要生产蔬菜，而北欧的温室则主要生产附加值高的鲜花和观赏植物。目前全世界温室面积达 60 万 hm^2，其中，面积在 1 万 hm^2 以上的国家有日本、西班牙、荷兰、美国、韩国、土耳其；面积在 3000～5000 hm^2 的国家有加拿大、意大利、英国、葡萄牙、罗马尼亚、希腊；面积在 1500～2000 hm^2 的国家有以色列、德国、比利时、智利、保加利亚、突尼斯、埃及等。从种植的品种来看，主要是园艺植物，有蔬菜、花卉及特种水果。温室生产的主要蔬菜如黄瓜、番茄、甜椒(*Capsicum frutescena* L.)等实现了一年一大茬的长季节栽培，采收期长达 9～10 个月。黄瓜平均每株可采收 80 条，平均亩产达 4 万 kg；番茄每株采收 35 果穗，且产品个体差异小，质量高。先进的设施、生产和管理技术，创造了当今世界最高产量和效益水平。

荷兰是土地资源非常紧缺的国家，人均耕地仅为 1.33 亩①，因而需要大力发展设施农业。目前全国共有 13 000 多公倾玻璃温室，占世界玻璃温室的 1/4，是世界拥有玻璃温室最多、最先进的国家。集成化的工业技术在设施农业中广泛应用，并研制出先进的设施环境智能控制系统，可根据作物对环境的不同需求，由计算机对设施内温、光、水、气、肥等环境因子进行全面、有效的自动监测与调控，使设施土壤连作障碍不成为影响作物生长的限制因子。

以色列的温室设备材料、滴灌技术、种植技术及养殖品种的开发和培育均属世界一流，尤其在设施灌溉技术方面处于世界领先地位。其现代化温室可根据作物对环境的不同要求，通过计算机对内部环境进行自动监测和调控，实现温室作物全天候、周年性的高效生产，同时温室栽培中的高效、节水灌溉系统可把设施土壤的盐渍化程度控制在较低水平。

美国的温室多数为大型连栋温室，主要分布在南方的加利福尼亚州、亚利桑那州和东南部的佛罗里达州；在美国的北部，只发展冬季不加温的塑料大棚，而把温室企业发展中心转移到南方，这样可以节省大量能源。在设施栽培技术及综合环境控制技术方面，开发的无土栽培技术、营养液供给系统、增施二氧化碳技术、雄蜂授粉、机器人移苗、高压雾化降温、加湿系统以及夏季降温用的湿帘降温系统等均处于世界领先水平。

日本设施园艺水平居世界前列，温室总面积达 51 011 hm^2，是设施农业大国。其温室器材制造业、太阳能的利用、温室的骨架材料、覆盖材料和温室综合环境调控技术都处于世界领先水平。例如，日本的温室设施可以通过计算机将温度、湿度、二氧化碳浓度和肥料等控制在最适合植物生长发育的水平上，所开发的设施栽培计算机控制系统可以较全面地对设施内栽培植物所需环境进行多因素监测与控制；产品采摘后清选、分级、包装、预冷等作业均实现自动化或半自动化。

纵观世界，近几年国外设施农业已经发展到了较高水平，温室面积迅速增加，温室作物生产管理技术大大提高，已形成了成套的技术、完整的设施设备和生产规范，设施农业正以传统农业前所未有的高生产率创造高的经济效益，并在向高度自动化、智能化和高科技化方向发展。工厂化育苗、设施专用品种的培育、喷灌、滴灌、无土栽培技术、小型机械、生物技术和微电脑自控及管理的使用，大大提高了劳动生产率，使栽培作物的产量和质量

---

① 1 亩≈666.7 m^2。

都得到了极大的提高。

值得注意的是，在土地面积少、农业生产自然条件较为恶劣的国家，设施农业分布的面积较大。日本的土地资源十分缺乏，因此选择设施农业来提高粮食、瓜果、肉等生物产量是必然的。而以色列、荷兰、波兰、俄罗斯这些国家由于经常受到干旱、严寒等极端天气条件的限制，可通过先进的设施农业来弥补农业生产的不足。一些农业自然条件较好的国家（如美国、加拿大等）则注重利用先进的设备和技术，进行集约化和持续性生产，以获得更高、更优质的生物产品，并且使自然环境更为优化合理。从发展趋势上来看，由于世界经济发展的不平衡性，21 世纪世界农业的发展仍将呈现多元化格局，产生不同的现代农业发展道路与模式，可归纳为 4 种类型：一是以美国、澳大利亚、加拿大等国家为代表的经济、科技和资源实力型农业；二是以荷兰、日本、以色列等国家为代表的科技先导型农业；三是以中国、巴西等国家为代表的快速转变型农业；四是以非洲一些国家为代表的发展滞后型农业。可见世界农业目前仍处于传统农业和现代农业并存阶段，总体发展趋势是在实现传统农业向现代农业转变的同时，现代农业将向更高层次发展，而从发展过程看，设施农业是必由之路。

1.1.2.2 我国设施农业的发展历程

中国的设施农业，早在 2000 年前的《汉书》中就有记载，比欧洲古罗马的记载要早得多。自秦汉暖窖种瓜延续发展至今的日光温室（Chinese solar greenhouse）、遮阳网覆盖栽培（shadenet covered culture）、塑料大棚（plastic greenhouse）、防雨棚（rain shelter greenhouse）以及中小棚和地膜覆盖（plastic tunnal and mulching）等，再加上近年新兴的全自控现代化温室（computer-control greenhouse）、无土栽培（soilless culture）和穴盘育苗（plug transplant production），形成了具有中国特色的设施农业新产业。

我国近代温室产业始于 20 世纪 30 年代北方的日光温室。到 50 年代中期，经有关专家的总结，将其命名为“鞍山式日光温室”。工业化的发展推动了塑料产业的进步，为我国塑料温室的发展创造了条件。70 年代末到 80 年代初温室生产得到大规模的发展，我国陆续从国外引进温室，在消化和吸收国外先进技术的基础上，以日光温室、塑料大棚、遮阳网覆盖栽培为代表的设施园艺取得了长足进步，我国自身的温室技术和产品也在不断提高。80 年代初，我国进入了设施农业的高速发展时期。80 年代中期，通过对原有日光温室的建筑结构、环境调控技术和栽培技术的全面优化，我国发展了“节能型日光温室”。80 年代末，我国基本形成温室产业的雏形。90 年代，尤其在“九五”期间，随着经济的发展，人们生活水平的提高，对特色菜、优质蔬菜的消费不断增加，同时花卉市场不断扩大，为满足多方面的需求，我国温室建设进入了一个新的发展阶段。1997 年，我国设施园艺作物栽培面积及人均设施蔬菜占有量分别较 80 年代初期的栽培面积增长了 128 倍和 164 倍。在适合我国国情的经济节能型日光温室和塑料大棚发展的同时，国外先进的温室生产设施也纷纷进入我国。温室生产逐渐从北方向南方、冬季向夏季、以蔬菜业为主向果树业和花卉业方向迅速拓展，成为我国农家致富、丰富城乡居民“菜篮子”的有效手段，是我国农业中最富有活力的新产业之一。自 1997 年开始，我国又先后从荷兰、美国、以色列、日本等 11 个国家引进现代化温室，面积约 140 hm^2，自行设计建造的约有 50 多公倾。至 2009

年，全国设施蔬菜栽培面积达 334.2 万 hm^2，比 2000 年增长 78%，其中大中棚 141.3 万 hm^2，小棚 122.7 万 hm^2，节能日光温室 56.9 万 hm^2。设施蔬菜总产量 1.68 亿 t，占整个蔬菜产量的 25%，比 2000 年提高了 8%。20 世纪 90 年代中期以来，我国设施蔬菜面积一直稳居世界第一，目前约占世界的 90%。设施蔬菜尤其是节能日光温室的快速发展，反季节、超时令蔬菜数量充足、品种丰富，蔬菜周年均衡供应水平大大提高。

在设施布局上，据全国农业技术推广总站 1996 年底统计资料显示，我国设施栽培面积较大的省(直辖市、自治区)依次是：山东、河北、河南、辽宁、江苏和新疆；而高效节能日光温室面积较大的省(直辖市、自治区)依次为：河北、山东、辽宁等。现代化大型温室主要是引进温室，大部分分布在经济发达的东部、东南沿海的大城市郊区。在 1979～1994 年，引进面积达 21.2 hm^2，主要分布在北京、上海、哈尔滨、大庆、广州、深圳、乌鲁木齐等地，由于能源消耗大、管理不善、入不敷出，最终难以维持，有的甚至被拆除，有的另作他用。例如，1979 年北京的四季青园艺场最早从日本引进了 3 hm^2 的现代化大型温室，现已改作贸易市场。1995 年北京中以示范农场率先引进以色列温室 1.2 hm^2 后，重新开始了新的引进高潮，1996 年引进面积最大的地区为上海，达 15 hm^2，分别从荷兰、以色列引进，分 5 处进行试验，取得了一些成功经验；深圳市 1997 年从法国引进 6 hm^2 双层充气式薄膜温室，使用效果不甚理想。还有很多城市如广州、石家庄、郑州、济南、南京、北京、重庆和银川等，都有面积不等的温室引进。引进温室的特点主要表现为：引进成套技术设备，除主体骨架外，还包括环境调控设备、灌溉设备、全套栽培技术措施(从种子到肥水管理、病虫害防治甚至授粉技术等)，并引进外国派驻专家指导，即不单纯引进硬件，也引进软件。但大多是政府行为，也有部分是企业行为。从运行结果来看，大多不够理想，主要是投资大，能耗大，运行、管理费用高，普遍经济效益不佳。

近年来，我们在温室主体结构的国产化过程中也做了不少简化与改进设计，但仍有许多问题无法解决，如成本居高不下(因原材料价格问题)，往往高于外商报价，目前尚难以形成规模生产；没有温室专用的材料，或者有而精度不高，难以满足设施建设的要求，影响设施生产的效果；内部配套设施的国产化也有一定问题，如产品不齐全、不配套，性能达不到要求，有的根本没有配套设施，不能满足现代化管理的需要。

我国设施农业的发展已面临新的形势，在设施规模不断扩大的同时，设施规格也相应提高；在大力发展日光温室、连栋塑料大棚生产的同时，也在大规模地引进国外成套设施与栽培技术，但往往带有盲目性，没有充分考虑到中国的国情和地域色彩；设施生产多样化，不仅生产蔬菜(包括大宗菜和特菜)，也生产花卉水果，同时也暴露出在宏观管理上呈现无序状态的问题。

1.1.3 我国现阶段农业的特征及其对设施农业的需求

1.1.3.1 我国现阶段农业特征

1) 人多地少、农业自然资源相对不足

农业自然资源是农业可持续发展的重要物质基础。然而，我国农业自然资源相对不足，耕地资源的人均量过少与淡水供应的严重不足，已成为我国农业发展的主要障碍。统计表明，1949～1999 年的 50 年，全国人口由 5.4 亿增加到 12.2 亿，占世界人口的 20%，比所有发达国家人口总和还多，人口数量大、素质不高，人力资源开发任务繁重；耕地面积由 9788.3 万 hm^2 减少到 9500 万 hm^2，人均占有耕地由 0.18 hm^2 下降到 0.078 hm^2，不足世界平均值的 1/3。目前，我国已进入有史以来人口基数最大的阶段，预计 21 世纪 30 年代将突破 16 亿。即使保持现有耕地规模，届时人均量仍不足 0.06 hm^2。随着人口不断增加，工业化和城镇化步伐的加快，以及西部地区退耕还林等生态环境建设工程的实施，我国的耕地资源，无论是绝对量，还是人均占有量，其减少趋势均将难以逆转，主要农产品的供给压力也将越来越大。

2）农业生产方式落后，资源转化率低

我国农业生产体制以家庭承包制为主体，农业人口多、生产规模小、扩大再生产能力低，许多农区沿用传统的生产方式，农业经营粗放，科技含量低，农业综合生产力低，抗灾能力差，资源利用效率不高。研究表明，我国气候资源利用效率仅为发达国家的 50%～70%，农田光能利用率是高产国家的 60%。我国旱作农田降水转化效率仅为 35%左右，灌溉农田水资源转化效率也仅 40%左右。而以色列农田水资源转化效率高达 85%以上。新中国成立后，化肥工业突飞猛进，从 1949 年 5.9 万 t，发展到 1998 年 4085 万 t，增加 692 倍。每公顷耕地投入量从 0.6 kg 上升到 430.5 kg，早已步入世界高投入水平行列。可是由于品种单一、施用方法不当，化肥利用效率仅为 30%左右，不足世界先进水平的一半，致使大量的化肥残留于土壤，渗入地下水，污染水体，造成农业生态环境恶化。

3）农业生态环境恶化

农业是自然再生产与经济再生产交织在一起的基础产业，对自然资源和生态环境的依赖性很大，农业的发展在很大程度上取决于农业生态环境状况，良好的农业生态环境是农业可持续发展的重要保障。然而，在我国经济快速发展的背景下，一些地方不合理的资源开发利用和各种基本建设造成了诸如耕地资源锐减、水资源污染和短缺、土地沙化、水土流失、森林破坏、草原退化、自然灾害频繁等问题，致使农业生产的外部环境严重恶化。在农业生产内部，人们在生产过程中也有意或无意地造成了各种环境问题，如农药、化肥的过量和不合理使用，污染和破坏了土壤及水环境。农牧区大量使用农药，使有害生物的天敌减少或灭绝，破坏了生态平衡，一些有害生物失去了天敌的制约，更加猖獗；长期使用化肥使土壤结构破坏、理化性状恶化、弹性下降、生产力降低；农用地膜大量使用带来的白色污染等问题普遍存在。所有这些内在的、外在的环境问题，相互作用，相互影响，共同制约着我国农业的可持续发展。

1.1.3.2 发展设施农业的意义

尽管 20 世纪以来我国农业有了较大的发展，但仍然是一种"资源依存性"农业，且资源利用率及劳动生产率并没得到充分提高。要使我国农业和农村走上可持续发展之路，必须采取多种对策及途径，其中最根本和核心的问题是实行资源可持续利用与管理。通过合理永续地利用农业资源（包括自然资源和社会资源）来保持农业生产稳定增长和粮食安全。发展以集约化、规模化、轻型化、工厂化、高效、优质为特征的现代化农业，是确保农业振兴和持续发展的新出路。设施农业的特点及其优越性决定了它必然成为我国实现农业发展和农业科技进步战略转折的一项重要措施，其重要意义具体表现在以下几方面。

1）改造传统农业的依赖性、弱质性和低值性

传统农业是一种“资源依存性”农业，农业的收成与否不仅表现在对土地的依存性，更表现在对自然气候资源的依赖，同时传统农业生产由于受农作物本身生长发育规律、地域、气候的限制，其产品的形成时期也具有明显的季节性，这种季节性使产品可能大量聚积，加之产品的活体性，储藏运输不易，因而生产经营者不得不降价倾销自己的产品，迫使传统农业一直处在低产值的状态。而这种低产值又导致人们不愿经营农业，不去投资这一产业，最终使农业在这种恶性循环条件下变得越来越脆弱。传统农业要摆脱大自然的束缚，必须使生物能够在人工保护的条件下进行生产。为了使农业现代化技术得到充分的体现和贯彻，必须借助人工设施和建立可调控的环境条件；为摆脱传统农业的低值性，就必须克服农产品生产的季节性和提高农产品的质量，这些都要求给生物生产投资提供一个较为理想的生态环境。因此，发展设施农业成为改造传统农业的依赖性、弱质性和低值性的必然选择。

2）充分利用土地资源，缓解人地矛盾

我国农业的发展正面临着耕地不断减少、人口不断增加、社会总需求不断增长的严峻形势。此外，从自然条件来看，中国南北横跨温热两大气候带，大部分地区东亚季风气候特征显著，大陆性气候特点明显，农业气候条件变率大，自然灾害发生频繁，是困扰中国农业的主要因素。设施农业由于具有一定的环境调控功能，因此在一定程度上能克服传统农业难以解决的限制因素，使资源要素配置合理，增加了资源的集约高效利用，从而极大地提高了土地资源利用率。例如，塑料大棚、温室之类的设施栽培，由于薄膜的阻隔，将田间传统生产条件下大范围的“三水循环”控制在设施范围内小范围的“三水循环”，水分利用效率显著提高。由于设施范围内的水、热状况好，在矿质营养不成为制约条件下，光合时间长、光合效率高，且“温室效应”使反季栽培、多熟种植、周年生产成为可能，极大地提高了土地利用效率和季节利用率。

3）实现农业产业化及农业结构性调整、促进农业的持续、高效发展

随着国民经济的发展，农村城镇化和乡镇工业化进程非常迅速，农村耕地和劳动力大量向非农业转移，农业经济地位有所下降，环境日益恶化，传统农业已受到严峻挑战。因此，发展以集约化、规模化、轻型化、工厂化、高效、优质为特征的现代化农业，是确保区域农业振兴和持续发展的新出路。设施农业是能在较少的耕地上甚至能在难以利用的土地上获取更多更好的农产品，求得更高经济效益的有效途径，是具有现代化农业典型特征和优势的新兴产业，是农业结构性调整的一个重要组成部分。设施生产中，地膜的广泛运用，使热量稍显不足的地区由一年一熟变为一年两熟，受水分限制的干旱农区增加了复种。云贵高原、黄土高原、秦巴山区的地膜玉米、地膜小麦被誉为“白色革命”、“温饱工程”。地处北热带的云南西双版纳运用地膜实现了玉米冬种。所有这些都表明，设施农业可以有效地促进我国农业结构的调整。

设施农业可利用先进的设施对农业资源进行合理配置、综合调整与高效利用并使之良性循环，在促进农业结构调整的同时，加强了资源的集约高效利用，从而实现了农业资源的可持续利用及农业的可持续发展。甘肃省北银市设施农业占全市耕地面积的5%，

而全市农民收入的25%却来自于设施农业。据有关试验及大田调查资料，地膜粮食增产幅度为30%～65%，新疆的地膜棉花增产幅度为18%～25%，西双版纳玉米地膜冬种单产提高50%左右，陕西榆林地区地膜玉米吨粮田层出不穷。目前我国以塑料薄膜覆盖为主的园艺设施农地比露地平均增产达50%，亩增收1000～3000元，高的可达5000元。高效节能温室比露地增产80%左右，亩增收达5000～6000元，高的可达10 000元。设施农业已成为我国广大地区农民温饱、增收、奔小康的主要方式，山东、河北、辽宁、河南、甘肃等地已形成了设施农业集中发展的生产基地，展现了规模化、专业化、产业化的发展趋势，以及针对高档蔬菜和花卉的外向型发展趋势。

4）促进农业现代化及农业科技持续发展

1991年美国著名农业经济学家弗农·拉坦在"农业生产的持续发展，诗意、政策与科学"一文中指出："如果不能从技术和政策机制两方面进行充分设计，则农业生产的可持续发展只能是一种充满诗意的夸夸其谈。"随着生物技术的发展，优质、高产的生物品种将会逐渐增加，随着各种工程技术和化控技术的发展，新材料、新激素、新的营养物质将会进一步应用于生物生产中，但这些技术都必须在适宜的环境条件下才能得到充分发挥，设施农业为这些新技术的应用提供了环境保证，并为这些学科的发展提出了新的课题，从而促进农业现代化及农业科技的持续发展。

5）增加农民收入，提高城乡居民的物质、文化生活水平

设施农业已成为"菜篮子"工程的重要组成部分，其产品不仅产量高，而且质量优、品种多、打破了时间上的限制。随着人民生活水平的提高，人们对无公害蔬菜、观赏植物和花卉的需求也日益增加。不断满足人民生活水平的需要、提高农业的经济效益正是国内外设施农业发展的主要内容。在西欧、北美以及亚洲的日本和以色列等设施农业发达国家，由于其设施生产实行了有效的环境控制，减少了农药、肥料带来的污染，其生产的农产品均可达到绿色食品的要求。同时，以设施农业为依托的"休闲农业"、"观赏农业"、"旅游农业"等也成为丰富城乡居民物质、文化生活的重要形式之一。

6）建设良好的生态环境

当前我国农业生产中，由于农药、化肥、地膜、农用水等的不合理使用，以及禽畜废弃物的不当处理，造成严重的土壤荒漠化、盐渍化，致使大量水土流失、水体污染，环境质量日趋恶化，同时对资源造成极大浪费。作为发展中国家，发展生产是当务之急，人们经常注意到的是某个农艺措施能提高多少产量，但其对资源的浪费和对环境的污染往往被忽视，由于科技水平低下和资金不足又使人们不能尽早面对环境污染和资源浪费等问题，而其后果往往又是毁灭性的。解决这些问题的方法之一是通过设施农业及农业工程等技术的创新，来实现农业资源的可持续利用及农业的可持续发展，营造良好的生态环境。

7）增强国际竞争力，提高我国农产品在国际上的地位

农业一直是中国的经济基础，在粮食达到自足的情况下扩大农产品出口，提高农产品在国际上的地位，是我国农业未来的发展方向之一。例如，荷兰是一个人多地少的国家，但它却是世界上除美国以外的第二农产品出口国。亚洲的以色列水资源紧缺，但由于成功地推广了设施农业，使其新鲜果蔬和鲜花，不仅能满足本国的需求，而且大量出口欧洲，被誉为欧洲冬季的"厨房"。而我国传统农业生产，由于技术落后、管理不当、劳动生产率

低等原因导致农产品质量差，在国际市场上很难赢得竞争力，取得高效益。同时，随着我国加入世界贸易组织和全球经济一体化趋势的日益加强，我国农业和农村经济必将面临前所未有的国际竞争压力。而设施农业技术正是对农业资源最大限度地进行调控，并进行合理利用，从而实现生产与资源良性循环的最有效手段。设施农业技术的推广应用将使生物达到高产、高效、优质，从而大幅提高我国农产品的国际竞争力，为国民经济的发展及国家安全做出贡献。

1.1.4 我国设施生产现状及其存在的问题

我国自20世纪70年代中期引进蔬菜的设施栽培技术（主要是温室塑料大棚、日光温室和地膜覆盖技术）并进行试验研究以来，设施生产取得了显著的经济和社会效益，不仅实现了蔬菜和其他重要经济作物的周年均衡供应，而且也极大地增加了农民的收入，因而设施栽培在全国各地得到了大面积推广应用，并成为许多地区的支柱产业，是我国现代农业生产的重要组成部分之一。目前，全国设施栽培面积已从最初的0.53万hm^2发展到2008年的334.7万hm^2，约占世界设施栽培面积的90%，是世界上设施栽培面积及总产量最大的国家。虽然我国设施农业经过几十年的发展有了长足进步，但与发达国家相比仍存在很大差距。国外一些设施栽培发达的国家如以色列、荷兰、日本等，在进入80年代以来，设施农业技术就已经相当成熟，从温室的环境控制、品种的选育、栽培管理到采收包装，形成了一整套的技术体系，并实现了产业化。其设施栽培的番茄、甜椒、黄瓜已创造了当今世界最高的产量水平和效益水平，设施农业的农产品（蔬菜、花卉）和技术产品（温室设备和栽培技术）不仅占领了本国的市场，而且向国外输出。而我国由于设施农业基础差、起步晚，且受经济实力影响，虽然研究和开发了一些符合国情的适用技术，但综合应用研究还不够深入，技术的综合性、配套性和规范化还有待进一步完善与提高。目前，我国设施农业发展中存在的主要问题包括以下几个方面。

(1) 设施水平低，抵御自然灾害能力差。从统计数字上看，我国设施栽培面积很大，但设施装备的水平低下，在我国约250万hm^2的设施园艺生产中，代表设施园艺最高水平的大型连栋温室在我国仅有100 hm^2，占总面积的0.04%。我国南方以塑料棚为主，北方则以日光温室为主。塑料大棚占我国设施园艺总面积的76.4%，其中90%的设施为简易的竹木结构，只有在大城市郊区发展装配式镀锌钢管大棚。日光温室约占20%，是北方冬季能进行大面积生产的唯一类型，但其中绝大多数为20世纪80年代中期形成的普通型大棚，结构较简单，以竹木、水泥杆为骨架，厚厚的土坯墙体降低了土地利用率，可利用面积仅40%～50%；空间小，不便于机械操作，只能靠手工作业；保温、采光性能差；抗灾能力差，易被大雪压塌、大雨冲垮，每年雨季过后，必须投入大量的人力、物力进行结构维修。例如，1997年12月的一场大雪，江苏、山东不少普通型日光温室因承受不住雪压而倒塌。

(2) 环境调控技术落后，管理水平低下。发达国家发展工厂化农业采取的是“高投入、高产出”的高科技路线，而我国由于技术和经济的原因，采用的是低投入、低能耗的技术体系。由于园艺设施类型过于简易，因此对环境的调节和控制十分有限，绝大部分设施只能起到一定的保温作用，对光、温、湿、气等环境因子的调控能力低下，有些温室经不起大风大雾、连阴（雪）天的考验，从而给经营者造成一定的经济损失。同时，我国的设施生产也长期处于粗放式管理状态，至今仍缺乏一整套与之相适应的、具有较高科技含量的环境调控技术及栽培管理（品种选育、水肥管理、病虫害防治等）措施，生产上还习惯性地将大田的栽培管理方式直接应用到设施生产中，如灌溉方式仍以大水漫灌为主，有些地方每667 m^2 日光温室灌水量达 500 m^3/年；施肥方面，还习惯性地将大田种植的养分管理方式直接应用到设施生产中，盲目、大量、不平衡的施肥导致多年后温室土壤理化性质恶化。温室内因病虫害严重，必须依靠经常打药来维持生产，这与发展绿色农业的趋势很不协调。因此，设施栽培也出现了诸多不同于露地栽培的生产问题，表现为不同程度的作物生长不良和土壤质量下降，严重影响着设施农业的可持续发展。此外，设施生产的机械化作业水平低，自动控制设备不配套，生产仍以人力为主，劳动强度较大。与发达国家相比，我国设施生产的人均管理面积仅相当于荷兰的 1/4，劳动生产率只达到日本的 1/5。

（3）温室生态环境恶化。目前，温室栽培种类单一，连作现象严重，导致土壤生态条件恶化，病菌大量繁殖，土传病害严重，最终导致毁灭性的减产；当温室用肥量过大，加之覆盖物下不能得到雨水的冲淋，使土壤内的大量盐分随水分的蒸发向上运动，在土壤表层聚集，产生土壤富营养化，造成土壤板结，导致死苗减产。

1.1.5　我国设施农业的发展趋势

今后，我国设施农业仍将沿着节能、节本、优质、高产、高效、环境友好的发展途径持续发展。其发展趋势可概括为以下几个方面。

（1）设施栽培将向能耗少的南方地区和冬季光温资源较丰富的地区发展。例如，由“三北”地区向冬季温光资源丰富的黄淮海地区、向煤炭或天然气等人工能源产地且冬季温光资源又丰富的北方地区、向南方经济发达地区拓展。

（2）设施的结构类型趋向两极分化。高效、节能、简易实用的日光温室、塑料大棚、遮阳网、防雨棚、防虫网覆盖等普及型设施农业仍将保持优先的发展势头。高科技含量的现代化全自控铝合金温室，在经济发达的南方大中城市中将作为一种与观光农业相结合的都市型农业，得到一定规模的发展，并且逐步实现国产化研究，开发出冬季保温性强、夏季通风降温能力强的南方型温室设施。

（3）设施的覆盖材料质量提高、品种增多，设施的环境调控水平，包括温、光、湿、气的调控设施不断完善，逐步实现自动化控制，形成国产化设施设备新产业。

（4）设施栽培种类、品种多样化。从蔬菜业向水果、花卉业方向扩展，设施专用品种的选育种工作将蓬勃兴起，今后将更加重视高附加值的园艺作物的栽培，包括反季节的水果蔬菜和花卉及保健型、无污染的园艺产品。

（5）设施栽培趋向规模化、集中化、大型化的经营方式，如育苗工厂、大型科技示范园等。

1.2　我国设施栽培的主要生产障碍问题

1.2.1　设施环境条件对作物生长及病害的影响

设施栽培通过人工制造的保护设施为作物生长发育创造了较为适宜的环境条件，因而能克服自然条件的制约而得以持续生产，尤其在作物反季节栽培中具有突出优势。我国设施栽培面积虽居世界之首，但总体技术水平还相对落后，与之相配套的环境调控手段更是欠缺，这就使一些不利的环境因素难以克服从而对作物的正常生长造成影响甚至危害。例如，设施内部光照不足、通风透气性差、湿度大、温度不适等逆境在一定程度上限制了设施作物产量和品质的提高。

1.2.1.1 弱光逆境

弱光是冬、春季设施栽培中的主要生长限制因子。由于设施覆盖物对阳光的遮挡作用，塑料温室大棚等设施的平均透光率只有50%左右，若遇雨、雪和连阴天等不良气候条件，棚室内的光照条件则更差，有时仅为棚外自然光照的10%左右。光照不足影响作物的光合作用以及光合产物在各器官间的运输和分配，同时，弱光还会引起植株形态改变和抗病虫害能力下降，并对植物花芽分化、开花、授粉、坐果及果实发育等产生不良影响。设施栽培条件下，弱光又常与低温相伴，成为制约设施蔬菜高产优质的主要环境胁迫因子。研究表明，低温弱光使茄子幼苗发生膜脂过氧化作用，并对叶片光合机构的结构和活性以及整个幼苗造成不可恢复性伤害；不同弱光处理下，茄子(*Solanum melongena* L.)生长均会出现植株变矮、叶面积增大、开花期延长、茎秆变细及产量下降等现象。弱光条件下，黄瓜、青椒、番茄等设施蔬菜的生长发育及生理生化特性也会发生相应变化，并在外观上表现为黄瓜生长变慢、化瓜率升高、产量下降，以及青椒株幅变大、植株变高、茎秆变细、开花期延迟和单果重下降。此外，光照对植物体内硝酸盐代谢起着极为重要的作用，是决定植株硝酸盐含量的主要因素之一，弱光更有利于植株体内硝酸盐的积累。

1.2.1.2 温度不适

设施栽培条件下，由于棚室密闭所造成春夏茬作物的高温危害，以及保温措施不当所引起秋冬茬、越冬茬和冬春茬作物的低温危害，已成为当前设施生产中的一大障碍因素。高温和低温胁迫下，作物的细胞膜系统、氮素代谢、光合作用和呼吸作用等均会受到不同程度的影响。马德华等研究表明，经高温和低温处理后，黄瓜幼苗体内 O_2 的产生速率和丙二醛(MDA)含量明显升高，抗坏血酸(ASA)含量、过氧化氢酶(CAT)和过氧化物酶(POD)活性均显著下降，体内酶促和非酶促防御系统遭到破坏，幼苗膜保护系统受损，植株抗逆性降低。温度胁迫抑制叶绿素的生物合成，造成叶色发黄，影响光合作用。此外，温度不适还经常引起植物花器官发育不良，致使其不能正常授粉、受精而出现落花落果现象。例如，茄子在开花结果期，若温度低于17℃或高于35℃时，则会因花粉管伸长受阻和授粉不完全而无法形成种子，且在高温下还会出现植株徒长或落花落果现象。研究表明，高温逆境下作物体内乙烯积累、果实内生长素及内源赤霉素水平降低也是导致幼果脱落的重要原因。温室蔬菜定植后若遇到低温危害，植株表现出叶片边缘干枯，严重时生长点也变干，根系停止生长，不发新根，不长新叶，甚至丧失吸水机能。果菜类蔬菜出现畸形果和落花落果现象；瓜类蔬菜则叶片小而厚，植株矮小，导致花打顶，化瓜严重，作物产量降低。

1.2.1.3 高湿危害

由于设施栽培棚室密闭、通风透气性差、灌水量大和水分不能外散，使设施内的空气湿度往往高于露地，尤其在冬季，空气的相对湿度通常在80%～90%，夜间可高达100%。另据报道，在东北冬春季的节能日光温室中，空气的平均相对湿度多年均保持在81%～89%的较高水平，超过了大多数作物对湿度的要求，如番茄、辣椒（*Capsicum annuum* Linn.）、西葫芦（*Cucurbita pepo* Linn.）和豆类等可忍受70%的空气湿度，而西瓜（*Citrullus vulgaris* Schrad）、甜瓜只需50%就已足够。高湿条件不仅直接危害作物的正常生长，同时也为一些喜湿病害，如黄瓜霜霉病、葫芦和番茄的灰霉病等提供了较适宜的生存环境，且这种危害会随着时间的延长而加重。研究表明，若保持90%以上的高湿条件达8 h以上，番茄灰霉病病菌就能够完成侵染、扩展与繁殖。而在日光温室中，棚内空气高湿条件的维持时间每天均可在12 h以上，直接导致了番茄灰霉病的严重发生。同时，设施栽培的高湿环境也常与不适温度条件共同对作物造成危害，如高温高湿导致植株徒长；低温高湿造成沤根，致使植株死亡等。

1.2.2 盐分胁迫对作物生理病害的影响

土壤次生盐渍化是当前设施栽培中一个较为突出的土壤障碍因子，我国不同地区，不同种植年限的设施土壤均有不同程度的盐渍化发生。北京、济南、南京、上海等地设施土壤表层（0～20 cm）全盐量测定结果为：露地土壤均小于1.0 g/kg，大棚土壤为1.0～3.4 g/kg，温室土壤为7.5～9.4 g/kg。上海大棚和温室耕层土壤（0～25 cm）盐分含量分别为露地的4.0倍和11.8倍。盐分胁迫对作物造成营养吸收障碍、产生渗透胁迫及离子毒害，从而诱发作物的各种生理障碍。

1.2.2.1 出现明显的生理性干旱

土壤可溶性盐浓度的升高降低了作物根际土壤溶液的渗透势，导致其根细胞失水枯萎以至死亡，从而造成作物对水肥的吸收障碍，使其出现明显的生理性干旱和养分亏缺。土壤次生盐渍化对作物的危害因土壤盐分的种类、浓度及作物种类而异。一般作物在土壤盐分浓度达到1 g/kg时，其正常生长就会受到影响；盐分浓度在2～5 g/kg时，多数作物受间接危害，作物根系吸水困难，根系发育不良，气温高时，植株发生萎焉，灌水也不能恢复，并易发生其他病害，使作物产量降低；盐浓度升高到5～10 g/kg时，多数作物均会表现出明显的盐害症状，如植株矮小，叶色浓绿，心叶叶缘黄化、萎缩，中部叶边缘出现坏死斑点，严重时叶片呈金镶边状，根系发黄，不长新根，作物萎焉、枯死；土壤含盐量达10 g/kg以上时，多数作物不能生长、成活。例如，黄瓜遭受盐害时，常常是苗老而不发，根系生长受阻，侧根少而粗短，根尖钝、似截断状，土壤表层根系呈锈纹状，龙头（茎生长点）萎缩，心叶褪绿，植株早衰，产生“细尾瓜”、“苦瓜”等较多。当番茄在苗期受高浓度盐类物质危害时，其幼苗老化，若在果实膨大期则出现畸形果。

1.2.2.2 特殊离子的毒害作用增强

随着设施土壤盐分的积聚，某些单盐离子的浓度也会逐渐升高，如设施土壤中仅NO_3^-的含量就占了阴离子总量的67%～76%，且其含量还会随设施年限的延长而增加，土壤硝酸盐的积累既是设施土壤次生盐渍化的主要特征，也是引发设施作物生理障碍的主要盐分离子之一。土壤中一些盐分离子的累积不仅会对作物造成直接的单盐毒害，同时也会改变原生质膜的透性，致使作物吸收某种盐类过多而排斥对另一些营养元素的吸收，从而使作物细胞内部的离子种类和浓度也发生相应变化，这种不平衡吸收会导致作物营养失调和生长发育不良。土壤中轻度硝酸盐积累就会造成蔬菜对各种营养元素的吸收不平衡，严重的硝酸盐积累使蔬菜种子发芽率降低甚至不发芽。土壤中 Na^+ 浓度过高，作物在遭受 Na^+ 毒害的同时对 K^+ 的吸收也相应减少，此外也易发生磷和钙的缺乏症。

1.2.2.3 破坏体内正常的生理代谢功能

由于盐分胁迫影响膜透性，并改变了膜上一些结合酶类的活性，因而造成作物部分生理代谢失调。①光合作用受阻。当盐分过多时，作物体内的 PEP 和 RuBP 羧化酶活性降低，叶绿体趋于分解，叶绿素和类胡萝卜素的生物合成受阻，气孔关闭，光合速率下降，最终影响作物的产量形成。②呼吸作用增加。盐分胁迫时，作物呼吸消耗量增加，净光合生产率降低，作物生长发育受到明显抑制。③蛋白质合成量减少。盐分含量过高不仅会明显抑制蛋白质的合成，而且还促进其分解，从而使植株体内的蛋白质含量显著降低。④体内有毒物质积累。盐分胁迫是导致作物体内有毒代谢产物（如游离氨基酸、胺和氨等）积累的重要原因之一，可造成作物叶片受害，根系生长受阻，组织变黑坏死等。

1.2.3 养分失衡引起的生理性病害

当前，我国设施栽培养分管理中普遍存在着为追求高产而过量施肥，且重施氮、磷而轻施 K 肥、微肥以及不根据作物需肥特点而盲目施肥的现象。在山东，一般大棚蔬菜 N、P、K 养分投入比例约为 1∶0.53∶0.41，而茄果类、瓜类和豆类作物的 N、P、K 需肥比例则分别为 1∶0.25∶1.58、1∶0.29∶1.47 和 1∶0.3∶1.44。养分供求比例严重失衡以及由单一连作所造成的作物对某些养分选择性吸收，使土壤中一些矿质营养元素，特别是微量元素相对缺乏，最终导致植株体内营养失调和生理性病害经常发生，如作物生育期延长、结实不良等。番茄脐腐病、莴苣（*Lactuca sativa* L.）叶烧病、甜瓜和芹菜（*Apium graveolens* Linn.）的心腐病等生理病害的发生均与土壤养分状况密切相关。此外，土壤养分失衡还以多种方式直接或间接地影响作物对一些传染性病害的抗性，如可通过改变根系分泌物的种类和数量，以及植物体内酚类化合物、活性氧、碳氮化合物、内源激素等的含量，使作物的抗病性降低。研究表明，大量使用氮肥能使植物体内的糖和淀粉含量下降，而游离氨基酸总量提高，病原菌偏爱的氮源如谷氨酸、天冬氨酸及其酰胺的量大大提高，从而增加了作物的感病率。高氮条件下，合成酚的关键酶（苯丙氨酸和酪氨酸的解氨酶）活性降低，植株总酚含量降低，而酚类化合物对抑制病菌生长和降低病原菌的毒害具有重要作用。

1.2.4 土壤酸化导致的作物病害

设施栽培条件下土壤酸化明显，且随着设施种植年限的延长，设施土壤的 pH 呈下降趋势。孟鸿光等（2000）对沈阳市城郊 110 个具有代表性的设施土壤 pH 测定结果表明，土壤 pH<6.5 的大棚占调查总数的 70.9%，其中部分设施土壤 pH<4.1。

土壤酸化会对作物生长产生诸多不利影响，主要表现为以下几个方面。①影响根系正常生长发育。根系变粗变短、数量减少、根颜色发暗、扎根深度变浅，从而影响根系对土壤中水分和养分的吸收，特别是磷、钙、镁等吸收受阻，使某些病害易于发生。例如，使番茄青枯病、白菜根肿病、芹菜裂茎、萝卜糠心等的发病率显著增加。同时，土壤酸化也影响作物产量及地上部一些器官的生长发育。②影响土壤中养分的有效性和作物的营养状况。土壤 pH 降低，提高了土壤中 Al^{3+}、Fe^{2+} 和 Mn^{2+} 等离子的浓度，易使它们对作物产生毒害作用，影响蔬菜的正常生长发育和产量的提高。当 pH<5 时，由于土壤中 H^+ 浓度过高而对 Ca^{2+} 产生显著的拮抗作用，使作物根系对 Ca^{2+} 的吸收减少，出现明显的缺钙症状。此外，土壤 pH 过低还会抑制部分有益微生物的活性和正常的生理代谢，导致土壤中有机物的矿化与分解速率减缓，土壤中氮、硫和磷等营养元素的释放和有效性受到显著影响。③加重一些土传病害的发生。例如，由芸薹根肿菌(*Plasmodiophora brassicae*)引起的十字花科根肿病，当土壤 pH<5.7 时，病害发生最严重；当在 pH 5.7～6.2 时，病害明显下降；当 pH>7.8 时，病害完全受到抑制。

1.2.5　土壤生物学环境恶化引起的植物病害

1.2.5.1　连作引起的自毒作用明显增强

设施栽培条件下，种植户为在短期内充分发挥设施栽培的效能，往往连续种植一些经济效益相对较高的作物品种，而不注意轮作倒茬。长期单一的种植、施肥使土壤理化性质及生物学环境变劣，严重影响了设施作物的正常生长。长期连作条件下，植物根系分泌的自毒物质、植物残体以及病原微生物的代谢产物均会对植株代谢产生自毒作用。有研究表明，豌豆、番茄、茄子、黄瓜、西瓜和甜瓜等作物的根系分泌物和残茬易引起自毒作用，且已从其根系分泌物中分离出了一些酚酸类化合物和低分子质量有机酸等多种自毒物质。当作物连续种植使其根系释放的酚类物质等积累到一定量时，就会通过影响细胞膜透性、酶活性、离子和水分吸收、光合作用、蛋白质和 DNA 合成途径等来影响植物的生长发育。Yu 和 Matsui(1994)报道，黄瓜根系分泌物中含有苯甲酸、对羟基苯甲酸、2，5-二羟基苯甲酸、苯丙烯酸等 11 种酚酸物质，其中 10 种具有生物毒性。它们均显著地影响黄瓜根系中 POD 和 SOD 等抗氧化酶的活性，增加根系组织中活性氧自由基含量和膜脂过氧化，抑制根系对离子的吸收，增加植株体内离子外渗，降低叶片气孔导度和光系统Ⅱ的光化学效率，导致光合速率和蒸腾作用下降。其中，苯丙烯酸、对羟基苯甲酸明显抑制了黄瓜根系的生长，苯丙烯酸对黄瓜根系活力、根际土壤酶活性和养分吸收等均产生抑制作用，且随含量的增加抑制作用增强；番茄根系分泌物对其株高及鲜重的增加也具有明显的抑制作用。同时，有关研究还证明，若添加吸附剂除去根际中的自毒物质则可促进作物生长，使其产量提高 20%～30%。而且，作物残体在其分解过程中也会产生一些植物毒素，抑制下茬作物的生长。此外，自毒物质因导致根系活力下降而助长土传病害的发生，从而加剧了作物的连作障碍。

1.2.5.2　土壤有害微生物和土传病虫害加重

设施栽培条件下，土壤有害微生物种类和数量明显增加，作物传染性病害加重。据调查，约70%的蔬菜连作障碍是由土传病虫害引起的，这与连作重茬以及设施栽培的环境条件密切相关。

设施土壤中氨化、硝化及反硝化细菌的数量较露地均有不同程度的增加，其中硝化细菌的数量增加最为明显，约为露地的60倍。硝化细菌数量增加促进了设施土壤中硝化作用的不断增强，造成土壤中硝酸盐的大量积累，当硝酸盐含量达到1.4 g/kg时，作物生长将受到明显的抑制。

连作条件往往使土壤有益微生物种群和数量降低，而有害微生物则增加。随设施种植年限的延长，土壤中有害真菌的种类和数量明显增加，尤其是有害腐霉菌数量的增加和有益木霉数量的减少非常明显。研究表明，连续使用3年、14年和36年的设施土壤中腐霉数量分别是露地菜田的1.74倍、6.00倍和40.22倍，而腐霉数量的快速增加是引起蔬菜苗期猝倒病的重要原因之一。与之相反，露地菜田有益菌木霉的数量则为设施土壤的11～67倍。如果木霉数量减少，则会明显降低蔬菜的抗病能力。同时，在连续种植3年、14年和36年的设施土壤中放线菌的数量分别减少为露地菜田土壤的78%、44%和34%。放线菌的代谢产物大多对土壤中的部分有害微生物具有明显的抑制作用，而设施土壤中放线菌种类和数量的逐年递减则导致设施土壤中有益微生物对有害微生物的拮抗作用逐渐减弱，从而增加了植株的感病概率。

根系分泌物及根际微生物与作物连作障碍有密切联系。据陈宗泽等(1997)报道，连作会使根际微生物区系由高肥力的“细菌型”向低肥力的“真菌型”转化。而真菌种类增加后，其分泌产生的毒害物质又会使有益真菌数量急剧减少、细菌密度明显下降。同时，连作中作物根系分泌物和植株残体也为病原菌提供了营养以及赖以生存的寄主和繁殖场所，加之温室、大棚又具有相对适宜的繁殖条件，土壤中病原菌的数量不断增加，并侵染植物根部，导致植物碳水化合物、氨基酸、蛋白质、脂类和核酸等的代谢途径改变，根的分泌作用也随之加强，且细胞内物质也会因细胞膜透性的破坏而以扩散方式释放至根际，从而更加剧了根际病原微生物的繁殖。病原菌潜伏于土壤中，且大多数土壤病原菌在缺乏寄主的条件下会在寄主残体或土壤中形成耐久性生存器官，一旦寄主出现便能发芽侵染寄主，而长期连作就等于为害虫滋生繁殖培养了寄主。如此恶性循环，导致越来越严重的土壤障碍，并对设施作物的正常生长造成持续危害。

此外，由于设施土壤缺乏雨水淋洗，加之设施生产中化肥、农药的过量施用，土壤环境质量劣化，导致土壤中病原菌抗药性群体数量增加、抗药性程度也不断提高，从而使一些土传病害在设施栽培条件下更容易发生，如镰刀菌引起的番茄和瓜类枯萎病、灰霉病、疫病、青枯病以及根结线虫等，这些在露地栽培中难以生成的传染性病虫害，在温室内却得以滋生蔓延且难以绝迹，如不及时采取有效的控制措施，就会造成作物的大量减产，甚至绝收，严重制约了设施栽培的可持续发展。

综上所述，造成设施园艺作物生长发育不良和病害严重的主要原因在于设施内各种不利环境条件的存在，以及这些环境因子相互影响、相互制约的作用，只有充分调控好作物生长所需的各种环境条件，进行科学合理的栽培管理，才能保证作物健康生长，达到设施栽培持续高产、高效和优质生产的目的。

主要参考文献

安国民，徐世艳，赵化春. 2004. 国外设施农业现状与发展趋势. 现代化农业，(12)：34-36

陈贵林. 1999. 我国设施农业的现状与展望. 科技导报，(1)：23-25

陈国安. 1996. 菜地土壤的酸化及其治理. 长江蔬菜，(8)：29-31

陈莉，赵金来，王桂丽等. 2004. 保护地茄子生理障碍的发生及对策. 蔬菜，(2)：21-22

陈宗泽，殷勤燕. 1997. 大豆连作对土壤微生物生物量的影响. 大豆通报，(6)：15

程冬玲，林性粹. 2001. 园艺设施内的水分调控. 西北园艺：果树，(1)：21

杜俊杰，牛铁泉，曹琴等. 1999. 设施农业——传统农业的挑战者及其展望. 见：曹志洪，周健民. 中国科学院南京土壤研究所国际学术研讨会论文集. 北京：中国农业科学技术出版社：22-26

范海涛. 2003. 世界设施农业发展现状，农村实用工程技术. 温室园艺，(1)：30-32

范双喜，谷建田，韩莹琰. 2003. 园艺植物高温逆境生理研究进展. 北京农学院学报，18(2)：147-151

冯永军，陈为峰，张蕾娜等. 2001. 设施园艺土壤的盐化与治理对策. 农业工程学报，17(2)：111-114

高峰，俞立，卢尚琼等. 2009. 国外设施农业的现状及发展趋势. 浙江林学院学报，26(2)：279-285

高翔，齐新丹，李骅. 2007. 我国设施农业的现状与发展对策分析. 安徽农业科学，35(11)：3453-3454

葛志军，傅理. 2008. 国内外温室产业发展现状与研究进展. 安徽农业科学，36(35)：15751-15753

归秀娥. 2008. 我国耕地资源可持续利用面临的问题与对策. 理论导刊，(7)：102-103

郭文忠，刘声锋，李丁仁等. 2004. 设施蔬菜土壤次生盐渍化发生机理的研究现状与展望. 土壤，36(1)：25-29

郭衍银，徐坤，王秀峰等. 2003. 矿质营养与植物病害机理研究进展. 甘肃农业大学学报，38(4)：385-393

胡勤俭，张爱敏. 2002. 日光温室蔬菜的低温高湿障碍及预防. 长江蔬菜，(12)：24-25

胡文海，喻景权. 2003. 低温弱光对番茄植株生长发育及生理功能的影响. 中国生态农业学报，11(3)：55-57

黄伟，任华中. 2002. 低温弱光对番茄苗期生长和光合作用的影响. 中国蔬菜，(4)：15-17

贾探民. 2002. 设施栽培中的高温高湿危害及其预防. 上海蔬菜，(5)：40-41

江福英，李延，翁伯琦. 2002. 植物低温胁迫及其抗性生理. 福建农业学报，17(3)：190-195

李宝聚，陈立芹，孟伟军等. 2003. 温湿度调控对番茄灰霉病菌产生的细胞壁降解酶的影响. 植物病理学报，33(3)：209-212

李宝聚，朱国仁，关天舒等. 2003. 节能日光温室中番茄灰霉病发生规律的研究. 植物保护，29(2)：26-29

李怀方，刘凤权. 2003. 园艺植物病理学. 北京：中国农业大学出版社

李建明. 2008-08-05. 设施农业科学技术的作用与意义. 定西市科学技术局网页，http：//www.dxkj.gov.cn

李式军. 2002. 设施园艺学. 北京：中国农业出版社：119-121

李晓仁，李虹，魏文生. 2000. 日光温室病虫害发生原因浅析与综合防治对策. 北方园艺，(4)：45-46

李亚敏，商庆芳，田丰存等. 2008. 我国设施农业的现状及发展趋势. 北方园艺，(3)：90-92

李彦明，刘永杰. 2000. 国内外设施农业发展刍议. 农机市场，(12)：7-9

廖允成，王立祥，史俊通. 2001. 设施农业——我国高效农业发展的重要选择. 科技导报，(9)：32-35

刘彩梅，张衍华，毕建杰. 2008. 设施农业的发展现状及对策. 河北农业科学，12(7)：120-121

刘善江. 1999. 目前保护地蔬菜施肥存在的问题及对策. 北京农业科学，17(1)：31-32

陆景陵. 1994. 植物营养学. 北京：中国农业大学出版社：182-192

吕卫光，张春兰，彭宇等. 2001. 外源苯丙烯酸抑制连作黄瓜生长的机制初探. 中国蔬菜，(3)：10-12

吕卫光，张春兰，袁飞等. 2002. 化感物质抑制连作黄瓜生长的作用机理. 中国农业科学，35(1)：106-109

马朝红,方建坤.2000.蔬菜土壤养分累积状况与环境风险.长江蔬菜,(12):43-45
马德华,孙其信.2001.温度逆境对不同品种黄瓜幼苗膜保护系统的影响.西北植物学报,21(4):656-661
麦尔豪斯·肯特同.1951.植物病理学.上海:上海新农出版社
孟鸿光,李中,刘乙俭等.2000.沈阳城郊温室土壤特性调查研究.土壤通报,31(2):70-72
苗子胜.2008.当前我国设施农业建设中存在的问题及宏观管理.现代农业科技,(19):117-119
孙瑞玲.2008.现代农业建设的现状、制约瓶颈及其出路探析.农业经济,(8):81-83
孙忠富.1999.中国设施园艺工程发展现状与主要研究领域初步探讨.见:曹志洪,周健民.中国科学院南京土壤研究所国际学术研讨会论文集——设施农业相关技术.北京:中国农业科学技术出版社:35-41
唐咏,梁成华,刘志恒等.1999.日光温室蔬菜栽培对土壤微生物和酶活性的影响.沈阳农业大学学报,30(1):16-19
童有为,陈淡飞.1991.温室土壤次生盐渍化的形成和治理途径研究.园艺学报,18(2):159-162
王兰兰.2004.弱光处理对辣椒植株形态及生理指标的影响.甘肃农业科技,(5):30-32
王丽娟,张平,顾青海等.2002.减光条件下番茄生态生理变化研究.天津农业科学,8(1):18-22
吴凤芝,刘德,王东凯等.1998.大棚蔬菜连作年限对土壤主要理化性状的影响.中国蔬菜,(4):6-8
吴凤芝,王伟.1999.大棚番茄土壤微生物区系研究.北方园艺,(3):1-2
吴凤芝,赵风艳,刘元英.2000.设施蔬菜连作障碍原因综合分析与防治措施.东北农业大学学报,31(3):241-247
吴凤芝,赵风艳.2003.根系分泌物与连作障碍.东北农业大学学报,34(1):114-118
熊国华,林咸永,章永松等.2004.环境因素对蔬菜累积硝酸盐影响的研究.土壤通报,35(3):362-365
徐希春,初江,高晓惠.2008.设施农业的发展分析.农机化研究,(8):237-240
薛继澄,毕德义,李家金等.1994.保护地栽培蔬菜生理障碍的土壤因子与对策.土壤肥料,(1):4-9
杨其长,李宝海.2001.国内外设施农业的现状及我国的对策.西藏农业科技,23(2):6-12
杨月红,孙庆艳,沈浩.2002.植物的盐害和抗盐性.生物学教学,27(11):1-2
易金鑫,陈静华.1999.弱光胁迫对茄子植株形态及两项生理指标的影响.江苏农业科学,(6):62-65
殷永娴,刘鸿雁.1996.设施栽培下土壤中硝化、反硝化作用的研究.生态学报,16(3):246-250
郁继华,舒英杰,吕军芬等.2004.低温弱光对茄子幼苗光合特性的影响.西北植物学报,24(5):831-836
喻景权,杜尧舜.2002.蔬菜设施栽培可持续发展中的连作障碍问题.沈阳农业大学学报,31(1):124-126
战吉宬,黄卫东,王利军.2003.植物弱光逆境生理研究综述.植物学通报,20(1):43-50
张昌爱,劳秀荣.2003.保护地土壤模拟酸化对油菜根系的影响.耕作与栽培,(1):48-50
张福锁.1993.植物营养生态生理学和遗传学.北京:中国科学技术出版社:140-156
张俊环,黄卫东.2003.植物对温度逆境的交叉适应性及其机制研究进展.中国农学通报,19(2):95-100
张新春,庄炳昌,李自超.2002.植物耐盐性研究进展.玉米科学,10(1):50-56
张英,穆楠,张雪清.2008.国外设施农业的发展现状与趋势.农业与技术,28(2):123-125
张英,徐晓红,田子玉.2008.我国设施农业的现状、问题及发展对策.现代农业科技,(12):83-86
章家恩,刘文高,胡刚.2002.不同土地利用方式下土壤微生物数量与土壤肥力的关系.土壤与环境,11(2):140-143
郑光华.1999.美国设施农业发展概况.世界农业,(3):13-16
周素平,黄保健,李式军.1999.中国设施园艺的现状与展望.见:曹志洪,周健民.中国科学院南京土壤研究所国际学术研讨会论文集——设施农业相关技术.北京:中国农业科学技术出版社:3-8
周玉丽,舒英杰.2004.低温弱光对茄子幼苗膜脂过氧化和细胞膜保护酶系的影响.安徽技术师范学院学报,18(3):9-12

Ai X Z, Guo Y K, Chen L P, et al. 2004. Photosynthetic characteristics and ultrastructure of chloroplast of cucumber under low light density in solar-greenhouse. Agricultural Sciences in China, 3(2): 129-135

Annette F, Udo R, Peter K, et al. 1997. Margot Schulz Effects of 2,4-dihydroxy-1,4-benzoxazin-3-ones on the activity of plasma membrane H^+-ATPase. Phytochemistry, 44(6): 979-983

Arun K T, Baishnab C T. 1999. Acclimation of chlorophyll biosynthetic reactions to temperature stress in cucumber(*Cucumis sativus* L.). Planta, 208: 431-437

Blum U, Shafer S R, Lehman M E. 1999. Evidence for inhibitory allelopathic inter-actions involving phenolic acids in field soil: concepts vs. an experimental model. Crit. Rev. Plant Science, (18): 673-693

Chen Q J, Zhang F M, Wang W J, et al. 2003. The physiologic reaction of cucumber to low temperature and low light intensity. Agricultural Sciences in China, 2(2): 200-205

Grattan S R, Grieve C M. 1999. Salinity-mineral nutrient relations in horticultural crops. Scientia Horticulturae, (78): 127-157

Ritsuko K, Takeshi S, Tamotsu K, et al. 1997. 1,8-Cineole inhits root growth and DNA synthesis in the root apical meristem of *Brassica campestris* L. Journal of Plant Research, 110(1): 1-6

Tewari A K, Tripathy B C. 1998. Temperature-stress-induced impairment of chlorophyll biosynthetic reactions in cucumber (*Cucumis sativus* L.) and wheat (*Triticum aestivum* L.). Plant Physiology, (117): 851-858

Vidhyasekaran P. 1988. Physiology of disease resistance in plants(Ⅱ). Boca Raton, Fla: CRC Press, 51-62, 39-48

Yoshinori M, Koichi K, Yoshihiro T, et al. 2001. Occurrence of new powdery mildew on greenhouse tomato cultivars. Journal of General Plant Pathology, 67(4): 294-298

Yu J Q, Matsui Y. 1994. Phytotoxic substances in root exudates of cucumber. Chemical Ecology, (20): 21-31

Yu J Q, Matsui Y. 1997. Effects of root exudates of cucumber(*Cucumis sativus* L.). and allelochemicals on ion uptake by cucumber seedling. Journal of Chemical Ecology, (23): 817-827

Yu J Q. 2001. Autotoxicity of cucurbit crops: phenomenan, autotoxins, mechanisms and means to overcome. Journal of Crop Production, (4): 335-348

2　设施土壤有机质演变特征

土壤有机质是指存在于土壤中所有含碳的有机化合物，包括土壤中的动植物残体、微生物体及其分解和合成的各种有机化合物。有机质在土壤中的含量较低，矿质土壤一般都在5%以下，但它在土壤肥力、环境保护、农业可持续发展等方面都有着极其重要的作用和意义。一方面，它含有植物生长所需要的各种营养元素，是土壤微生物生命活动的物质及能量来源，对土壤物理、化学和生物学性质都有着深刻影响。另一方面，土壤有机质影响重金属、农药等各种有机、无机污染物的迁移、转化，同时对全球碳平衡起着重要的调节作用。

设施农业是当今最具活力的农村新产业，具有增产幅度大、经济效益高和适应范围广的特点，在蔬菜和其他重要经济作物的反季节以及跨地区种植中发挥着重要作用。土壤有机质含量的高低及有机碳库的动态平衡与作物营养、土壤管理密切相关，可更灵敏、更客观地反映不同农业生产措施对土壤质量和潜在生产力的影响，指导土壤经营和管理的科学性。

2.1　土壤有机质的作用及管理

2.1.1　土壤有机质的作用

2.1.1.1　提供作物所需要的养分

有机质是植物所需养分的主要供应者。土壤中的80%以上的氮、20%～76%的磷，38%～94%的硫是以有机态存在的。随着有机质的逐步矿化，这些养分可直接通过微生物的降解和转化，以一定的速率释放出来，供给作物和微生物的生长所需。在苏州地区高产栽培条件下，单季稻吸收氮总量的70%、双季稻吸收氮总量的50%均来自于土壤有机质。有机质不仅养分全面、肥效稳而持久，同时也可促进土壤养分的有效化。有机质转化过程中产生的多种有机酸和腐殖酸对土壤矿物质有一定的溶解作用，可促进土壤矿物的化学风化，有利于某些矿质养分的释放。此外，由于腐殖酸对金属的络合作用可降低金属离子对磷的固定，因而也使磷素养分的有效性有所提高。

2.1.1.2　增强土壤保肥性

腐殖物质因带有正负两种电荷，故可吸附阴、阳离子，其中主要以负电荷为主，可吸附NH_4^+、K^+、Ca^{2+}、Mg^{2+}等，从而避免了这些养分离子的随水淋失，而这些吸附态的阳离子能随时被根系附近的其他阳离子交换出来，供给植物吸收，因此具有有效性。腐殖质对阳离子的吸收能力为150～450 cmol/kg，平均350 cmol/kg，是土壤中矿质胶体吸收阳离子量的几倍到几十倍(高岭石3～5 cmol/kg，蒙脱石类80～100 cmol/kg)。矿质土壤中有机质的含量一般不足5%，但其对阳离子吸附量的贡献可高达20%～90%，在保肥力很弱的砂质土壤中这一作用显得更为突出。因此，提高土壤有机质含量，是提高土壤保肥能力的重要措施。

2.1.1.3 促进团粒结构形成、改善土壤物理性质

团粒结构是最适宜植物生长的土壤结构类型。有机质可通过分子力、氢键、静电引力等作用，使分散的土粒团聚起来形成团粒结构。由于有机质的黏结性大于砂粒，小于黏粒，因此能黏合砂粒，提高砂土的团聚性，改变砂土分散无结构的特性，同时又可降低黏质土中黏粒间的黏结性，使黏土变得疏松易耕。团粒结构总孔度大，且具有多级孔隙，在协调水气矛盾以及保肥供肥等方面都具有良好的调节作用。此外，腐殖质的颜色较深，有利于吸收太阳辐射，改善土壤热状况，同时，由于其水气协调，土温变幅小，保温性好。

2.1.1.4 有助于消除土壤中重金属污染

土壤腐殖物质含有多种功能基，这些功能基对重金属离子有较强的络合和富集能力，对土壤和水体中重金属离子的迁移、转化以及生物有效性有着极其重要的影响，可在一定程度上减少植物、特别是农作物对重金属的吸收利用。胡敏酸可作为还原剂将有毒的Cr^{6+}还原为Cr^{3+}。作为Lewis硬酸，Cr^{3+}能与胡敏酸上的羧基形成稳定的复合体，限制了动植物对其的吸收性。腐殖物质还能将V^{5+}还原为V^{4+}、Hg^{2+}还原为Hg、Fe^{3+}还原为Fe^{2+}、U^{6+}还原为U^{4+}。此外，腐殖酸对无机矿物也有一定的溶解作用，腐殖酸对矿物的溶解作用实际上是其对金属离子的络合、吸附和还原综合作用的结果。

2.1.1.5 有机物质对农药等有机污染物的固定作用

土壤有机质对农药等有机污染物有强烈的亲和力，对有机污染物在土壤中的生物活性、残留、生物降解、迁移和蒸发等过程有重要的影响，其对农药的固定与腐殖物质功能基的数量、类型和空间排列密切相关，也与农药本身的性质有关。一般认为极性有机污染物可通过离子交换和质子化、氢键、范德华力、配位体交换等不同机理与土壤有机质结合。腐殖物质分子中既有极性亲水基团，也有非极性疏水基团。可溶性腐殖物质能增加农药从土壤向地下水的迁移，富啡酸有较低的分子质量和较高酸度，比胡敏酸更可溶，能更有效地迁移农药和其他有机物质。

2.1.1.6 土壤有机质对全球碳平衡的影响

土壤有机质是全球碳平衡过程中非常重要的碳库。据估计，陆地土壤是地球表面最大的碳库，有机碳储量为1400～1500 PgC，其中农田土壤储存的碳占陆地土壤碳储量的8%～10%。每年因土壤有机物质生物分解释放到大气的总碳量为68×10^{15} g，大量土壤有机碳的损失既造成土壤的严重退化和农业可持续性的降低，也对地球自然环境产生重要影响。近年来，国际学术界越来越重视农业土壤有机碳库的变化对大气CO_2的源汇效应，研究农田土壤有机碳的转化和平衡，对减缓温室效应，提高土壤质量和粮食安全具有重要的现实意义。

2.1.2 土壤有机质的管理

土壤有机质与土壤水、肥、气、热各个方面及其他一系列物理、化学、生物学性质都密切相关，并能直接或间接影响作物的产量和品质。由于土壤肥力受多种肥力因素的综合影响，有机质含量并不是在任何范围内都与土壤肥力水平和作物产量成正相关，若超过一定的范围，则会对作物和土壤肥力产生不利影响。同时，在不同区域环境条件下，不同地区高产土壤有机质的适宜范围也不尽相同。在生产实践中只有根据当地自然条件和土壤用途，将土壤有机质含量维持在一定水平之上，才可保持农业生产的稳产高产。

调节土壤有机质的原则一般是在增加有机质的前提下，使其既能以适当的矿化速度分解为作物提供养分，又能维持一定的腐殖化水平，为土壤提供一定量的腐殖质。只有这样，才能满足植物在连续生产中对土壤肥力的要求。

2.1.2.1 增加有机质的来源

增施有机肥、秸秆还田以及种植绿肥是目前生产实践中提高土壤有机质的主要措施之一。可利用的有机肥源包括：作物秸秆、绿肥、粪肥、厩肥、堆肥、沤肥、饼肥、蚕沙、鱼肥、河泥、塘泥等。秸秆是一种相当丰富的资源，对水稻等农作物的秸秆，直接“还田”是提高土壤有机质水平的一项有效措施。若以小麦、玉米、水稻田的经济产量与秸秆之比为 1∶1.5 计算，我国每年约有秸秆 44 850 万 t，相当于 665 万 t 氮、磷、钾，是巨大的财富，特别是钾素，作物吸收的钾，主要累积在秸秆中。由于秸秆 C/N 大，在秸秆还田时，必须增施适量的无机氮肥。一般而言，秸秆还田的用量是以亩施 300～400 kg 为宜，同时应配施 3～4 kg/亩的化学氮肥，若以腐殖化系数 0.2 计，则可增加土壤腐殖质 60～80 kg/亩。栽培并施用绿肥，也是提高土壤有机质含量的重要途径。由于我国人多耕地少，利用耕地种植绿肥的方式是一个值得探讨的问题，如果净种绿肥，可能不会为广大农民所接受，因而可以采取间套种绿肥、短期绿肥、水生绿肥等方式发展绿肥，同时可以利用绿化荒山荒坡时种植木本绿肥，如紫穗槐、桤木、马桑、刺槐等，既保持水土，又提供绿肥。

2.1.2.2 调节有机质的积累和分解过程

土壤有机质在微生物的作用下，不断地进行着矿质化过程和腐殖化过程，这两个过程是对立统一的，其作用的相对大小决定了土壤有机质的含量水平。有机质的矿质化过程分解有机质，释放养分供植物吸收利用，同时也为腐殖化过程提供了原料，但矿质化过程过于强烈，使有机质分解快，分解释放的大量无机养分不能及时被植物吸收利用，则会随水流失，同时也会导致腐殖化形成的腐殖质发生分解、流失，使土壤肥力下降。腐殖化过程将多余的无机养分合成腐殖质而保存养分。但腐殖化过程过于强烈，则形成大量的腐殖质，进而造成有机物堆积形成大量的泥炭，虽然养分含量丰富，但可供植物生长的速效养分却相对不足。因此，我们必须对土壤中有机质的含量和有机质的矿质化过程及腐殖化过程进行调节，以不断提高土壤肥力，满足植物的生长发育，达到速生、丰产、优质的目的。

土壤有机质的转化是通过微生物活动来进行的。为了充分发挥有机质的有益作用，就必须采取正确的调节措施，通过控制影响微生物活动的因素，来达到调节土壤有机质分解速率的目的，使土壤有机质的分解速率适应作物生长发育的需要，这些因素包括：调节土壤水、气、热状况，采取合理的耕作和轮作措施，调节土壤的碳氮比和酸碱度等。

2.2 土壤有机质的来源

土壤中有机质的来源十分广泛，包括动物、植物、微生物的生物残体及其分泌物、排泄物等，但不同土壤差异较大，且有机质来源不同，其累积的数量、性质以及对土壤的影响也各不相同。

木本植物的枯枝落叶是森林土壤有机质的主要来源。其特点是数量较少，主要累积在地表。据赵其国等报道，每年每公顷的枯枝落叶量，季雨林为 9.66 t、雨林为 8.86 t、常绿阔叶林为 7.72 t。枯枝落叶主要累积在地表，造成森林土壤有机质分布为上层丰富，向下锐减的特点。例如，四川宝兴县山地落叶阔叶与针叶林混交，林下生长大箭竹的土壤 9～18 cm 土层有机质含量高达 13.6%，至 18～37 cm 处则锐减为 3.4%，37～58 cm 处为 2.5%。木本植物枯枝落富含木质素，木质素疏松、有弹性、保水力强，具有保护地面免受侵蚀的作用。由于累积疏松，空气流通，有利于真菌活动，同时又富含单宁，易形成酸性有机质，作用于矿质土粒，造成盐基物质和铁、铝流失。特别是针叶林，灰分含量少，如松树灰分含量 2.46%，不能中和酸性有机质而形成酸性土。阔叶林灰分含量较高，如栎类灰分含量 8.05%，可中和酸性有机质，对矿质土粒的破坏较小，形成微酸性或中性土壤。

草本植物几乎每年地上部和地下部均死亡，成为土壤有机质的来源，累积的量比木本植物的枯枝落叶多。地上部 1 m 土层内的根量每年每公顷可达 17 t，草原草本可达 11 t。有机质的分布从上到下逐渐减少，这与森林土壤有较大区别。草本植物木质素少，纤维素多，故残体堆积紧实无弹性，通气不良，细菌作用于残体多形成中性有机质。由于堆积紧密，保水性强而透水性差，还可形成沼泽和泥炭。

耕地上种植的作物，收获后均被全部带走，因此土壤有机质来源仅为作物收获后的残茬和施用的有机肥，数量较少。根据对太湖地区调查，根茬残留量占作物产量的百分率为小麦 22.3%～28.9%、油菜 26.5%、冬绿肥 2.2%、单季稻 29%、玉米 5.8%～8.4%、大豆 20.5%。华北地区 8 种作物（玉米、谷子、芝麻、大豆等）产量 250～350 kg/亩时，根茬占籽实产量的 35%～43%。由此可根据产量计算进入土壤的根茬量，再加上有机肥的施用量，一般土壤有机物质仅 15 000 kg/hm^2，这是导致耕地土壤有机质含量低的重要原因。

2.3 设施土壤有机质概述

设施栽培作为目前发展最快的农业生产模式，其生产管理特点对土壤有机质的动态变化产生了较为深刻的影响。随着我国设施栽培面积的不断扩大，特定小气候条件和人为因素占主导作用的设施土壤有机质的含量变化日益受到研究者的重视，设施土壤有机质的含量与组成会直接影响蔬菜的产量与品质。此外，设施栽培条件下，有机质分解过程中产生的 CO_2，还在一定程度上解决温室内因 CO_2 不足而导致的光合产量下降等问题，从而有利于作物的优质、高产。为了满足设施无公害蔬菜生产的需要，及时开展设施土壤有机质含量变化及分布特点的研究，对于实现设施栽培优质、高效且环境友好的发展目标具有重要的现实意义。

赵风艳等(2000)对哈尔滨和大庆市设施土壤的调查研究表明，设施土壤有机质含量较露地土壤明显增加，种植5年以上的均达到极显著水平，且随着种植年限的延长而增加，增加幅度因区域条件和母质类型有所差异；苏友波等(2004)研究表明，设施土壤有机质含量比20世纪80年代中期的露地土壤有较大幅度的提高；汪建飞等(2003)对安徽不同地区设施土壤的研究表明，设施土壤有机质含量均高于相应的露地土壤，但差异不显著，且随剖面层次的加深逐渐降低；曹齐卫等(2008)研究表明，山东济南济阳、商河两县日光温室土壤有机质含量高于露地土壤，增幅为77.1%；但吴忠红等(2005)研究表明，露地栽培改为设施生产后的前1～3年土壤有机质含量会出现大幅降低；许安民等(2007)通过对西安设施土壤有机质剖面分布的研究表明，设施土壤(0～20 cm)有机质含量明显增加，出现明显的表聚现象；张乃明等(2008)研究表明，云南省设施土壤0～20 cm土层的有机质含量是20～40 cm土层的1.2倍，也出现明显表聚现象。

目前，国内已有设施土壤盐渍化、酸化、养分积累以及微生物数量等方面的研究，而关于土壤有机碳的研究主要集中于露地土壤。以往研究表明，露地土壤有机碳的变化主要受季节、温度、湿度、酸碱度、剖面深度、土地利用方式、耕作方式以及施肥制度的影响。但设施土壤与露地土壤的环境条件、施肥制度及栽培管理措施均有较大差异，用已有露地土壤的研究结果难以回答和解释设施土壤中有机碳的变化规律。就土壤有机碳而言，其含量、组分不仅取决于进入土壤有机质数量的多少，还与土壤水、热及pH等环境条件密切相关，而土壤有机碳库动态平衡直接影响着土壤肥力，进而对土壤质量的优劣和作物产量的高低产生影响，了解其动态变化的特征对设施农业的发展具有重要的意义。

2.4 设施土壤有机质演变特征——以山东寿光为例

2.4.1 区域概况

研究区域选择在设施栽培典型区域山东寿光。选取山东省寿光市有代表性的洛城镇、文家镇和孙家集镇的设施土壤及相邻的露地土壤进行调查研究。供试设施土壤及相邻露地土壤的成土母质和地下水位等自然成土条件相同，且当地不同设施土壤在栽培模式和水肥管理措施等方面都相对一致。寿光洛城镇、文家镇、孙家集镇的设施蔬菜种植分别以黄瓜-丝瓜、辣椒-茄子、西红柿-茄子或黄瓜-苦瓜的连年轮作为主。每年每个温室的化肥和有机肥的年施用量分别可高达11.5～28.1 t/hm^2 和153.9～240.0 t/hm^2，其中化肥主要以施用复合肥、磷酸氢二铵、过磷酸钙、硫酸钾为主，有机肥来源为当地饲养场的新鲜畜禽粪便。相邻露地为时令蔬菜的常规种植，化肥和有机肥的年施用量分别为0.75～1.50 t/hm^2 和0～0.15 t/hm^2，化肥主要为复合肥。

2.4.2 研究方法

通过野外调查，选择当地设施栽培集中分布的区域，根据设施种植年限等情况来布置普通样点与典型样点，按“之”字形进行采样。普通样点：以露地土壤为对照，根据当地设施种植年限的不同按 0～20 cm 耕层在单个棚室内取一个混合土样（设 7 个取样点），相同种植年限的不同棚内共取 2 或 3 个样。典型样点：以露地土壤为对照，选择种植年限较长的设施土壤分层（0～20 cm、20～40 cm、40～60 cm、60～80 cm 和 80～100 cm）取样，单个棚室内取一个混合土样（设 7 个取样点），相同种植年限的不同棚内共取 2 或 3 个样。采样的同时走访农户调查各采样点的施肥及栽培管理情况。

土壤总有机碳的测定采用 $K_2Cr_2O_7$ 氧化滴定法；土壤活性有机碳的测定采用 $K_2Cr_2O_7$ 氧化-容量法；腐殖质分组的测定采用 $K_2Cr_2O_7$-H_2SO_4 消化法。

土壤惰性有机碳（RC）＝总有机碳（TOC）－活性有机碳（LC）

富里酸碳（%）＝腐殖质总碳量（%）－胡敏酸碳（%）

胡敏酸碳（HA）/富里酸碳（FA）＝胡敏酸碳（%）/富里酸碳（%）

2.4.3 不同种植年限设施土壤有机质演变特征

2.4.3.1 不同种植年限设施土壤有机质累积特征

从图 2-1 可知，山东寿光露地土壤耕层（0～20 cm）有机质的平均含量为 11.57 g/kg，变幅为 8.00～14.74 g/kg，对照菜田土壤肥力评级标准（表 2-1）可以看出，土壤有机质处于严重缺乏状态。设施栽培后，土壤耕层有机质的平均含量为 16.68 g/kg，变幅为 10.82～30.11 g/kg，普遍较露地土壤有所提高，但其含量与露地土壤无显著差异，耕层有机质含量处于低水平以下的温室占 88%，仅有 12%处于中等适宜水平以上。虽然当地设施栽培有机肥年投入量达 153.85～240.00 t/hm^2，但由于其施用的有机肥大多为当地饲养场的新鲜鸡粪，鸡粪的 C/N 小，易分解，加之温室内部温度较高，微生物活动强烈，有机质矿化快，因此，设施土壤有机质不易累积。

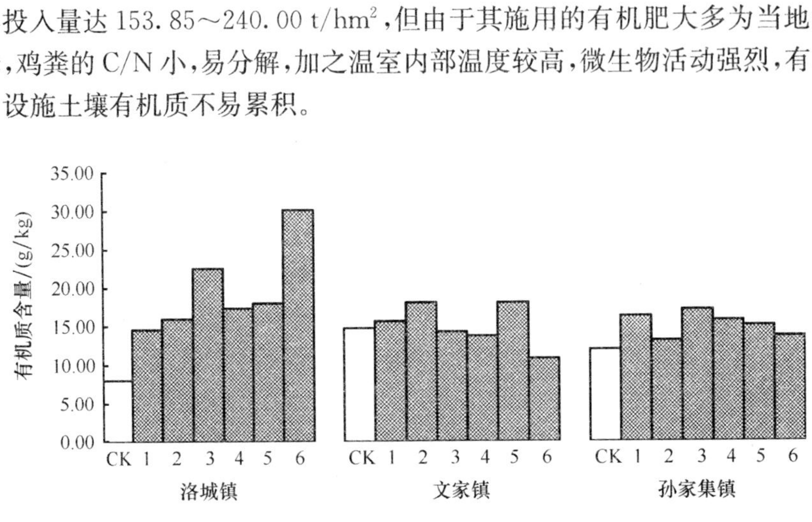

图 2-1　山东寿光不同种植年限设施土壤有机质的含量

CK. 露地；1～6. 温室编号

表 2-1 山东寿光蔬菜土壤有机质丰缺状况的分布频率

菜田土壤有机质评级标准	含量/(g/kg)	>30	25～30	20～25	15～20	<15
	等级	过高	高	适宜	缺乏	严重缺乏
分布频率	露地土壤	—	—	—	—	100%
	设施土壤	6%	—	6%	55%	33%

2.4.3.2 不同种植年限设施土壤活性有机碳含量的变化特征

从图 2-2 可知,山东寿光的设施土壤活性有机碳含量高于其相邻露地土壤,且随着种植年限延长呈先增加后降低的趋势。洛城镇、文家镇、孙家集镇均以种植 4 年的设施土壤活性有机碳含量最高,其中以洛城镇最为明显,为 5.9 g/kg,是相邻露地土壤的 3.22 倍。

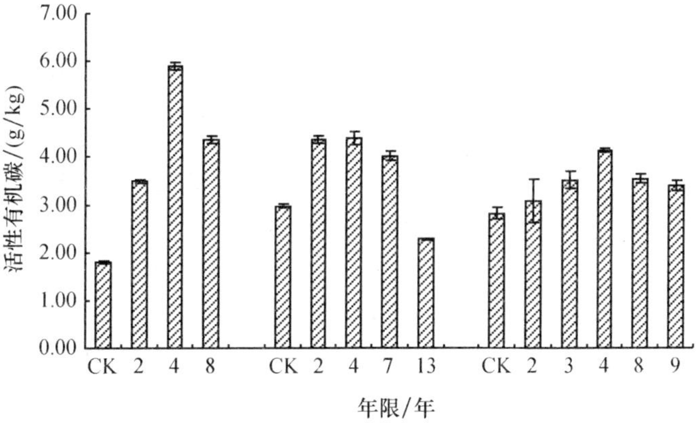

图 2-2 山东寿光不同种植年限设施土壤耕层(0～20 cm)活性有机碳含量的变化特征

上述结果的出现与区域施肥等环节密切相关。据调查,研究区域露地土壤不施或只施少量有机肥,加速了有机质的老化,使露地土壤的活性有机碳含量较低,而设施土壤施用了大量的有机肥,从而增加了有机碳输入。此外,与露地相比,设施土壤中的水稳性团聚体(0.25～2 mm)含量有所增加、容重降低、总孔隙度增加,土壤物理结构性能得到了改善,有利于土壤活性有机碳含量的提高。而种植 4 年后,其含量有所降低,这是由于随着设施种植年限的延长,土壤环境条件发生了改变,经常处于高温、高湿、高蒸发、无雨水淋溶的状态下,导致微生物呼吸作用增强,有机碳矿化速率加快,而活性有机碳是有机碳中最易矿化分解的部分,从而使土壤活性有机碳的积累受到了抑制。此外,调查表明,当地设施土壤在种植 4 年左右,普遍出现了作物生长不良、病害严重等问题,使种植户在一定时期内减少生产上的投入并采取揭棚、翻耕甚至闲置不用等措施来减少损失,待土壤条件有所改善后再继续加大投入,这也直接导致了土壤活性有机碳含量的降低。

2.4.3.3 不同种植年限设施土壤有机碳活化度的变化特征

统计分析表明,山东寿光设施土壤有机碳活化度与活性有机碳含量变化趋势基本一致(图 2-3),其最大值也出现在各乡镇种植 4 年的设施土壤,其中以文家镇的设施土壤变幅最大,为相邻露地土壤的 1.44 倍。据调查,当地设施土壤长期施用大量有机肥,而有机肥可以更新和补充土壤有机质,激发土壤中有机碳活性,提高土壤有机碳活化度。但随着种植年限的延长,设施土壤的特殊环境条件,如半封闭性结构、高复种指数、高温高湿和缺乏雨水淋洗等,会使土壤养分失调,并出现酸化现象,影响微生物活性。此外,设施土壤管理精细,踏踩频繁,种植多年后土壤结构被严重破坏,这些都不利于活性有机碳的积累,进而抑制有机碳的活化。其中,洛城镇和孙家集镇种植 2 年的设施土壤有机碳活化度低于露地土壤,这可能是由于有机碳的活化速度小于施肥对总有机碳的增加速度而导致的。

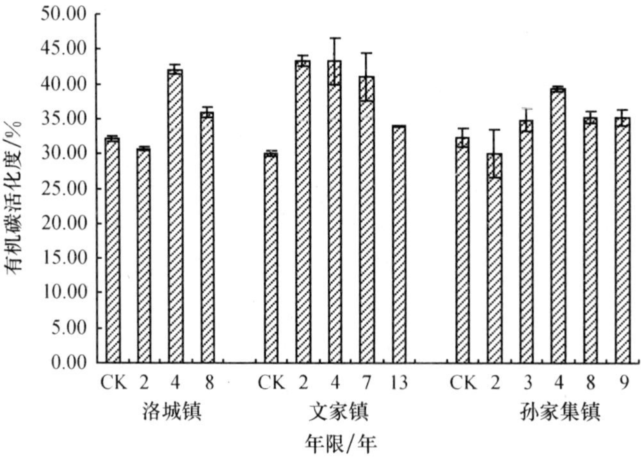

图 2-3　山东寿光不同种植年限设施土壤耕层(0～20 cm)有机碳活化度的变化特征

2.4.3.4　不同种植年限设施土壤的胡敏酸碳量的变化特征

如图 2-4 所示,山东寿光露地土壤胡敏酸碳量总体上是先增加、后降低的变化,其中洛城镇、文家镇和孙家集镇设施土壤的胡敏酸碳含量最大值分别达到了其相邻露地土壤的 1.61 倍、1.82 倍和 1.54 倍。这主要是由于露地土壤施用有机肥较少,会影响胡敏酸碳积累,而设施土壤施用了大量有机肥,能改善土壤腐殖质的质量,增加 HA、FA 含量以及 HA 在腐殖酸中的比例,从而改善 HA 的结构性质,使其得到活化和更新,促进土壤肥力增强。但随着种植年限地延长,设施土壤的温度和湿度都明显高于露地,而高温能促进胡敏酸向富里酸转化,不利于胡敏酸积累,从而导致胡敏酸比例下降。在洛城镇和孙家集镇,胡敏酸碳含量均以种植 4 年的设施土壤最大,而文家镇胡敏酸碳含量的最大值出现在种植 7 年的设施土壤中,这主要与 3 个研究区域的土壤类型不同有关。根据采样点的基本情况调查得知,洛城镇和孙家集镇主要以沙黄土为主,而文家镇主要以黄黏土为主,黏粒含量高,有利于胡敏酸碳的积累,使其最大值的出现相对滞后。

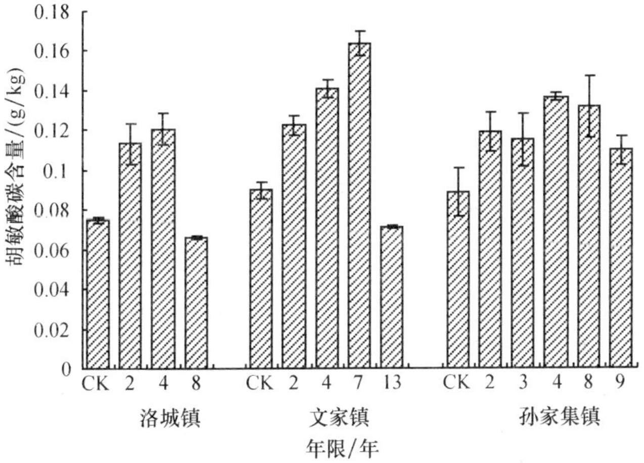

图 2-4 山东寿光不同种植年限设施土壤耕层(0～20 cm)胡敏酸碳量的变化特征

2.4.3.5 不同种植年限设施土壤 HA/FA 的变化特征

山东寿光的 HA/FA 值随着年限的延长变化规律不一致(图 2-5)。洛城镇和孙家集镇的 HA/FA 值在露地土壤中最高,其次是种植 4 年的设施土壤,而文家镇的 HA/FA 值以种植 4 年的设施土壤最高,HA/FA 最小值均出现在当地设施种植年限最长的土壤中。这是由于长期施用有机肥虽然能同时增加胡敏酸碳和富里酸碳的含量,但增加的比例有所不同而导致的。在种植年限达到 4 年后,HA/FA 值普遍下降,这与作物的连作障碍有关,当作物出现生长不良、病害严重等问题时,种植户便会在一定时期内减少生产上的投入,同时采取一些相应措施来减少损失,从而导致 HA/FA 值在 4 年之后出现下降的趋势。

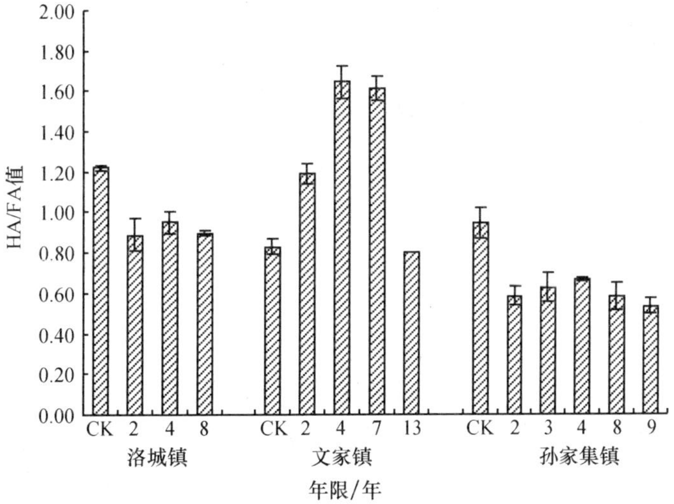

图 2-5 山东寿光不同种植年限设施土壤耕层(0～20 cm)HA/FA 值的变化特征

2.4.4 不同土层设施土壤有机质演变特征

2.4.4.1 活性有机碳含量的剖面变化特征

从表 2-2 可以看出，山东寿光不同种植年限设施土壤的活性有机碳含量均表现出随土层深度加深而逐渐降低的趋势，而 0～20 cm 土层的含量均极显著高于以下各土层，其中 40 cm 以上土层活性有机碳含量变化幅度较大。这主要是由于土壤剖面异质性较大，不同土层土壤有机碳输入量、分解率以及稳定性有所差异，从而使土壤活性有机碳的含量在不同土层有较大的变化。而在设施栽培高投入、高产出的生产模式下，有机肥及作物根茬等有机碳源集中分布于耕层，且随着土层深度的加深，土壤有机碳驻留时间延长，其有效性降低，形成了土壤活性有机碳含量出现从上到下递减的趋势。另据报道，土壤的水分条件也对土壤有机碳的活性及分解速率有一定影响，所以土壤表层含水量丰富会促进有机碳的积累。从表 2-2 中还可以看出除文家镇外，其余两个乡镇设施土壤活性有机碳含量剖面变化幅度均大于露地土壤，其中孙集镇设施土壤活性有机碳的变幅为露地土壤的 3.58 倍。这主要是由于设施土壤有机肥施用量远大于露地土壤，耕层能积累更多的活性有机碳，导致其剖面变化幅度更大。

表 2-2 山东寿光设施栽培土壤活性有机碳含量的剖面变化

土层深度/cm	洛城镇		文家镇		孙家集镇	
	露地	设施	露地	设施	露地	设施
0～20	1.80aA	4.36aA	2.98aA	2.28aA	2.81aA	3.39aA
20～40	1.57bB	2.32bB	1.68bB	1.48bB	2.59bAB	1.92bB
40～60	1.02dD	1.42cC	1.65bB	1.28cC	2.44bB	1.36cCB
60～80	1.20cC	1.41cC	1.59bBC	1.06dD	2.12cC	1.27cCB
80～100	0.76eE	1.41cC	1.29cC	0.97dD	2.02cC	0.95cC

注：同列不同小写字母表示在 $P<0.05$ 水平下差异显著，不同大写字母表示在 $P<0.01$ 水平下差异极显著。

2.4.4.2 有机碳活化度的剖面变化特征

分析表明，露地和设施土壤有机碳的活化度均随土层深度的加深而减小(表 2-3)。其中，以孙家集镇的设施土壤有机碳活化度变化幅度最大，达到了 1.54 倍，而其露地土壤的变幅最小，为 1.06 倍。这是因为随着土层深度的加深，活性有机碳含量减少，且下层土壤的条件，如水分状况和微生物的活性都不利于有机碳的活化，从而导致有机碳活化度降低。但有少数下层土壤的有机碳活化度高于上层土壤，这主要是由于活性有机碳是有机碳中最活跃的部分，移动性大，可能出现随灌水等而向下迁移淋溶的情况，致使上层活性有机碳量减少，下层活性有机碳量增加；同时土壤的翻耕也会导致下层土壤的活化度大于上层土壤。在相同研究区域，耕层设施土壤的有机碳活化度都高于其相邻露地的耕层土壤，这是由于露地土壤与设施土壤的施肥状况及环境条件不同所致。

表 2-3 山东寿光设施栽培土壤有机碳活化度的剖面变化

土层深度/cm	洛城镇		文家镇		孙家集镇	
	露地	设施	露地	设施	露地	设施
0～20	32.05aA	35.93aA	30.09aA	33.94aA	32.31aA	35.20aA
20～40	31.97aA	33.16bAB	31.40bB	31.65aAb	32.69aA	26.87abA
40～60	21.40dC	30.38cBC	30.33bB	30.38bB	30.89aA	22.91bA
60～80	27.87bB	25.94dD	22.75cC	30.50bB	31.94aA	28.65abA
80～100	23.49cC	26.96dCD	23.15cC	30.43bB	32.24aA	20.44bA

注：同列不同小写字母表示在 $P<0.05$ 水平下差异显著，不同大写字母表示在 $P<0.01$ 水平下差异极显著。

2.4.4.3 设施土壤胡敏酸碳含量的剖面变化特征

由表 2-4 可知，设施土壤胡敏酸碳含量的剖面变化与活性有机碳含量的剖面变化有相同的趋势，均随着土层深度的加深而降低的。这主要是由于作物根茬集中分布于耕层以及有机肥表施使耕层土壤的 HA 分子结构简单化，进而转化能力增强，活化度提高，对养分的储存能力增强。有研究表明，活性有机碳的主要组成部分是高活性的腐殖酸碳，而胡敏酸是土壤腐殖酸中最活跃的部分。本研究通过对活性有机碳含量与胡敏酸碳量的相关性分析，发现二者在 $P<0.01$ 水平下显著相关，相关系数为 0.68。

表 2-4 山东寿光设施栽培土壤胡敏酸碳含量的剖面变化

土层深度/cm	洛城镇		文家镇		孙家集镇	
	露地	设施	露地	设施	露地	设施
0～20	0.0750aA	0.0659aA	0.0898aA	0.0711aA	0.0886aA	0.1096aA
20～40	0.0676abAB	0.0457bB	0.0775bAB	0.0529bB	0.0795aA	0.0875bA
40～60	0.0506bcABC	0.0449bB	0.0641cBC	0.0322cC	0.0716aA	0.0804bAB
60～80	0.0454cdBC	0.0424bB	0.0616cBC	0.0192dC	0.0733aA	0.0514cBC
80～100	0.0302dC	0.0340cC	0.0584cC	0.0171dC	0.0712aA	0.0396cC

注：同列不同小写字母表示在 $P<0.05$ 水平下差异显著，不同大写字母表示在 $P<0.01$ 水平下差异极显著。

2.4.4.4 设施土壤 HA/FA 值的剖面变化特征

表 2-5 山东寿光设施栽培土壤 HA/FA 值的剖面变化

土层深度/cm	洛城镇		文家镇		孙家集镇	
	露地	设施	露地	设施	露地	设施
0～20	1.2522aA	2.5754aA	0.8654aA	0.8005aA	0.8575aA	0.8130aA
20～40	1.1856aA	1.2763bB	0.6703bAB	0.5405bAB	0.5762aA	0.9114aA
40～60	0.9702aA	1.258bB	0.6145bAB	0.4818bcB	0.5021aA	0.8408aA
60～80	1.1311aA	0.9677bcB	0.5979bB	0.3051cdB	0.5627aA	0.8080aA
80～100	1.1512aA	0.7540cB	0.5982bB	0.2640dB	0.6393aA	0.5939aA

注：同列不同小写字母表示在 $P<0.05$ 水平下差异显著，不同大写字母表示在 $P<0.01$ 水平下差异极显著。

如表 2-5 所示，除孙家集镇外，其余两镇的设施土壤中，HA/FA 值都是在土壤剖面 0～20 cm 土层最高，且随着土层深度的加深逐渐降低。这是因为该研究区域的设施土壤是有机无机肥配合施用，能改善土壤质量，提高 HA/FA 值，但其效果主要表现在 0～60 cm

土层。不同层次的水分含量和通气性有一定差异，且随着土层深度的加深，微生物量减少、活性降低，不利于胡敏酸碳的积累，所以 HA/FA 值会随着土层的加深而降低。而在孙集镇的设施土壤中出现了 20～40 cm 层的 HA/FA 值高于 0～20 cm 层的现象，这应该与当地土壤的翻耕有关。

2.5 设施栽培条件下土壤碳库变化特征及其与养分有效性的关系——以辽宁沈阳、北镇为例

土壤碳库容量是评价土壤质量的重要指标，其动态平衡与作物营养、土壤管理密切相关，而其中的活性有机碳与土壤性质的关系则更为密切，可更灵敏、更实际的反映不同农业生产措施对土壤质量和潜在生产力的影响，以指导土壤经营和管理的科学性。现以辽宁沈阳、北镇两地具有代表性的设施为对象，通过对当地设施生产现状的详细调查和测土分析，研究土壤有机碳及相关碳库指标与土壤肥力特征间的相互关系，从而为揭示设施生产对土壤质量的影响，指导设施栽培的科学管理，实现设施土壤的可持续利用提供理论依据。

2.5.1 研究区概况

选取辽宁沈阳、北镇的设施土壤及相邻的露地土壤进行调查研究。土壤质地为轻砂土，pH5.2～6.5。沈阳设施栽培以番茄的连作为主，有机肥的年投入量高达 187.69～677.08 t/hm^2，而露地几乎不施用任何有机肥，化肥的年用量为 203～860.89 t/hm^2，是露地的 3.83～14.35 倍。北镇以辣椒和茄子的连年轮作为主，有机肥和化肥施用量分别为 105.04～151.8 t/hm^2，308.4～312.15 t/hm^2。其中化肥以复合肥、磷酸氢二铵、过磷酸钙、硫酸钾为主，有机肥为当地饲养场的新鲜的畜禽粪便，主要为鸡粪、猪粪、牛粪等。

2.5.2 研究方法

2.5.2.1 土样采集与分析

在研究区设置以下两种采样处理：①对不同使用年限的设施土壤（2 年、4 年、8 年、9 年、10 年、11 年、15 年、20 年）及相邻露地土壤，取耕层（0～20 cm）土样；②对使用年限较长（20 年）的设施土壤及其相邻露地土壤，按 0～20 cm，20～40 cm，40～60 cm，60～80 cm 和 80～100 cm 分层，取剖面土样。设施土样的采集均根据设施大小按"S"形进行布点，每个设施内取一个混合耕层土样，各分析土样均采用多点（5～7 个）混合而成，并根据实际种植情况，每种处理设 3～5 个重复。同时走访农户调查各采样点的施肥及栽培管理情况。

土壤有机质、土壤活性有机碳采用 $K_2Cr_2O_7$ 氧化-容量法；全 N 采用开氏消煮法；硝态氮、铵态氮采用 2 mol/L KCl 浸提，流动分析仪测定法；速效 P 采用 0.5 mol/L，pH 8.5 $NaHCO_3$ 浸提，钼锑抗比色法；速效 K 采用 1 mol/L，pH7.0 CH_3COONH_4 浸提，火焰光度计法；有效 S 采用 $Ca(H_2PO_4)_2$-CH_3COOH 浸提，ICP-AES 法；有效 Ca、Mg 采用

CH_3COONH_4 交换-原子吸收分光光度法；有效 Fe、Mn、Cu、Zn 采用 DTPA-$CaCl_2$-TEA 浸提，ICP-AES 法测定。

2.5.2.2　土壤碳库管理指数计算方法

碳库指数(CPI)＝样品总碳含量/参考土壤总碳含量

碳库活度(A)＝活性有机碳/非活性有机碳

碳库活度指数(AI)＝样品碳库活度/参考土壤碳库活度

碳库管理指数(CPMI)＝碳库指数(CPI)×碳库活度指数(AI)×100

2.5.3　设施耕层土壤有机碳含量的变化

设施栽培条件下，受设施环境条件及栽培管理措施的影响，土壤耕层有机碳、活性有机碳以及非活性有机碳的含量均较露地栽培有所提高，但总体增幅较小。分析表明，沈阳设施土壤有机碳含量为 15.6～25.5 g/kg，平均含量 17.5 g/kg(CV＝19.2%)，是露地的 1.3 倍，活性有机碳以及非活性有机碳的含量分别为露地的 1.8 倍，1.1 倍，其中活性有机碳占总有机碳的比例有所增加，由露地的 25.4%增加至 35.9%，而非活性有机碳的比例则由露地的 74.6%下降至 64.1%；北镇地区设施栽培的养分投入水平远远低于沈阳，因此土壤有机碳的增加幅度也相对较低，含量变幅为 8.8～12.9 g/kg，平均 10.7 g/kg(CV＝15.7%)，是露地的 1.1 倍，活性及非活性有机碳的含量及相对比例在不同土壤间的变化较小。由于设施栽培所施用的有机肥为当地饲养场的新鲜鸡粪、猪粪，少数有施牛粪的。鸡粪的 C/N 小，易分解，加之设施内部温度较高，微生物活动强烈，有机质矿化快，因此，设施土壤有机碳的增加幅度总体较低。

2.5.4　设施土壤活性有机碳及碳库管理指数的年变化特征

由图 2-6 和图 2-7 可知，沈阳及北镇两地设施土壤耕层有机碳及活性有机碳的含量在不同年限间呈波动变化的趋势，其中以活性有机碳的增减变化更为明显，表明活性碳库是表征设施土壤碳库变化的主体部分。土壤碳库活度是活性有机碳与非活性有机碳的含量之比，反映土壤碳素的活跃程度，活度越大，表示有机碳越易被微生物分解，质量也就越

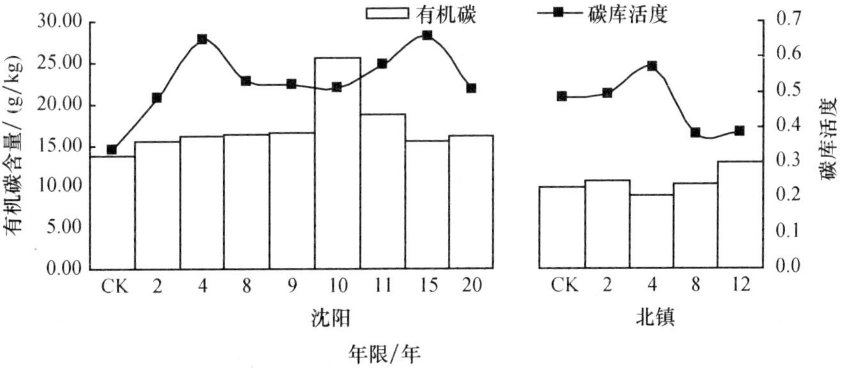

图 2-6　辽宁不同年限设施土壤有机碳及碳库活度的变化

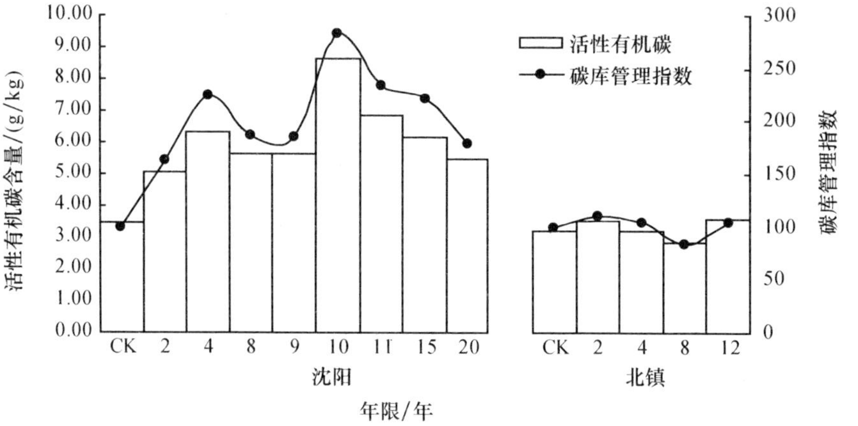

图 2-7　辽宁不同使用年限设施土壤活性有机碳及碳库管理指数的变化

高。从碳库活度的变化特征来看，沈阳设施土壤的碳库活度均高于露地土壤，但随着使用年限的延长总体呈先增后减再增再减的变化趋势，变化周期为 4 年左右，表现为使用 4 年、15 年的设施该特征值最高，而 9 年、20 年的最低；北镇设施土壤的碳库活度也表现出相似的增减变化趋势，4 年最高，8 年最低，此后又有所增加。

为进一步揭示设施栽培对土壤碳库各组分在数量和质量上变化的影响，以常规露地栽培为对照，分析了设施土壤碳库管理指数的变化特征，该指标可系统、敏感的反映土壤有机碳的变化、反映土壤经营和管理的科学性，其值升高，表明经营方式对土壤有培肥作用，土壤性能向良性发展；反之，则该措施是不科学的。由图 2-7 可知，设施土壤碳库管理指数的变化趋势与活性有机碳的含量以及碳库活度的变化趋势一致，表明设施栽培对土壤综合肥力特性的影响与设施使用年限密切相关。据前期研究，实际生产中，设施栽培的复种指数较高，设施利用强度大但可持续利用的周期较短，一般连续使用到 4 年左右，因种植户过量施肥所造成的土壤理化性状不良如土壤盐化板结、养分失衡等问题便会严重影响作物产量及品质的提高，此时种植户便会在生产上减少投入并采取一些相应的措施来减少损失，如揭棚、翻耕甚至闲置不用等，待土壤条件有所改善，种植户才又继续加大投入，如此则形成了对设施土壤利用一破坏一再利用一再破坏的恶性循环，最终导致土壤环境质量的不断恶化，从而影响设施土壤的可持续利用。由此可见，土壤碳库活度及碳库管理指数的变化周期与现实生产中出现土壤问题的时期具有一致性，可作为表征土壤质量变化的重要参考指标。

2.5.5　设施土壤有机碳的剖面变化特征

由图 2-8 和图 2-9 可知，设施土壤耕层(0～20 cm)有机碳及活性有机碳的含量明显高于露地土壤，耕层以下则均低于露地土壤。就其在剖面的分布来看，无论是露地土壤还是设施土壤，有机碳及活性有机碳的含量均随土层深度的增加而有所降低，但其含量在设施土壤中的下降幅度更大，而在露地土壤剖面的分布则相对均匀，说明土壤环境条件以及人为利用程度的不同对土壤碳库的剖面分异存在着直接的影响。一方面，设施栽培条件下，大量有机肥的表施增加了土壤有机碳的物质来源，提高了作物根层的有机碳库；但另一方面，设施栽培棚室密闭条件下所形成的高温、高湿环境也对土壤微生物的数量及活性产生了影响，进而加速了土壤有机碳的分解转化。此外，相对高温的环境条件也促进了土壤水分的蒸发作用，使土壤中的可溶性成分易于表聚，而常规的露地栽培在自然状态下，受雨水淋洗，各可溶性成分在剖面的分布则相对均匀。

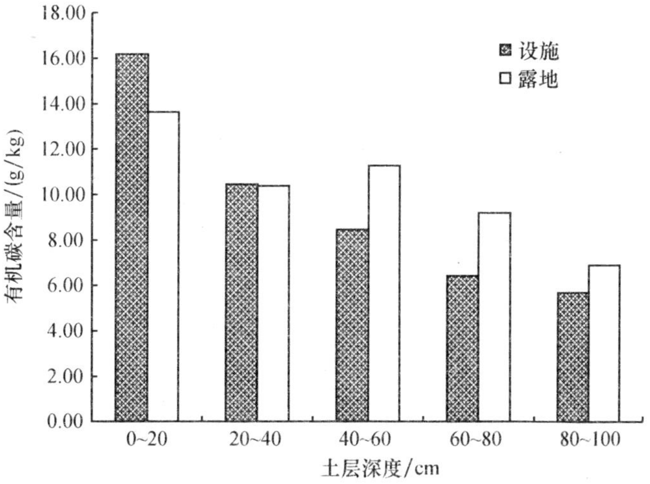

图 2-8　辽宁设施土壤有机碳含量的剖面变化特点

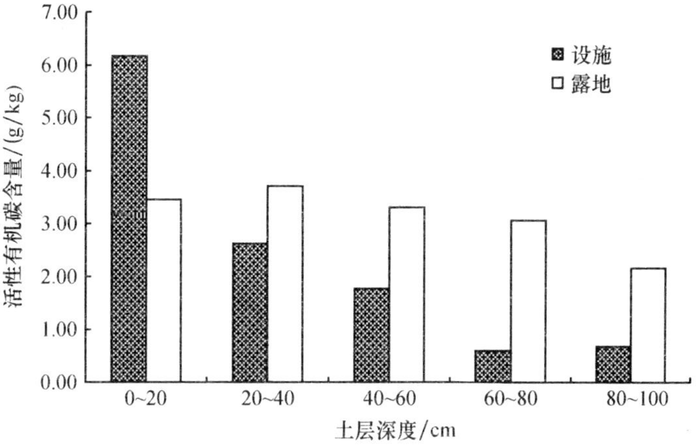

图 2-9　辽宁设施土壤活性有机碳含量的剖面变化特点

2.5.6　设施土壤有机碳、碳库管理指数与养分因子的相互关系

余海英等(2010)研究表明，设施栽培条件下，土壤大量、中量营养元素的含量均较露地栽培有不同程度的增加，而微量营养元素的含量则普遍降低。其中，土壤速效 N、速效 P、速效 K、有效 Ca、有效 Mg、有效 S、有效 Zn 的平均含量分别为 109.2 mg/kg(CV=

65.7%)、35.5 mg/kg(CV=47.5%)、191.1 mg/kg(CV=34.2%)、1.79 mg/kg(CV=20.3%)、278.4 mg/kg(CV=27.8%)、81.9 mg/kg(CV=40.3%)、5.61 mg/kg(CV=50.3%),是露地土壤的2.8倍、2.8倍、1.7倍、1.4倍、1.5倍、3.3倍、2.1倍,其含量在不同年限设施间的差异显著,总体表现出与土壤活性有机碳相似的变化趋势,即随设施使用年限的增长而波动变化。相关分析表明(表2-6),土壤有机碳、活性有机碳及碳库管理指数与土壤速效P、速效K、有效S、有效Mg、有效Fe和有效Zn的含量均呈显著或极显著正相关关系,但活性有机碳与各养分因子的相关系数更大,从而进一步证实了土壤活性有机碳对土壤肥力状况的指示作用,可为研究设施土壤环境质量的演变提供重要参考。

表2-6 土壤有机碳、碳库管理指数与养分因子的相关性分析

	速效N	速效P	速效K	有效S	有效Ca	有效Mg	有效Fe	有效Mn	有效Cu	有效Zn
总有机碳	0.099	0.731**	0.534*	0.430*	0.238	0.348	0.735**	0.342	0.087	0.689**
活性有机碳	0.125	0.795**	0.684**	0.477*	0.302	0.430*	0.638**	0.275	0.077	0.739**
碳库活度	0.091	0.352	0.544**	0.210	0.187	0.293	−0.047	−0.125	−0.003	0.319
碳库活度指数	0.067	0.669**	0.733**	0.369	0.305	0.452*	0.424*	0.236	−0.027	0.595**
碳库指数	0.222	0.551**	0.330	0.420	0.234	0.281	0.501*	0.158	0.214	0.552**
碳库管理指数	0.140	0.785**	0.714**	0.477*	0.319	0.453*	0.577**	0.248	0.068	0.725**

*表示相关性达显著水平($P<0.05$);**表示相关性达极显著水平($P<0.01$)。

2.6 小 结

本章针对设施土壤有机质,开展了不同种植年限、不同土层及土壤有机碳、碳库管理等方面的研究,得到以下主要成果。

(1)由于施肥及管理措施的不同,随着种植年限的延长,设施土壤环境发生了改变,山东寿光设施土壤活性有机碳含量和有机碳活化度呈现先增后减的趋势,且在种植4年时达到最大值;胡敏酸碳含量的变化趋势与活性有机碳基本一致,洛城镇和孙家集镇都以种植4年的设施土壤胡敏酸碳含量最高,而文家镇的最大值出现在种植7年的设施土壤中;HA/FA值随着种植年限的延长变化规律不明显。土壤活性有机碳含量、有机碳活化度、胡敏酸碳含量以及HA/FA值都对土壤的肥力有重要的指示作用。

(2)山东寿光设施土壤不同剖面活性有机碳含量、有机碳活化度、腐殖质总碳量、胡敏酸碳含量以及HA/FA值总体上都是随着土层深度的加深而递减的。这主要是有机肥表施以及作物根茬残留在土壤耕层导致的,所以除施肥以外,翻耕和灌水等管理措施对设施土壤的质量也是很重要的。

(3)受设施环境条件及栽培管理措施的影响,辽宁沈阳设施土壤有机碳、活性有机碳的含量及其在土体剖面的分布均与常规露地栽培有较大差异,0~20 cm耕层的含量增加,而20 cm以下则逐渐降低且低于露地土壤,其中以活性有机碳的增减变化更为明显,是设施土壤碳库变化的主体部分。

(4) 辽宁设施土壤碳库活度及碳库管理指数均随使用年限的延长呈先增后减再增再减的变化趋势，变化周期为4年左右，与实际生产中设施土壤的可持续利用周期具有一致性，可作为反映土壤质量变化的重要指标，同时其波动变化特征亦表明当前温室栽培的相关管理措施仅在温室利用初期即4年之内有利于提高其综合肥力特性，而长期持续的设施农业生产将最终引起土壤质量的下降。

(5) 辽宁设施土壤活性有机碳含量与其速效P、速效K、有效S、有效Mg、有效Fe和有效Zn等养分因子呈极显著正相关关系，且相关系数最大，其含量变化特征可为研究设施土壤肥力质量的演变提供重要参考。

主要参考文献

曹鹏，李华，李永青. 2007. 两种测定风化煤与土壤腐殖酸含量方法的比较. 中国农学通报，23(1)：277-279

曹齐卫，姜惠玲，张卫华等. 2008. 日光温室土壤养分变化状况及累积特征的研究. 华北农学报，23(S1)：340-344

常宗强，冯起，司建华，等. 2008. 祁连山不同植被类型土壤碳贮量和碳通量. 生态学杂志，27(5)：681-688

陈卓，史锟. 2008. 两种土地利用方式下土壤有机碳含量特征. 大连交通大学学报，29(3)：58-60

程励励，文启孝，吴顺令等. 1981. 植物物料的化学组成和腐解条件对新形成腐殖质的影响. 土壤学报，18(4)：360-367

程美庭. 1990. 设施土壤盐分积累盐害及防治. 土壤肥料，(1)：1-4

戴全厚，刘国彬，薛箑等. 2008. 侵蚀环境坡耕地改造对土壤活性有机碳与碳库管理指数的影响. 水土保持通报，28(4)：17-21

杜新民，吴忠红，张永清等. 2007. 不同种植年限日光温室土壤盐分和养分变化研究. 水土保持学报，21(2)：78-80

樊德祥，依艳丽，贺忠科等. 2008. 沈阳市郊日光温室土壤有机碳组成特征研究. 土壤通报，34，(4)：748-751

葛晓光，张恩平，张昕等. 2004. 长期施肥条件下菜田-蔬菜生态系统变化研究(Ⅰ)土壤有机质的变化. 园艺学报，31(1)：34-38

龚伟，胡庭兴，王景燕等. 2008. 川南天然常绿阔叶林人工更新后土壤碳库与肥力的变化. 生态学报，28(6)：2536-2545

雷宝坤，陈清，范明生等. 2008. 寿光设施菜田碳、氮演变及其对土壤性质的影响. 植物营养与肥料学报，14(5)：914-922

李琳，伍芬琳，张海林. 2008. 双季稻区保护性耕作下土壤有机碳及碳库管理指数的研究. 农业环境科学学报，27(1)：248-253

李淑芬，俞春元，何晟. 2002. 土壤溶解有机碳的研究进展. 土壤与环境，11(4)：422-429

李维福，解宏图，郑立臣. 2008. 土壤有机质分组方法研究进展. 农业系统科学与综合研究，24(3)：338-343

刘合明，杨志新，刘树庆. 2008. 不同粒径土壤活性有机碳测定方法的探讨. 生态环境，17(5)：2046-2049

柳敏，宇万太，姜子绍等. 2006. 土壤活性有机碳. 生态学杂志，25(11)：1412-1417

龙世平. 2006. 湖南植烟土壤有机质区域差异及其与土壤有机氮矿化的关系. 长沙：湖南农业大学硕士学位论文

鲁如坤. 2000. 土壤农业化学分析. 北京：中国农业科技出版社

马世五，高雪松，邓良基等. 2008. 不同母质发育的紫色水稻土腐殖质分布特征. 山地学报，26(1)：45-52
秦巧燕，贾陈忠，曲东等. 2002. 我国设施农业发展现状及施肥特点. 湖北农学院学报，22(4)：373-376
沈宏，曹志洪，胡正义. 1999. 土壤活性有机碳的表征及其生态效应. 生态学杂志，18(3)：32-38
沈宏，曹志洪. 2000. 不同农田生态系统土壤碳库管理指数的研究. 生态学报，20(1)：660-668
史吉平，张夫道，林葆. 2002. 长期定位施肥对土壤腐殖质含量的影响. 土壤肥料，(1)：15-22
苏友波，李刚，毛昆明等. 2004. 昆明地区主要花卉蔬菜基地设施栽培土壤养分变化特点. 土壤，36(3)：303-206
汪建飞，于群英，李孝良等. 2003. 设施栽培条件下土壤有机质和氮素变化规律研究. 安徽农业科学，31(2)：191-193
王俊，郭颖，吴蕊，等. 2009. 不同种植年限和施肥量对日光温室土壤锌累积的影响. 农业环境科学学报，28(1)：89-94
王连峰，潘根兴，石盛莉等. 2002. 酸沉降影响下庐山森林生态系统土壤溶液. 植物营养与肥料学报，8(1)：29-34
王玲莉，娄翼来，石元亮等. 2008. 长期施肥对土壤活性有机碳指标的影响. 土壤通报，39(4)：752-755
王清奎，汪思龙，冯宗炜等. 2005. 土壤活性有机质及其与土壤质量的关系. 生态学报，25(3)：513-519
王珊，李廷轩，张锡洲等. 2005. 设施土壤中微生物数量及其生物量碳的变化研究. 中国农学通报，21(4)：198-201
王薇，李絮花，章燕平等. 2008. 长期定位施肥对盐化潮土土壤腐殖质组分的影响. 山东农业科学，3：65-67
吴凤芝，赵凤艳. 2000. 设施蔬菜连作障碍原因综合分析与防治措施. 东北农业大学学报，31(3)：241-247
吴松. 2001. 我国设施园艺发展现状及存在的问题. 中国林业，(8)：8-9
吴忠红，张乃明，邓玉龙. 2005. 北方日光温室土壤有机质累积特征研究. 中国农学通报，21(10)：226-228
辛焱，孙振营，张波. 2008. 设施蔬菜土壤连作障碍及治理措施. 吉林农业科学，33(6)：100-102
熊汉琴，王朝辉，宰松梅. 2007. 种植年限对蔬菜大棚土壤肥力的影响. 水土保持研究，14(3)：137-139
徐建明，袁可能. 1995. 土壤有机矿质复合体研究：Ⅶ. 土壤结合态腐殖质的形成特点及其结合特征. 土壤学报，32(2)：151-158
许安民，张英利，李紫燕等. 2007. 西安地区日光温室土壤养分与盐分累积状况研究. 25(6)：193-196
杨丽霞，潘剑君. 2004. 土壤活性有机碳库测定方法研究进展. 土壤通报，35(4)：502-506
余海英，李廷轩，张锡洲等. 2010. 温室栽培条件下土壤碳库变化特征及其与养分有效性的关系. 中国农学通报，26(12)：316-320
余海英，李廷轩，周健民. 2007. 设施土壤盐分的累积、迁移及离子组成变化特征. 植物营养与肥料学报，13(4)：642-650
余海英，李廷轩. 2005. 辽宁设施栽培土壤盐分累积变化规律研究. 水土保持学报，19(4)：80-83
袁亮. 2007. 设施栽培土壤微生物量和酶活性的变化规律及其土壤肥力的关系. 泰安：山东农业大学
张夫道. 1995. 长期施肥条件下土壤养分的动态和平衡Ⅰ. 对土壤腐殖质积累及其品质的影响. 植物营养与肥料学报，3(4)：10-21
张乃民，常晓冰，秦太峰. 2008. 设施农业土壤特性与改良. 北京：化学工业出版社
赵凤艳，吴凤芝，刘德等. 2000. 大棚菜地土壤理化特性研究. 土壤肥料，2：11-13
周广业，丁宁平. 1991. 旱塬黑垆土肥料长期定位研究. 土壤肥料，(1)：10-13
Blair G J，Lefroy R D B，Lisle L. 1995. Soil carbon fractions based on their degree of oxidation and the development of a carbon management index for agricultural systems. Aust J Agric Res，46：1459-1466
Bolan N S，Baskaran S，Thiagarajan S. 1996. An evaluation of the measure method dissolved organic car-

bon in soils, manures, sludge and stream water. Cmmun Soil Sci Plant Anal, 27: 2732-2737

Ghiorse W C, Wilson J T. 1988. Microbial ecology of the terrestrial subsurface. Advances in Applied Microbiology, 33: 107-172

Gregorich E G, Ellert B H, Brury C F, et al. 1996. Fertilization effects on soil organic matter turnover and corn residue C storage. Soil Sci Soc Am, 60: 472-476

Jerome B, Andre M, Bernard G. 1987. Natural 13C abundance as a tracer for studies of soil organic matter dyna-moics. Soil Biol Biochem, 19: 25-30

Kanchikerimath M, Singh D. 2001. Soil organic matter and biological properties after 26 years of maize-wheat-cowpea cropping as affected by manure and fertilization in a Cambisol in semiarid region of India. Agriculture, Ecosystems and Environment, 86: 155-162

3　设施土壤酸化特征

长期过量单纯地使用化学肥料会使设施土壤酸化。例如，$(NH_4)_2SO_4$、NH_4Cl 施入土壤后，植物在吸收 NH_4^+ 的过程中大量排出氢离子(H^+)，致使设施土壤酸化，它是土壤退化的重要表现形式之一。设施土壤酸化往往会影响土壤中微生物的活动、有机质的合成及分解、养分元素的转化等。同时，还会导致 Al、Mn 和 H 等对植物的毒害及部分土壤养分元素的有效性降低，进而影响作物的正常生长及土壤资源的可持续利用。

3.1　设施土壤酸化概述

设施栽培是目前发展最快的农业生产栽培模式，在我国蔬菜和其他重要经济作物的反季节和跨地区种植中起到了重要作用，并在全国各地得到大面积推广应用。然而，由于设施土壤长期处在高温、高湿、高集约化、高复种指数、高肥料施用量、无降水淋洗的生产状态下，其特殊的生态环境与不合理的水肥管理措施常导致土壤的次生盐渍化、养分失调、重金属累积、微生物区系改变等问题。同时，与通常的盐碱地相反，设施土壤盐分累积过程中表现出土壤酸化的趋势，引起了相关学者的关注。

3.1.1　设施土壤酸化概况

土壤酸化也是设施土壤退化的主要特征之一。土壤的自然酸化过程，由盐基离子淋失、土壤交换性 H^+ 和 Al^{3+} 增多所致，相对比较缓慢。然而，设施土壤 pH 下降(酸化)和盐分积累(盐渍化)过程同时发生，且速度较快。设施栽培条件下土壤酸化明显，且随着设施种植年限的延长，设施土壤的 pH 呈下降趋势。许多研究者在研究设施土壤过程中发现无论是全年实行覆盖还是季节性覆盖的设施土壤均随着设施种植年限的增加出现了土壤 pH 下降的趋势。一般在种植季节内土壤 pH 呈上升趋势，但在轮作间隙土壤的 pH 则明显下降，而在整个生长期间内施肥 pH 也会下降，并且施肥量越大，土壤酸化越明显。董艳等(2009)对昆明郊区蔬菜、花卉主产县典型大棚土壤研究表明，大棚种植 8 年和 20 年的土壤 pH 显著低于对应田间土壤，分别比田间土壤降低 13.17%和 12.89%。范庆锋等(2009)对辽宁省沈阳市于洪地区保护地及其相邻露地旱田土壤研究表明，建成保护地栽培蔬菜后，保护地土壤酸化趋势明显，保护地栽培蔬菜 3 年，土壤 pH 由 6.53 下降至 6.00，下降了 0.53 个单位；连续种植 6 年，土壤 pH 进一步降低至 5.5，已经低于蔬菜出现生理障碍的临界土壤 pH(5.52)，之后随种植年限的延长下降速度有所变缓，当连续种植超过 16 年时 pH 已降至 5 以下。杜新民等(2007)对山西临汾不同种植年限日光温室土壤研究表明，温室土壤 pH 低于大田土壤，且随种植年限的增加逐渐下降，二者呈极显著负相关。吴忠红和周建斌(2007)对山西设施栽培条件下不同种植年限耕层土壤的理化性质研究表明，土壤 pH 明显低于大田土壤，酸化趋势明显。潘可可等(2007)2005 年对温州瓯海区大棚蔬菜土壤 98 个样品的测定结果表明，pH 小于 5.5 的有 70 个，占总数的 71.4%，最小为 4.28。刘翠花和张澈(2006)对西藏高原大棚蔬菜土壤研究表明，土壤 pH 随塑料大棚种植年限的延长而下降，出现了土壤酸化现象。于群英和李孝良(2005)对皖北地区典型设施土壤酸化特征研究表明，旱地改为设施菜园土后，土壤的酸化速度加快，在潮土上形成的设施菜园土 10 年左右变为酸性土壤，在砂姜黑土上形成的设施菜园土 5 年左右开始酸化，种植蔬菜时间越长，土壤 pH 下降越多。设施菜园土的酸化主要发生在耕作层，并产生一定数量的交换性酸。孟鸿光等(2000)对沈阳市城郊 110 个具有代表性的大棚土壤 pH 测定结果表明，土壤 pH<6.5 的大棚占调查总数的 70.9%，其中部分大棚土壤 pH<4.1。张耀良等(2009)研究表明，浦东新区设施土壤已明显反映出酸化的趋势，2004 年全区耕地养分调查时设施土壤酸化问题已经显露，293 个样品中有 10%的样品呈酸性，2007 年 93 个样品分析，酸性样品 12 个(占 12.9%)，对不同层次的比较表明，酸性样品在 0～5 cm 土层占 41.6%、5～10 cm 土层占 33.3%、10～20 cm 土层占 25%，表明蔬菜园艺场设施土壤酸化已成为比较突出的问题。李粉茹等(2009)对安徽日光温室和塑料大棚土壤研究表明，设施菜地土壤 pH 低于对照土壤，而且随菜地种植时间地延长而降低，变化规律明显，如种植 10 年和 15 年黄潮土菜地表层(0～5 cm)土壤 pH 与粮田土壤相比分别下降了 55%和 89%，每年平均下降 6%左右，土壤由碱性变为中性。5 年、10 年和 23 年黑姜土菜地表层(0～5 cm)土壤 pH 分别比相邻农田土壤下降了 46%、95%和 126%，每年减少 0.55%～0.67%，并由中性演变为酸性。且设施菜地土壤 pH 变化不仅发生在土壤表层，0～80 cm 土体中菜地土壤 pH 都有所降低。

由于土壤的酸化，会使设施土壤中有效微生物的数量减少一半以上，反过来，又促使有害微生物的大量增殖，造成 70%的 N 素流失，同时也使 60%～80%的不溶性 P、K 难以被作物吸收利用，其结果导致作物生长缓慢，抗逆、抗病力下降，导致明显减产。所以，对于多年生产的老棚室，应及时测定其酸化状态，并针对性地采取有效措施进行改良。

可见，从南方到北方，不管是大棚栽培还是温室栽培，种植一定年限后，设施土壤从表土层到底土层都呈现出一定的酸化特征，影响作物的正常生长。

3.1.2 设施土壤酸化的危害

设施土壤酸化后，既影响土壤养分的生物有效性，又影响设施土壤微生物区系和微生物活性，还导致土壤物理性质变差，从而对作物生长产生诸多不利影响。

(1) 影响作物根系正常生长发育。土壤酸化使作物根系变粗变短、数量减少、根颜色发暗、扎根深度变浅，从而影响根系对土壤中水分和养分的吸收，特别是对 P、Ca、Mg 等的吸收受阻，使某些病害易于发生，如番茄青枯病、白菜根肿病、芹菜裂茎、萝卜糠心等的发病率明显增加。同时，土壤酸化也影响作物产量及地上部一些器官的正常生长发育。

(2) 影响土壤中养分的有效性和作物的营养状况。土壤 pH 降低，提高了土壤中 Al^{3+}、Fe^{2+} 和 Mn^{2+} 等的浓度，易使其对作物产生毒害作用，影响蔬菜的正常生长发育和产量的提高。当 pH<5 时，由于土壤中 H^+ 浓度过高而对 Ca^{2+} 产生显著的拮抗作用，使作物根系对 Ca^{2+} 的吸收减少，出现明显的缺 Ca 症状。此外，土壤 pH 过低还会抑制部分有益微生物的活性和正常生理代谢，导致土壤中有机物的矿化与分解速率减缓，使土壤中

N、S 和 P 等营养元素的释放和有效性受到显著影响。

(3) 加重一些土传病害的发生。例如,由芸薹根肿菌(*Plasmodiophora brassicae*)引起的十字花科根肿病,当土壤 pH<5.7 时,病害发生最严重;当 pH5.7~6.2 时,病害明显下降;当 pH>7.8 时,病害完全受到抑制。

(4) 土壤物理性质变差。土壤酸化导致土壤结构被破坏、土壤板结、物理性变差,使蔬菜抗逆能力和抵御旱灾等自然灾害的能力减弱。

3.1.3 设施土壤酸化的防治

酸化对设施土壤理化性状及其一系列物理、化学和生物化学过程都会产生直接或间接的作用,使设施内微生态环境发生改变,从而影响设施农业可持续发展。对设施土壤酸化的防治主要可以采取以下几方面的措施。

(1) 施用石灰。施用生石灰(或熟石灰)、石灰石粉等是改良酸性土壤最有效的途径之一,它能中和土壤酸,提高土壤 pH,直接改变土壤的酸化状况,并且能为蔬菜补充大量的 Ca 素营养。石灰的施用方法为:将生石灰粉碎,使其大部分通过 100 目筛,于播种前,将生石灰和有机肥分别撒施于设施土壤中,然后通过耕耙使生石灰和有机肥与土壤尽可能混匀。石灰需要量通过测定土壤潜性酸后进行估算获取,pH<5.5 的土壤,每亩施生石灰 80~120 kg 中和酸性。

(2) 合理施用化学肥料。根据土壤酸碱性选用适当的肥料既可调节土壤 pH,又能提高作物产量。如 Ca、Mg、P 肥,用于酸性土则有增加土壤 Ca、Mg 离子和中和酸度的作用。施用硝铵、磷矿粉等中性或碱性肥料也可提高酸性土壤的 pH,还可使用一些碱性的炉渣、钢渣等调节土壤 pH,效果明显。肥料施用不当会导致设施土壤酸化,生产中应根据栽培植物的需肥特性,合理施用各种肥料。不同类型的蔬菜对 N、P、K 的需求比例不一样,茄果类、瓜类和豆类等蔬菜的 N、P、K 的需求比例分别为 1∶0.25∶1.58、1∶0.29∶1.47 和 1∶0.3∶1.44,而当前设施栽培生产中 N、P、K 的施用比例与之相差较大。据调查,山东一般大棚蔬菜 N、P、K 肥的投入比例为 1∶0.9∶0.8;多数地区蔬菜生产投入的 N、P、K 比例为 1∶1.09∶0.54,均表现为 P 素过多而 K 素偏少,所以应提倡使用 N、P、K 之比为两头高中间低的复合肥品种,特别应注重 K 的投入,以及中微量元素的投入,大力推广有机无机复合肥,使养分协调以抑制土壤的酸化倾向。

(3) 增施有机肥。在合理使用化肥的基础上增施腐熟有机肥,避免施用未经腐熟的有机肥,不仅可以增加设施土壤有机质含量,提高土壤的缓冲能力,使土壤 pH 升高,而且可使温室大棚中有机物质分解利用率高,有利于增加土壤有效养分,改善土壤结构,并能促进土壤有益微生物的发展,抑制园艺作物病害的发生。

(4) 测土配方,精准施肥。根据土壤养分状况测定分析,按作物需求进行测土配方施肥,降低化肥特别是 N 和生理酸性肥料的施用量,能有效地防治设施土壤酸化。

3.2 设施土壤酸化机理

土壤酸化一直是一个备受关注的问题,它是限制大多数作物生长的一个主要环境胁迫因子，其变化直接影响到土壤的生物化学反应、土壤养分的生物有效性、污染物的毒性、微生物的活性、肥料的肥效和土壤生物群落的组成等。

在土壤酸化原因探讨方面，对自然因素引起的土壤酸化研究较多。一般来说，湿润气候条件下土壤普遍发生自然酸化，如红壤、砖红壤强烈的脱硅富铝化过程就是一个较为缓慢的酸化过程。然而，随着经济的发展，大气干湿沉降、农业措施及土地利用方式的改变等人为因素导致的土壤酸化也越来越受到人们的关注。

3.2.1 设施土壤酸化机理

3.2.1.1 土壤酸化过程

土壤溶液中 H^+ 浓度大于 OH^- 浓度时，土壤呈酸性。在多雨的自然条件下，降水量大大超过蒸发量，土壤及其母质的淋溶作用非常强烈，土壤溶液中的盐基离子易于随渗滤水向下移动，使土壤中易溶性成分，特别是盐基离子减少，溶液中 H^+ 取代土壤胶体上的盐基离子，而为土壤所吸附，使土壤盐基饱和度下降，H 饱和度增加，引起土壤酸化。在阳离子交换过程中，土壤溶液中 H^+ 可以通过以下途径得到补给。

1）水的解离

$$HOH = H^+ + OH^-$$

虽然水的解离常数很小，但由于 H^+ 易于被土壤胶体吸附而使其解离平衡受到破坏，因而将有新的 H^+ 释放出来。

2）碳酸解离

$$H_2CO_3 = H^+ + HCO_3^-$$

植物根系、土壤动物和微生物的呼吸以及有机物质分解产生的 CO_2 使土壤空气中 CO_2 浓度大于近地面大气，这些 CO_2 溶解于 H_2O 生成碳酸，碳酸解离释放出 H^+。

3）有机酸的解离

土壤中各种有机质分解的中间产物如草酸、柠檬酸酸等多种低分子有机酸，特别是在通气不良以及真菌活动下可能累积很多，从而解离释放出 H^+。同时，土壤中的胡敏酸和富啡酸分子在不同的 pH 条件下，也可释放出 H^+。

4）大气干湿沉降

$pH<5.6$ 的酸性大气化学物质主要通过两种途径降落到地面。一是通过气体扩散，将固体物降落到达地面称之为干沉降。另一种是随降水，夹带大气酸性物质到达地面称之为湿沉降，习惯上称为酸雨。大气中的酸性物质最终都将进入土壤，成为土壤氢离子的重要来源之一。随着燃煤、燃油、燃气、矿冶等工业化过程，向大气排放的 SO_2 和 NO_x 不断增加，大大加剧了酸雨的进程。从 20 世纪 80 年代以来，我国酸雨的强度、区域分布及频率均在不断增强和扩展。

5）施肥和灌溉

农业生产中经常施用过磷酸钙、硫酸铵、氯化钾、氯化铵等酸性和生理酸性肥料，一方面肥料会带入部分酸，如过磷酸钙带入硫酸；另一方面由于植物根系选择性吸收阳离子

NH_4^+、K^+而释放出 H^+到土壤溶液中。另外，经常使用偏酸的水进行农田灌溉，也会给土壤带入 H^+。

6）其他来源

植物生长过程中，根系向土壤中分泌有机酸会带来 H^+。土壤中硝化细菌能将土壤中的 N 转化为硝酸，硫化细菌能将 S 转化为硫酸。另外，在某些地区有施用绿矾的习惯，可以产生硫酸。

$$FeSO_4 + 2H_2O \longrightarrow Fe(OH)_2 + H_2SO_4$$

H^+进入土壤胶体后，随着阳离子交换作用的进行，土壤盐基饱和度逐渐下降，而 H^+饱和度渐渐提高，当土壤有机-矿质复合体或铝硅酸盐黏粒矿物表面吸附的 H^+超过一定限度时，这些胶粒的晶体结构就会遭到破坏，有些铝八面体被解体，使 Al^{3+}脱离八面体晶格的束缚，变成活性 Al^{3+}，被吸附在带负电荷的黏粒表面，转变为交换性 Al^{3+}，这种转变的速度是相当快的。

土壤酸化过程始于土壤溶液中的活性 H^+，土壤溶液中 H^+和土壤胶体上被吸附的盐基离子交换，盐基离子进入溶液，然后遭受雨水的淋失，使土壤胶体上交换性 H^+不断增加，并随之出现交换性 Al^{3+}，形成酸性土壤。

3.2.1.2 土壤酸的类型

土壤酸度反映土壤中致酸离子的数量，根据致酸离子在土壤中的存在形态与表现，可以将土壤酸分为活性酸和潜性酸。

土壤活性酸是指与土壤固相处于平衡状态的土壤溶液中的 H^+反映出来的酸度，用 pH 表示；土壤潜性酸是指吸附在土壤胶体表面的交换性致酸离子（H^+和 Al^{3+}）表现出来的酸度，交换性 H^+和 Al^{3+}只有转移到溶液中，转变成溶液中的 H^+时，才会显示酸性，故称潜性酸。潜性酸又包括交换酸和水解酸，土壤潜性酸是活性酸的主要来源，它们始终处于动态平衡之中，是属于一个体系中的两种酸。在强酸性和弱酸性土壤中，活性酸和潜性酸存在以下平衡关系。

1）强酸性土壤

在强酸性土壤条件下，交换性 Al 与土壤溶液中的 Al^{3+}处于平衡状态，通过土壤溶液中 Al^{3+}的水解，增强土壤酸性。

$$\boxed{\text{胶体}}-Al^{3+} \Longleftrightarrow Al^{3+}$$

（交换性铝）　（土壤溶液中的铝离子）

土壤溶液中的 Al^{3+}按下式水解：$Al^{3+} + 3H_2O \rightarrow Al(OH)_3\downarrow + 3H^+$

在强酸性矿质土壤中，土壤活性酸（溶液 H^+）的主要来源是 Al^{3+}，而不是 H^+。这是因为强酸性土壤上，一方面以共价键结合在有机质和矿质胶体上的 H^+极难解离；另一方面腐殖酸基团和带负电荷黏粒表面吸附的 H^+虽易解离，但其数量很少，对土壤溶液 H^+的贡献很小，但 Al 的饱和度大，土壤溶液中的每一个 Al^{3+}水解可产生 3 个 H^+。据报道，pH＜4.8 的酸性红壤中，交换性 H^+一般只占总酸度的 3％～5％，而交换性 Al^{3+}占总酸度的95%以上。

2）弱酸性土壤

这种土壤的盐基饱和度较大，Al不能以游离Al^{3+}存在，而是以羟基铝离子如$Al(OH)^{2+}$、$Al(OH)_2{}^{+}$等形态存在。这种羟基铝离子实际上是很复杂的，可能以$[Al_6(OH)_{12}]^{6+}$、$[Al_{10}(OH)_{22}]^{8+}$等离子团形式存在。有的羟基离子可被胶体吸附，其行为如同交换性Al^{3+}一样，在土壤溶液中水解产生H^+。

$$Al(OH)^{2+} + HOH \rightarrow Al(OH)_2{}^{+} + H^+$$
$$Al(OH)_2{}^{+} + HOH \rightarrow Al(OH)_3{}^{+} + H^+$$

弱酸性土壤中，除了羟基铝离子水解产生H^+外，胶体表面交换性H^+的解离可能是土壤溶液中H^+的第二个来源。

$$\boxed{\text{胶体}}-H^+ \longrightarrow H^+$$

（交换性H^+）　（土壤溶液中的H^+）

综上所述，土壤pH与土壤交换性阳离子之间的关系主要表现为：在强酸性矿质土壤中以交换性Al^{3+}和共价键紧束缚的H^+及Al^{3+}占优势；在弱酸性土壤中，致酸离子以$Al(OH)^{2+}$、$Al(OH)_2{}^{+}$等羟基离子为主；而在中性及碱性土壤中，土壤胶体上主要是交换性盐基离子。

3.2.2　影响设施土壤酸化的因素

人为活动改变了土壤自然酸化过程的范围和速度，正逐渐代替自然因素成为导致土壤酸化的重要原因。我国20世纪80年代开始对酸雨引起的土壤酸化进行模拟研究，土壤作为酸雨的汇，降水中的H_2SO_4和HNO_3可降低土壤的pH。因化肥施用不合理导致土壤酸化也时有报道。近年来也有研究认为高强度利用导致高产量收获从土壤中移走过多碱基元素也可使土壤向酸化方向发展。

设施土壤酸化与自然土壤酸化均受众多因素的影响，有许多共同的特点，也存在一定的差异。探讨设施土壤酸化的影响因素，可为设施土壤酸化机理的研究提供基础，为有效防治设施土壤酸化奠定坚实的基础。影响设施土壤酸化的主要因素有：土壤母质及矿物组成、土壤有机质含量、农业生产措施等。

3.2.2.1　土壤母质及矿物组成

土壤母质及矿物组成不同，所含有的酸性物质不同，则相应设施土壤所表现出的酸缓冲能力也有差异。相同条件下，发育于酸性岩的土壤更易酸化，而发育于基性岩、超基性岩的土壤酸缓冲能力更强，如发育于花岗岩母质的赤红壤和玄武岩风化物发育的赤红壤，由于母质不同，起主要作用的黏土矿物的组成也有差异，前者主要为高岭石、氧化铁、三水铝石等，后者则以高岭石、赤铁矿、三水铝石为主。发育于玄武岩的土壤酸缓冲能力高于发育于花岗岩的土壤。可见，酸缓冲能力低的土壤易于酸化。

3.2.2.2　土壤有机质

土壤中有机质分解后产生的有机酸大部分属于弱酸，其分子中 H^+ 的解离度较低。虽然由这种有机酸解离的 H^+ 可以促进土壤酸化，但将其输入土壤时，大量的未解离的弱酸分子可以发生缓冲作用而增加土壤的缓冲能力，减轻土壤酸化。设施土壤是在高复种指数条件下进行生产的，为保证设施栽培作物优质高产，有机肥的施用是必不可少的。有机肥的施用能改善土壤结构，增强土壤酸缓冲能力。可见，土壤有机质对提高土壤酸缓冲能力具有重要作用。

3.2.2.3　农业生产措施

不合理的农耕措施常常导致设施土壤随种植年限的延长而酸化。设施土壤随着种植年限的延长而普遍发生酸化主要有以下几方面的原因。一是由于经常施用的生理酸性肥料带有 Cl^- 和 SO_4^{2-} 等强酸性离子，这些离子会随着 KCl、NH_4Cl、K_2SO_4、$(NH_4)_2SO_4$、$Ca(H_2PO_4)_2$ 等肥料的大量施用而进入土壤，它们中仅少部分能被作物吸收，而大部分则残留于土壤中，成为土壤次生盐渍化和土壤 pH 下降的主要原因。二是由设施栽培中重施 N 肥以及土壤硝酸盐的大量累积所致。Malhi 等(1998)研究表明，重施 N 肥，特别是铵态氮肥的施用会导致土壤严重酸化，并能显著提高土壤活性 Al 的含量。设施土壤 pH 的降低受土壤硝酸盐积累的影响较大，pH 随 NO_3-N 含量的增加而降低，两者呈极显著负相关($r=-0.37^{**}$，$n=110$)，硝酸根离子(NO_3^-)与等当量的 Ca^{2+} 结合而随水流失，使 H^+ 相对过剩导致土壤酸化。三是由设施土壤的硝化作用强烈引起的土壤中 H^+ 含量增多导致土壤酸化。四是棚室内外空气流通受限制，棚内氧气不足，土壤含气量下降，根系呼出的 CO_2 积累在土壤中与水形成碳酸，导致土壤酸度增加。五是设施农业中灌溉不合理引起。目前，关于设施栽培中合理灌溉以减轻设施土壤酸化和盐渍化的研究成果还不多见。

3.3　设施土壤酸化特征——以辽宁沈阳、北镇为例

辽宁省设施蔬菜生产历史悠久，早在 20 世纪 80 年代已具有相当规模，近年来发展也非常迅速，2009 年，辽宁设施农业达 43.5 万 hm^2，其中日光温室 27.2 万 hm^2。在对辽宁重点蔬菜产区沈阳市和北镇市的调查研究中发现，两地的设施栽培土壤均出现不同程度的酸化现象，严重制约着当地设施农业的可持续发展。因此，了解设施栽培土壤 pH、水解性酸及交换性酸变化特征，对研究区设施栽培的科学管理具有重要的指导意义。

3.3.1　供试土壤

试验选择辽宁省设施栽培具有一定规模和代表性的沈阳市新民市法哈牛镇及北镇市中安镇(日光温室)设施土壤及相邻的露地土壤进行调查研究。其中，法哈牛镇蔬菜种植制度以番茄长年连作为主，有机肥的年均投入量高达 187.69～677.08 t/hm^2，而露地栽培几

乎不施用任何有机肥;年均化肥使用量为 203.00～860.89 t/hm^2,是露地栽培的 3.83～14.35 倍。中安镇蔬菜种植制度以辣椒和茄子连年轮作为主,年均有机肥和化肥施用量分别为 105.04～151.8 t/hm^2,308.40～312.15 t/hm^2。

3.3.2 采样及调查方法

在各研究区设置以下两种采样处理:①不同种植年限的设施土壤(2 年、4 年、8 年等)及相邻的露地土壤,取耕层(0～20 cm)土样;②当地种植年限最长的设施土壤及其相邻的露地土壤,按 0～20 cm、20～40 cm、40～60 cm、60～80 cm 和 80～100 cm 分层取样。耕层土样采集按“之”字形布点,单个温室内取一个混合土样,而剖面上每个层次土样则由单个温室内多个剖面(5～7 个)相同土层土样混合而成。采样期间,走访农户调查各采样点的施肥及栽培管理情况。

3.3.3 测定项目与方法

土壤 pH 采用电位法(水土比为 2.5∶1)测定。

土壤水解性酸采用醋酸钠水解-中和滴定法。

土壤交换性酸采用 1 mol/L 氯化钾提取-中和滴定法测定,交换性铝的测定采用差减法。

3.3.4 设施土壤酸化特征

3.3.4.1 不同设施年限土壤酸度变化特征

1) 不同设施年限土壤 pH 变化特征

由图 3-1 可知,沈阳市法哈牛镇设施土壤 pH 在 2～10 年及 11～20 年两个时段内均表现出随年限增加而逐渐降低的趋势,其最大值和最小值分别出现在 2 年和 20 年,分别为 7.06 和 5.55。10～11 年土壤 pH 表现出急剧增加的趋势,这与该年限内的设施土壤改良及管理措施有关。调查表明,连续种植 10 年后,由于设施土壤环境质量恶化,作物生长受阻,种植户相应地在生产上减少投入,或者采取揭棚、灌水洗盐甚至废弃等措施以减少生产损失,从而造成 pH 在 10～11 年急剧增加。中安镇设施土壤 pH 呈现出随年限增加而逐渐降低的趋势,但仅在 2 年与其他年份间表现明显差异,4～12 年土壤 pH 变化相对稳定。

据实地调查,设施栽培条件下,种植户为了追求作物高产,通常都在棚室内进行连续种植,作物复种指数高且肥料投入量大,化肥和有机肥的年投入量远远高于露地栽培,并超过了作物的实际需要量,从而使一些未被作物吸收利用的养分及肥料的副成分大量残留于土壤中,成为土壤盐分离子的主要来源。此外,有机肥来源于当地饲养场的新鲜畜禽粪便,这些肥料中往往带有 Cl^- 和 SO_4^{2-} 等强酸性离子,它们随着肥料的大量施用而进入土壤,但仅少部分被作物吸收,大部分则残留于土壤中。上述分析可知,沈阳设施土壤种植一定年限后,表层土壤酸化明显,这与设施生产过程中大量施肥带入的 NO_3^-、SO_4^{2-} 和 Cl^- 等强酸性离子的积累密切相关。

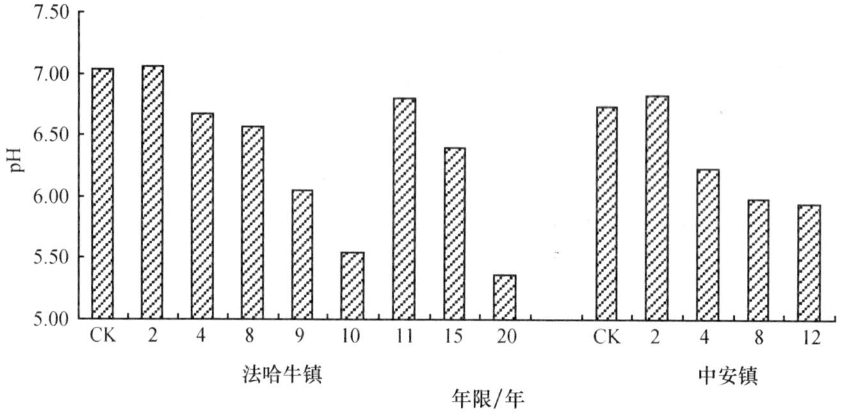

图 3-1 不同种植年限设施土壤 pH 变化特征

2）不同设施年限土壤水解性酸含量变化

由图 3-2 可知，沈阳市法哈牛镇设施土壤耕层（0～20 cm）水解性酸含量在不同年限间的差异显著，且总体高于露地土壤，但随着设施种植年限的延长，水解性酸含量在 2～10 年及 11～20 年两个时段内均表现出随年限延长而逐渐增加的趋势，其中最小值和最大值出现在 2 年和 20 年，分别为 0.86 cmol/kg 和 4.75 cmol/kg，与露地比较差异显著，而 10～11 年土壤水解性酸含量表现出急剧下降的趋势。结合图 3-1 可知，该区域内设施土壤耕层水解性酸含量与 pH 在不同种植年限间的变化趋势正好相反，相关性分析表明，二者呈极显著负相关，相关系数为－0.80**。北镇市中安镇各年限设施土壤耕层水解性酸含量均低于露地土壤，但随着种植年限延长呈增加趋势。其中，2～4 年增加趋势明显，4～12 年趋势缓慢。相关性分析表明，该区域不同种植年限设施土壤耕层水解性酸含量与 pH 呈极显著负相关，相关系数为－0.96**。

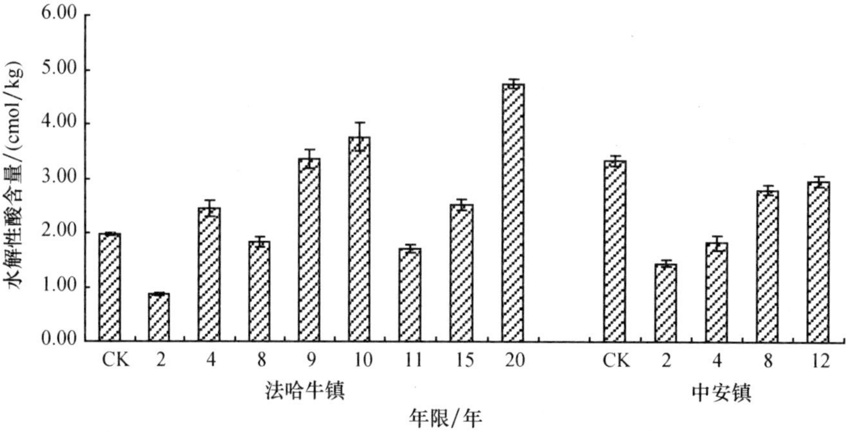

图 3-2 不同种植年限设施土壤水解性酸含量变化特征

3）不同设施年限土壤交换性酸含量变化特征

土壤是否含有交换性酸以及其含量高低，主要取决于土壤所处的地理环境及人为活动的频度。设施土壤中酸性物质来源的增加以及所处的特殊环境条件，使其相对于露地土壤具备了产生交换性酸的更大可能性，大量的 H^+ 进入土壤溶液后，与土壤胶体上的交换性盐基离子进行交换，从而进入土壤胶体表面，产生交换性酸。

由表 3-1 可知，法哈牛镇与中安镇设施土壤交换性酸含量随种植年限增加均呈现出先增加后降低的趋势。其中，法哈牛镇设施土壤在 2～4 年增加趋势缓慢，4～10 年陡增，并在 10 年时达到最大值(0.44 cmol/kg)，而 10～20 年则呈现出逐渐下降地趋势。相同种植年限时，设施土壤交换性酸与土壤 pH 呈极显著负相关，相关系数为－0.82**，表明随着种植年限增加，二者变化趋势相反；中安镇设施土壤交换性酸含量在 2～4 年增加趋势比较明显。

表 3-1 供试土壤(0～20 cm)酸化特征

采样地点	棚龄/年	交换性酸含量/(cmol/kg)	交换性铝/(cmol/kg)
法哈牛镇	2	0.18	0.07
	4	0.20	0.10
	9	0.40	0.23
	10	0.45	0.09
	11	0.16	0.02
	15	0.13	0.01
	20	0.33	0.13
中安镇	2	0.10	0.04
	4	0.29	0.20
	8	0.30	0.18
	12	0.17	ns

土壤酸化引起土壤中 Al 的活性增加，从而导致蔬菜或其他农作物"铝中毒"的现象已受到相关学者地高度关注。交换性铝除了是酸性土壤酸的主要来源外，还大致代表了对植物具有生物活性的那部分 Al，因此，有不少学者用交换性铝含量来指示酸性土壤是否存在铝毒。对试验数据的分析表明，辽宁设施土壤中交换性铝含量较少，表明该地区设施土壤酸化目前还没有导致土壤中 Al 的大量溶出，暂时不会对蔬菜或其他农作物造成 Al 的毒害。

3.3.4.2 设施土壤剖面酸度变化特征

1) 设施土壤 pH 剖面变化特征

由图 3-3 可知，设施土壤剖面各层次 pH 均低于露地土壤对应层次，说明长期设施栽培导致设施土壤整个剖面均出现酸化的趋势。从土壤剖面层次来看，设施及露地土壤 pH 均有随土层加深而逐渐增加的趋势，但设施土壤 20～40 cm 土层 pH 相对上下土层 pH 均有不同程度地下降，这与肖千明等(1997)的研究结果相似。造成上述变化趋势的原因可能是因为农户采取的翻耕等措施使土壤上下层物质进行了交换，提高了上层土壤 pH；也可能是由于灌溉水只下渗到 20～40 cm 土层，停止灌溉后水分表聚蒸发过程中导致盐基离子表聚而使这一土层 pH 降低。

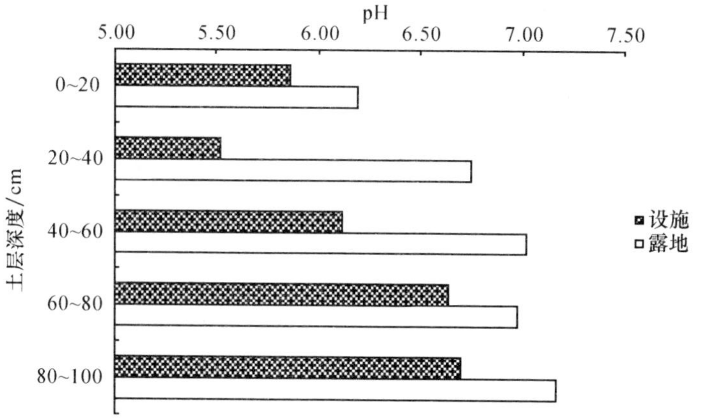

图 3-3　设施土壤 pH 剖面变化特征

2）土壤水解性酸含量在剖面中的变化特征

由图 3-4 可知，设施栽培后土壤各层次的水解性酸含量呈现出先增加后降低的趋势。其中，20～40 cm 土层内土壤水解性酸含量最大，而在 40～100 cm 土层内含量明显降低，但各土层间含量差异并不显著。此外，各层次设施土壤的水解性酸含量相对于相同层次露地土壤均有所增加，且在 0～40 cm 土层差异最明显，两者比值分别为 1.66、2.43、1.53、1.02、1.03，表明水解性酸在设施栽培土壤剖面上已有一定积累。

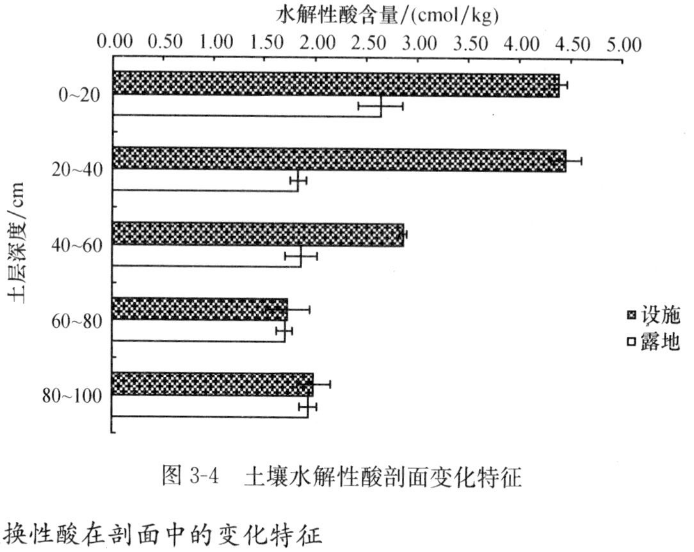

图 3-4　土壤水解性酸剖面变化特征

3）土壤交换性酸在剖面中的变化特征

由图 3-5 可知，设施和露地土壤交换性酸含量随土壤剖面的加深均呈现出先增加后降低的趋势，且均在 20～40 cm 土层达到峰值(0.24 cmol/kg、0.58 cmol/kg)，分别是各自 0～20 cm 土层的 1.73 倍、1.26 倍。40 cm 以下土层土壤交换性酸含量随剖面加深逐渐降低。设施土壤各层次的水解性酸含量相对于相同层次 pH 的相关系数呈现极显著负相关，相关系数为 -0.93^{**}。形成土壤交换性酸在剖面上的这种变化趋势的原因与 pH 剖面变化的原因相同，即可能采取了翻耕措施或灌溉原因。

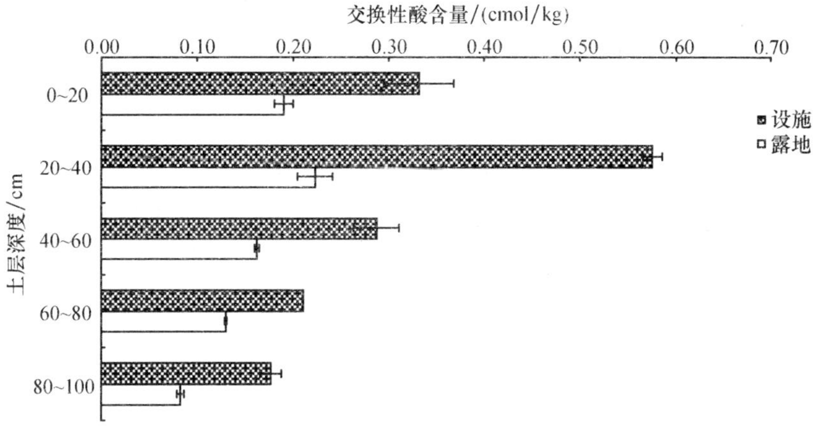

图 3-5 土壤交换性酸剖面变化特征

3.4 小 结

通过对辽宁省设施栽培具有一定规模和代表性的沈阳市新民县法哈牛镇及北镇市中安镇设施土壤活性酸、交换性和水解酸的研究，得到以下结论。

(1) 法哈牛镇和中安镇设施土壤 pH 随种植年限增加呈逐渐降低的趋势；水解性酸有随种植年限增加呈逐渐增加的趋势；从土壤剖面层次来看，设施土壤 pH 有随土层加深而逐渐增加的趋势，但 20～40 cm 土层相对上下层次有一定的下降；水解性酸有随土层加深而逐渐减少的趋势，但在 20～40 cm 土层较上一层次有所增加。

(2) 法哈牛镇和中安镇交换性酸含量随着种植年限的增加呈先增加后降低的趋势，在剖面上与土壤 pH 呈显著负相关关系。

(3) 目前土壤的酸化程度还不至于使交换性铝大量溶出，但应做好设施土壤的酸化改良措施，否则随着土壤酸化程度的加剧，会造成 Al 的溶出，进而被作物过量吸收，产生铝毒危害。

主要参考文献

邓玉龙，张乃明. 2006. 设施土壤 pH 值与有机质演变特征研究. 生态环境，15(2)：367-370

董艳，董坤，鲁耀等. 2009. 设施栽培对土壤化学性质及微生物区系的影响. 云南农业大学学报，24(3)：418-424

杜连凤，张维理，武淑霞等. 2006. 长江三角洲地区不同种植年限保护菜地土壤质量初探. 植物营养与肥料学报，12(1)：133-137

杜新民，吴忠红，张永清等. 2007. 不同种植年限日光温室土壤盐分和养分变化研究. 水土保持学报，21(2)：78-80

范庆锋，张玉龙，陈重等. 2009. 保护地土壤酸度特征及酸化机制研究. 土壤学报，46(3)：466-471

郭文龙，党菊香，吕家珑等. 2005. 不同年限大棚土壤性质演变与施肥问题的研究. 干旱地区农业研究，23

(1):85-89
郭文忠,刘声锋,李丁仁等. 2004. 设施蔬菜土壤次生盐渍化发生机理的研究现状与展望. 土壤,36(1):25-29
侯鹏程,沈婷. 2009. 设施农业土壤生态环境存在问题及对策. 北方园艺,(9):131-133
贾探民. 2002. 设施栽培中的高温高湿危害及其预防. 上海蔬菜,(5):40-41
李粉茹,于群英,邹长明. 2009. 设施菜地土壤 pH 值、酶活性和氮磷养分含量的变化. 农业工程学报,25(1):217-222
李廷轩,张锡洲,王昌全等. 2001. 保护地土壤次生盐渍化的研究进展. 西南农业学报,14(B12):103-107
刘翠花,张澈. 2006. 西藏高原设施蔬菜土壤特性调查研究. 土壤通报,37(4):827-829
鲁如坤. 2000. 土壤农业化学分析方法. 北京:中国农业科技出版社:12-14
孟鸿光,李中,刘乙俭等. 2000. 沈阳城郊温室土壤特性调查研究. 土壤通报,31(2):70-72
潘可可,潘秀,王亮等. 2007. 温州市设施蔬菜土壤主要障碍因子及防治措施. 浙江农业科学,(2):231-232
秦巧燕,贾陈忠,曲东等. 2002. 我国设施农业发展现状及施肥特点. 湖北农学院学报,22(4):373-376
孙鸿烈,刘光崧. 1995. 中国生态系统研究网络观测与分析标准方法——土壤理化分析与剖面描述. 北京:中国标准出版社:193-195
童有为. 1990. 蔬菜大棚土壤盐渍特征及其防治. 上海蔬菜,(3):6-8
王辉,董元华,李德成等. 2005. 不同种植年限大棚菜地土壤养分状况研究. 土壤,37(4):460-464
吴忠红,周建斌. 2007. 山西设施栽培条件下土壤理化性质的变化规律. 西北农林科技大学学报(自然科学版),35(5):136-140
肖千明,高秀兰,娄春荣等. 1997. 辽宁省蔬菜保护地土壤肥力现状分析. 辽宁农业科学,(3):17-21
徐仁扣. 2002. 某些农业措施对土壤酸化的影响. 农业环境保护,21(5):385-388
于群英,李孝良. 2005. 皖北地区设施土壤酸化特征研究. 安徽农业科学,33(12):2279-2280
余海英,李廷轩,周健民. 2005. 设施土壤次生盐渍化及其对土壤性质的影响. 土壤,37(6):581-586
余海英,李廷轩,周健民. 2006. 设施栽培中逆境对园艺作物生长发育及其病害的影响. 土壤通报,37(5):1027-1032
余海英,李廷轩. 2005. 辽宁设施栽培土壤盐分累积变化规律研究. 水土保持学报,(8):80-83
俞元春,丁爱芳. 2001. 模拟酸雨对酸性土壤铝溶出及其形态转化的影响. 土壤与环境,10(2):87-90
张俊侠,孙德平,司友斌,等. 2001. 设施土壤栽培的障碍因子研究. 安徽农学通报,7(4):52-53
张乃明. 2008. 设施农业土壤特性与改良. 北京:化学工业出版社
张耀良,宋科,金海洋等. 2009. 浦东新区设施土壤次生盐渍化机理探讨. 上海农业学报,25(3):123-126
张真和,李伟建. 2000. 我国设施蔬菜产业的发展态势及可持续发展对策探讨. 沈阳农业大学学报,31(1):4-8
中国科学院南京土壤研究所. 1978. 土壤理化分析. 上海:上海科学技术出社:163-167
中国土壤学会农业化学专业委员会. 1983. 土壤农业化学常规分析方法. 北京:科学出版社:172-174
朱本岳. 1989. 菜地土壤酸化原因及其对番茄生产的影响. 浙江农业大学学报,17(3):373-377
Li W L Q,Zhang M,van der Zee S. 2001. Salt contents in soils under plastic greenhouse gardening in China. Pedosphere,11(4):359-367
Malhi Y,Nobre A D,Grace J,et al. 1998. Carbon dioxide transfer over a Central Amazonian rain forest. Journal of Geophysical Research,24:31593-31612

4　设施土壤养分演变特征

土壤养分(soil nutrient)是指主要由土壤提供的植物生长发育所必需的营养元素，是土壤肥力因素之一。植物体中含有90余种元素，其中已被肯定的植物生长发育的必需元素有17种：碳、氢、氧、氮、磷、钾、钙、镁、硫、硼、铁、锰、铜、锌、钼、氯和镍。其中碳、氢和氧主要来自大气和水，其余元素则主要来自土壤。氮、磷、钾称为大量养分元素(macronutrinet)，钙、镁、硫称为中量养分元素(middle element nutrient)，硼、锰、铜、锌、铁、钼、氯、镍等称为微量养分元素(micronutrinet)。据估计，在中等产量，一般施肥水平时，植物吸收的氮有30%～60%、磷有50%～70%、钾有40%～69%来自土壤。由于植物一生所吸收的养分主要来自土壤，因此，土壤养分状况与农业生产有密切关系。

4.1　我国设施栽培的养分管理现状

设施栽培中，设施内局部小环境与露地耕作环境存在着明显的差异，设施蔬菜的生长环境、施肥技术等发生了根本性变化，决定了其施肥管理上与露地栽培有着很大的区别。而我国目前在设施农业配套管理技术方面仍很落后，尤其是水肥管理方面，普遍存在着将大田水肥管理习惯直接转移到设施农业生产中的现象，这种水肥管理方式明显难以适合于高度集约化的设施农业栽培。因此，随着设施栽培年限的延长，其系统内部土壤的理化性状和营养平衡遭到破坏，从而影响设施作物产量、品质的提高以及设施土壤的可持续利用。

4.1.1　设施栽培系统养分的投入状况

蔬菜作物具有生长期短、复种茬口多、需肥量高等特点。在实际生产中，往往通过大量增施氮肥来获得高产。另外，种植户受中国传统的“庄稼一枝花，全靠粪当家”、“粪大水勤，不用问人”等不科学施肥习惯的影响，在蔬菜生产，尤其是蔬菜设施生产中，过量施肥的现象越来越严重，使土壤养分储存量不断上升。据贾继文(1997)、冯永军(2001)调查，山东省的芹菜越冬栽培一般施用腐熟的有机肥75 000 kg/hm^2、尿素1500～2250 kg/hm^2、过磷酸钙1500 kg/hm^2、复合肥750～1500 kg/hm^2，这一施肥量已经超过芹菜理论要求的50%～70%；山东省用于设施蔬菜栽培的有机肥年施用量达75 000～150 000 kg/hm^2，化肥年内投入量在6000～9000 kg/hm^{2}的现象非常普遍，有的甚至更高达15 000 kg/hm^2，远远超过了当季蔬菜的实际吸收量；王学军(1998)调查了山东寿光、苍山、泰安等地日光设施的施肥情况，统计结果表明，在被调查的10个温室中，平均施有机肥130 815 kg/hm^2，化肥5625 kg/hm^2。王平和刘淑英(1998)报道，甘肃兰州安宁区设施蔬菜年有机肥施用量高达14 080 kg/hm^2，化肥5350 kg/hm^2。郭文忠和李丁仁(2003)报道，宁夏设施蔬菜一般年有机肥施用量达75 000～150 000 kg/hm^2，化肥4000～6000 kg/hm^2。梁成华等(1996)调查结果表明，沈阳市郊区设施栽培每年施用有机肥75 000～82 500 kg/hm^2，尿素1200～

2250 kg/hm^2，磷酸二铵 450～600 kg/hm^2，硫酸钾 150～300 kg/hm^2。而程美廷(1990)对河北永年县设施栽培的调查结果表明，黄瓜一般追施硝铵 10 500～12 000 kg/hm^2。按 112 500～150 000 kg/hm^2 的黄瓜或西红柿产量来估算，设施栽培中作物对氮肥利用率不足 10%，其余 90%以上被积累在土壤中或进入地下水和以其他形式损失掉。张振华等(2003)调查表明，江苏省张家港市设施栽培施肥量一般比露地多 4～5 倍，且化肥在总用肥量中占 30%～60%，常达 7500 kg/hm^2。夏立忠等(2001)报道，江苏无锡市效设施栽培年有机肥施用量达 300 000～325 000 kg/hm^2，复合肥在 450 kg/hm^2 以上；苏州工业区园艺场设施栽培年有机肥施用量达 50 000 kg/hm^2，复合肥 2000 kg/hm^2，过磷酸钙 2000 kg/hm^2，并还要追施一定量的尿素。据我们调查，江苏省宜兴市部分设施栽培用肥量也很高，每茬黄瓜一般施用有机肥 22 500 kg/hm^2，尿素 2000 kg/hm^2 左右，钙镁磷肥 1500 kg/hm^2 左右，氯化钾 900 kg/hm^2。陈新平和张福锁(1996)对京郊 23 个蔬菜生产点进行了调查，其每季蔬菜施用有机肥 7500～11 200 kg/hm^2，施氮量为 782 kg/hm^2，磷达 615 kg/hm^2，钾为 393 kg/hm^2。马茂桐等(1997)对南京效区蔬菜施肥状况调查结果表明，有机肥施用量为 22 500～55 000 kg/hm^2，氮的施用量为 600 kg/hm^2 左右。由此可知，设施蔬菜栽培的用肥量远远高于露地栽培，结果导致大量养分在土壤中迅速累积，使土壤发生次生盐渍化。

4.1.2 养分在土壤中的累积状况

设施蔬菜生产多在冬春寒冷季节进行，土壤温度比较低，施入的肥料不易分解和被作物吸收，生产者往往采用不断加大施肥量的办法，以弥补因地温低、作物根系对养分吸收能力弱的不足，结果造成氮、磷、钾等养分在土壤中的大量累积，尤以氮、磷最为突出。肖千明等(1997)对辽宁设施栽培土壤耕层养分含量分析结果显示，设施栽培土壤较露地土壤全氮、全磷和全钾含量分别增加 30%～70%、40%～235%、3%～40%，速效氮、磷和钾的增幅分别为 4%～145%、30%～7356%和 60%～149%，有效铜、铁和锰的含量增幅分为 3%～90%、30%～200%和 20%～110%。其中，土壤全氮、全磷、速效氮、速效磷、有效铁及锰等的含量增加迅速，速效磷的增幅最大，达 30%～7356%，而且随着种植年限的延长，土壤养分含量有明显增加的趋势。马文奇等(2000)研究表明，即使在相同施肥水平条件下，种植不同品种作物的设施土壤，其养分累积状况也不相同，尤其是土壤磷的累积，如黄瓜、西瓜、辣椒、番茄、西葫芦等几种主要蔬菜在施肥量相同的情况下，种植一季黄瓜或西瓜后土壤磷(P_2O_5)累积量可高达 4000 kg/hm^2 以上，种一季辣椒、番茄和西葫芦后土壤磷的累积量也均在 2000 kg/hm^2 以上，若按氮损失率 40%计算，土壤中仍要累积氮 1500 kg/hm^2 以上。冯永军等(2001)对山东省设施土壤测定结果表明，土壤碱解氮达 100～200 mg/kg；速效磷多在 150～300 mg/kg，高者达 400 mg/kg；速效钾多在 200～600 mg/kg，高者达 1000 mg/kg。吴凤芝等(2000)报道，黑龙江省哈尔滨市郊设施土壤全氮含量是露地的 1～3 倍，速效磷含量是露地的 5～10 倍，碱解氮为露地的 2～3 倍，但有效钾有降低的趋势，由于多数土壤不施用钙及微肥，结果导致土壤中微量元素相对缺乏。张振华等(2003)报道，江苏省张家港市设施土壤全氮比露地平均高出 48.5%，速效磷和速效钾均超过 200 mg/kg。另据夏立忠等(2001)对苏州、无锡、常州和南京等地的设施栽培土壤养分分析结果表明，所有测定土壤速效磷的含量均较高，含量低于 70 mg/kg 的仅占 17.1%，大于 100 mg/kg 的占 71.9%，磷的供应普遍过剩；速效钾含量大于 100 mg/kg 的占 77.1%。有研究表明，设施栽培土壤中磷的含量与磷肥的高量投入和累积时间有关，方差分析结果表明，大棚土壤速效磷含量与棚龄呈极显著正相关。梁成华等(1998)对使用 3～36 年设施土壤磷形态及吸附解吸特性的研究结果表明，由于设施栽培水热条件的变化和有机肥的大量施用，改变了土壤的理化性质，使土壤对磷的专性吸附能力明显下降，土壤速效磷含量的增幅是全磷增幅的 4.9～5.6 倍，结果导致设施土壤速效磷含量增高，并大量积累。

4.1.3 养分管理中存在的主要问题

设施栽培依靠人工创造、调节及控制环境以满足作物生长发育需要，是一种受人为作用十分强烈的土地利用方式。在不受雨水淋洗、连续大量施肥、高度连作条件下，形成了诸多不同于自然条件下的生产问题。如水肥管理不当引起的土壤次生盐渍化问题，是当今国内外设施栽培中普遍存在的一个技术难题，不少设施在使用 3～5 年后便废弃不用或改作他用，造成很大的浪费。过量施用化肥尤其是氮肥是导致设施栽培土壤中养分和盐分大量累积、氮肥利用率降低、蔬菜体内硝态氮累积严重及蔬菜营养品质下降的重要原因之一。研究表明，氮肥施用量与氮素利用率之间成直线负相关，与蔬菜产量成二次曲线关系。土体中硝态氮的累积既是土壤盐分增加的重要特征，又是导致蔬菜生理障碍的主导因子之一。

4.1.3.1 氮磷钾等养分的比例不协调

设施栽培养分管理中普遍存在重施氮、磷，而轻施钾肥的现象。据调查，关中渭河流域设施栽培的施肥量大，仅纯氮施用量就超过了 1800 kg/hm^2，而且多数设施土壤未施过钾肥，所需钾量仅靠有机肥补充，土壤中钾素严重缺乏。在实际生产中，许多设施栽培氮、磷、钾的施用比例与作物需要的氮、磷、钾比例有较大差距。山东一般大棚蔬菜氮、磷、钾肥的养分投入比例为 1∶0.53∶0.41，而茄果类、瓜类和豆类等蔬菜的氮、磷、钾需肥比例分别为 1∶0.25∶1.58、1∶0.29∶1.47 和 1∶0.3∶1.44，养分投入与作物需要量之间存在着明显的差异。加之菜农对钙及微肥认识不足，多数不施用钙及微肥，导致土壤大量元素明显偏高，而中微量元素相对缺乏，造成养分供应不均衡。同时，养分不平衡也会导致营养元素之间产生拮抗作用，并影响到作物对某些营养元素的吸收。当过剩氮肥分解产生的铵离子过多时，也会影响作物对土壤中钾、钙、镁的吸收，造成土壤对作物养分供应不平衡。

过多地施用高浓度复合肥，导致养分供应比例失调。在设施栽培中，不少地方习惯施用高浓度复合肥(15∶15∶15 或 16∶16∶16)，这些复合肥不仅大量被用做底肥，而且在追施中占了较大比例，这也是作物氮、磷、钾吸收比例失调的重要原因之一。例如，在黄瓜生产中，作物所需养分有 1/2 是由追施复合肥来提供，其中磷酸二铵就占了 2/3 左右。这些复合肥由于含磷的比例太高，其直接施用不符合蔬菜养分的需求比例，需要搭配一定比例的氮肥或钾肥，否则会造成养分供应比例失调。此外，由于复合肥中的含氮量相对较低，施用后在作物外观上表现不明显，种植户认为可能是肥料用量太少，又加大用量，如此反复，化肥越施越多，造成养分过剩并在土壤中大量积累，还会产生巨大的环境风险。

不合理的复种轮作制度，也会引起土壤养分失衡。为了获得较高的经济效益，农户往往连续种植某种产值高的作物品种，而不注意轮作倒茬，导致设施内作物栽培的种类比较单一。长期这样种植使得土壤中的养分失去平衡，导致一些营养元素严重亏缺，而另一些营养元素却大量残留于土壤中，产生连作障碍。

4.1.3.2　有机肥施用种类不合理

施用未经处理的有机肥，会对作物生长和土壤环境产生不良后果。目前多数设施栽培中都大量施用含有机质较高的禽粪，这样不仅增加了成本，而且尿酸盐过多，也不能被蔬菜直接吸收，还会危害根系的正常生长。首先，过量的高氮有机肥在高温下易分解释放出 NH_3，若通风不好，对 NH_3 敏感的蔬菜易中毒损伤。其次，新鲜禽粪易滋生虫类，会加重地下害虫的危害。再次，过多施用大型畜禽养殖场未经处理的禽粪，易造成抗生素和重金属污染。据李淑芹和胡玖坤(2003)的调查结果，在畜禽养殖过程中，为了防治畜禽的多发性疾病，常在饲料中添加抗生素，抗生素随饲料进入动物体内，经肾脏过滤后，随尿液排出体外；同时，为了加强饲料的促生长及医疗效果，一些企业在饲料生产中往往加入含有砷、汞等元素的无机制剂。因此，这些元素也会相应地出现在畜禽粪便中。据预测，一个万头养猪场按美国 FDA 允许使用的砷计量推算，若连续使用含砷饲料 5～8 年后，将向猪场周边排放 1 t 左右的砷。16 年后，当土壤中砷含量每增加 1.0 mg/kg，则甘薯块根中砷含量上升 0.28 mg/kg。不超过 10 年，该地块生产的甘薯中砷含量会全部超过国家食品卫生标准。因此，若使用这类未经处理的畜禽粪便，会使设施栽培土壤和相应的农产品受到严重污染。

大量长期施用畜禽粪便，还可能引起土壤盐分地积累。过去，人们主要考虑农家肥的养分，很少注意农家肥的含盐量，由于在饲养畜禽的过程中，特别是现代大型养殖场，在饲料中一般都要添加 0.3%～0.5%的食盐，故畜禽粪便中含有一定量的盐分，多年大量使用，土壤含盐量就会大大提高。据郭文忠和李丁仁(2003)对银川郊区主要养殖场的畜禽粪便测定结果发现，猪粪、鸡粪、羊粪和牛粪都含有一定的盐分，其含量分别为 6.87 g/kg、19.99 g/kg、34.02 g/kg 和 41.86 g/kg。

4.1.3.3　设施栽培蔬菜的品质下降

土壤中硝酸盐积累过多，一方面可随水渗入地下，污染水源；另一方面可通过蔬菜吸收同化，若未能充分同化分解，则会在体内积累，影响其品质。吴凤芝等(1997)研究表明，用露地、设施连作 4 年和 25 年的土壤种植黄瓜，采收黄瓜体内的亚硝酸盐含量分别为 0.22 mg/kg、0.26 mg/kg 和 0.37 mg/kg，硝酸盐含量分别为 24.94 mg/kg、28.86 mg/kg 和 51.04 mg/kg，随着连作年限的延长，蔬菜中亚硝酸盐和硝酸盐积累明显增加。土壤中硝酸盐积累还会导致蔬菜中硝酸盐含量超标，莴苣、菠菜中的硝酸盐成分与土壤中的硝酸盐含量呈正相关。蔬菜易于富集硝酸盐，人体摄入的硝酸盐约有 81%来自蔬菜。控制蔬菜中硝酸盐的过量积累，是减少其对人体危害的一个重要途径。因此，在设施栽培中，必须尽量防止和消除土壤中硝酸盐的大量积累。

4.1.3.4　不合理施肥带来的环境问题

施肥对地表水和地下水中氮、磷含量的增加有重要影响。过量施肥将会加速和加重水体富营养化过程,并随着施肥量的增加而增加,农田是水体富营养化的主要营养源;过量施肥还会导致蔬菜中硝酸盐和亚硝酸盐,以及重金属元素含量超标,人们食取污染后的蔬菜,将会对人体健康造成危害。

据统计,蔬菜生产中的化肥投入量已占到某些地区肥料总施用量的 20%以上,而蔬菜对化肥的吸收率平均只有 30%左右,在个别地区如山东寿光则不足 10%,世界的平均水平却已经达到 50%~70%。土壤中没被吸收的化肥,一是随水流入地下,造成地下水污染。文化等(1990)对深层地下水硝态氮含量监测结果表明,北京市郊窦店村村落周围地下水的 NO_3-N 含量高出村落上游和下游 1 倍多。二是挥发进了大气,产生设施效应。作为土壤中对无机氮转化非常重要的硝化过程和反硝化过程,能够产生对地球设施效应有着直接和间接关系的 N_2O 和 NO 等气体。张光亚等(2002)研究表明,设施栽培土壤 N_2O 释放通量比露地栽培土壤高 1.9 倍,灌水处理 N_2O 释放量较未灌水处理高 1.2 倍,随着氮肥的增加,N_2O 释放量急剧上升,其回归方程 $y=256.96+1.47x(R=0.9951)$。

4.2 设施栽培系统的养分平衡及土壤养分变化特征——以山东寿光为例

我国自 20 世纪 70 年代中期引进设施栽培技术以来,设施生产在全国各地得到了大面积的推广应用,其栽培面积及总产量均居世界首位,其中,蔬菜生产所占的比重最大。但由于我国设施生产起步较晚,对生产技术和栽培管理缺乏系统的深入研究,因此,设施栽培的数量增长很快但质量水平较低,实际应用中出现了诸多不同于露地常规栽培的生产问题,尤其突出的是不合理施肥所产生的土壤质量恶化及相关环境问题,从而导致设施生产越来越偏离其优质、高产、环境友好的发展方向。据相关研究,设施土壤质量恶化的诸多问题均与生产中的施肥用量及结构密切相关。因此,在系统分析养分收支平衡的基础上进一步探讨肥料利用率、养分去向及土壤养分的变化特征,可为协调设施栽培系统中土壤-植物养分的供需平衡提供依据,同时对于节肥增效、降低环境负效应具有重要的理论和现实意义。

4.2.1 研究区概况

山东寿光市地处山东中部,属于山前冲积平原,主要土壤类型是山东三大土类之一的褐土,该区经济发达,是全国农业产业化起步较早的地区之一,也是中国最大的设施蔬菜生产基地,目前已发展日光设施 30 多万个,全市蔬菜种植面积超过 6 万 hm^2,生产的设施蔬菜畅销全国 200 多个大中城市,并出口到海外市场。其中,洛城绿色食品基地被国家和山东省确定为“绿色食品基地”和“无农药残毒放心菜基地”;孙集是全国冬暖式大棚的发祥地,蔬菜种植面积 4333.33 hm^2,现有冬暖式大棚 3 万余个,号称“中国大棚蔬菜第一镇”。该地区设施栽培的发展模式在全国具有很强的示范作用,同时,当地设施栽培条件下的施肥水平和土壤养分状况在中国北方大棚蔬菜种植区也具有一定的代表性。因此,选取了寿光有代表性的三个乡镇,即洛城、文家、孙家集,通过对当地设施栽培条件下施肥现状的全面调查及测土分析,揭示我国典型设施栽培模式下养分的平衡状况以及土壤养分的累积变化特点,调查结果详见表 4-1。

表 4-1 山东寿光设施栽培的基本情况

调查地点	种植年限/年	主要作物及产量/(kg/年)	面积/m^2	有机肥		化肥		备注
				类型	用量/t	底肥用量/(kg/年)	冲肥用量/(kg/年)	
洛城镇屯田西村	2	黄瓜 5000、丝瓜 7500	650	猪、鸡、鸭粪	15	复合肥 150	复合肥 800	每年使用杀菌剂 10～20 kg、杀虫剂 2.5～7.5 kg，设施都使用微肥
	2	黄瓜 5000、丝瓜 7500	650	猪、鸡、鸭粪	15	复合肥 150	复合肥 800	
	4	辣椒 3000、丝瓜 7500、茄子 7500	630	猪、鸡粪、鸭粪	14	复合肥 150	复合肥 800	
	4	甜瓜 2500、茄子 7500、辣椒 2500	650	猪、鸡粪	13	复合肥 150	复合肥 800	
	8	辣椒 10 000	530	鸡粪、猪粪	10	复合肥 100、二铵 50	复合肥 750	
	8	西红柿 7000、西葫芦 7000	480	鸡粪	8～9	复合肥 200	复合肥 800	
文家镇西陈村	2	西红柿 7500	325	猪粪、麦秆	3	二铵 35、硫酸钾 75、过磷酸钙 150	氨基酸 700	每年使用杀菌剂和杀虫剂 5～10 kg，设施都使用微肥
	2	西红柿 12 500、茄子 7000	680	猪粪、麦秆	4	二铵 50、硫酸钾 100、过磷酸钙 200	氨基酸 1000	
	4	西红柿 12 500、茄子 13 000	500	猪、鸡粪	7	复合肥 100	复合肥 750	
	4	西红柿 12 500、茄子 15 000	500	猪、鸡粪	7	复合肥 100	复合肥 750	
	7	西红柿 5000、油豆 2000	560	猪、鸡粪	12	复合肥 400	复合肥 750	
	13	西红柿 7500	600	猪粪	2	—	复合肥 300	
孙家集镇孙家集村	2	黄瓜 5000、苦瓜 5000	500	鸡粪	12	磷酸氢二铵 100	复合肥 900	每年使用杀菌剂和杀虫剂 2～5 kg
	3	黄瓜 2000、苦瓜 2500	320	鸡粪	6～7	复合肥 200、磷酸氢二铵 300	复合肥 400	
	4	黄瓜 7500、苦瓜 7500	640	鸡粪	10	复合肥 150	复合肥 1000	
	4	黄瓜 6000、苦瓜 6000、西红柿 2500	500	鸡粪	10	复合肥 150、有机复合肥 350	复合肥 250、鸡粪 2000	
	8	黄瓜 5000、苦瓜 2500、西葫芦 2000	390	鸡、鸭粪	8	复合肥 100、磷酸氢二铵 50	复合肥 300、鸡粪 1000	
	9	豆角 1750、辣椒 1750	390	鸡粪	6	碳铵 150	复合肥 300	

注：1. 冲肥比例：作物生长期 早：21∶8∶11；中 15∶15∶15；晚：10∶20∶20；底肥比例：15∶15∶15。
2. 每 100 kg 鲜有机肥可折算为 80 kg 干样，有机肥来源为当地饲养场。

4.2.2　研究方法

4.2.2.1　养分平衡的计算方法

在全面收集研究区各设施使用年限、肥料投入、作物种类及产量等资料的基础上(表4-1),计算土壤养分的表观平衡,即用化肥和有机肥总投入量的折纯量减去作物的带出量。

1）养分收入量

主要计算化肥和有机肥总施用量的折纯量。投入的养分总量(N、P_2O_5、K_2O)即用各肥料的施用量乘以其有效养分的含量,其中化肥养分含量按照农户所施肥料包装袋上标识的养分含量计算,有机肥料的养分含量根据《中国有机肥料养分志》提供的参数进行计算(表4-2)。灌溉、作物种子带入的养分占养分总投入量的比例极小,故忽略不计。

表4-2　不同有机肥料的养分含量

种　类		全氮(N)/%	全磷(P)/%	全钾(K)/%	C/N
猪粪	烘干基	2.087	0.896	1.118	20.986
	鲜基	0.547	0.245	0.294	20.986
鸡粪	烘干基	2.338	0.929	1.606	14.028
	鲜基	1.032	0.413	0.717	—
鸭粪	烘干基	1.661	0.885	1.373	17.858
	鲜基	0.714	0.364	0.547	—
麦秆	烘干基	1.113	0.264	0.779	—
	鲜基	0.178	0.043	0.165	—

2）养分支出量

养分支出主要为作物收获后养分的带出。根据调查所得到的作物经济产量及特定作物对养分(N、P_2O_5、K_2O)的吸收参数计算(表4-3)。由于设施栽培系统长期处于半封闭的环境条件,很少受雨水的淋溶,故经水分淋洗、径流等途径损失的养分未计入支出部分。

表4-3　不同蔬菜作物每形成100 kg产量所吸收的养分量(kg)

种　类	N	P_2O_5	K_2O	种　类	N	P_2O_5	K_2O
黄瓜	0.21	0.10	0.35	茄子	0.31	0.07	0.49
丝瓜	0.41	0.13	0.45	西红柿	0.31	0.07	0.50
甜瓜	0.41	0.22	0.55	油豆	0.80	0.23	0.68
苦瓜	0.53	0.18	0.69	西葫芦	0.39	0.21	0.73
辣椒	0.58	0.11	0.74	豆角	0.90	0.22	0.70

4.2.2.2　土样采集与分析

在山东寿光洛城镇、文家镇、孙家集镇各选取 6 个代表性的设施，每个设施内按“S”形布点，取一个混合耕层(0～20 cm)土样，同时在最长使用年限的设施内按 0～20 cm、20～40 cm、40～60 cm、60～80 cm 和 80～100 cm 分层取剖面样。由于供试设施及相邻露地土壤的成土母质和地下水位等自然成土条件相同，因此，以同样的方法在各种植区取相邻露地栽培的耕层土样及剖面样。

土样经自然风干后，分别过 2 mm 筛和 0.149 mm 筛，供分析测定。全氮采用开氏消煮法；速效氮、硝态氮、铵态氮采用2 mol/L KCl 浸提，流动分析仪测定法；土壤全磷采用 NaOH 熔融，钼锑抗比色法；速效磷采用 0.5 mol/L，pH 8.5 $NaHCO_3$ 浸提，钼锑抗比色法；采用蒋柏藩-顾益初无机磷分级体系(1989，1990)，将土壤无机磷分为二钙磷(Ca_2-P，$CaHPO_4 \cdot 2H_2O$)、八钙磷[Ca_8-P，$Ca_8H_2(PO4)_6 \cdot 5H_2O$]、铝磷(Al-P，$AlPO_4 \cdot nH_2O$)、铁磷(Fe-P，$FePO_4 \cdot 2H_2O$)、闭蓄态磷(O-P)和十钙磷[$Ca_{10}$-P，$Ca_{10}(PO_4)_6 \cdot F_2$]；水溶性磷($CaCl_2$-P)采用 0.01 mol/L 浸提(土水比 1∶10)，钼锑抗比色法；全钾的测定采用氢氧化钠熔融-火焰光度计法；速效钾采用 1 mol/L，pH 7.0 CH_3COONH_4 浸提，火焰光度计法；缓效钾的测定采用 1 mol/L 的硝酸浸提-火焰光度计法，测得酸溶性钾的含量减速效性钾含量，即为土壤缓效性钾含量；有效硫采用 $Ca(H_2PO_4)_2$-CH_3COOH 浸提，ICP-AES 法测定；有效 Ca、Mg 采用 CH_3COONH_4 交换-原子吸收分光光度计法；有效 Fe、Mn、Cu、Zn 采用 DTPA-$CaCl_2$-TEA 浸提，ICP-AES 法测定。

4.2.3　设施栽培系统的养分平衡状况

4.2.3.1　养分的投入状况

由表 4-1 可知，山东寿光设施栽培有机肥的投入以当地饲养场的新鲜鸡粪和猪粪为主，少数施鸭粪和麦秆。有机肥主要用作基肥，部分用作追肥，年均有机肥用量为 180 t/hm^2，最高可达 240 t/hm^2。施用的化肥品种有复合肥、磷酸氢二铵、硫酸钾、碳铵、过磷酸钙等，其中以复合肥为主，有 56%的设施全部施用高浓度复合肥(15-15-15)，年均化肥用量约为 17 t/hm^2，最高达 28.13 t/hm^2。据分析(表 4-4)，设施栽培系统中，氮、磷、钾养分的投入量分别为 4088.2 kg/hm^2(CV=30%)、3655.5 kg/hm^2(CV=35%)、3437.5 kg/hm^2(CV=36%)，总养分投入量为 11 181.2 kg/hm^2，养分投入表现为氮>磷>钾。养分的投入主要以化肥为主，每年设施栽培由化肥投入的氮、磷、钾养分达 2538.7 kg/hm^2、2183.5 kg/hm^2 和 2202.1 kg/hm^2，分别占各种养分投入总量的 62.1%、59.7%和 64.1%；而由有机肥带入的氮、磷、钾养分分别为 1549.6 kg/hm^2、1472.0 kg/hm^2 和 1235.5 kg/hm^2，前者分别高出后者 64%、48%和 44%。此外，由于设施栽培条件下作物产量不断提高和大量使用氮、磷、钾等化肥，土壤中微量元素供应不足已成为设施栽培的一个限制因子。因此，施用微肥已成为当地设施生产中的一项重要增产措施。

表 4-4 山东寿光设施栽培系统养分的投入量[kg/(hm² · 年)]

样点		有机肥			化肥			总量		
		N	P_2O_5	K_2O	N	P_2O_5	K_2O	N	P_2O_5	K_2O
洛城镇	1	1686.6	1675.1	1297.7	2130.6	2469.0	2515.1	3817.1	4144.1	3812.8
	2	1686.6	1675.1	1297.7	2130.6	2469.0	2515.1	3817.1	4144.1	3812.8
	3	1623.6	1595.9	1234.7	2198.2	2547.4	2595.0	3821.8	4143.2	3829.7
	4	1541.5	1477.7	1174.0	2130.6	2469.0	2515.1	3672.1	3946.7	3689.2
	5	1763.9	1639.8	1431.7	2594.0	2405.4	2405.4	4357.9	4045.2	3837.0
	6	1827.3	1675.5	1523.5	3124.6	3124.6	3124.6	4951.8	4800.1	4648.1
文家镇	1	504.92	518.12	325.66	3640.0	1049.2	1153.9	4144.9	1567.3	1479.5
	2	321.73	330.14	207.51	2485.1	691.11	735.22	2806.8	1021.2	942.73
	3	1056.7	1016.6	798.37	2549.7	2549.7	2549.7	3606.3	3566.3	3348.0
	4	1056.7	1016.6	798.37	2549.7	2549.7	2549.7	3606.3	3566.3	3348.0
	5	182.31	187.08	117.59	749.92	749.92	749.92	932.23	936.99	867.50
	6	2093.3	2047.3	1524.0	3080.0	3080.0	3080.0	5173.3	5127.3	4604.0
孙家集镇	1	2136.6	2096.8	1828.3	1794.6	1538.2	1538.2	3931.1	3635.0	3366.5
	2	1587.4	1455.4	1323.5	1807.4	1153.7	1153.7	3394.8	2609.1	2477.1
	3	1612.3	1478.3	1344.2	2695.0	2695.0	2695.0	4307.4	4173.3	4039.3
	4	2476.5	2270.5	2064.7	2249.7	2249.7	2249.7	4726.2	4520.2	4314.4
	5	2476.5	2270.5	2064.7	3099.6	2699.6	2699.6	5576.1	4970.2	4764.3
	6	2257.5	2069.8	1882.1	4687.5	2812.5	2812.5	6945.0	4882.3	4694.6

4.2.3.2 养分的平衡状况

山东寿光设施蔬菜生产具有施肥量大的特点。由表 4-5 可知，肥料的施用量远远超出了作物生长的需要量，且养分的投入比例对蔬菜生长极不合理，大多数蔬菜对磷的吸收能力较弱，对氮的吸收能力中等，对钾的利用能力最强，其氮、磷、钾的吸收比例为 1∶0.3∶1.4，而投入养分的比例却为 1∶0.9∶0.8，磷投入比例过高，而钾则相对缺乏。土壤养分表观平衡计算表明，设施土壤中氮、磷、钾都有大量盈余，其中磷盈余量最高，为 3401.1 kg/(hm² · 年)(CV=37%)，最高可达 4701.65 kg/(hm² · 年)，由于各类蔬菜作物对磷的消耗量最少，磷肥的当季利用率仅为 10%～25%，大部分磷存留于土壤而未被利用，因此在生产中要注意磷肥的后效，少施磷肥以避免资源浪费；氮的盈余量次之，为 3214.0 kg/(hm² · 年)(CV=40%)，虽然氮肥施用量最高，但由于蔬菜对氮的吸收较多，因此在土壤中的累积量相对较少；钾的盈余量最低，为 2322.2 kg/(hm² · 年)(CV=52%)，主要与作物的大量吸收和投入量偏低有关。

表 4-5 山东寿光设施栽培系统的收支平衡状况[kg/(hm² · 年)]

样点		收入量			支出量			氮、磷、钾比例 N∶P_2O_5∶K_2O		盈余量		
		N	P_2O_5	K_2O	N	P_2O_5	K_2O	投入比例	支出比例	N	P_2O_5	K_2O
洛城镇	1	3817	4144	3813	623	227	788	1∶1.1∶1.0	1∶0.4∶1.3	3194	3917	3025
	2	3817	4144	3813	623	227	788	1∶1.1∶1.0	1∶0.4∶1.3	3194	3917	3025
	3	3822	4143	3830	1121	290	1471	1∶1.1∶1.0	1∶0.3∶1.3	2701	3853	2358
	4	3672	3947	3689	738	208	1061	1∶1.1∶1.0	1∶0.3∶1.4	2934	3739	2628
	5	4358	4045	3837	1094	208	1396	1∶0.9∶0.9	1∶0.2∶1.3	3264	3838	2441
	6	4952	4800	4648	1021	408	1794	1∶1.0∶0.9	1∶0.4∶1.8	3931	4392	2854

续表

样点		收入量			支出量			氮、磷、钾比例 N∶P_2O_5∶K_2O		盈余量		
		N	P_2O_5	K_2O	N	P_2O_5	K_2O	投入比例	支出比例	N	P_2O_5	K_2O
文家镇	1	4145	1567	1480	715	162	1154	1∶0.4∶0.4	1∶0.2∶1.6	3430	1406	326
	2	2807	1021	943	889	201	1423	1∶0.4∶0.3	1∶0.2∶1.6	1918	821	−481
	3	3606	3566	3348	1581	357	2524	1∶1.0∶0.9	1∶0.2∶1.6	2026	3209	824
	4	3606	3566	3348	1645	385	2720	1∶1.0∶0.9	1∶0.2∶1.7	1962	3181	628
	5	932	937	868	525	135	643	1∶1.0∶0.9	1∶0.3∶1.2	407	802	224
	6	5173	5127	4604	415	94	670	1∶1.0∶0.9	1∶0.2∶1.6	4758	5034	3935
孙家集镇	1	3931	3635	3367	949	359	1333	1∶0.9∶0.9	1∶0.4∶1.4	2983	3276	2033
	2	3395	2609	2477	447	167	622	1∶0.8∶0.7	1∶0.4∶1.4	2947	2442	1855
	3	4307	4173	4039	867	328	1219	1∶1.0∶0.9	1∶0.4∶1.4	3440	3845	2821
	4	4726	4520	4314	1043	371	1498	1∶1.0∶0.9	1∶0.4∶1.4	3683	4149	2817
	5	5576	4970	4764	631	274	987	1∶0.9∶0.9	1∶0.4∶1.6	4945	4696	3778
	6	6945	4882	4695	809	181	788	1∶0.7∶0.7	1∶0.2∶1.0	6136	4702	3907

分析设施栽培系统各养分的盈余量与种植后土壤养分增减的相关性，氮的表观平衡和设施土壤中全氮、速效氮、硝态氮含量的增减相关性不显著，这可能与氮易被淋洗、转化损失等因素有关。磷、钾的表观平衡和设施土壤中速效磷、速效钾含量的增减相关性也不显著，可能与磷、钾的固定及淋洗等原因有关。因此，设施系统中，盲目大量施肥，不仅造成肥料资源的浪费、破坏土壤-植物系统的养分供需平衡、影响蔬菜品质、引发土壤次生盐渍化等一系列障碍问题的出现，同时氮、磷养分的随水淋失也会带来巨大的环境风险。

4.2.3.3 养分盈余的环境风险

1）氮素与环境风险

山东寿光设施栽培系统中速效氮盈余 3214.0 kg/(hm^2·年)(CV=40%)，在整个设施系统中肥料所带入的养分被作物吸收的仅占很少一部分，氮投入量是蔬菜吸收量的 4.7 倍，而土壤耕层积累量仅为系统盈余的 22%，绝大部分盈余养分向土壤底层迁移。分析氮素在设施土壤剖面的积累变化表明，速效氮的含量在整个设施土壤剖面均显著高于露地土壤各层，且设施土壤底层(40 cm 以下)速效氮含量明显高出露地土壤的耕层(0～20 cm)。这主要是由于氮素易于在土壤中随水移动，氮肥施入土壤后，在微生物作用下，形成硝态氮，因土壤胶体对硝态氮的吸附甚微，易遭灌溉水淋洗而进入地下水。当土壤对 NH_4^+ 的吸附量达到最大值时，在入渗水流的作用下 NH_4^+ 也可能被淋失出土体。当地地下水中的硝态氮含量为 9 mg/L，已接近世界卫生组织及我国国家饮用水标准中 10 mg/L 的水质标准，可见盈余氮素进入地下水后给饮水带来了巨大的危害，已严重威胁着当地人类的健康。设施系统中未被吸收利用的氮素除了造成水体污染外，一部分以 N_2O、NO 形式进入大气，产生温室效应。设施栽培土壤 N_2O 释放通量比露地蔬菜栽培土壤高 1.4 倍，施用有机肥的土壤 N_2O 的释放量高于施化肥的处理。设施栽培大量施用有机肥，能显著增加 N_2O 的释放通量。研究表明，如果施 1000 kg/hm^2 有机碳，N_2O 的释放通量比对照增加 26%；当施肥量达 3000 kg/hm^2 有机碳时，N_2O 释放通量增加 100%。目前，对于如何定量测定设施系统中 N_2O 等温室气体的排放情况，深入探讨氮素的环境效应，还有待于进一步研究。

2）磷素与环境风险

设施系统内部盈余养分通过各种途径进入环境，引发一系列的生态环境问题。研究区域内设施系统中磷盈余量达 3401.1 kg/(hm^2 · 年)(CV=37%)，最高可达 4701.65 kg/(hm^2 · 年)，其平均盈余量是土壤积累量的 5.2 倍。施于土壤中的磷肥只有很少一部分被农作物利用，绝大部分存在于土壤中，设施土壤耕层（0～20 cm）速效磷含量是相应露地的 5.4 倍，0～40 cm 速效磷的累积量最高，40 cm 以下各层，其含量与露地无明显差异，一部分可溶态磷进入水体，所以土壤中速效磷的量与系统的盈余量差异较大。磷养分的大量盈余，不但加剧了土壤的次生盐渍化，而且可在灌溉水冲刷下进入水体，从而加速了水体的富营养化。据 Maguire 报道，过量的有机肥会降低土壤对磷的吸附量，增加土壤磷的渗漏率。研究还发现，与无机磷相比，有机态磷在土壤中具有较强的移动性，而设施菜地土壤有机肥的施用量一般都较高，因此，磷淋失和发生径流损失的数量也较大。设施栽培中含磷复合肥和过磷酸钙等磷肥的大量施用，还会带来土壤中砷、汞、铜、镍、铬、镉等重金属污染。

3）钾素与环境风险

农田生态系统氮、磷、钾的迁移、转化与循环是涉及我国粮食安全和农田生态环境质量的重要过程。土壤钾过量虽不会对环境产生直接危害，但会影响其他离子在土壤中的迁移、转化，从而对环境产生间接影响。土壤中钾离子的大量存在，加速了设施土壤盐分的累积，同时，钾离子的增加也减少了土壤对铵离子的固定，从而增大了氮挥发和淋溶损失的机会，因此，钾素过量的潜在污染风险也不容忽视。

4.2.4　设施土壤养分的累积变化特征

4.2.4.1　土壤氮素变化特征

设施土壤耕层全氮、硝态氮、铵态氮的含量均较露地（CK）土壤有不同程度的增加（图 4-1），平均含量分别为 2.6 g/kg(CV=23%)、254 mg/kg(CV=64%)、8.9 mg/kg(CV=27%)，是露地土壤的 1.9 倍、21.2 倍、1.6 倍，其中硝态氮的增加量最大。设施栽培条件下，土壤速效氮占全氮的百分比由露地的 0.9%～1.7%增加到 2.5%～23.4%，而速效氮以硝态氮为主，占总量的 90%左右，说明施肥是造成土壤速效养分累积的主要原因。对照菜地土壤氮养分的丰缺标准，露地土壤的全氮含量（0.9～1.5 g/kg）属中等偏低水平，

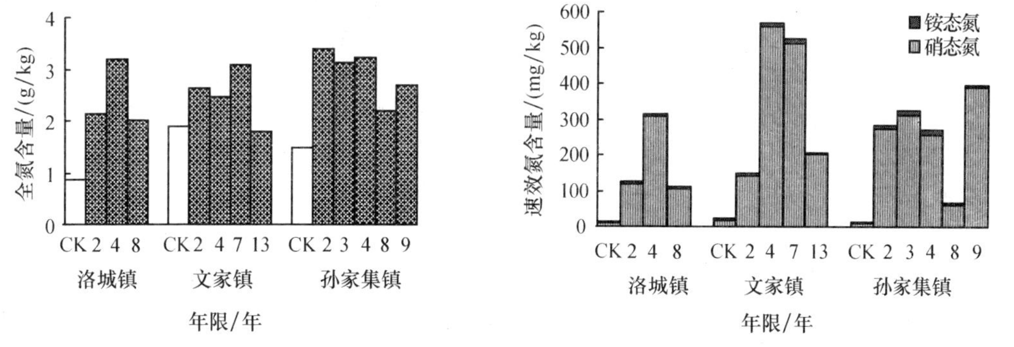

图 4-1　不同使用年限设施土壤耕层全氮、速效氮的含量变化情况

硝态氮含量(8.6～18.6 mg/kg)则严重缺乏；而温室栽培后，全氮、硝态氮含量分别为 1.6～3.7 g/kg、10～330 mg/kg，均处于较高含量水平以上。

就氮素养分在设施土壤剖面的累积变化情况来看，随着土层深度的增加，全氮和速效氮的含量逐渐降低(图 4-2)。设施土壤全氮的含量除在耕层(0～20 cm)与露地土壤有显著差异外，20 cm 以下各土层的全氮含量均与露地对应层次无显著差异，而速效氮，主要为硝态氮，由于 NO_3^- 带负电，难以被土壤胶体所吸附，因此受土壤水分运移方向的影响，其在土体中的分布表现出了明显的表聚和向下迁移特征。由图 4-2 可知，速效氮在设施土壤剖面 0～100 cm 各土层的含量均显著高于露地土壤各土层。大量 NO_3^- 的向下迁移，将对当地的地下水造成严重的污染风险。据分析，当地地下水中的硝态氮含量为 9 mg/L，已接近世界卫生组织及我国国家饮用水标准中 10 mg/L 的水质标准。

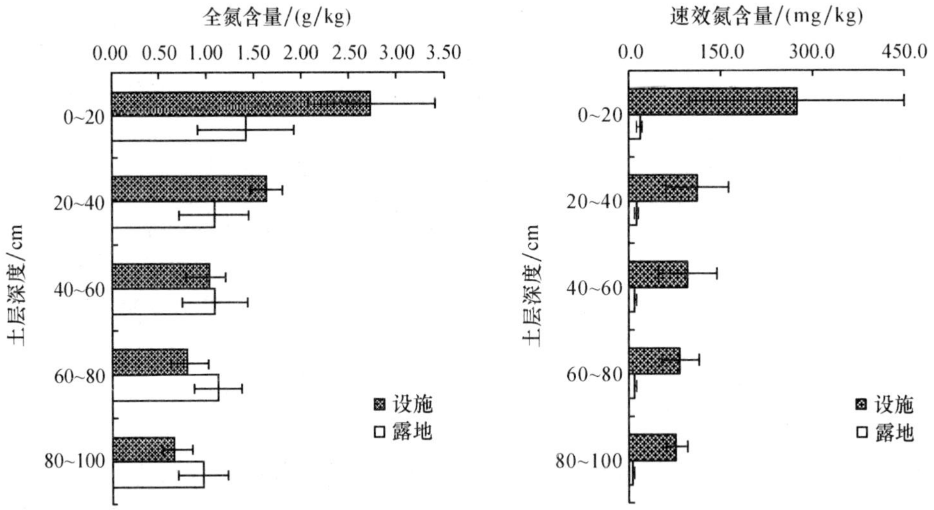

图 4-2 山东寿光设施土壤全氮、速效氮的剖面分布情况

4.2.4.2 土壤磷素变化特征

1) 土壤全磷含量变化

研究区 3 个镇露地土壤耕层全磷含量水平基本一致，处于相对较低的水平，其原因主要是当地的土壤类型、栽培管理基本一致。设施栽培后，土壤全磷含量较露地土壤有明显增高，但其累积量却因温室种植年限的不同而有较大的差异，表现出含量高且变化幅度大的特点。在温室栽培的前期，磷素累积较快，连续使用了 4～8 年时，全磷含量达到一个较高范围，为露地土壤的 2～4 倍，随着种植年限的继续增加，其再累积磷素的能力较差，甚至略有下降(图 4-3)。设施土壤耕层 0～20、20～40 cm 土层的全磷含量均显著高于对应的露地土壤，其中以耕层的累积量最为突出，其平均含量高达 1.82 g/kg(CV=29%)，而相对应的露地土壤全磷含量则仅为 0.62 g/kg(CV=9%)，前者是后者的 2.9 倍，表现出明显的表聚特征。40 cm 以下各土层无明显差异，尽管土壤中磷素的移动性很小，但在设施栽培土壤中由于长期大量施用磷肥和土壤翻耕、大水漫灌等，土壤磷素仍会不同程度地向下迁移(图 4-4)。

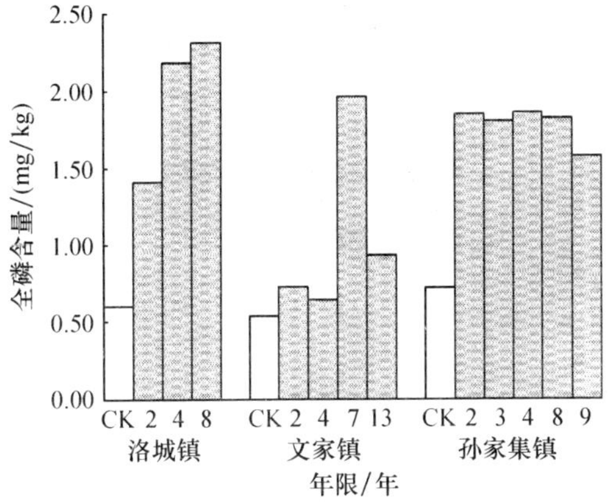

图 4-3 设施土壤耕层全磷含量的变化特征

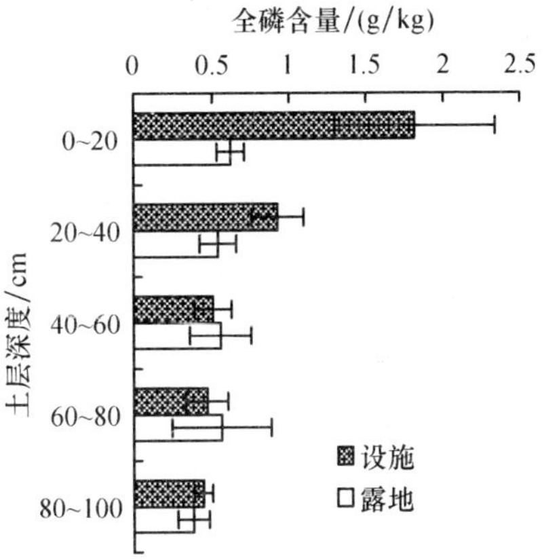

图 4-4 设施土壤全磷的剖面分布情况

2）土壤速效磷含量变化

露地土壤耕层的速效磷的含量范围为 33～72 mg/kg，大多处于中等偏低水平。设施栽培后，土壤耕层（0～20 cm）速效磷的含量均较相邻露地土壤有较大幅度的增加（图 4-5），平均含量分别为 248 mg/kg（CV＝31％），是露地的 5.4 倍。过量施肥造成土壤中速效磷的含量普遍增高，大大超过了蔬菜作物的需求量。设施土壤中，速效磷的含量为 135～377 mg/kg，而适宜于蔬菜生长的含量仅为 60～90 mg/kg，所调查的全部设施土壤的速效磷含量均远远超过了此需求范围。

设施土壤中，磷在剖面的分布以表聚为主，含量随着土层深度的增加而逐渐降低，0～40 cm 土层的累积量最高，均显著高于对应的露地土壤，40 cm 以下各层其含量与露地无显著差异（图 4-6）。

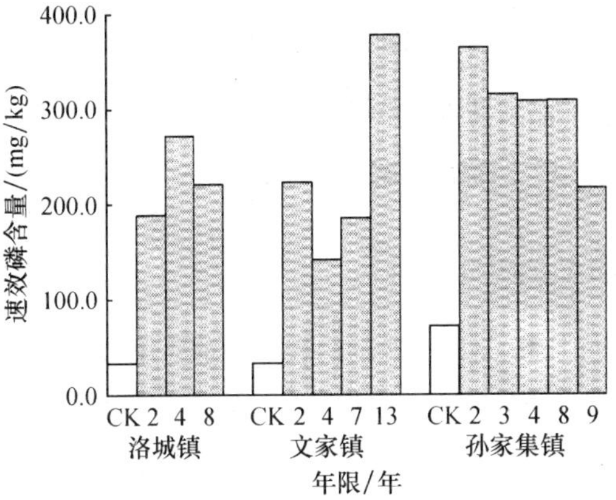

图 4-5 设施土壤耕层速效磷的含量变化

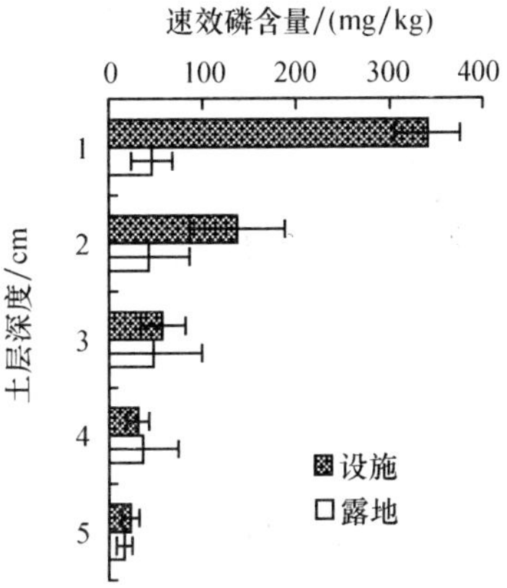

图 4-6 设施土壤速效磷的剖面分布情况

3）土壤无机磷的分组及含量变化

分析表明（图 4-7），露地土壤各无机磷组分的含量较低，在 0～100 cm 各土层间均无显著性差异。除 Ca_{10}-P 外，设施土壤各无机磷组分含量与全磷含量的变化趋势相似，在 0～20 cm 耕层均较露地土壤显著增加，20～40 cm 土层也明显增加，40 cm 以下各土层无明显变化。

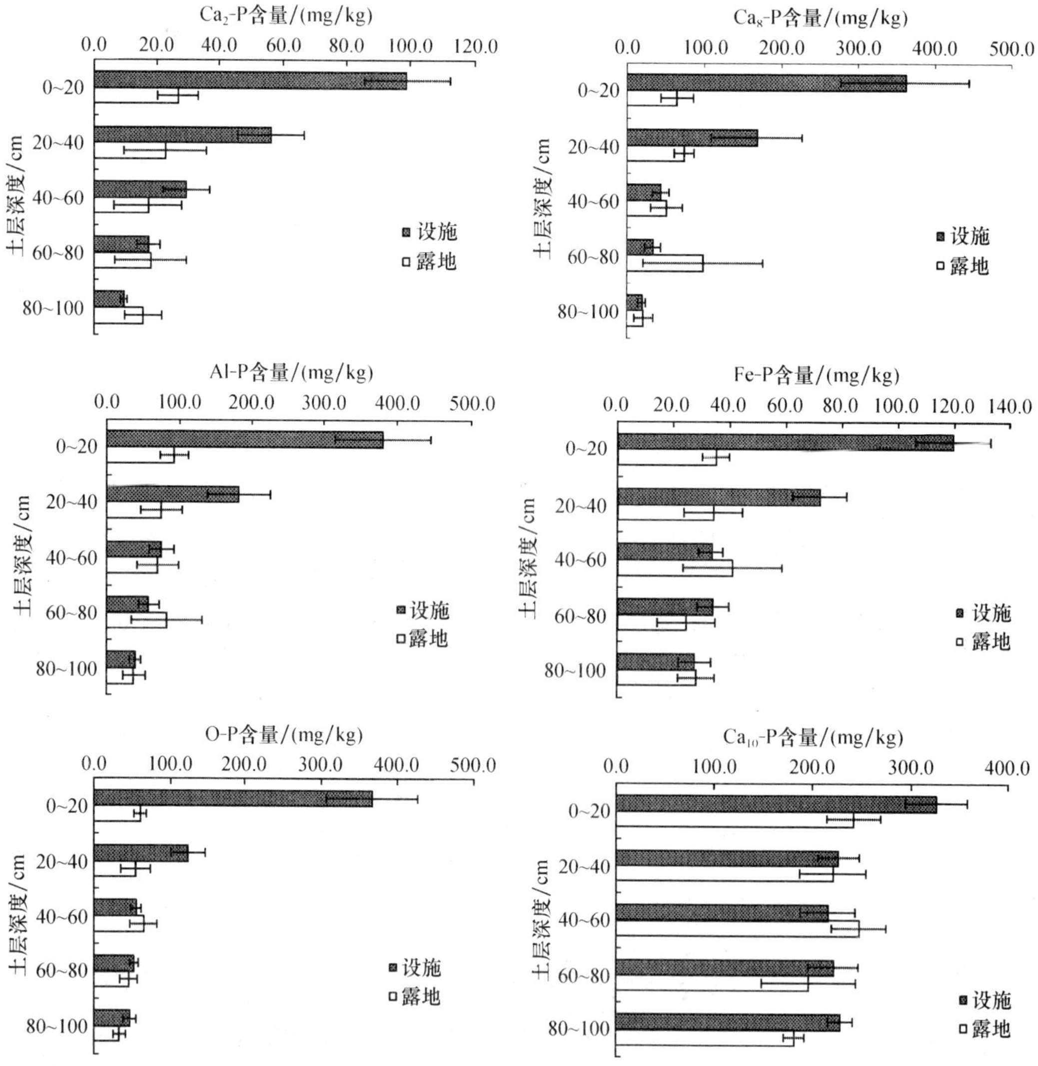

图 4-7　设施土壤无机磷组分的剖面分布情况

设施栽培后，土壤耕层 Ca_2-P、Ca_8-P、Al-P、Fe-P 和 O-P 的含量均表现为显著增加(图 4-7)，平均含量是 98.9 mg/kg(CV＝33%)、361.5 mg/kg(CV＝56%)、380.8 mg/kg(CV＝42%)、119.31 mg/kg(CV＝28%)和 366.6 mg/kg(CV＝41%)，分别为露地土壤的 3.7 倍、5.6 倍、4.1 倍、3.4 倍和 6.1 倍。Ca_2-P 仅占设施土壤耕层无机磷总量的 7.7%，是含量最低的无机磷组分；Al-P 含量最高，占到无机磷总量的 25.1%，比 Ca_2-P、Ca_8-P、Fe-P、O-P 和 Ca_{10}-P 分别高出 17.4%、5.1%、15.6%、7.1%和 5.4%。露地土壤耕层 Ca_{10}-P 的含量在 203.2～295.6 mg/kg，平均为 242.3 mg/kg(CV＝11%)。设施栽培后，耕层土壤 Ca_{10}-P 平均增加了 83.9 mg/kg，达到 326.1 mg/kg(CV＝24%)，但与露地土壤差异不显著，未表现出明显的累积现象。设施土壤耕层 Ca_{10}-P 含量占无机磷总量的比例仅为

19.7%，由于设施土壤无机磷累积量大，而以 Ca_{10}-P 的形式累积较少，因而露地土壤 Ca_{10}-P 所占无机磷总量的比例较设施土壤高，达到 46.7%。

由表 4-6 可知，设施土壤耕层无机磷组分与露地土壤相比均有明显变化，但在不同种植年限间存在一定的差异。山东寿光 3 个镇的调查结果显示，磷素主要以 Ca_8-P、Al-P 和 O-P 的形式累积在土壤中，平均增加量分别为 296.5 mg/kg、288.5 mg/kg 和 306.0 mg/kg。洛城镇连续种植了 2 年的设施土壤中 Ca_{10}-P 含量最高，Ca_2-P、Al-P 和 Fe-P 含量在种植的第 4 年达到最大值，而 Ca_8-P 和 O-P 则是在种植 8 年时达到最大值，分别是露地土壤的 12.7 倍和 7.1 倍。文家镇设施土壤各无机磷组分含量均在种植的第 7 年达到最大值。孙家集镇连续种植了 2 年的温室土壤其 Ca_2-P、Ca_8-P 和 Fe-P 含量达最大值，Al-P、O-P 和 Ca_{10}-P 则分别在种植的第 3 年、第 8 年、第 9 年时达到最大值。研究区 3 个镇无机磷组分在栽培年限间的变化幅度大且无明显迁移变化规律，体现了人为因素(栽培管理方式、肥料种类及其施用量)对设施土壤磷素累积的强烈作用。部分研究区以过磷酸钙的形式施入土壤，不可避免地增加了土壤中的 Ca-P 含量，所以从人为因素的角度解释各无机磷组分的变化符合温室栽培的实际情况。因此，应进一步深入研究设施土壤的磷素迁移变化规律，指导种植户合理施用磷肥，以避免资源浪费及环境污染。随着设施栽培年限的增加，3 个镇 Ca_2-P 的含量均较露地明显增加，但其相对百分比却随种植年限的增加而呈下降的趋势，表明 Ca_2-P 不易在土壤累积。Ca_8-P、Al-P 和 O-P 的相对百分比稳定，但在不同地区表现出一定的差异。Al-P 和 Fe-P 也有相似的变化趋势。设施土壤 O-P 和 Ca_{10}-P 的增加明显滞后于 Ca_2-P、Ca_8-P、Al-P 和 Fe-P，可能与 O-P 和 Ca_{10}-P 的溶解性及其对作物的有效性较低以及在土壤中形成与转化的进程较慢有关。

表 4-6 设施土壤耕层无机磷组分(mg/kg)的变化特征

地点	年限	无机磷组分					
		Ca_2-P	Ca_8-P	Al-P	Fe-P	O-P	Ca_{10}-P
洛城镇	CK	17.2(2.8)	47.7(7.9)	70.3(11.6)	25.3(4.2)	71.5(11.8)	295.6(49.0)
	2	91.4(6.5)	319.9(22.8)	283.7(20.2)	47.4(3.4)	120.1(8.5)	425.5(30.3)
	4	102.4(4.7)	583.3(26.7)	496.6(22.7)	98.1(4.5)	450.3(20.6)	320.1(14.7)
	8	96.3(4.2)	605.9(26.2)	367.7(15.9)	88.5(3.8)	506.4(21.9)	403.4(17.5)
文家镇	CK	23.1(4.3)	40.5(7.5)	75.0(14.0)	42.1(7.8)	64.4(12.0)	203.1(37.8)
	2	77.8(10.7)	106.0(14.6)	158.3(21.8)	83.0(11.4)	76.2(10.5)	125.7(17.3)
	4	56.2(8.8)	57.8(9.0)	161.6(25.2)	89.2(13.9)	67.9(10.6)	113.6(17.7)
	7	138.1(7.1)	297.6(15.2)	631.0(32.2)	162.6(8.3)	258.3(13.2)	306.1(15.6)
	13	73.5(7.9)	134.8(14.4)	149.0(15.9)	109.5(11.7)	164.4(17.6)	217.0(23.2)
孙家集镇	CK	39.5(5.5)	107.0(14.9)	131.5(18.3)	36.9(5.2)	45.7(6.4)	228.0(31.8)
	2	178.6(9.7)	339.7(18.4)	417.0(22.6)	233.7(12.7)	330.8(17.9)	167.8(9.1)
	3	128.3(7.1)	263.9(14.7)	559.7(31.1)	146.8(8.2)	340.7(18.9)	259.6(14.4)
	4	119.0(6.4)	331.2(17.9)	474.6(25.6)	204.2(11.0)	353.7(19.1)	225.6(12.2)
	8	113.6(6.2)	296.7(16.3)	417.7(23.0)	139.5(7.7)	437.6(24.1)	266.0(14.6)
	9	75.8(4.8)	228.0(14.5)	351.9(22.4)	127.2(8.1)	326.5(20.8)	360.9(23.0)

注：表中括号内数字表示相对百分比(%)=(无机磷组分/全磷)×100。

4.2.4.3 土壤钾素的累积变化特征

1）土壤全钾的含量变化

图 4-8 表明，3 个乡镇耕层土壤全钾含量在设施栽培后 2～4 年时较露地土壤出现了为明显的积累；随设施栽培年限的增加，土壤全钾含量呈略有降低的趋势。这可能是由于在设施栽培初期，大量投入钾肥，引起土壤中钾素含量增加，而后期每年施入得钾素与蔬菜作物吸收带走的钾保持了相对平衡，使得全钾的变化幅度不大。从图 4-9 可知，设施土壤全钾的积累在剖面各个层次的变化不明显，且与露地土壤也无明显差别，表明设施栽培对土壤剖面各个层次中全钾含量的影响很小。

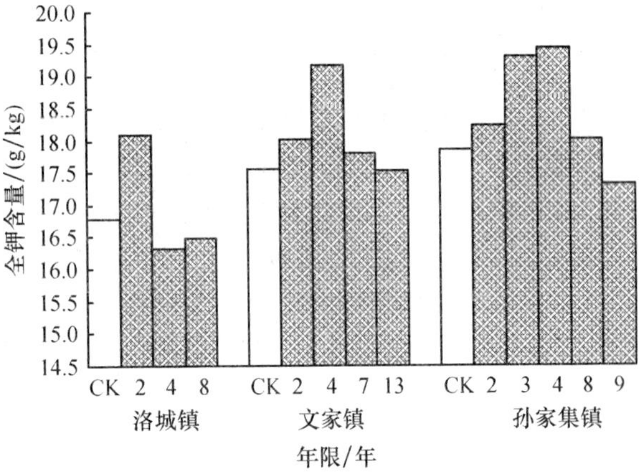

图 4-8 设施土壤耕层全钾的含量变化

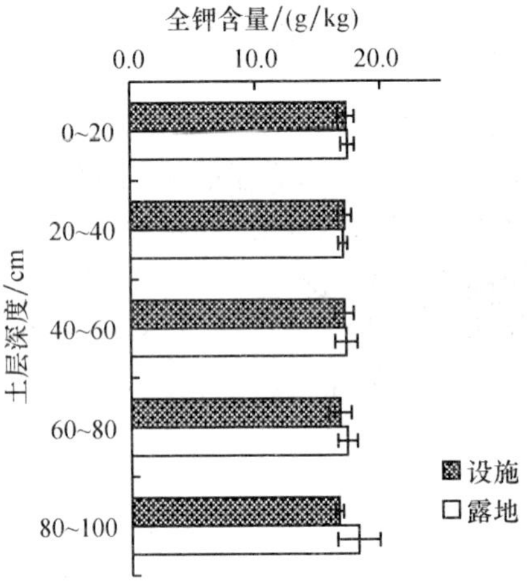

图 4-9 设施土壤全钾的剖面分布情况

2）土壤速效钾含量的变化

露地土壤耕层的速效钾的含量为 102～165 mg/kg，大多处于中等偏低水平。设施栽培后，土壤耕层（0～20 cm）速效钾的含量均较相邻露地土壤有较大幅度的增加（图 4-10），平均含量分别为 486 mg/kg（CV＝37％），是露地土壤的 3.7 倍。过量施肥造成设施土壤中速效钾的含量普遍增高，大大超过了蔬菜作物的需求量。设施土壤中，速效钾的含量为 192～764 mg/kg，94％以上的设施土壤速效钾含量都处于过高含量水平（＞200 mg/kg），表明设施栽培导致土壤中出现明显的速效钾累积，而其累积量却因种植年限不同而有一定的差异。具体表现出：在种植 2～8 年内均出现明显的逐渐增加趋势，8 年以后出现了明显的下降，当到 13 年时，设施土壤中的速效钾平均含量仅为 191.84 mg/kg。表明山东寿光设施土壤中的速效钾的积累并不是随着设施栽培年限的增加一直增大，而是在到达一定年限后呈现一个下降的趋势，这与刘兆辉等（2008）研究结果不尽一致，可能与其区域土壤特点及人为管理方面等有关。

设施土壤中，速效钾在剖面的分布以表聚为主，速效钾的含量随着土层深度的增加而逐渐降低，0～40 cm 土层的累积量最高，均显著高于对应的露地土壤，40 cm 以下各层其含量与露地土壤无显著差别（图 4-11）。

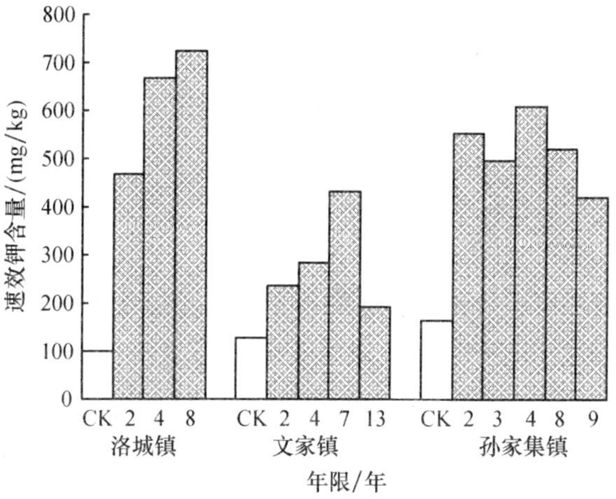

图 4-10　设施土壤耕层速效钾的含量变化

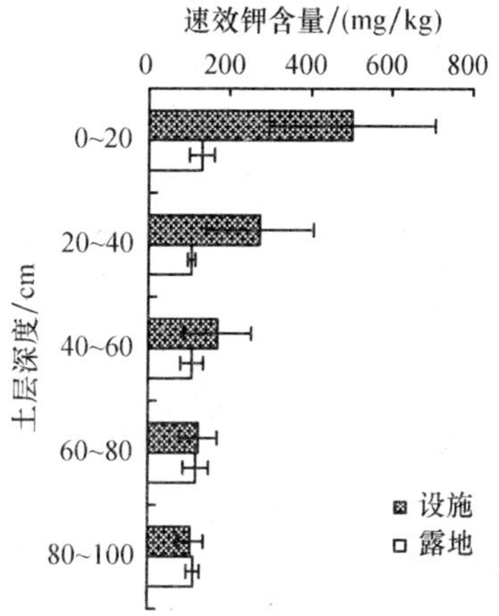

图 4-11　设施土壤速效钾的剖面分布情况

3）土壤缓效钾的含量变化

从土壤缓效钾结果来看，设施栽培后，洛城镇和孙家集镇两地耕层土壤缓效钾含量均高于露地土壤(图 4-12)，而文家镇土壤中的缓效钾含量较露地没有明显增加，主要因为该地区设施种植年限较长，栽培管理措施相对较完善，蔬菜吸收利用与施肥投入间存在着较好的平衡。总之，随着设施栽培年限的增加，土壤中缓效钾在设施栽培 2～4 年间也出现最大值，在 4～8 年间出现缓慢下降，在 7～8 年时，缓效钾含量出现最低值，但高于相邻的露地土壤，到 13 年时达到另一个较高值，其变化趋势与速效钾变化刚好相反。说明当设施土壤表层速效钾含量较高时，钾素积累的形态能由速效态逐渐向较稳定的缓效态转化。从图 4-13 可知，设施土壤的缓效钾含量积累在剖面各个层次的变化不明显，且与露地土壤均无明显差别，表明设施栽培对土壤剖面各个层次中的缓效钾影响较小。

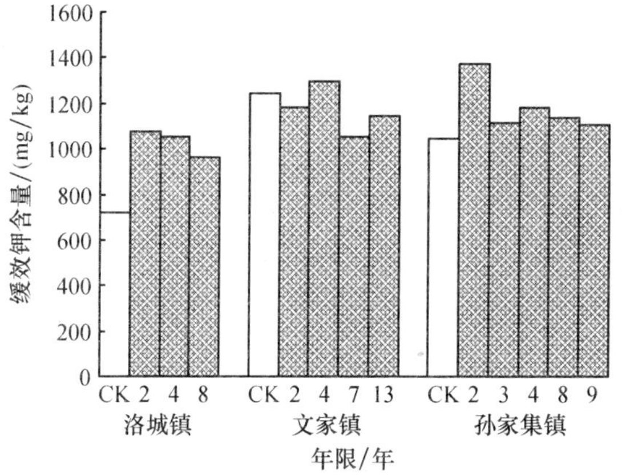

图 4-12　设施土壤耕层缓效钾的含量变化

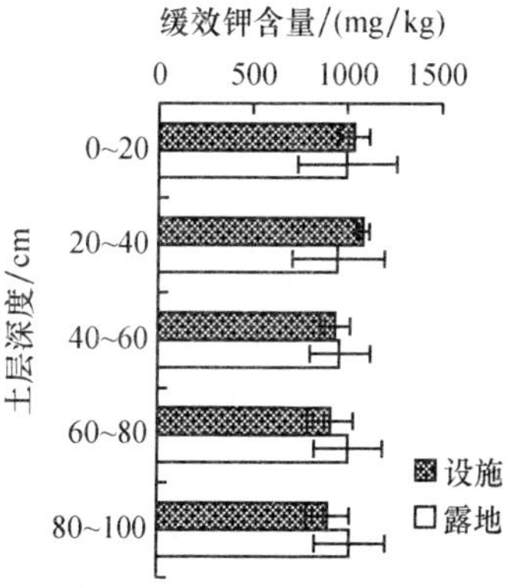

图 4-13　设施土壤缓效钾的剖面分布情况

上述分析可知，设施土壤中钾在土壤耕层的积累形态，速效钾含量增幅最大，表明过量施入钾肥导致设施土壤中速效钾的积累比较严重，缓效钾和全钾在设施土壤中的平均含量也略高于露地土壤，说明当设施土壤表层速效钾含量较高时，钾积累的形态能由速效态逐渐向较稳定的形态转化。这一结果与周晓芬等(2008)对河北省典型设施土壤中磷钾积累状况的研究结果一致。

4.2.4.4 土壤钙、镁、硫的含量变化

由表 4-7 可知，设施栽培条件下，土壤耕层有效钙、镁、硫的含量均较露地土壤有明显差异。设施土壤中有效钙、镁以交换性为主，分别占有效钙、镁的 75.4%～98.6%、60.7%～89.3%，露地和设施土壤中有效钙含量偏高，按土壤有效钙含量 0.8 g/kg 作为作物缺钙临界值，作物基本不会发生缺钙现象。山东寿光露地土壤交换性钙的含量为 3.86～7.72 g/kg，是农作物缺钙临界值的 5 倍以上，最高的可达 10 倍。

表 4-7 山东寿光设施土壤耕层(0～20 cm)中量营养元素的含量变化情况

类型	交换性钙/(g/kg)		交换性镁/(mg/kg)		有效硫/(mg/kg)	
	变幅	平均值	变幅	平均值	变幅	平均值
设施	2.21～10.28	5.28	136.6～245.6	191.54	80.79～288.9	155.3
露地	3.86～7.72	5.46	75.96～172.6	121.73	37.74～56.95	46.69

由图 4-14 可知，设施栽培后，土壤交换性钙含量在不同使用年限设施间表现出了不同的增减变化。由于蔬菜作物需钙量较大，一般是大田作物的 5 倍以上，多年来钙的投入较少，表层钙被蔬菜作物逐年带走。此外，土壤交换性钙的含量在剖面有随土层深度的增加而逐渐增加的趋势，说明钙会不断的向下迁移，从而移出土体。因此，在设施栽培初期(2～4 年)，钙的累积量普遍高于使用了更长年限的设施土壤，如使用了 7～13 年的设施土壤，其有效钙的含量明显降低，甚至低于对应的露地土壤，但仍能满足作物生长所需。

设施土壤剖面(0～100 cm)各土层，有效镁、硫的含量都明显高于露地，以耕层(0～20 cm)的累积量最大，其含量均较露地土壤有较大幅度的提高(图 4-15)。由表 4-8 可知，露地土壤耕层交换性镁、有效硫的含量大多处于缺乏状态，有 33%甚至为严重缺乏。设施栽培后，两种养分的平均含量都已达到满足作物生长所需的适宜水平，且有 60%以上的设施土壤其有效镁、硫的含量偏高。随着土层深度的增加，露地土壤各土层间的含量差异不明显，而设施土壤有效镁、硫的含量则逐渐降低，但仍高于对应的露地土壤各层，特别是有效硫，与露地土壤各土层的差异达显著水平，说明硫在土壤剖面的向下迁移量较大，从而造成硫的损失并影响到地下水水质。

相关研究表明，由于土壤中钙、镁对植物的有效性不仅与交换性钙、镁含量有直接关系，同时还取决于交换性阳离子比率(Ca^{2+}/Mg^{2+}，Ca^{2+}/K^{+}，K^{+}/Mg^{2+})，钙离子含量高会影响作物对其他交换性盐基离子，特别是镁和钾的吸收利用，因为土壤中的 Ca^{2+}/Mg^{2+}、Ca^{2+}/K^{+} 越高，作物对镁和钾的吸收就越难。因此，有必要采取措施对土壤有效钙含量进行调控，以保证土壤养分的均衡供应。

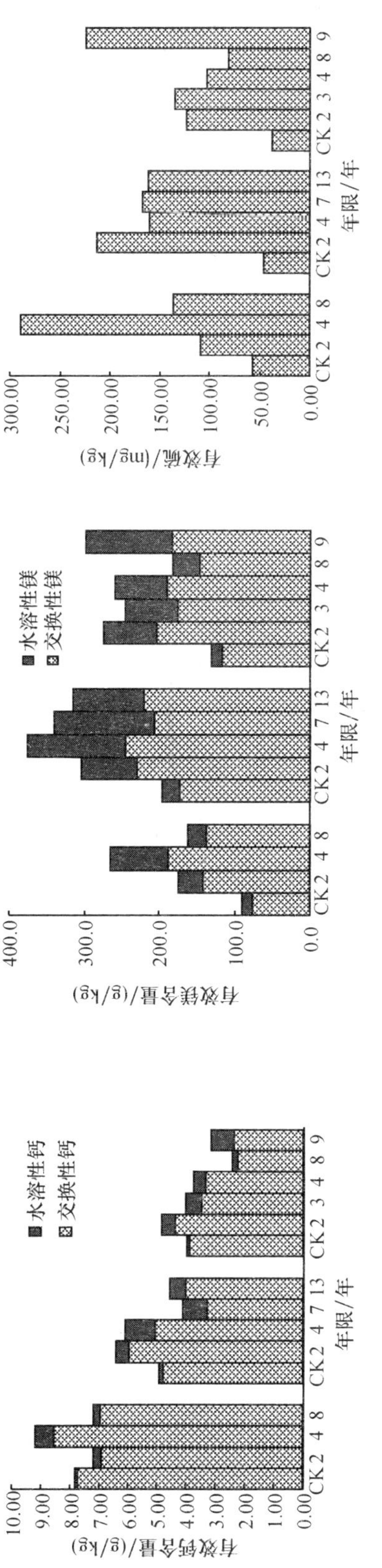

图 4-14 不同使用年限设施土壤耕层有效钙、镁、硫的含量变化

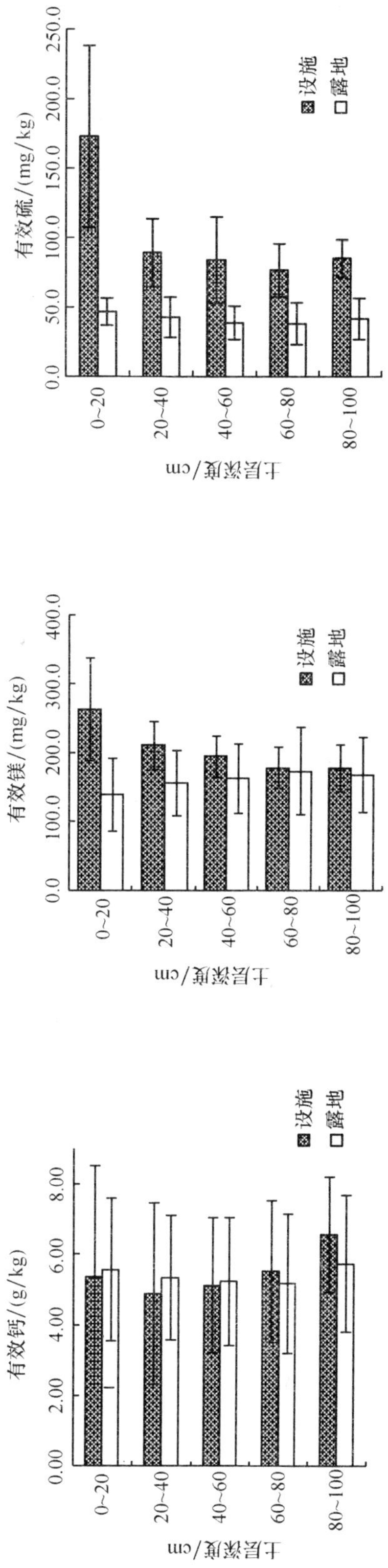

图 4-15 山东寿光设施土壤剖面有效钙、镁、硫的含量变化

表 4-8　山东寿光设施土壤有效中量营养元素丰缺状况的分布频率

养分	交换性钙			交换性镁			有效硫		
丰缺状况	含量/(g/kg)	分布频率		含量/(mg/kg)	分布频率		含量/(mg/kg)	分布频率	
		露地/%	设施/%		露地/%	设施/%		露地/%	设施/%
严重缺乏	<0.4	—	—	<60	33	—	<40	33	—
缺乏	0.4～0.8	—	—	60～120	33	—	40～80	67	—
适宜	0.8～1.2	—	—	120～180	33	39	80～120	—	33
偏高	>1.2	100	100	>180	—	61	>120	—	67

4.2.5　寿光设施栽培养分管理的主要问题及对策

山东寿光设施栽培系统中，氮、磷、钾养分的利用率分别仅为24%、8%和46%，养分的投入量远高于作物需求，其中有机肥投入较低，高浓度复合肥使用较多，而这些高浓度复合肥因其会引起养分不平衡一般不宜单独施用。但在实际生产中，这些复合肥不仅大量被用作底肥，而且在追施中也占有较大比例。例如，当地使用较多的磷酸二铵（含N16%、$P_2O_5$45%），肥料中氮的含量相对较低，施用后在作物外观上表现不明显，种植户认为可能是肥料用量太少，又加大用量，如此反复，化肥越施越多，导致目前温室土壤普遍出现有机质缺乏而速效养分过剩的问题。同时，相对于大多数蔬菜对氮、磷、钾的吸收比例而言，磷供应过高，而钾、氮相对偏低。养分投入的不平衡加之温室栽培条件下单一作物的连续种植（其长期对养分的选择性吸收）更加剧了土壤养分的供需失衡，从而引发一系列的生产障碍问题，如次生盐渍化。经实地调查，设施土壤的表面均出现大面积白色盐霜，土壤耕层严重板结，盐分含量的测定值高达2.7 g/kg（CV=58%），是相邻露地土壤的4.4倍，其严重盐渍化的实质是化肥过量所产生的“肥害”。

设施栽培中，每年温室的施氮量高达4088 kg/hm^2，导致设施土壤剖面（0～100 cm）各层硝态氮的含量均显著高于露地土壤，是目前设施生产中限制作物品质提高、制约土壤可持续利用以及导致环境污染的重要因素。首先，蔬菜易于富集硝酸盐，人体摄入的硝酸盐约有81%都来自蔬菜，且研究表明，当化肥纯氮施用量为450 kg/hm^{2}时，化学氮肥对蔬菜硝酸盐累积的贡献率可超过85%，因此土壤中硝态氮的大量累积不但对作物的产量没有贡献，还将降低其品质，进而影响食用健康。其次，重施氮肥，特别是铵态氮肥会导致土壤严重酸化，并显著提高土壤活性铝的含量。余海英等（2006）研究表明，设施土壤的平均pH已由露地的7.5降至6.9，最低为5.7，表层酸化明显。此外，由于NO_3^-在土壤底层（80～100 cm）的含量显著高于对应的露地土壤，说明NO_3^-在土体中存在着明显向下迁移的现象，长期下来，对地下水的污染风险也将逐渐加大。

针对上述问题，设施生产中应首先重视高质量有机肥的投入。化肥、有机肥的合理配施，不仅能使蔬菜获得较高的产量，还能明显降低硝酸盐的累积，减少蔬菜种植期间菜地硝态氮、铵态氮和水溶性总磷随灌水的淋洗损失，值得在蔬菜生产上加以推广应用。其次，在具体的施肥实践中，应根据作物的需肥特性以及土壤的供肥能力进行平衡施肥，必要时进行土壤营养诊断，以提高肥料利用率，达到节肥增效的生产效果。

4.3 加强设施栽培系统养分管理应采取的对策及措施

设施栽培系统养分的管理应根据作物需肥规律、土壤供肥特性与肥料性能，合理搭配肥料种类和比例，确定其最佳施肥量，并适当控氮、增钾，以提高肥料的利用率，防止土壤养分失衡、土壤次生盐渍化及环境污染的发生。

4.3.1 根据土壤肥力和作物需肥规律，平衡施用化肥

从设施蔬菜养分吸收特点看，前期吸收慢，吸收量少，养分主要在开花后吸收，如黄瓜有 90%以上的养分是开花之后吸收的。因此，蔬菜要求的追肥比例较高。蔬菜追肥的原则是“薄肥勤施、少量多次”，一般结合浇水施用，间隔时间要短；蔬菜生长快，生长所需的养分主要应由肥料特别是化肥来供应。所以，要求施用化肥的比例要和作物养分需求的比例相近。

设施栽培作物吸收氮、磷和钾等养分的比例，在不同茬口和不同生育阶段是有变化的。试验结果表明，黄瓜在不同茬口和不同生育阶段的氮、磷、钾吸收量占总吸收量的比例是不一致的，冬春茬结瓜期养分吸收量占 90%以上，其中初瓜、盛瓜和末瓜期分别约占总吸收量的 22%、55%和 13%；秋冬茬结瓜期养分吸收量占 70%左右，其中初瓜、盛瓜和末瓜期分别为 32%、30%和 10%。因此，在生产实际中应依据作物不同茬口及其各生长发育阶段的养分需求特性来调整养分的供给，不可盲目过量施用。同时还要根据作物不同生育期，定时进行土壤速效养分的测试，及时配合施用适量的氮、磷、钾肥和各种中微量元素，以提高肥料的利用率和蔬菜产量及质量。通过平衡蔬菜不同生长发育所必需的各种养分来获得最佳产量和质量。

施用微量元素肥料，不仅可以提高蔬菜的产量，还可以促进蔬菜硝酸还原酶活性、降低蔬菜硝态氮累积量、提高蔬菜品质。施用锌肥可增加西芹叶片及叶柄的锌含量，而蔬菜作为人体每日必需的营养食品，通过食用富锌的食品来改善膳食结构，具有一定的现实意义。

4.3.2 严格控制肥料种类，防止和减少土壤次生盐渍化的发生

不同肥料种类即使施用量相同，由它们引起的土壤溶液渗透压的增加幅度也不同，通常用肥料的盐效指数表示。各种肥料的盐效指数不同，其施入土壤后的盐分积累效果也不一致，肥料的盐效指数越大，其导致作物盐害的可能性也就越大。例如，尿素、硫酸铵、磷酸二铵、过磷酸钙、氯化钾和硫酸钾的盐效指数分别为 75、69、34、8、116 和 46，这些肥料之间的盐效指数差异非常明显。因此，在集中施肥或大量施肥时，一定要考虑化肥的种类。与此同时，应根据前茬残留的 NO_3^--N 总量和目标产量确定最佳施氮量，充分利用土壤中残留的 NO_3^--N，是防止保护地土壤次生盐渍化和硝酸盐累积的重要途径。

4.3.3 施用腐熟的有机肥，减少土壤连作障碍的发生

施用腐熟的有机肥，以减少土壤中有害病菌的传播。在合理施用化肥的同时，增施有

机肥是减轻连作障碍的措施。因为在有机肥分解过程中，会使细菌、放线菌增殖，抑制病原菌的繁殖，从而减轻病害的发生。同时，根据土壤的类型选择施用粪肥种类，通过施肥达到改良土壤的目的，以利于蔬菜根系的生长发育，增强根系吸水、吸肥能力，提高作物自身的抗病性。

4.3.4　控制氮肥的释放速度，降低土壤中的硝酸盐积累

选用长效或可控释性肥料，避免短期内土壤养分浓度急剧升高。设施栽培土壤次生盐渍化的一个重要原因就是速效化肥使用量过多，特别是速效氮肥，导致土壤溶液可溶性养分浓度过快上升。因此，在设施栽培中应采用可控释性如涂层尿素、长效碳氨等缓释肥料，可有效控制肥料中养分的释放速度，使之与作物的吸收速率相吻合，这样不仅能降低肥料损失、提高作物利用率、减少环境污染，而且还能控制土壤中可溶性盐的浓度，从而避免土壤次生盐渍化的发生。

使用硝化抑制剂，减少土壤中硝酸盐的积累。在好气条件下，土壤中的铵态氮很容易经硝化作用形成硝态氮，从而加重设施土壤的盐渍化程度。为此，国内外学者研制了大量的硝化抑制剂，具有代表性的是 2,6-二氯吡啶（C · P）、双氰氨（DCD）及硫代硫酸铵（ATS），都能在一定程度上抑制土壤的硝化作用，有利于防止土壤盐分的积累，从而减轻盐害。

4.3.5　改变耕作方式，变有土栽培为无土栽培

土壤是一个较为复杂多变的体系，在耕作栽培过程中，人们难于准确控制其水分和养分条件，尤其是在高度集约化的设施栽培中，更难把握好这些问题。而这些问题往往导致设施栽培土壤出现不同程度的连作障碍，严重地影响了设施农业的正常生产和快速发展。大量生产实践表明，通过改变耕作方式，用基质代替土壤进行无土栽培，并根据不同作物的需肥特性及规律，采用水肥滴灌管理等措施，不仅可较好地解决上述问题，而且还能减少养分损失，提高其利用率，降低施肥对环境造成的风险，改善设施园艺作物的品质。

4.4　小　　结

我国自 20 世纪 70 年代中期引进温室栽培技术以来，温室栽培的数量增长很快但质量水平低下，实际应用中出现了许多不同于露地常规栽培的生产问题，从而导致设施农业越来越偏离其优质、高产、环境友好的发展方向。大量研究均证实，温室土壤质量恶化及作物生长的诸多问题，均与生产中的养分管理密切相关。本研究以中国主要设施蔬菜生产基地——山东寿光具有代表性的温室为研究对象，在分析温室系统养分收支平衡的基础上进一步探讨肥料利用率、养分去向及土壤养分的变化问题，为节肥增效，实现设施农业的可持续发展提供依据。研究的主要结论有以下几个方面。

（1）大量施用有机肥和化肥是实现设施栽培高产的重要措施，每年设施农业氮、磷、钾养分的平均投入量为 4088.2 kg/hm^2、3655.5 kg/hm^2 和 3437.5 kg/hm^2，其中由化肥投

入的氮、磷、钾量分别占各养分总量的 62.1%、59.7%和 64.1%，是土壤养分的主要来源。设施栽培条件下，养分的投入量远远大于作物生长的实际需要量，被作物吸收利用的氮、磷、钾分别仅为投入量的 24%、8%、46%，且氮磷钾的施用比例(1∶0.89∶0.84)与作物需要的氮磷钾比例(1∶0.3∶1.43)存在着较大差距。设施土壤中氮、磷、钾养分均有大量盈余，其中以磷的盈余量最高、氮次之、钾最少，分别为 3401.1 kg/(hm^2·年)、3214.0 kg/(hm^2·年)和 2322.2 kg/(hm^2·年)。

(2) 设施栽培条件下，由于受施肥的影响，土壤的养分状况较露地发生了明显变化。山东寿光土壤有效氮、磷、钾、交换性镁、有效硫、有效锌的基础含量值较低，特别是大量营养元素，相对于作物生长所需而言，均处于养分亏缺状态。设施栽培后除有效钙的含量随设施使用年限的增加表现出明显的耗竭外，不同使用年限设施土壤耕层(0～20 cm)的全氮、硝态氮、铵态氮、有效镁、有效硫以及有效铁、锰、铜、锌的含量均较露地土壤有不同程度提高，其平均含量分别为露地土壤的 1.9 倍、21.2 倍、1.6 倍、5.4 倍、3.7 倍、1.6 倍、3.3 倍、2.7 倍、1.6 倍、1.9 倍和 2.0 倍。除此之外，大多数养分的含量普遍达到甚至远远超过了蔬菜作物的生长所需。其中以硝态氮的累积量最大，其含量的变化不仅是引起不同使用年限设施土壤耕层全氮及速效氮含量变化的主要原因，同时也是导致设施土壤次生盐渍化的主导因素，是设施土壤养分累积变化的一个显著特征。因此，设施生产中不仅应重视增加高质量有机肥的投入，在具体的施肥实践中，还应根据作物的需肥特性以及土壤养分的基础供应量进行计量施肥，必要时进行土壤营养诊断，以提高肥料的利用率，达到节肥增效的生产效果。

(3) 设施栽培条件下，土壤养分的含量随着土层深度的增加而逐渐降低，耕层(0～20 cm)的养分含量均显著高于 20 cm 以下各层，这与设施栽培过量肥料的表施密切相关。设施土壤中，速效氮和有效硫在 0～100 cm 各土层内的含量均显著高于对应的露地土壤，其在剖面的向下迁移量大，易随水流失，从而造成养分的损失并影响到地下水水质。其余养分则不易在土体中迁移而在土壤表层大量聚集，在实际生产中，应特别注意磷肥和微肥的合理施用，以避免土壤中过剩的速效磷随径流流失造成的面源污染以及微量元素过量对作物造成的毒害。

(4) 设施栽培下的盲目过量施肥，不仅造成肥料资源的浪费，同时也引发土壤养分失衡、次生盐渍化、酸化，蔬菜硝酸盐积累，环境污染等问题，建立符合温室环境条件且优质、高产、环境友好的养分管理体系是保证温室生产可持续发展的关键。

主要参考文献

曹林奎，陆贻通，林玮. 2001. 生物有机肥料对设施蔬菜硝酸盐和土壤盐分累积的影响. 农村生态环境，17(3)：45-57

陈新平，张福锁. 1996. 北京地区蔬菜施肥的问题与对策. 中国农业大学学报，1(5)：63-66

程美廷. 1990. 设施土壤盐分积累盐害及其防治. 土壤肥料，(1)：1-4

丛海兵，黄廷林，李创宇等. 2008. 于桥水库底泥磷分级及其释放能力. 环境污染与防治，30(3)：8-12

方玉东. 2008. 农田养分收支平衡的研究进展. 山东农业大学学报(自然科学版)，39(3)：492-494

冯永军，陈为峰，张蕾娜等. 2001. 设施园艺土壤的盐化与治理对策. 农业工程学报，17(2)：111-114

顾益初，蒋柏藩. 1990. 石灰性土壤无机磷分级的测定方法. 土壤，22(2)：101-103

郭文忠,李丁仁. 2003. 宁夏日光设施土壤次生盐渍化发生原因及治理. 长江蔬菜,(4):39-40
何平安,李荣. 1999. 中国有机肥料养分志. 北京:中国农业出版社:5-21
黄化刚,张锡洲,李廷轩等. 2007. 典型设施栽培地区养分平衡及其环境风险. 农业环境科学学报,26(2):676-682
黄治平,徐斌,张克强等. 2007. 连续四年施用规模化猪场猪粪设施土壤重金属积累研究. 农业工程学报,23(11):239-244
贾继文,李文庆. 1997. 山东省蔬菜大棚土壤养分状况与施肥状况的调查研究. 见:谢建昌,陈际型. 菜园土壤肥力与蔬菜合理施肥. 南京:河海大学出版社:73-75
姜波,林成永,章永松. 2008. 杭州市郊典型菜园土壤磷素状况及磷素淋失风险研究. 浙江大学学报(农业与生命科学版),34(2):207-213
姜勇. 2002. 沈阳市郊耕地土壤有效态中微量元素分布特征. 沈阳:中国科学院沈阳应用生态研究所
蒋柏藩,顾益初. 1989. 石灰性土壤无机磷分级体系的研究. 中国农业科学,22(3):58-66
金亮,周健民,王火焰等. 2008. 石灰性土壤肥际磷酸一铵的转化及其机制探讨. 中国土壤与肥料,(6):6-10
金赞芳,王飞儿,陈英旭等. 2004. 城市地下水硝酸盐污染及其成因分析. 土壤学报,41(2):252-258
雷宏军,刘鑫,朱端卫. 2007. 酸性土壤磷分级新方法建立与生物学评价. 土壤学报,44(5):860-866
李伏生. 1994. 土壤镁素和镁肥施用的研究. 土壤学进展,22(4):18-25
李海云,王秀峰,刑禹贤. 2001. 设施土壤盐分积累及防治措施研究进展. 山东农业大学学报,32(4):535-538
李淑芹,胡玖坤. 2003. 畜禽粪便污染及治理技术. 可再生能源,(1):21-23
梁成华,唐咏,须湘成等. 1998. 日光设施菜园土的磷素形态及吸附解吸特征. 植物营养与肥料学报,4(4):345-351
梁成华. 1996. 蔬菜保护地土壤肥力特征及其调控研究. 沈阳:沈阳农业大学硕士学位论文
刘鸿翔,王德禄,王守宇等. 2002. 黑土长期施肥及养分循环再利用的作物产量及土壤肥力质量变化Ⅲ:土壤养分收支. 应用生态学报,(13)11:1410-1412
刘兆辉,江丽华,张文君等. 2008. 山东省设施蔬菜施肥量演变及土壤养分变化规律. 土壤学报,45(2):396-303
鲁如坤,刘鸿翔,闻大中等. 1996. 我国典型地区农业生态系统养分循环和平衡研究. 土壤通报,27(4):145-154
鲁如坤. 1999. 土壤农业化学分析方法. 北京:中国农业科技出版社:86-91
路超. 2006. 设施土壤磷素形态、转化及其生物有效性的研究. 泰安:山东农业大学
吕家珑,张一平,陶国树等. 2003. 23年肥料定位试验0～100 cm土壤剖面中各形态磷之间的关系研究. 水土保持学报,17(3):47-49
马朝红,方建坤. 2000. 蔬菜土壤养分积累与环境风险. 长江蔬菜,(12):43-45
马茂桐,陈际型,谢建昌. 1997. 我国菜园土壤养分状况与施肥. 见:谢建昌,陈际型. 第八次钾素讨论会论文集——菜园土壤肥力与蔬菜合理施肥. 南京:河海大学出版社:25-33
马文奇,毛达如,张福锁. 2000. 山东省蔬菜大棚养分积累状况. 磷肥与复肥,15(3):65-67
宁运旺,张永春. 2001. 设施土壤次生盐渍化的发生与防治. 江苏农业科学,(4):49-50,63
秦巧燕,贾陈忠,曲东等. 2002. 我国设施农业发展现状及施肥特点. 湖北农学院学报,22(4):373-376
沈仁芳,蒋柏藩. 1992. 石灰性土壤无机磷的形态分布及其有效性. 土壤学报,29(1):80-86
沈善敏. 1998. 中国土壤肥力. 北京:中国农业出版社:89-105
孙忠富. 1999. 中国设施园艺工程发展现状与主要研究领域初步探讨. 见:曹志洪,周健民. 中国科学院南

京土壤研究所国际学术研讨会论文集——设施农业相关技术. 北京:中国农业科技出版社:35-41
索东让. 2008. 养分平衡及肥料利用率长期定位研究. 磷肥与复肥,23(4):65-69
王平,刘淑英. 1998. 兰州安宁区蔬菜保护地土壤盐分的含量及其剖面分布规律. 甘肃农业大学学报,33(2):186-189
王珊,李廷轩,张锡洲等. 2006. 设施土壤微生物学特性变化研究. 水土保持学报,20(5):82-86
王学军. 1998. 日光设施土壤次生盐渍化分析. 北方园艺,(3):12-13
文化,钱友山,程序等. 1990. 华北平原农业对地下水污染的初探. 农业环境保护,9(1):1-5
吴凤芝,刘德,王东凯等. 1998. 大棚蔬菜连作年限对土壤主要理化性状的影响. 中国蔬菜,(4):5-8
吴凤芝,秦智伟,刘德等. 1997. 大棚土壤连作年限对黄瓜产量及品质的影响. 见:谢建昌,陈际型. 第八次钾素讨论会论文集——菜园土壤肥力与蔬菜合理施肥. 南京:河海大学出版社:260-262
吴凤芝,赵凤艳,刘元英. 2000. 设施蔬菜连作障碍原因综合分析与防治措施. 东北农业大学学报,31(3):241-247
吴松. 2001. 我国设施园艺发展现状及存在的问题. 中国林业,(8B):8-9
夏立忠,杨林章,王德建. 2001. 苏南设施栽培中旱作人为土养分与盐分状况的研究. 江苏农业科学,(6):43-46,69
肖千明,高秀兰,娄春荣等. 1997. 辽宁省蔬菜保护地土壤肥力现状分析. 辽宁农业科学,(3):17-21
谢建昌. 1998. 土壤中量元素和中量元素肥料. 北京:化学工业出版社:281-306
徐仁扣,Coventry D R. 2002. 某些农艺措施对土壤酸化的影响. 农业环境保护,21(5):385-388
殷永娴,刘鸿雁. 1996. 设施栽培下土壤中硝化、反硝化作用的研究. 生态学报,16(3):246-250
余海英,李廷轩,周健民. 2006. 典型设施栽培土壤盐分变化规律及潜在的环境效应研究. 土壤学报,43(4):571-576
余海英,李廷轩,周健民. 2007. 设施土壤盐分的累积、迁移及离子组成变化特征. 植物营养与肥料学报,13(4):642-650
张光亚,陈美慈,闵航等. 2002. 设施栽培土壤氧化亚氮释放及硝化、反硝化细菌数量的研究. 植物营养与肥料学报,8(2):239-243
张英鹏,李彦,聂培荟等. 2007. 山东省典型褐土的磷素淋溶特征及风险评价. 中国农学通报,23(11):219-223
张振华,姜冷若,胡永红等. 2003. 设施栽培土壤养分、盐分调查分析及其调控技术. 江苏农业科学,(100):73-75
周晓芬,杨军芳. 2008. 设施蔬菜土壤积累态磷、钾养分的有效利用研究. 华北农学学报,23(4):196-200
朱建华,李俊良,李晚林等. 2002. 几种复合肥施用对蔬菜保护地土壤环境质量的影响. 农业环境保护,21(1):5-8
Grattan S R,Grieve C M. 1999. Salinity—minneral nutrient relations in horticultural crops. Sci Horticulrae,78:127-157

5 设施土壤盐分演变规律

设施农业是当今最具活力的农村新产业，在蔬菜和其他重要经济作物的反季节和跨地区种植中发挥着重要的作用，在我国现已成为许多地区的支柱产业，极大地增加了农民的收入，产生了良好的经济效益和社会效益。然而，在设施栽培高投入、高产出的生产模式下，人们往往忽视了由此所产生的不利环境效益，尤其是土壤环境质量的恶化，其中最为突出的问题是土壤的次生盐渍化，它不仅直接危害作物的正常生长，而且也易引发其他相关生产问题。因此，了解设施土壤次生盐渍化的基本特征、成因、影响因素及其对土壤性质的影响，对了解我国设施土壤环境质量的变化，指导合理生产，保证农产品安全及保护生态环境等均具有重要的理论价值和现实意义

5.1 设施土壤的积盐特征及其变化规律

土壤全盐含量高、盐分表聚是设施土壤次生盐渍化的主要特征。据报道，大棚土壤总盐量是露地的2.1～13.4倍，0～5 cm的表层土壤含盐量约占土壤剖面总盐量的40%～75%，多数土壤表层含盐量超过了1.5 g/kg的临界值，出现了不同程度的次生盐渍化。江苏省张家港市的蔬菜园艺场耕层土壤含盐量达3.8 g/kg，比露地土壤含盐量高168%，且表土层(0～5 cm)含盐量比亚表土层(5～20 cm)高65%；上海市郊区玻璃和塑料温室内耕层土壤(0～25 cm)含盐量分别是露地的11.8倍和4.0倍。在设施栽培初期，土壤盐分向0～5 cm表层积聚，随使用年限的延长，盐分积聚层的厚度亦随之增加，在0～30 cm土层(即作物根系分布最密集的土层)，盐分都有不同程度的积聚。新建大棚经1年种植后，土壤表层含盐量较露地增加1倍，种植5年后，土壤含盐量则较露地增加了4～5倍，表土层(0～5 cm)含盐量在3 g/kg左右。冯永军等(2001)研究表明，1～2年棚龄的表层土壤电导率在0.21～1.27 ms/cm，平均为0.57 ms/cm，积盐程度较轻；3～5年棚龄的表层土壤电导率可高达4.06 ms/cm，平均为1.21 ms/cm，大部分作物均出现盐害。

设施土壤含盐量受作物生长的季节性影响明显。3～5月，作物处于生长初期，养分投入量大，土壤含盐量可达3～4 g/kg，是积盐的高峰期；6～8月，蔬菜生长旺盛，养分吸收量增加，含盐量可降至2 g/kg以下；而后随着蔬菜生长逐渐衰退，土壤含盐量会略有回升，至次年春季，土壤含盐量又会大幅度上升到3～4 g/kg。

设施土壤的全盐含量与土壤电导率(EC)值及各盐分离子的含量均显著相关。童有为和陈淡飞(1991)分析表明，大棚土壤的电导率与全盐量、主要盐分离子 NO_3^- 和 Ca^{2+} 的含量均呈极显著正相关(r=0.9907**、0.9635**和0.9703**，n=73)。李文庆等(2002)报道，设施土壤盐分离子中的 Cl^-、NO_3^-、Ca^{2+}、Mg^{2+}、HCO_3^- 与土壤全盐量相关系数分别为：0.66*、0.80**、0.92**、0.80**、－0.64*。另外，据杜连凤(2002)分析，设施土壤的EC值与 HCO_3^-、Cl^-、NO_3^-、SO_4^{2-}、Ca^{2+}、Mg^{2+}、K^+ 的相关系数分别为：－0.63**、

0.37**、0.90**、0.66**、0.99**、0.95**、0.54**。

5.2 设施土壤次生盐渍化的成因及其影响因素

设施土壤次生盐渍化是国内外设施栽培中普遍存在的土壤障碍因子，是特定小气候条件下因施肥、灌溉等人为调控措施不当而引起的土壤盐渍化过程，当土壤表层或亚表层中(一般厚度为20～30 cm)水溶性盐类含量累计超过0.1%或0.2%，或土壤中碱化层的碱化度超过5%就说明发生了土壤次生盐渍化。

设施土壤次生盐渍化的形成及其盐渍化程度与设施环境及人为耕作管理密切相关。温室、大棚条件下，设施土壤的水、肥、气、热等肥力因素和耕作管理措施与露地栽培存在着明显的差异，其最大的特点在于设施栽培环境的封闭性以及栽培管理上的高集约化、高复种指数和高施肥量。在设施农业生产中，种植户常过量施用化肥和大量施用有机肥，一些未被作物吸收利用的肥料及其副成分便大量残留于土壤中，成为土壤盐分离子的主要来源，加之设施栽培较自然条件下的水分淋洗作用弱，土壤表面蒸发和作物蒸腾量大，长期使用则导致土壤盐分的积累。

5.2.1 温度和湿度对设施土壤次生盐渍化形成的影响

设施栽培条件下，由于作物生长环境封闭，棚室内部的温度和湿度明显高于露地。高温、高湿的环境条件促进了土壤固相物质的快速分解与盐基离子的释放，同时也提高了硝化细菌的活性，使土壤中残留的NO_3-N含量增加，从而加重了土壤的次生盐渍化，成为导致设施土壤次生盐渍化的一个重要因素。据马光恕和廉华(2002)研究，在0～20 cm的土层，棚内土壤温度均高于棚外，地表平均温度比棚外高6～8℃，其中冬季高7～8℃，早春高6℃左右；在5～20 cm土层，棚内土壤的日平均温度比棚外高3～5℃，且在一天的不同时段土壤温度的变幅较小；在距地表5 cm、10 cm处的土壤温度受外界天气状况的影响较大，晴天棚内比棚外高4～5℃，昙天和阴雨天高3～4℃，而在距地表15 cm、20 cm处的土壤温度受外界影响较小，且较为稳定，一般棚内的土温均高于棚外4℃左右。另外，据测定，设施内空气相对湿度一般保持在60%～100%，尤其是在冬季不通风条件下，地面蒸发和蔬菜蒸腾的水分不能外散，空气相对湿度通常在80%～90%，夜间更可高达100%。

5.2.2 地下水水位及其矿化度对设施土壤次生盐渍化形成的影响

设施栽培条件下，由于不合理的耕作栽培措施所造成的土壤水文条件恶化，地下水水位上升，以及土壤水分蒸发剧烈等也是引发土壤次生盐渍化的一个重要原因，且土壤的积盐程度与地下水水位及其矿化度的高低密切相关。不合理的灌水措施会抬高地下水水位，从而影响设施土壤盐分的运移和累积，一方面，地下水水位过高不利于土壤排水，这样既妨碍了盐分的淋洗，也阻滞了淋洗水的下降，从而延长了盐分在土体中的滞留时间；另一方面，上升的地下水溶解了下层土体中的盐分并将其运移至较浅的上层土体，加速了盐分的表聚。当地下水水位相同时，其矿化度越高，土壤积盐量就越大，设施土壤的次生盐渍化就越易产生。

5.2.3 施肥对次生盐渍化形成的影响

盲目大量施肥和偏施氮肥是导致设施土壤次生盐渍化的另一重要因素。由于设施栽培蔬菜的生长速度快、产量高、茬数多、效益好，种植户往往在每茬都要施用大量化肥和有机肥，且普遍存在重施氮、磷，而轻施钾肥的现象，氮、磷养分远远超出了蔬菜本身的吸肥量。据调查，大棚中化肥与有机肥的投入量是露地的 4～10 倍，是蔬菜需要量的 6～8 倍。山东省用于设施栽培的有机肥年施用量达 75 000～150 000 kg/hm^2，化肥的年投入量在 6000～9000 kg/hm^2 的现象非常普遍，有的甚至高达 15 000 kg/hm^2。王学军等对山东寿光、苍山、泰安等地日光温室的调查结果表明，温室中有机肥的年平均施用量达 198 750 kg/hm^2，化肥为 6825 kg/hm^2，已严重超量，其中绝大多数为氮肥，钾肥仅有 960 kg/hm^2。程美廷(1990)对河北永年县设施栽培的调查结果表明，黄瓜一般追施硝铵 10 500～12 000 kg/hm^2，按 112 500～150 000 kg/hm^2 的黄瓜或西红柿产量来估算，设施栽培中作物对氮肥利用率不足 10%，其余 90%以上被积累在土壤中或进入地下水或以其他形式损失掉。江苏省张家港市设施栽培施肥量一般比露地多 4～5 倍，且化肥占总施肥量的 30%～60%，常达 7500 kg/hm^2。据夏立忠等(2001)报道，江苏无锡市郊设施栽培年有机肥施用量达 300 000～325 000 kg/hm^2，复合肥在 450 kg/hm^2 以上；苏州工业区园艺场设施栽培年有机肥施用量达 50 000 kg/hm^2，复合肥 2000 kg/hm^2，过磷酸钙 2000 kg/hm^2，在生长中后期还要追施一定量的尿素。陈新平等(1996)对京郊 23 个蔬菜生产点的调查结果表明，其每季蔬菜有机肥的施用量为 7500～11 200 kg/hm^2，施氮量为 782 kg/hm^2，磷肥量为 615 kg/hm^2，钾肥量为 393 kg/hm^2。可见，设施栽培条件下肥料的高投入是设施土壤中养分与可溶性盐分增加的一个根本原因。此外，畜禽粪便的生施、多施也对土壤的次生盐渍化造成了一定的影响。由于设施大棚内温度高，人畜粪尿迅速分解后，大量的氨被挥发，一些硫化物、硫酸盐、有机盐和无机盐等残留于耕层土壤中，造成大棚内土壤盐化、板结。

5.2.4 设施类型及其使用方式对土壤次生盐渍化的影响

设施土壤含盐量会因设施类型的不同而有所差异。玻璃温室和连栋大棚是全年性覆盖设施，由于缺乏雨水淋洗作用，加之土壤水分经常性的向上运动并不断地从地表蒸发，使得土壤终年处于积盐过程中，因而盐害发生早且严重，通常种植 2～3 年即出现盐害。据测定，此类设施种植 3 年以上的耕层土壤含盐量可超过 2.08 g/kg，14 年和 36 年的表土层(0～5 cm)含盐量可达 3.14 g/kg 和 7.11 g/kg，是露地的 4～10 倍。而普通塑料大棚(包括日光温室)由于受季节性揭棚和雨水的淋洗作用，土壤含盐量在 1 年中会出现明显的季节性消积变化现象，即冬、春覆棚时表土盐分积累，夏季揭棚后，表土含盐量明显下降。但随着使用年限的增长，整个土体内盐分仍呈逐年累积趋势，所以土壤积盐的潜在威胁较大，若不注意防治，一般使用 5 年左右便会出现明显的盐害。

大棚内采用地膜覆盖对保持地温、减少水分蒸发、控制盐分积累、降低棚内湿度、减少病虫害等均具有明显的效果，尤其对土壤盐分积累的影响最为明显。吴志行等(1992)的研究表明，大棚＋小棚＋地膜的土壤EC值最小，土壤含水量最高；其次为大棚＋地膜、大棚＋小棚；仅有大棚覆盖的土壤EC值最高，其含水量最少。由此可知，土壤覆盖的层次越多，其保水性越好，EC值越低。

除上述各种影响因素外，设施土壤次生盐渍化的形成还与设施栽培条件下的连作重茬、灌水频繁以及无法引入大型耕作机械造成的耕层变浅等因素有关，这些都加剧了土壤次生盐渍化的形成。

5.3 设施土壤次生盐渍化的表观现象及其对作物的危害

次生盐渍化土壤干燥时其表面会出现白色盐霜，土壤发生板结，破碎后呈灰白色粉末状；土壤湿润时，颜色发暗。当土壤含盐量超过10 g/kg时，土壤表面会有块状紫红色胶状物(紫球藻)出现。在土壤次生盐渍化条件下，作物会出现明显的生理性干旱和生长不良反应。例如，一般植物在土壤含盐量达到1 g/kg时，其正常生长就会受到影响；达到2～5 g/kg时，根系吸水困难；高于4 g/kg时，植物体内水分易外渗，生长速率显著下降，甚至导致植物死亡。土壤盐分积累过多会造成作物根际土壤溶液渗透势下降，从而使作物发芽及根系对水、肥的吸收受到影响。蔬菜受害时，最初表现为生长矮小，发育迟缓，产量降低，严重者叶片开始干枯变褐，边缘变枯黄，根毛变褐或腐烂，不能立苗，植株枯萎死亡。例如，黄瓜遭受盐害时，苗常老而不发，根系生长受阻，侧根少而粗短，根间钝似截断状，土壤表层根系呈锈红状，龙头(茎生长点)萎缩，心叶褪绿，植株早衰，细尾瓜、苦瓜等较多(吴凤芝等，1998)；番茄苗期若受高浓度盐类物质危害，则会引起幼苗老化并产生畸形果。

5.4 设施土壤次生盐渍化对土壤性质的影响

5.4.1 对土壤物理性质的影响

有研究表明，随着种植年限的增加，设施土壤团粒结构被破坏，土壤容重变小，稳性团粒结构(0.25～2 mm)的数量明显增加，土壤毛管孔隙增多，持水性增强，但土壤非活性孔隙比例相对降低，耕作层变浅，土壤板结严重，通气透水性变差。

5.4.2 对土壤酸度的影响

据报道，设施土壤的pH随设施种植年限的增加呈逐年下降趋势。孟鸿光等(2000)对沈阳城郊110个具有代表性的温室大棚土壤进行的分析结果表明，土壤pH＜6.5的大棚占调查总数的70.9%，有的大棚土壤pH甚至可低至4.1，超过了蔬菜出现生理障碍的临界土壤pH 5.52。设施土壤随种植年限的延长普遍发生酸化主要有以下两方面的原因。其一是由于常用肥料中往往带有Cl^-和SO_4^{2-}等强酸性离子，这些离子会随着KCl、NH_4Cl、K_2SO_4、$(NH_4)_2SO_4$、$Ca(H_2PO_4)_2$等肥料的大量施用进入土壤，它们中仅部分被作物吸收，而大部分则残留于土壤中，成为土壤次生盐渍化和土壤pH下降的主要原因。其二是由设施栽培中重施氮肥以及土壤硝酸盐的大量累积所致。Malhi等(1998)研究表明，重施氮肥，特别是铵态氮肥的施用会导致土壤严重酸化，并能显著提高土壤活性铝的含量。设施土壤 pH 的降低受土壤硝酸盐积累的影响较大，pH 随 NO_3-N 含量的增加而降低，两者呈极显著负相关（$r=-0.37^{**}$，$n=110$）。此外，由设施土壤的硝化作用强烈而引起的土壤中 H^+ 含量增多也是导致土壤酸化的原因之一。

5.4.3 对养分失衡的影响

土壤次生盐渍化程度的高低对土壤养分的平衡供应以及作物对养分的均衡吸收都有明显的影响，主要表现为。①土壤中盐分与养分离子的交互作用，导致某些养分的有效性降低，从而破坏了土壤中养分的平衡供应，如 Ca^{2+} 对磷有固定作用，从而降低了磷的有效性。②次生盐渍化土壤中某些盐分离子的累积破坏了作物对养分的均衡吸收，造成作物营养失衡甚至单盐毒害。例如，土壤中轻度硝酸盐积累即可造成蔬菜对各种营养元素的吸收不平衡，在酸性土壤上可引起缺 Fe 症和 Mn 中毒，石灰性土壤上可引起缺 Fe、Zn、Cu 等症。同时，土壤硝酸盐的积累也影响作物对 Ca、Mg 的吸收，导致 Ca 生理病害加重，且造成体内硝态氮含量增高。此外，Cl^- 对 NO_3^-、$H_2PO_4^-$，Na^+ 对 K^+、Ca^{2+}、Mg^{2+}，以及 K^+ 对 Mn^{2+}、Mg^{2+} 的吸收都有一定的抑制作用。③土壤盐渍化不利于作物根系的正常生长，致使根系的吸收能力显著降低，从而改变了作物对土壤养分浓度的要求，故只有当土壤养分浓度达到一定水平时才可能被作物吸收利用，这就必然要求外界增大对土壤中养分的投入量以保证作物正常生长发育对养分的需求，然而外界养分的过高投入又加剧了土壤的次生盐渍化，因此随着设施年限的延长，土壤养分的累积和不平衡问题也越来越突出。

5.4.4 对土壤微生物群落及数量的影响

土壤微生物群落及其数量的变化可以作为土壤肥力状况的重要生物学指标，其变化有赖于土壤的肥力水平和环境状况。设施土壤次生盐渍化不仅直接影响土壤微生物的活性，还通过改变土壤的部分理化性质间接影响土壤微生物的生存环境，从而导致设施内的土壤微生物在其种群、数量及活性上均与露地有较大差别。研究表明，土壤中的含盐量与微生物活性呈负相关，当土壤 EC 值为 0.5～2.0 ms/cm 时，盐分对土壤微生物活性影响不大，此时葡萄糖分解活跃；当 EC 值增加到 5.0 ms/cm 以上时，土壤微生物活性则会受到强烈抑制，葡萄糖分解速率也显著下降。硝化细菌对盐分变化十分敏感，且随土壤含盐量的增大，硝化速率急剧下降，当土壤 EC 值增加到 2.0 ms/cm 时，硝化反应即变得极其微弱。

随着设施土壤次生盐渍化的发生所出现的土壤酸化、养分不平衡等土壤环境条件的改变，同样也改变了设施土壤的微生物状况，从而对整个土壤环境造成了不利影响。大多数微生物比较适宜中性或微碱性环境，土壤酸性越强越不利于土壤微生物的生长，在 pH 4～7 时，其数量随着 pH 的提高而增加，并且生长在土壤 pH 为 5.5～7.5 环境条件下的土壤微生物适应环境 pH 变化的能力更强。此外，土壤微生物总数变化与土壤养分含量（除全钾和速效磷含量外）也明显相关。

5.5 设施土壤盐分的累积、迁移及离子组成变化特征——以山东、辽宁、江苏、四川等地设施栽培为例

大量研究表明,土壤盐渍化已成为制约设施农业生产的一个重要障碍因子。对山东、辽宁、江苏、四川的实地调查中发现,在使用多年的温室、大棚栽培条件下,作物总体长势较差,土壤表面均有大面积白色盐霜出现,有的甚至出现块状紫红色胶状物(紫球藻),土壤盐化板结,甚至成为不毛之地,其中以山东、江苏等地设施土壤的次生盐渍化程度最为严重。为此,本研究选取辽宁沈阳、山东寿光、江苏常州及四川双流等地具有代表性的设施土壤及相邻的露地土壤进行对比研究,以期弄清设施栽培条件下,土壤盐分的累积、迁移及离子组成变化特点,从而为科学指导设施农业生产,实现设施土壤的可持续利用提供依据。

5.5.1 研究方法

5.5.1.1 野外调查

通过走访农户,填写调查表,了解采样区的施肥、灌水、设施类型、生产年限及作物种植等情况,同时调查棚内外环境条件(土壤类型、地下水位、温度等)。研究区采样点的基本概况,见表 5-1。

表 5-1 不同采样区域设施生产概况

区域	采样地点	作物种植方式	施肥种类及用量	
			有机肥	化肥
山东	寿光市洛城镇、文家镇、孙家集镇	黄瓜-丝瓜、辣椒-茄子、西红柿-茄子或黄瓜-苦瓜的连年轮作	猪粪、鸡粪、鸭粪、秸秆 153.9～240.0 t/(hm^2·年)	二铵、过磷酸钙、硫酸钾、复合肥、微肥 11.5～28.1 t/(hm^2·年)
辽宁	新民市法哈牛镇、北镇市中安镇	番茄连作或辣椒、茄子的连年轮作	猪粪、牛粪、鸡粪、马粪 187.7～677.1 t/(hm^2·年)	二铵、尿素、硫酸钾、复合肥、过磷酸钙 4.7～11.1 t/(hm^2·年)
江苏	常州市蔬菜研究所、勤业蔬菜园艺场	生菜、黄瓜、茄子、小白菜	猪粪 218.2～240.0 t/(hm^2·年)	碳铵、复合肥 10.9～12.0 t/(hm^2·年)
四川	双流公兴镇、双流永安镇	草莓、葡萄、茄子、辣椒、番茄、韭菜	油枯、鸡粪 19.5 t/(hm^2·年)	硫酸钾、复合肥、过磷酸钙 3.2 t/(hm^2·年)

注:采样时间均为作物收获前。

5.5.1.2 采样方法

在各研究区选择设施栽培集中分布的村镇,设置以下两种采样处理:①不同种植年限的设施土壤(2 年、4 年、8 年和 13 年)及相邻露地土壤,取耕层(0～20 cm)土样;②当地最长种植年限的设施土壤及其相邻露地土壤,按 0～20 cm、20～40 cm、40～60 cm、60～80 cm、80～100 cm 分层取样。设施土样的采集均根据温室的大小按"S"形布点,每个温

室内取一个混合耕层土样，剖面土样为单个温室内取多个剖面(5～7 个)按土层分别混合所得。

5.5.1.3　测定项目及方法

待测液的制备：采用去离子水，按土水比 1∶5(质量比)提取，振荡 5 min，离心，过 0.45 μm 滤膜。电导率采用电导仪(DDS-320 型)测定；CO_3^{2-}、HCO_3^- 采用双指示剂中和滴定法；NO_3^-、SO_4^{2-}、Cl^- 采用 DIONEX 离子色谱(LC20 chromatography enclosure; GP50 gradient pump; ED40 electrochemical detector)测定；K^+、Na^+、Ca^{2+}、Mg^{2+} 采用 ICP-AES 测定；盐分总量采用离子加和法。

5.5.2　设施土壤耕层含盐量的变化特点

由表 5-2 可知，各地区设施土壤的含盐量均高于露地，但由于受种植年限及种植户栽培管理措施不同的影响，不同地区以及同一地区不同棚室内，土壤盐分的累积程度有较大差异，含盐量的变化范围也较大。在山东寿光、辽宁沈阳、江苏常州和四川双流其设施土壤的含盐量分别为 2.69 g/kg(CV=58%)、1.35 g/kg(CV=59%)、1.98 g/kg(CV=86%)和 1.13 g/kg(CV=45%)，而对应的露地土壤其含盐量低且变幅小，分别仅为 0.61 g/kg(CV=14%)、0.50 g/kg(CV=49%)、1.05 g/kg(CV=2%)和 0.50 g/kg(CV=21%)。土壤电导率与盐分总量的变化趋势相同，两者呈极显著正相关。据报道，常见设施栽培作物黄瓜、番茄、辣椒的生育障碍和枯死临界点分别是 0.48 ms/cm、0.60 ms/cm、0.60 ms/cm 和 1.2 ms/cm、1.28 ms/cm、1.40 ms/cm。在我国最大的设施栽培生产基地——山东寿光，75%的设施土壤耕层 EC 值达作物生育障碍临界点(>0.60 ms/cm)，其中有 17%达到作物的枯死临界点。表明设施土壤盐分离子大量累积导致的土壤次生盐渍化已成为制约设施农业生产的一个重要障碍因子。

表 5-2　设施土壤耕层(0～20 cm)含盐量及电导率

地　区	样本数	类　型	含盐量/(g/kg)	电导率 EC/(ms/cm)
山东寿光	18	设施	0.68～6.01	0.26～1.56
		露地	0.52～0.66	0.10～0.14
辽宁新民	20	设施	0.61～2.64	0.14～0.80
		露地	0.33～0.67	0.08～0.19
江苏常州	11	设施	0.56～6.69	0.18～1.71
		露地	1.03～1.06	0.30
四川双流	15	设施	0.65～2.27	0.14～0.50
		露地	0.39～0.60	0.08～0.12

土壤盐分含量高、变化范围大是不同地区设施栽培土壤的一个共性特点，反映出我国设施栽培长期处于一种粗放式管理状态，尤其在水肥管理方面，由于温室、大棚内的局部小环境与露地存在着明显差异，设施作物的生长环境、需肥特性等发生了根本性变化，这

就决定了其施肥管理与露地栽培有着很大的区别，而我国目前仍缺乏一套与设施栽培条件及生产模式相适应的科学栽培管理措施，各种植户分散经营，普遍采用大田栽培的管理方式从事设施生产。盲目大量施肥势必导致土壤环境质量的恶化，从而影响设施土壤的可持续利用及作物产量和品质的提高。

5.5.3 不同栽培年限设施土壤耕层含盐量的变化特点

从图 5-1 可以看出，不同栽培年限的设施土壤其耕层含盐量均高于露地，且在设施使用的最初几年表现出随种植年限的延长而逐渐递增的趋势，一般连续种植到 4 年左右为盐分积累高峰期，之后则出现一定程度的下降。例如，山东寿光文家镇连续种植了 4 年的设施土壤其含盐量为 6.01 g/kg，分别为露地和使用了 2 年、7 年、13 年的设施土壤的 9.2 倍、2.5 倍、1.2 倍、1.8 倍；在辽宁新民、北镇，连续种植了 4 年的设施土壤盐分的累积量也同样高于种植了 2 年、8 年以及更长年限的设施土壤；江苏常州则以种植了 3 年的设施栽培土壤的含盐量最高。

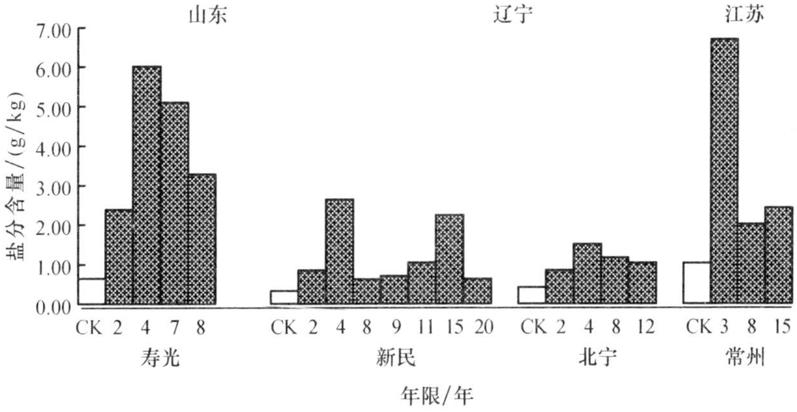

图 5-1 我国不同地区(山东、辽宁、江苏)设施土壤盐分含量的年变化
CK 表示露地；2、3、4、7、8、9、11、12、13、15、20 分别表示使用年限

不同栽培年限设施土壤含盐量变化与种植户采取的栽培管理措施密切相关。据实地调查表明，设施(日光温室)的可持续利用周期较短。一般温室使用到 4 年左右，就会普遍出现作物生长不良、病害严重等问题，从而导致作物减产甚至绝收，这与温室土壤环境质量的恶化密切相关。设施栽培长期处于高集约化、高复种指数、高肥料施用量的生产状态下，从而造成盐分在设施生产初期呈逐年累积趋势，当盐分含量累积到限制作物正常生长的临界浓度时，种植户便会在生产上减少投入并采取一些相应的措施来减少损失，如揭棚、翻耕甚至闲置不用等，待土壤条件有所改善后再继续加大投入，从而使盐分又有所累积，如此则形成了对设施土壤利用-破坏-再利用-再破坏的恶性循环，最终导致土壤环境质量不断恶化，作物的产量及品质随着种植年限的延长而降低，严重影响到设施土壤的可持续利用。

5.5.4 设施土壤耕层盐分离子的含量及组成变化特点

由表 5-3、表 5-4 可知，设施栽培后，土壤中各盐分离子的含量较露地土壤有较大变化。

表 5-3 不同地区设施土壤耕层(0～20 cm)阴离子含量及组成变化

地区	类型	含量/(g/kg)				组成/%			
		Cl^-	NO_3^-	SO_4^{2-}	HCO_3^-	Cl^-	NO_3^-	SO_4^{2-}	HCO_3^-
山东寿光	设施	0.17	1.37	0.36	0.15	7.90	61.96	19.26	10.88
	露地	0.04	0.10	0.06	0.25	8.31	21.48	14.05	56.17
辽宁新民	设施	0.09	0.55	0.26	0.08	11.21	47.55	30.03	11.22
	露地	0.06	0.11	0.13	0.06	15.08	33.21	33.77	17.95
辽宁北镇	设施	0.09	0.58	0.19	0.07	9.41	60.32	21.84	8.42
	露地	0.05	0.12	0.09	0.05	16.69	39.27	28.80	15.24
江苏常州	设施	0.19	0.82	0.28	0.11	14.39	51.67	21.79	12.15
	露地	0.13	0.39	0.17	0.08	16.68	50.98	22.16	10.17
四川双流	设施	0.06	0.23	0.43	0.08	7.74	28.19	51.50	12.57
	露地	0.03	0.12	0.14	0.07	9.06	32.48	40.02	18.44

表 5-4 不同地区设施土壤耕层(0～20 cm)阳离子含量及组成变化

地区	类型	含量/(g/kg)				组成/%			
		Ca^{2+}	Mg^{2+}	K^+	Na^+	Ca^{2+}	Mg^{2+}	K^+	Na^+
山东寿光	设施	0.51	0.07	0.08	0.07	67.12	9.82	13.19	9.87
	露地	0.11	0.02	0.01	0.02	71.47	11.10	7.22	10.21
辽宁新民	设施	0.22	0.05	0.03	0.05	58.60	14.60	10.48	16.32
	露地	0.08	0.02	0.01	0.03	52.80	15.76	9.23	22.21
辽宁北镇	设施	0.22	0.04	0.02	0.07	62.93	12.22	4.87	19.98
	露地	0.07	0.02	0.02	0.02	56.39	13.96	13.76	15.90
江苏常州	设施	0.37	0.06	0.03	0.131	57.67	10.53	5.10	26.70
	露地	0.17	0.04	0.01	0.065	59.94	13.86	3.53	24.65
四川双流	设施	0.25	0.03	0.01	0.039	74.09	9.71	3.48	12.72
	露地	0.09	0.01	0.01	0.017	70.35	10.29	6.34	13.02

除 HCO_3^- 在山东寿光有大幅度降低外，其余各盐分离子在设施土壤中均有明显累积。但由于受施肥种类及其用量的影响，各盐分离子的累积程度有较大差异。其中，累积量最大的阴、阳离子分别为 NO_3^-、SO_4^{2-} 和 Ca^{2+}，且 NO_3^- 的含量在很大程度上决定了不同种植年限设施土壤含盐量的高低。在山东寿光、辽宁新民、辽宁北镇、江苏常州、四川双流，NO_3^- 的含量可高达对应露地的 13.7 倍、5.1 倍、5.0 倍、2.1 倍、1.9 倍，SO_4^{2-} 的含量也分别为露地的 5.7 倍、2.1 倍、2.2 倍、1.7 倍、3.0 倍，阴离子累积现象明显；而阳离子以 Ca^{2+} 增加最为显著，其含量分别为对应露地的 4.7 倍、2.9 倍、3.2 倍、2.1 倍、2.7 倍，阳

离子的累积量普遍低于阴离子。

各种离子的大量累积以及某些离子的相对富集也导致土壤中离子组成的变化。我国不同地区露地土壤的阳离子组成均以Ca^{2+}为主，可占阳离子总量的50%以上，在山东、四川可高达70%以上，其次为Na^{+}、Mg^{2+}、K^{+}；阴离子的相对组成有较大差异，山东露地土壤的阴离子组成以HCO_3^-为主，辽宁沈阳、北镇均以NO_3^-、SO_4^{2-}为主，江苏以NO_3^-为主，而四川则以SO_4^{2-}和NO_3^-为主。设施栽培后，土壤的盐分组成较露地土壤有明显变化，除Cl^-、HCO_3^-、Mg^{2+}的相对比例在各地均有降低外，NO_3^-、SO_4^{2-}、Ca^{2+}、Na^+和K^+则表现出了不同程度的增减趋势，但不同地区设施土壤的离子组成趋于一致。阳离子的相对组成较露地变化不大，不同地区仍以Ca^{2+}为主，可占阳离子总量的57.67%～74.09%；阴离子的组成，除四川仍以SO_4^{2-}为主外，山东、辽宁、江苏各地的盐分离子均以NO_3^-为主，可占到阴离子总量的47.55%～61.96%。在四川双流，设施土壤中各盐分离子的含量虽有增加，但其离子组成与露地差别不大，仍以SO_4^{2-}和Ca^{2+}为主。表现出了与山东等地不同的离子累积变化规律，而产生这种差异的原因在于棚室利用方式及其环境条件的不同。四川设施栽培的发展规模小，种植时间短，施肥量也相对较少，加之采用夏季揭棚管理，从而使土壤盐分能够接受自然雨水的充分淋洗而积累量相对较少。此外，在作物种植上，常为多种蔬菜作物轮流种植，这就避免了由单一连作所造成的作物对养分的选择性吸收，从而减少了某些盐分离子的相对富集，如NO_3^-等。而山东等地的设施栽培常大量施用化肥、有机肥，揭棚期短，且作物的种植多为1或2种作物的长期连作，因而当地的设施土壤不仅盐害发生得早且较严重，盐分离子的组成也较露地发生了明显变化，尤其是NO_3^-的累积明显。由此可见，土壤中NO_3^-的相对富集是设施栽培土壤盐分累积的一个普遍特征。

5.5.5　设施土壤剖面盐分的含量变化特点

设施栽培后，0～100 cm各土层的含盐量均较相邻露地有明显增加（图5-2、图5-3、图5-4），含盐量随土壤深度的增加而降低，表层（0～20 cm）盐分的累积量远远高于其下各层，出现明显的盐分表聚现象。而盐分在露地土壤剖面的含量低且分布相对均一，各土层间的含量差异较小。在山东寿光，耕层（0～20 cm）的含盐量甚至高于相邻露地整个剖面（0～100 cm）的盐分总量，同时也显著高于其下各层，分别是次表层（20～40 cm）的2～3倍和底土层（80～100 cm）的2～4倍。在20～100 cm，土层间含盐量无显著差异。相邻露地土壤0～100 cm各土层含盐量则变化不大，均维持在0.59 g/kg左右，盐分在剖面的分布相对均一。在辽宁沈阳，耕层（0～20 cm）的含盐量可高达露地土壤剖面（0～100 cm）盐分总量的1.25倍，同时也明显高于20 cm以下各层，是次表层（20～40 cm）的2.66倍。这种变化趋势在我国不同地区均表现一致，是设施栽培土壤盐分累积变化的一个显著特征。

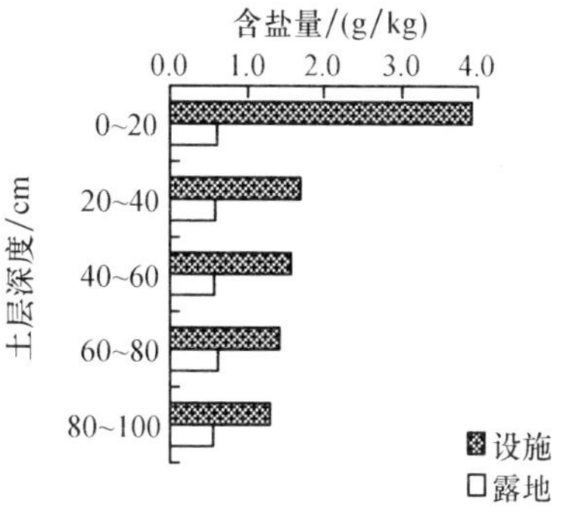

图5-2　山东寿光设施土壤盐分含量的剖面变化

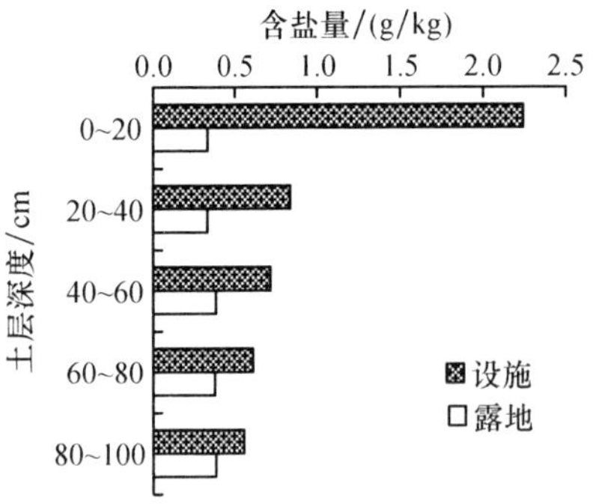

图 5-3　辽宁新民市设施土壤盐分含量的剖面变化

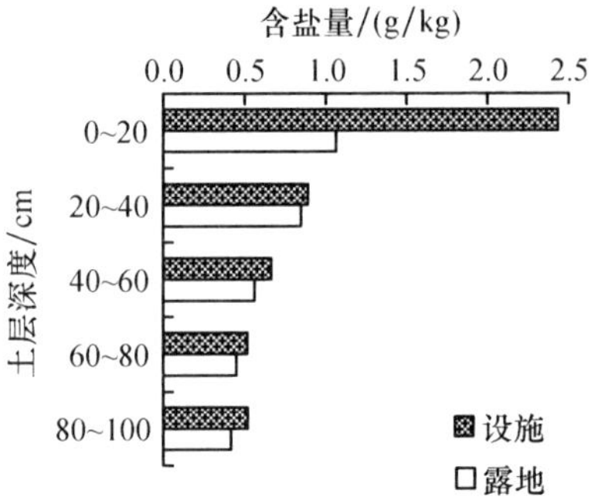

图 5-4　江苏常州设施土壤盐分含量的剖面变化

由此可见，设施土壤中，盐分的运移存在着明显的向底层迁移和向表层聚集两种方式，但以表聚为主：一方面，设施栽培中大量施肥及灌水增加了盐分离子的向下淋洗量，从而使整个土壤剖面以至在 80～100 cm 的底土层，含盐量显著高于露地对应土层；另一方面，由于棚室内的温度相对较高，土壤蒸发量和作物蒸腾量大，盐分离子又会随着土壤水分的向上运动而逐渐向表层迁移、聚积，出现明显的表聚现象。土壤盐分含量的增高抑制了根系对水肥的吸收，表现出对作物明显的盐分胁迫现象。

5.5.6　盐分离子在设施土壤剖面的累积、迁移特点

由表 5-5、表 5-6 分析可知，设施栽培后，除 HCO_3^- 的含量在不同地区设施栽培土壤中表现出了增减变化的差异，其余各离子在土壤剖面均有大量累积，并且都表现出了明显的表聚特征，盐分离子的含量随土层深度的加深而有所降低，但它们在土壤剖面的累积迁移却有较大差异。NO_3^-、Cl^-、Ca^{2+}、Na^+ 的向下迁移量较大，表现为不同地区设施土壤剖面各层内的含量都高于对应的露地层次。在山东寿光，设施土壤 80～100 cm 土层 NO_3^- 的含量甚至高于露地土壤 0～100 cm NO_3^- 的总量。NO_3^- 的大量迁移既造成了氮素营养的损失，同时也会加大对地下水的污染。分析表明，山东寿光地下水中的 NO_3^- 含量达 39.96 mg/L，超过了世界卫生组织及我国国家饮用水标准 10 mg/L 的水质标准，给环境和人体健康带来潜在的不利影响。而露地土壤盐分离子的累积迁移量相对较低，各离子在土壤剖面各层的含量变化也较小。

表 5-5　设施土壤剖面阴离子的含量(g/kg)变化

采样点	土层深度/cm	Cl^-		NO_3^-		SO_4^{2-}		HCO_3^-	
		露地	设施	露地	设施	露地	设施	露地	设施
山东寿光	0～20	0.045	0.410	0.113	2.892	0.081	0.536	0.242	0.092
	20～40	0.040	0.187	0.087	0.959	0.067	0.221	0.271	0.095
	40～60	0.037	0.118	0.078	0.599	0.063	0.161	0.273	0.105
	60～80	0.047	0.127	0.092	0.545	0.067	0.151	0.202	0.120
	80～100	0.054	0.127	0.076	0.522	0.084	0.155	0.153	0.168

续表

采样点	土层深度/cm	Cl^-		NO_3^-		SO_4^{2-}		HCO_3^-	
		露地	设施	露地	设施	露地	设施	露地	设施
辽宁新民	0～20	0.028	0.217	0.101	1.057	0.061	0.315	0.048	0.092
	20～40	0.019	0.105	0.080	0.325	0.077	0.153	0.051	0.050
	40～60	0.023	0.099	0.089	0.276	0.103	0.125	0.049	0.046
	60～80	0.026	0.084	0.079	0.228	0.116	0.096	0.059	0.051
	80～100	0.032	0.074	0.077	0.199	0.116	0.091	0.061	0.052
江苏常州	0～20	0.093	0.306	0.520	1.091	0.109	0.232	0.058	0.132
	20～40	0.077	0.116	0.385	0.290	0.097	0.164	0.076	0.086
	40～60	0.052	0.087	0.210	0.187	0.086	0.126	0.071	0.092
	60～80	0.038	0.065	0.155	0.141	0.078	0.097	0.069	0.084
	80～100	0.036	0.072	0.125	0.161	0.078	0.085	0.062	0.069

表 5-6　设施土壤剖面阳离子的含量(g/kg)变化

采样点	土层深度/cm	Ca^{2+}		Mg^{2+}		K^+		Na^+	
		露地	设施	露地	设施	露地	设施	露地	设施
山东寿光	0～20	0.115	0.798	0.022	0.134	0.009	0.085	0.023	0.148
	20～40	0.092	0.358	0.023	0.068	0.008	0.026	0.032	0.071
	40～60	0.084	0.232	0.024	0.043	0.011	0.007	0.038	0.063
	60～80	0.078	0.239	0.035	0.040	0.031	0.004	0.045	0.064
	80～100	0.060	0.241	0.018	0.039	0.012	0.004	0.049	0.061
辽宁新民	0～20	0.040	0.358	0.016	0.081	0.014	0.032	0.019	0.090
	20～40	0.039	0.117	0.019	0.032	0.015	0.004	0.028	0.058
	40～60	0.052	0.093	0.021	0.024	0.014	0.003	0.032	0.058
	60～80	0.047	0.074	0.015	0.019	0.004	0.002	0.030	0.058
	80～100	0.046	0.068	0.017	0.016	0.004	0.002	0.030	0.058
江苏常州	0～20	0.165	0.369	0.033	0.061	0.012	0.028	0.073	0.214
	20～40	0.126	0.125	0.034	0.029	0.003	0.005	0.053	0.077
	40～60	0.072	0.076	0.025	0.020	0.002	0.002	0.042	0.073
	60～80	0.042	0.047	0.018	0.016	0.002	0.003	0.046	0.064
	80～100	0.032	0.045	0.018	0.017	0.009	0.003	0.059	0.070

5.5.7　设施土壤盐分累积变化的成因及潜在的不利影响

5.5.7.1　施肥

由于设施蔬菜的生长速度快、产量高、茬数多、效益好，种植户往往在每茬都要施用大量化肥和有机肥，养分的投入超过了蔬菜生长需要的量。因而，一些未被作物吸收利用的养分及肥料副成分大量残留于土壤中，成为土壤盐分离子的主要来源。山东寿光设施栽培的有机肥年施用量为153.85～240.00 t/hm²，化肥的年投入量为11.54～28.13 t/hm²；辽宁有机肥年施用量为187.69～677.08 t/hm²，化肥的用量在4.65～11.07 t/hm²，有的可高达露地的14倍；江苏有机肥年施用量为218.21～240.03 t/hm^2，化肥的施用量大多在11 t/hm^2 左右。其中各地有机肥肥源均为当地饲养场新鲜的畜禽粪便，未经腐熟便大量施用，由于设施内温度高，人畜粪尿迅速分解后，大量的氨被挥发，一些硫化物、硫酸盐、有机盐和无机盐等残留于耕层土壤中，造成大棚内土壤盐化、板结。

此外，在肥料的施用种类上，主要以施用氮肥、复合肥、过磷酸钙、硫酸钾为主，这些肥料的连年大量施用加之作物长期连作对于养分的选择性吸收使土壤中的某些盐分离子不断积累，从而导致土壤养分的不平衡。设施土壤中盐分离子的含量及相对组成的变化对土壤-植物的养分供需平衡、作物的正常生长以及整个土壤环境质量的演变都产生了极为不利的影响。

硝酸盐的积累还引发设施作物生理障碍，造成蔬菜中硝酸盐含量超标，严重影响设施作物产量和品质的提高，同时还会造成蔬菜对各种营养元素的吸收失衡。Cl^- 的大量累积也会对作物的生长产生毒害作用。据报道，当 Cl^- 的含量达到0.10 g/kg时，便会对蔬菜作物产生抑制作用，在本研究中，Cl^- 盐分累积的高峰期已超过了此临界值。土壤中某些盐分离子的相对富集也会对土壤养分的交互作用产生影响，从而改变某些养分的生物有效性，如 Ca^{2+} 的大量累积会增加对磷的固定，降低磷的有效性，K^+ 对 Mn^{2+}、Mg^{2+}，Na^+ 对 K^+、Ca^{2+}、Mg^{2+} 以及 Cl^- 对 NO_3^-、$H_2PO_4^-$ 的吸收都有一定的抑制作用。此外，在该研究中，设施栽培土壤已有酸化的趋势，山东设施栽培土壤pH由露地的7.52降至6.89，表层酸化明显；新民、北镇露地土壤的pH分别为6.75和6.00，而设施栽培后，已有50%的土壤pH<6.00，这与设施土壤中 NO_3^-、SO_4^{2-} 和 Cl^- 等离子的积累相关。由此可见，通过合理施肥来控制和调节盐分的累积，协调养分的供需平衡成为保证设施作物高产、优质的关键措施之一。

5.5.7.2 内部环境条件

设施栽培条件下，由于棚室密闭，其内部温度较高且长期缺乏雨水的淋洗作用，土壤水分经常性向上运动并不断从地表蒸发，使得土壤终年处于积盐过程中，因而容易导致土壤的次生盐渍化并出现明显的盐分表聚现象。特殊的环境条件不仅影响土壤中盐分离子的累积、迁移，也对作物生长的气体环境条件造成了一定的影响，特别是玻璃温室等全年性覆盖设施，温室内部 CO_2 的减少也是蔬菜生产的限制因子之一。例如，我国最大的设施栽培生产基地山东寿光，设施土壤中 HCO_3^- 的含量较常规露地有大幅度降低，其原因主要与施肥导致的土壤酸化密切相关。另外，在长期密闭的设施内，CO_2 供应不足和作物大量消耗所造成的棚室内部 CO_2 浓度降低，也打破了土壤中 CO_2 与 HCO_3^- 的平衡，从而影响设施土壤中 HCO_3^- 的含量变化。

5.6 小　　结

土壤次生盐渍化是我国设施栽培中普遍存在的生产障碍问题，通过对辽宁沈阳、山东寿光、江苏常州及四川双流等地设施土壤的调查研究，得到以下结论。

(1) 设施土壤含盐量与电导率均较相应露地土壤明显增加，且在不同种植年限间的差异明显，连续种植 4 年左右的设施土壤盐分累积量最高，甚至可达作物盐害的致死浓度。

(2) 设施土壤中盐分的运移存在着明显的向底层迁移和向表层聚集两种方式，但以表聚为主。其中，NO_3^- 的淋溶已造成部分地区地下水中硝酸盐含量超过了国家饮用水水质标准。

(3) 设施栽培后，土壤中的 NO_3^-、SO_4^{2-}、Cl^-、Ca^{2+}、Mg^{2+}、K^+、Na^+ 均有不同程度的累积，阴离子以 NO_3^- 和 SO_4^{2-} 为主，阳离子以 Ca^{2+} 为主。

上述结论表明，由设施生产中过量施肥及设施内特殊环境条件所引发的土壤次生盐渍化已严重制约了设施栽培的可持续发展，使代表现代农业发展方向的设施农业也越来越偏离其优质、高效、环境友好的发展目标，土壤中盐分的大量累积以及某些离子的相对富集不但直接危害作物的生长、破坏土壤的环境质量，也与农产品安全和生态安全密切相关。目前，关于设施土壤次生盐渍化的发生、演变特征已经有了大量的研究成果，而对如何防控设施土壤次生盐渍化的发生，并对已经盐渍化的土壤进行科学的改良、利用还有待于从土壤物理、土壤化学及农艺生物措施等方面进行大量深入的研究。

主要参考文献

陈新平，张福锁. 1996. 北京地区蔬菜施肥的问题与对策. 中国农业大学学报，1(5)：63-66

程冬玲，林性粹. 2001. 园艺设施内的水分调控. 西北园艺：果树，(1)：21

程美廷. 1990. 温室土壤盐分积累、盐害及其防治. 土壤肥料，(1)：1-4

杜连凤，刘建玲，刘文科，等. 2002. 河北省藁城市大棚土壤盐分累积状况研究. 中国农学通报，18(2)：30-33

冯永军，陈为峰，张蕾娜，等. 2001. 设施园艺土壤的盐化与治理对策. 农业工程学报，17(2)：111-114

高秀兰，肖千明，娄春荣. 1997. 日光温室栽培番茄引起生理障碍 NO_3-N 浓度的研究. 辽宁农业科学，(1)：8-12

郭文忠，李丁仁. 2003. 宁夏日光温室土壤次生盐渍化发生原因及治理. 长江蔬菜，(4)：39-40

郭文忠，刘声锋，李丁仁，等. 2004. 设施蔬菜土壤次生盐渍化发生机理的研究现状与展望. 土壤，36(1)：25-29

何明，王国忠，陆峥嵘，等. 2002. 日本环境保护型设施农业土肥管理技术的研究动态(综述). 上海农业学报，18(4)：92-96

侯云霞，钱光熹，王建明，等. 1987. 上海蔬菜保护地的土壤盐分状况. 上海农业学报，3(4)：31-38

胡克伟，贾冬艳，王东升. 2002. 保护地土壤次生盐渍化及其调控措施. 北方园艺，(1)：12-13

金赞芳，王飞儿，陈英旭，等. 2004. 城市地下水硝酸盐污染及其成因分析. 土壤学报，41(2)：252-258

李海云，王秀峰，禹贤. 2001. 设施土壤盐分积累及防治措施的研究进展. 山东农业大学学报，32(4)：535-538

李文庆，刘家芬. 1995. 大棚栽培后土壤盐分的变化. 土壤，27(4)：203-205

李文庆，张民，李海峰，等. 2002. 大棚土壤硝酸盐状况研究. 土壤学报，39(2)：283-287

李先珍，王耀林，张志斌. 1993. 京郊蔬菜大棚土壤盐离子积累状况研究初报. 中国蔬菜，(4)：15-17

刘德，吴凤芝. 1998. 哈尔滨市郊蔬菜大棚土壤盐分状况及影响. 北方园艺，(6)：1-2

刘广明，杨劲松. 2002. 地下水蒸发规律及其与土壤盐分的关系. 土壤学报，39(3)：384-389

刘广明，杨劲松. 2002. 土壤蒸发量与地下水作用条件的关系. 土壤，34(3)：141-144

刘广明，杨劲松. 2003. 地下水作用条件下土壤积盐规律研究. 土壤学报，40(1)：65-69
刘广明. 2000. 地下水作用条件下土壤水盐运移规律极其机制研究. 南京：中国科学院南京土壤研究所
刘善江. 1999. 目前保护地蔬菜施肥存在的问题及对策. 北京农业科学，17(1)：31-32
鲁如坤. 1999. 土壤农业，化学分析方法. 北京：中国农业科技出版社：86-91
吕福堂，司东霞. 2004. 日光温室土壤盐分积累及离子组成变化的研究. 土壤，36(2)：208-210
马爱军，何任红，王开冻，等. 2002. 设施草莓地土壤盐渍化的形成及防治对策探讨. 中国南方果树，31(4)：71-72
马光恕，廉华. 2002. 设施内环境要素的变化规律及对蔬菜生长发育的影响. 黑龙江八一农垦大学学报，14(3)：16-20
孟鸿光，李中，刘乙俭，等. 2000. 沈阳城郊温室土壤特性调查研究. 土壤通报，31(2)：70-72
那伟民，陈杏禹. 1999. 蔬菜保护地土壤次生盐化的形成与防治. 辽宁熊岳农业高等专科学校学报，1(2)：28-31
秦巧燕，贾陈忠，曲东，等. 2002. 我国设施农业发展现状及施肥特点. 湖北农学院学报，22(4)：373-376
施秀珠，奚振邦，朱建萍. 1989. 不同棚龄塑料大棚表聚盐分特征及其预防. 上海蔬菜，(3)：35-36，46
史桂芳，毕军，夏光利，等. 2003. 保护地蔬菜土壤障碍指标界定及应用研究. 耕作与栽培，(3)：49-50
孙松发，陈剑中，盛正国，等. 1992. 温室土壤次生盐渍化的研究. 上海农学院学报，10(2)：132-140
童有为，陈淡飞. 1991. 温室土壤次生盐渍化的形成和治理途径研究. 园艺学报，18(2)：159-162
童有为. 1990. 蔬菜大棚土壤盐渍特征及其防治. 上海蔬菜，(3)：6-8
王龙昌，玉井理. 1998. 水分和盐分对土壤微生物活性的影响. 垦殖与稻作，(3)：40-42
王平，刘淑英. 1998. 兰州市安宁区蔬菜保护地土壤盐分的含量及其剖面分布规律. 甘肃农业大学学报，33(2)：186-189
王学军. 1998. 日光温室土壤次生盐渍化分析. 北方园艺，(3)：12-13
吴凤芝，刘德，王东凯，等. 1998. 大棚蔬菜连作年限对土壤主要理化性状的影响. 中国蔬菜，(4)：5-8
吴凤芝，赵凤艳. 2000. 设施蔬菜连作障碍原因综合分析与防治措施. 北京农业大学学报，31(3)：241-247
吴凤芝，赵凤艳，刘元英. 2000. 设施蔬菜连作障碍原因综合分析与防治措施. 东北农业大学学报，31(3)：241-247
吴志行，石海仙，董明光，等. 1992. 几种保护地设施对辣椒生育和产量的影响. 上海蔬菜，(3)：27-28
夏立忠，杨林章，王德建. 2001. 苏南设施栽培中旱作人为土养分与盐分状况的研究. 江苏农业科学，(6)：43-46，69
谢建昌，陈际型. 1997. 菜园土壤肥力与蔬菜合理施肥. 南京：河海大学出版社：43-46
徐仁扣. 2002. 某些农业措施对土壤酸化的影响. 农业环境保护，21(5)：385-388
薛继澄，毕德义，李家金，等. 1994. 保护地栽培蔬菜生理障碍的土壤因子与对策. 土壤肥料，(1)：4-9
杨月红，孙庆艳，沈浩. 2002. 植物的盐害和抗盐性. 生物学教学，27(11)：1-2
姚静，邹志荣，杨猛，等. 2003. 设施栽培中土壤次生盐渍化问题及解决途径. 陕西农业科学，(4)：39-41
殷永娴，刘鸿雁. 1996. 设施栽培下土壤中硝化、反硝化作用的研究. 生态学报，16(3)：246-250
张昌爱，毕军，夏光利. 2002. 大棚土壤的理化状况和微生物状况. 安徽农业科学，30(2)：275-276
张俊侠，孙德平，司友斌. 2001. 设施土壤蔬菜栽培的障碍因子研究. 安徽农学通报，(4)：52-54
张真和，李伟建. 2000. 我国设施蔬菜产业的发展态势及可持续发展对策探讨. 沈阳农业大学学报，31(1)：4-8
张振华，姜泠若，胡永红，等. 2003. 设施栽培大棚土壤养分、盐分调查分析及其调控技术. 江苏农业科学，(1)：73-75
章家恩，刘文高，胡刚. 2002. 不同土地利用方式下土壤微生物数量与土壤肥力的关系. 土壤与环境，11

(2):140-143

赵风艳,姚禾雨,吴凤芝,等. 2000. 大棚菜地土壤理化特性的研究. 土壤肥料,(2):11-13

朱国鹏,刘士哲,王玉彦,等. 2002. 蔬菜设施栽培土壤的盐分累积及其调控. 热带农业科学,22(3):57-61,69

Chen G C, He Z L, WangY J. 2004. Impact of pH on microbial biomass carbon and microbial biomass phosphorus in red soils. Pedosphere, 14(1):9-15

Grattan S R, Grieve C M. 1999. Salinity-mineral nutrient relations in horticultural crops. Scientia Horticulturae, (78):127-157

Li W Q, Zhang M, Van S D. 2001. Salt contents in soils under plastic greenhouse gardening in chin. Pedosphere, 11(4):359-367

Malhi S J, Nyborg M, Harapiak J T. 1998. Effects of long-term N fertilizer-induced acidification and liming on micronutrients in soil and in brome grass hay. Soil & Tillage Research, (48):91-100

Wang H Y, Zhou J M, Chen X Q, et al. 2003. Interaction of NPK fertilizers during their transformation in soils: I. dynamic changes of soil pH. Pedosphere, 13(3):257-262

Wang Z H, Li S X. 2003. Effects of N forms and rates on vegetable growth and nitrate accumulation. Pedosphere, 13(4):309-316

6 设施土壤微生物学特性演变

微生物是土壤生态系统的重要组成部分，对动植物残体的分解、有机质的矿质化和腐殖质化以及土壤团聚体的形成起着不可替代的作用，同时能够储存和调节土壤养分，维持土壤生态系统平衡。微生物也是维持土壤质量的重要组成部分，协助植物适应养分胁迫的环境，改善植物对土壤养分的吸收和利用，在土壤质量演变过程中，能较早地表征土壤质量变化。对土壤微生物活性的研究常涉及土壤微生物区系、微生物多样性、微生物生物量、酶活性、呼吸强度等。

6.1 土壤微生物概述

6.1.1 土壤微生物多样性及其生态功能

土壤是微生物生活的大本营，目前已知的微生物绝大多数都是从土壤中分离、驯化、选育出来的，但只占土壤微生物实际总数的10%左右，而在工业、农业和医学诸方面有用的微生物只有数百种。因此，挖掘土壤微生物资源有极大的潜力，随着现代DNA探针技术的发展和分离技术的改进，土壤中的微生物库和基因库正在逐步被打开。

6.1.1.1 土壤微生物种群的多样性

微生物多样性(microbial diversity)是指微生物群落的种类和种间差异，包括生理功能多样性、细胞组成多样性及遗传物质多样性等。微生物多样性能较早地反映环境质量的变化过程，并揭示微生物的生态功能差异，被认为是最有潜力的敏感性生物指标之一。

土壤中微生物分布广、数量大、种类多，是土壤生物中最活跃的部分，它们参与土壤有机质分解，腐殖质合成，养分转化和推动土壤的形成和发育。土壤微生物是一个庞大的群落，其中包括能分解有机质的细菌、真菌和放线菌，以微小微生物为食的原生动物及能进行光合作用的藻类等。1 kg土壤可含5亿个细菌，近10亿个真菌和100亿个放线菌，5亿个微小动物。一般而言，土壤微生物个体从细菌到原生动物逐渐增大，而数量则依次减小。同时，土壤中还存在一些噬菌体和病毒。除土著微生物外，人为施用有机肥、生物肥料、农药、化肥等都能影响土壤微生物的数量和群落结构。

1）细菌

细菌属原核微生物，土壤细菌占土壤微生物总数的70%～90%，主要是能分解各种有机质的种类，这些种类数量很大，但生物量并不很高。据分析10 g肥沃土壤的细菌总数相当于全球人口的总数。因为细菌个体小、代谢强、繁殖快，与土壤接触的表面积大，是土壤中最活跃的因素。在土壤中普遍存在的细菌有20多个属，主要有：节杆菌属、芽孢杆菌属、假单胞菌属、土壤杆菌属、产碱杆菌属、黄杆菌属等，其中杆菌多于球菌，革兰氏阳性菌多于革兰氏阴性菌，多数芽孢杆菌都可以在土壤中找到。土壤中细菌群落的形成不仅受土壤环境条件的影响，而且也是群落自我调控的结果。表 6-1 为土壤中常见的细菌属及其主要性状。

表 6-1 土壤中常见的细菌属(陈文新，1989)

属名	细胞形态	芽孢	运动	革兰氏染色	与氧的关系
假单胞菌属(*Pseudomonas*)	杆状	—	极生鞭毛	G^-	好氧
黄单胞菌属(*Xanthomonas*)	杆状	—	周生或亚极生鞭毛	G^-	好氧
根瘤菌属(*Rhizobium*)	杆状	—	周生或亚极生鞭毛	G^-	好氧
土壤杆菌属(*Agrobacterium*)	杆状	—	周生或亚极生鞭毛	G^-	好氧
柄杆菌属(*Caulobacter*)	杆状	—	周生或亚极生鞭毛	G^-	好氧
固氮菌属(*Azotobacter*)	杆状	—	周生鞭毛	G^-	好氧
蛭弧菌属(*Bdellovibrio*)	弧状	—	极生鞭毛	G^-	好氧
噬纤维菌属(*Cytophaga*)	杆状两端尖	—	滑行	G^-	好氧
芽孢杆菌属(*Bacillus*)	杆状	+	周生鞭毛	G^+	好氧
梭状芽孢杆菌属(*Clostridium*)	杆状	+	周生鞭毛	G^+	厌氧
链球菌属(*Streptococcus*)	球状	—	—	G^+	兼性厌氧
微球菌属(*Micrococcus*)	球状	—	—	G^+	严格厌氧
八叠球菌属(*Sarcina*)	球状	—	—	G^+	严格厌氧
棒杆菌属(*Corynebacterium*)	杆状	—	—	G^+	兼性厌氧
节杆菌属(*Arthrobacter*)	不规则分枝，球状，杆状	—	—	G^+	好氧

2）真菌

真菌是常见的土壤微生物之一，其数量总是小于细菌和放线菌，每克土壤中有真菌几千至几十万个，但在森林土壤和酸性土壤中，往往是真菌占优势或起主要作用。尽管真菌数量较少，但由于它们体积相对较大，使真菌在整个土壤微生物生物量中所占的比例较大。我国土壤真菌种类繁多，资源丰富，其中分布最广的是青霉属(*Penicillium*)、曲霉属(*Aspergillus*)、镰刀菌属(*Fusarium*)、木霉属(*Trichoderma*)毛霉属(*Mucor*)、根霉属(*Rhizopus*)。

真菌的菌丝直径一般为 2～10 μm，它们能对土壤颗粒进行物理性固定，促进土壤结构体的形成。真菌是土壤中推动营养物质、尤其是降解各种有机物的重要群体，除能降解纤维素和木质素外，一些真菌还能降解结构复杂的有机污染物。由于真菌更适宜在酸性土壤中生存，故它们的降解作用一般随土壤 pH 的下降而上升。真菌菌根在建立植物-真菌相互作用方面起着关键作用。参与土壤-植物系统中营养物质循环的土壤真菌主要是青霉菌属和曲霉菌属。由于真菌，特别是其中的霉菌对不利环境忍耐力较强，它们的孢子、菌核和菌索忍耐力更强，因而可广泛分布于各种类型的土壤中。同时，真菌还与植物病害密切相关，许多真菌是植物致病菌，甚至某些真菌能引起人类疾病，如粗球孢子菌(*Coccidiodes immitis*)能引起慢性肺炎，称为“山谷热”。

3）放线菌

放线菌属原核微生物，广泛分布在土壤、堆肥、淤泥、淡水等各种自然环境中。土壤中数量及种类最多，一般肥沃土壤比贫瘠土壤多，农田土壤比森林土壤多，春季、秋季比夏季、冬季多。放线菌以孢子或菌丝片段存在于土壤中，其菌丝比真菌细，1 g 土壤中含有放线菌 10^4～10^6 个。土壤中放线菌种类很多，最主要的为链霉菌属，占 70%～90%，常因其滋生而使土壤具有特殊的“土腥”味；其次为诺卡菌属，占 10%～30%；小单胞菌属占第三位，只有 1%～15%。放线菌的大部分均属好氧腐生菌。放线菌最适宜生长在中性、偏碱性、通气良好的土壤中。放线菌的有机营养物类型广泛，能转化土壤有机质，特别是对纤维素、几丁质、固醇类等结构复杂的难降解天然有机物有较强的利用能力。因此，在土壤中放线菌对促进碳循环和腐殖质形成有重要作用。高温型的放线菌在堆肥中对其养分转化起着重要作用。此外，土壤中一些放线菌还能产生抗生素，对其他有害菌属起拮抗作用。

4）原生动物

原生动物是地下动物区系中最丰富的土壤动物类群，它们绝大多数为好氧型，是单细胞真核生物。大多数原生动物是异养型，靠利用细菌、酵母、真菌和藻类生活。原生动物在土壤表层数量较多，它们的作用是促进物质循环和转化，控制其他微生物的过量存在，保证微生物群落组成的稳定性。原生动物主要有鞭毛虫、变形虫和纤毛虫 3 种类型。鞭毛虫是最小的原生动物，它们通过鞭毛运动；变形虫也叫根足虫，通过原生质移动来运动或通过伪足进行延伸运动，变形虫是目前土壤环境中找到的最多的原生动物类型；纤毛虫通过覆盖在整个细胞表面的短纤毛的震动来运动。

5）藻类

藻类为单细胞或多细胞的真核原生生物，是构成土壤生物群落的重要成分。土壤中的藻类不及微生物总数的 1%，主要由硅藻、绿藻和黄藻组成。藻类是土壤生物的先行者，对土壤的形成和熟化起着重要作用，它们凭借光能自养的能力，成为土壤有机质最先制造者。藻类往往群聚于原来没有有机质的土壤表面，特别是在贫瘠的火山、沙漠土壤地区和岩石表面。一方面，藻类通过光合作用提供碳的输入，当它们代谢时，产生和释放出碳酸，促进周围矿物颗粒的风化。另一方面，藻类还产生大量的胞外多糖，使土壤颗粒形成团聚体。藻类为光合型微生物，受阳光及水分影响较大，主要生长在潮湿土壤表层。土壤下层因无阳光，藻类数量少。肥沃土壤，藻类生长旺盛，土表常出现黄褐色或黄绿色的薄藻层，硅藻多则表征土壤营养丰富。

6.1.1.2 土壤微生物多样性的生态学意义

土壤微生物积极参与土壤中物质转化过程，在土壤形成、肥力演变、土壤结构的形成与改良、植物养分有效化和有毒物质降解及净化等多方面起着重要作用，具有多种多样的生态功能。但是，由于人类对自然环境、自然资源的过度开发和强烈干预，使得地球上数以万计的物种消失或濒临灭绝，生境遭受到严重破坏，生物多样性逐渐丧失，生态系统稳定性减弱，资源日益枯竭。

土壤微生物是陆地生态系统中重要的生命体，对所生存的微环境十分敏感。因此，土壤微生物多样性相关指标已被公认为土壤生态系统变化的预警及敏感指标，微生物多样性是反映生态系统是否改变的重点监测因子。恢复一个受干扰的生态系统，如坡耕地退耕、矿山复垦，不仅要恢复植被，还要恢复微生物群落。土壤微生物多样性受制于土壤性质，而微生物多样性又影响土壤功能多样性。土壤微生物能提高土壤肥力的生态功能，Ovreas 和 Torsvik(1998)用多种方法测定土壤微生物数量及种群结构后发现，含有机质丰富的土壤，其微生物多样性好于含有机质少的土壤。Maladague(1970)曾提出土壤肥力应该是土壤固有的矿质肥力和土壤生物肥力(通过植物-土壤生物系统周转的植物营养的量)的综合表现。微生物多样性丰富的土壤，生态功能也呈现多样性，其生态系统和生产力均保持稳定。不同类型的土壤中有着不同的土壤微生物优势种群，它们受土壤环境的影响而变化，其数量及种群结构在一定程度上能反映土壤的生物学环境，群落结构和组成的多样性与均匀性可以提高土壤生态系统的稳定性、和谐性及抗土壤微生态环境恶化的缓冲能力。

在农业生态系统内部，影响土壤微生物多样性最重要的因素是土壤特性、土地利用方式及农耕措施。土壤细菌和放线菌，如硝化细菌、固氮菌和纤维分解菌等，均适于中性和微碱性环境，pH$<$5.5 的强酸性土壤中，其活性明显下降。在强酸性土壤中以真菌占优势。Bossio 等(1998)用 PLFA 法研究了土壤类型、施肥管理水平及空间变异等因素对土壤微生物多样性的影响，发现影响效应从大到小依次为土壤类型、施肥管理、空间变异。韩芳等(2003)对内蒙古皇甫川流域乔木林地(人工油松林)、灌木林地(人工沙柳灌丛)、草地(自然恢复草地)三种不同土地利用方式下土壤微生物类群及物种多样性的研究表明，草地的土壤微生物类群多于乔木和灌木，作物种植制度与耕地利用方式与土壤微生物多样性密切相关。陈蓓等(2004)对旱地长期轮作无覆盖免耕研究表明，小麦-豌豆轮作序列微生物数量增加了 14.9%，豌豆-小麦轮作序列增加了 38.4%。陈强等(1998)对旱地聚土垄作免耕研究表明，聚土免耕垄厢土壤微生物数量大大超过了平作垄厢。

农药、化肥、工业“三废”与污水灌溉等导致的重金属和有机污染物对环境的污染都会对土壤微生物多样性产生明显影响。一般情况下，环境污染对土壤微生物有两方面的明显效应：一方面，导致不适应的微生物种群和数量减少甚至灭绝；另一方面，适应的微生物种群和数量的增多与积累。由于重金属污染对土壤中一些敏感微生物类群的抑制作用，最终会导致微生物多样性的降低，长期高浓度的重金属污染对微生物多样性的影响会更剧烈。Frostegard 等(1993)用 PLFA 法研究了森林土壤和农用耕地对外源锌污染的反应，结果表明，两种土壤中，总磷脂脂肪酸均随锌浓度的加大而下降，但 18∶2ω6,9 脂肪酸(一种常用来指示真菌的双不饱和脂肪酸，碳链含 18 个原子)所占比例随着浓度的加大而上升。同时，随着培养时间的延长，18∶2ω6,9 脂肪酸的比例有下降趋势，森林土壤的下降趋势大于耕地土壤。Smit 等(1997)用扩增性 rDNA 限制性酶切片段分析(ARDRA)方法研究了外加 $CuSO_4$ 13 年的实验田土壤 Cu 污染对土壤微生物多样性的影响，ARDRA 图谱分析表明在 Cu 污染土壤中微生物多样性明显降低，并且群落结构发生很大变化。杨永华等(2000)应用 RAPD 和 Biolog 等方法研究了被农药污染土壤的微生物群落，发现农药污染能导致微生物功能多样性和结构多样性的下降，群落多样性指数和均匀度指数均下降。刘五星等(2007)对石油污染引起土壤微生物多样性变化的研究表明，石油污染导致土壤微生物 Gini 指数、McIntosh 指数和 McIntosh 均匀度等多样性指数增加，说明石油污染刺激了土壤中微生物的生长，使土壤中微生物多样性增加。

6.1.2　土壤微生物与土壤肥力

土壤是微生物生活的场所，土壤的通气性、水分条件、养分状况以及有机质特性直接影响土壤微生物的种类及数量。土壤微生物主要包括细菌、真菌和放线菌等，一般以细菌数量最多，其次是放线菌和真菌。不同的土壤中有着不同的土壤微生物种群，它们受土壤环境的影响而变化，其数量及种群结构在一定程度上可以反映土壤的生物学环境，可以作为土壤肥力的一个指标。

土壤微生物在土壤肥力形成和变化过程中的作用是非常复杂和多种多样的。微生物作为地球上最古老的生物体，已存在数十亿年，因而它是古老的造土者。从生物地球化学的观点来看，土壤微生物在土壤肥力上的功能是多方面的。例如，气态氮的生物固定、氨和硫化氢的氧化、硫酸盐和硝酸盐的还原等过程都需要微生物的参与。微生物作用最主要的特征在于它们能够分解动植物残体，合成土壤腐殖质。总体而言，土壤微生物对土壤肥力的形成和发展所起的作用可概括为以下 4 个方面：①固定大气中的氮素，增加土壤含氮量（自身固氮、共生固氮、联合固氮）；②矿质化分解土壤有机质，释放各种养分，为植物吸收利用；③促进土壤矿物质的溶解和迁移，增加矿质养分的有效度（如铁细菌能促进土壤中铁溶解移动，硅酸盐细菌能够溶解磷钾）；④合成土壤腐殖质，提高土壤胶体性能。

从岩石露出地表后，首先在岩石表面着生的微生物为自养型微生物，如绿藻、硅藻等及其共生的固氮微生物，它们将许多营养元素吸收到体内进行新陈代谢和繁殖；其次为各种异养型微生物，如细菌、黏液菌、真菌、地衣组成的原始生物群落，通过生命活动促使矿物进一步分解，不断增加细土和有机质。由于微生物的生物化学作用，一方面，代谢过程中产生的 CO_2、有机酸等可加速矿物质的溶解，促进矿质养分的释放，提高其生物有效性；另一方面，固氮微生物又能固定大气中气态的氮气分子，使其转化为能为生物吸收利用的形态，从而增加土壤中氮素。随着生物的不断进化，土壤中有机质不断增加，回归土壤中的有机残体在土壤微生物的作用下，不断地进行矿质化作用和腐殖化作用，使土壤胶体特性进一步得到改善，土壤肥力水平逐渐提高。

土壤微生物能够利用土壤中的有机碳，其对有机碳的利用率是一项反映土壤质量的重要特征。利用率越高，维持相同微生物生物量所需的能源就越少，说明土壤环境有利于土壤微生物的生长，土壤质量比较好。土壤微生物对有机碳的利用是通过对土壤有机质的矿质化作用实现的。土壤肥力的基础是土壤有机质、有机-无机复合体的含量和土壤的生物活性，而土壤有机-无机复合体的核心组分是腐殖质，腐殖质主要由富里酸和胡敏酸组成。我国主要土壤表土腐殖酸的化学元素组成见表 6-2。

表 6-2　我国主要土壤表土腐殖酸的化学元素组成（%，无灰干基）

元素组成	胡敏酸 HA		富啡酸 FA	
	范围	平均	范围	平均
C	43.9～59.6	54.7	43.4～52.6	46.5
H	3.1～7.0	4.8	4.0～5.8	4.8
O	31.3～41.8	36.1	40.1～49.6	45.9
N	2.8～5.9	4.2	1.6～4.3	2.8
C/N	7.2～19.2	11.6	8.0～12.6	9.8

土壤腐殖质的形成和更新是一个漫长的过程。在由新鲜的有机物料转化为腐殖质的过程中，土壤微生物起着积极的作用。植物秸秆等有机残体在土壤微生物的作用下，分解并产生了两大类腐殖物质。一类直接参与腐殖质的结构，它们是富里酸和胡敏酸，称为结构产物；另一类虽然参与腐殖质的构成，但不是腐殖质结构的直接组成部分，而是与腐殖酸的分子交联在一起。例如，各种有机酸、氨基酸和核酸的分解产物及其分子基团等，称为非结构产物。张夫道(2006)研究表明，秸秆腐殖化的过程是非结构产物首先形成，随着秸秆分解时间的延续，其中有 52.2%～57.5%的非结构产物转化为富里酸或被微生物分解为 CO_2，进而富里酸转化为胡敏酸。

土壤腐殖质的更新也离不开土壤微生物的作用，张夫道(2006)研究，土壤腐殖质的更新大致过程为：①在土壤微生物的作用下，动植物残体等有机物料降解生成结构产物与非结构产物，它们协同作用参与腐殖质的更新；②大部分非结构产物继续进一步转化为结构产物富里酸和胡敏酸，还有一部分与腐殖质组分交联，成为腐殖质的组成部分；③土壤腐殖质的更新从腐殖质表面官能团开始，逐步进行；④腐殖质分子的主要组分具有很高的稳定性和惰性，其表面有比较多的不稳定官能团，既保持了腐殖质的长期稳定性，又保证了在表面官能团上进行一系列的化学、生物化学反应和有机化合物的交换，从而不断地进行自身更新。

有机物料进入土壤后，除发生腐殖化作用形成腐殖质外，在通气良好条件下，经好气性微生物的作用，部分有机残体和腐殖质能够彻底矿化分解为简单的化合物供生物利用。

在有机物料分解转化过程中，土壤微生物种群和数量会随着时间的推移发生变化。在土壤有机质转化过程中，有两大类微生物参与活动，一类为发酵性(zymogenous)微生物，分解新鲜有机物料，形成腐殖质；另一类为土著性(autochthonous)微生物，主要矿化腐殖质。这两大类群微生物的优势种，随有机质的分解、腐殖质的形成和再分解，不断交替变化。Tenep(1976)以树叶和草根为材料进行研究发现，40～80 d 以假单胞菌为主，约占细菌总量的 60%～80%，它们主要利用可溶性物质，此时腐殖质开始积累；随后的 80～100 d，大量出现芽孢杆菌和真菌，数量达最高峰，其中真菌优势属为青霉、毛霉和曲霉，其间细胞间质被分解，腐殖质大量累积；至 180 d，真菌以葡萄穗霉(*Stachybotrys*)、木霉(*Trichoderma*)、暗色孢霉(*Dematium*)、茎点霉(*Phoma*)为优势菌，此时植物细胞壁成分大量分解，木质素游离；到 240 d 前后，优势菌为多囊菌(*Polyangium vitelliunm*)、纤维弧菌(*Cellvibrio*)、青霉及放线菌，放线菌代表属为诺卡氏菌(*Nocardia*)、小单胞菌(*Micromonospora japonicus*)，此时木质素略受分解，腐殖质数量下降。

6.1.3 土壤酶活性与土壤质量

土壤酶(soil enzyme)是指土壤中的聚集酶，包括游离酶、胞内酶和胞外酶，是一类具有催化能力的生物活性物质，它们是土壤生态系统代谢的重要动力之一，土壤中进行的生物学和化学过程都要在酶的催化下才能完成。土壤酶主要来源于土壤微生物活动、植物根系分泌及动植物残体腐解过程。因此，通过探讨土壤酶活性的变化在一定程度上能反映土壤微生物的活性。

6.1.3.1 土壤酶的分类及存在形态

根据国际酶学委员会对酶的分类，土壤中的酶主要包括氧化还原酶（oxidoreductase）、水解酶（hydrolase）、转移酶（transferase）及裂解酶（lyase）4 类（表 6-3）。氧化还原酶主要催化氢的转移或电子传递的氧化还原反应。水解酶包括各种脂类酶、糖苷酶和肽酶，水解酶能够将大分子的多糖、蛋白质等水解成简单的、易被微生物和植物吸收利用的小分子物质，对土壤生态系统中的碳、氮循环具有重要作用。转移酶主要催化一些化合物中基团的转移，不仅参与蛋白质、核酸和脂肪的代谢，还参与激素和抗生素的合成与转化。目前对裂解酶的研究还不多。

表 6-3 土壤中主要的酶及功能

种类	功能
1. 氧化还原酶类（oxidoreductase）	
脱氢酶（dehydrogenases）	促进有机物脱氢，起传递氢的作用
葡萄糖氧化酶（glucose oxidase）	氧化葡萄糖为葡萄糖酸
醛氧化酶（aldehyde oxidase）	催化醛氧化为酸
尿酸氧化酶（urate oxidase）	催化尿酸为尿囊素
联苯酚氧化酶（p-diphenol oxidase）	促进酚类物质氧化生成醌
磷苯二酚氧化酶（catalase oxidase）	促进酚类物质氧化生成醌
抗坏血酸氧化酶（ascorbate oxidase）	将抗坏血酸转化为脱氢抗坏血酸
过氧化氢酶（触酶 catalase）	促进过氧化氢生成 O_2 和 H_2O
过氧化物酶（peroxidase）	催化 H_2O_2、氧化酚类、胺类为醌
氢酶（hydrogenase）	活化氢分子产生氢离子
酚-*O*-羟化酶（phenol-o-hydroxylase）	促进酶氧化为 *O*-二酚
吲哚-3-甲醛（IA）氧化酶（IA oxidase）	催化 IA 为吲哚-3-甲酸
硫酸盐还原酶（sulfate reductase）	促进 SO_4^{2-} 为 SO_3^{2-}，再为硫化物
硝酸盐还原酶（nitrate reductase）	催化 NO_3^- 为 NO_2^-
亚硝酸盐还原酶（nitrite reductase）	催化 NO_2^- 还原成 $NH_2(OH)$
羟胺还原酶（hydramine reductase）	促进羟胺还原为氨
2. 水解酶（hydrolase）	
羧基酯酶（carboxylesterase）	水解羧基酯，产生羧酸及其他产物
芳基酯酶（arylesterase）	水解芳基酯，产生芳基化合物及其他产物
脂酶（lipase）	水解甘油三脂，产生甘油和脂肪酸
磷酸脂酶（phosphatase）	水解磷酸脂，产生磷酸及其他产物
核酸酶（nuclease）	水解核酸，产生无机磷及其他产物
核苷酸酶（nucleotidase）	水解核苷酸，脱磷酸
植素酶（plytase）	水解植素，生成磷酸和肌醇
芳基硫酸盐酶（arylsulphatase）	水解芳基硫酸盐，生成硫酸和芳香族化合物
淀粉酶（amylase）	水解淀粉生成葡萄糖苷酶
纤维素酶（cellulase）	水解纤维素，生成纤维二糖
昆布多糖酶（laminarinase）	水解昆布类藻多糖，最终产物为葡萄糖

续表

种 类	功 能
菊糖酶(inulase)	水解菊糖,产生果糖及低聚糖
木聚糖酶(xylanase)	水解木聚糖,产生木糖
葡聚糖酶(dextranase)	水解葡聚糖,产生葡萄糖
果聚糖酶(levanase)	水解果聚糖,产生果糖
聚半乳糖醛酸酶(polygalacturonase)	水解该底物,产生半乳糖醛酸
α-葡萄糖苷酶或麦芽糖酶(α-glucosidase)	水解麦芽糖,产生葡萄糖
β-葡萄糖苷酶或纤维二糖酶(β-glucosidase)	水解纤维二糖,产生葡萄糖
α-半乳糖苷酶或蜜二糖酶(α-galactosidase)	水解该底物,产生半乳糖
β-半乳糖苷酶或乳糖酶(β-galactosidase)	水解该底物,产生半乳糖
蔗糖酶或转化酶(invertase)	水解蔗糖,产生葡萄糖和果糖
蛋白酶(proteinase)	水解蛋白质,产生肽和氨基酸
肽酶(peptidase)	断肽链,生成氨基酸
天门冬酰胺酶(asparaginase)	水解天门冬酰胺,产生天门冬氨酸和氨
谷氨酰胺酶(glutaminase)	水解谷氨酰胺,产生谷氨酸和氨
酰胺酶(amidase)	促进单羧酸酰胺水解,生成单羧酸和氨
脲酶(urease)	水解尿素,生成 CO_2 和 NH_3
无机焦磷酸盐酶(inorganic pyrophosphatase)	水解焦磷酸盐,生成正磷酸
聚磷酸盐酶(apolymetaphosphatase)	水解聚磷酸,生成正磷酸盐
ATP 酶(adenosine triphosphatase)	水解 ATP,生成 ADP
3. 转移酶类(transferase)	
葡聚糖蔗糖酶(dextransucrase)	进行糖基转移
果聚糖蔗糖酶(levan sucrase)	进行糖基转移
氨基转移酶(aminotransferase)	进行氨基转移
硫氰酸酶(rhodanase)	转移硫氰酸根(CNS^-)
4. 裂解酶类(lyase)	
天门冬氨酸脱羧酶(aspartate decarboxylase)	裂解天门冬氨酸为β-丙氨酸和 CO_2
谷氨酸脱羧酶(glutamate decarboxylase)	裂解谷氨酸为γ-氨基丙酸和 CO_2
芳香族氨基酸脱羧酶(aromatic amino and decarboxylase)	裂解芳香族氨基酸,如色氨酸脱羧酶,裂解色氨酸,生成色胺

酶在土壤中主要以三种形态存在:①自由态,游离于土壤溶液中,这种形态含量较少,一般在1%以下,活性较大,但容易失活;②吸附态,被土壤胶体(有机胶体、无机胶体、有机-无机复合体)吸附,这种形态活性较大,不容易失活;③结合态,这种形态的酶与土壤黏粒和有机质结合,以酶-腐殖质复合体、酶-矿质胶体复合体、酶-有机无机复合体等多种形式存在。这些存在形态一方面会对酶的动力学性质产生不利影响,另一方面也使酶受到保护,增强了它们的稳定性,防止被蛋白酶或钝化剂降解,酶活性的持续性相对较长。

6.1.3.2 土壤酶活性与土壤质量

土壤酶活性与土壤质量的许多物理、化学和生物学指标相关,酶的催化作用对土壤中元素(包括碳、氮、磷、硫等)的循环与迁移有着重要作用。土壤酶活性与土壤质量的很多理化指标以及土壤生物数量和生物多样性相互联系，能够比较全面、灵活可靠地反映土壤生物学肥力质量变化，在一定程度上比静态的土壤理化性质更有实际意义。美国国家环保局(EPA)资助，Dick 主持的"*Soil Enzyme Stability as an Ecosystem Indicator*"项目(1998～2000)探讨了土壤酶活性作为土壤质量和生态系统功能指标的可行性以及土壤酶活性对农业管理措施的响应等，并建立了土壤酶活性与其他土壤理化性质的概念模型。

土壤水分、温度、空气对土壤酶活性有显著影响。一般来说，土壤湿度较大，土壤酶活性较高，但土壤过湿时，酶活性则减弱。渍水土壤在土壤物理性状改善之前，酶活性很低，并长期保持不变。一旦排水后，土壤水分与空气逐渐协调，使得土壤酶活性有不断增高的趋势。土壤温度过高与过低均直接影响到土壤微生物种群及数量，从而导致土壤酶活性的钝化或失活。土壤空气中 CO_2 和 O_2 浓度与土壤微生物的活动状态密切相关，因此，土壤空气对土壤酶活性也有直接影响。土壤质地和结构状况对土壤酶活性具有一定的影响，由于质地黏重的土壤和结构良好的土壤中腐殖质含量较高且微生物数量较多，因而其中分布的酶越多，活性越强。土壤团聚体稳定性与土壤微生物生物量呈显著正相关，不同土壤团聚体的粒径间具有不同的营养元素，适合不同种类的土壤微生物生存。因此，土壤酶活性在不同土壤团聚体之间具有差别。结合态的土壤酶总是处于物理性的被保护状态，能在较长时间内保持活性。土壤酶参与有机物质的分解和腐殖质的形成，与土壤的物理特性、水热状况、土壤的无机和有机组分的组成及吸收性复合体的特征密切相关。

土壤酸碱性对各种类型土壤酶活性具有不同的影响，当 $pH<5.0$ 时，过氧化氢酶和脱氢酶的活性几乎完全丧失，而转化酶和脲酶受酸度的影响较小。土壤 pH 能直接影响底物的移动性和溶解性，并与土壤微生物的数量和组成密切相关。土壤酶活性与土壤养分有一定的相关性，并且往往具有专一性。土壤氮、磷是影响脲酶、酸性磷酸酶和转化酶活性的主要因素。在氮素转化的每一阶段，均有专一性的土壤酶类参与。土壤有机质是土壤中酶促底物的主要供给源，其存在的状况及氮的形态和含量，都与土壤酶活性密切相关。特别是对土壤脲酶、过氧化氢酶、多酚氧化酶活性的影响最强烈。张成娥等(1998)研究表明，土壤蔗糖酶、脲酶和中性磷酸酶均与土壤有机质、全氮及有效氮存在显著的正相关，速效磷也与中性磷酸酶呈显著正相关。

合理施肥，特别是施用有机肥料，不仅能改善土壤物理、化学、生物学特性，而且能明显增强土壤酶活性。长期施肥可提高土壤中各种酶的活性，其中磷酸酶增加较多，而且有机、无机肥配施效果最好。合理耕作能为各类土壤微生物创造良好的环境条件，推动土壤有机质在土壤微生物和土壤酶作用下发生转化。轮作区土壤酶活性一般总是明显高于连作区土壤酶活性。

6.2 设施土壤微生物数量和种类的演变

6.2.1 设施土壤微生物区系

土壤微生物主要包括细菌、真菌和放线菌等，一般以细菌数量最多，其次是放线菌和真菌。不同类型土壤中有着不同的微生物优势种群，受土壤环境的影响而变化，其数量及种群结构在一定程度上能反映土壤的生物学环境，可以作为土壤肥力的一个指标。

6.2.1.1　不同种植年限的设施土壤微生物数量的变化特征

设施土壤中三大类微生物的相对数量均无较大变化，以细菌居多，约占土壤微生物总数的70%～90%，是分解各种有机物质的主要种类，其次为放线菌，真菌最少。设施土壤与露地土壤的微生物数量有明显差别，但在微生物总数与设施年限关系上，有着不同的研究结果。一种观点认为种植年限越长，土壤有机质含量越高，微生物总数越多；一种观点却认为设施栽培条件下土壤微生物数量虽然高于露地，但种植年限越长，其数量反而越低。

设施土壤中的细菌，尤其是氨化细菌、硝化细菌和反硝化细菌的数量与露地土壤相比有较大增加，且随种植年限的延长而增加，唐咏等(1999)、吴凤芝等(2000)研究表明，设施栽培种植14年的土壤比露地种植3年的土壤分别增加了132×10^4 cfu/g、35×10^4 cfu/g和852×10^4 cfu/g。另外，亚硝酸细菌、好气性自生固氮菌和好气性纤维素分解菌也有一定增加。氨化细菌和硝化细菌的增加有利于土壤中铵态氮通过硝化作用转化为硝态氮，避免铵态氮积累引起作物铵中毒。但是，当土壤通气不良时，土壤反硝化作用增强，使硝态氮还原为N_2O和NO。殷永娴和刘鸿雁(1996)研究表明，当土壤N_2O含量积累到5.1×10^{-3} mg/g时，会对作物产生危害，而设施土壤中N_2O含量一般均高于此临界值，这也是导致设施栽培作物产量下降的重要原因之一。

土壤真菌不仅是有机质的分解者，还是许多蔬菜病害的病原菌。随设施种植年限的增加，土壤中病菌大量繁殖，土壤病害蔓延。设施土壤中真菌种类约20个属，其中以镰刀菌、腐生菌、疫霉菌、丝核菌、葡萄孢霉、叶点霉、大茎点霉和轮枝霉属下的大多数种为常见的土壤病原微生物，占真菌总数的35.5%。吴凤芝等(1999)研究表明，设施栽培种植18年的土壤与露地种植3年的土壤相比，无论是表层还是耕作层，真菌的种类和数量明显不同。种植时间短，真菌数量较多，反之，真菌数量减少，但有害真菌的种类和数量增加。例如，木霉有抑制病原菌繁殖的作用，其数量的减少将削弱作物的抗病能力；腐霉菌可分解有机质，但在一定程度上却可引起蔬菜苗期猝倒，其数量随种植年限的延长增幅较大。赵凤艳、吴凤芝等(2000，2002)研究表明，设施栽培种植3年、14年和36年的土壤微生物数量分别达到40 cfu/g、138 cfu/g和925 cfu/g。镰刀菌是真菌里的优势属，约占真菌的19.9%，可引起蔬菜根腐病、立枯病和枯萎病等。不过对塑料地膜覆盖处理的土壤发现，固氮菌数量略有增高，真菌数量有所下降，这对提高作物产量较为有利。

放线菌含量较高的土壤中，作物发病较轻，这与放线菌大多能产生抗生素，刺激植物生长，提高其抗病能力有关。种植年限长的设施土壤中放线菌数量较种植时间较短的土壤少，唐咏等(1999)研究表明，种植3年的设施土壤中放线菌数量为14.7×10^5 cfu/g，而种植14年和36年的土壤分别下降到8.1×10^5 cfu/g和6.2×10^5 cfu/g。有机肥、微生物肥料的施用能显著增加放线菌、降低霉菌数量的作用。张乃明和董艳(2004)研究表明，将有机肥与无机肥，有机肥与生物肥配合施用，与不施肥相比，放线菌数量分别增加320%和215%，而真菌数量分别降低44%和47%。

随设施种植年限的延长，土壤细菌增加，真菌的种类和数量减少，但有害真菌的种类和数量增加，放线菌数量也有所减少。设施土壤微生物结构的变化，影响土壤中营养元素的循环和作物对养分的吸收，对作物生长发育、产量及品质产生一定影响。吴凤芝等(1999)研究表明，连作4年设施土壤与对照土壤相比黄瓜产量和品质均无显著差异，而连作25年土壤与4年和对照土壤相比黄瓜产量明显降低，品质变劣。

6.2.1.2 不同季节设施土壤微生物数量的变化特征

土壤微生物群落的种类、数量除随设施栽培年限而变化外，一年中还会随季节变化而变化，其变化格局控制着碳的周转和养分的循环，调节着植物吸收营养元素的有效性，反映了环境、根系等的组合效应。

土壤微生物会受土壤环境的影响而变化，其数量可以表征土壤肥力状况。表6-4中，设施土壤微生物总数随季节变化而变化，显著性检验表明各季节数量差异达显著水平，最大值出现在6月，10月数量最低，后者微生物总数仅占前者的5.58%。设施土壤微生物总数普遍高于露地土壤，前者数量是后者的2.07倍。设施土壤细菌数量占微生物总数90%以上，是土壤微生物的主要类群之一，其数量季节变化特点与微生物总数一致，最大和最小值也分别出现在6月和10月，也较露地土壤有大幅度上升，但占微生物总数的比例略有下降，由露地土壤的98.73%下降至98.22%。

表6-4 土壤微生物主要类群数量(10^4 cfu/g DW)变化

种植类型	采样时间	微生物总数	细　菌	真　菌	放线菌
露地	2004-03	33.70 cB	32.48 aA	0.41 aA	0.81 abA
	2004-06	102.38 bA	102.19 aA	0.04 aA	0.15 cB
	2004-10	5.92 dC	5.35 aA	0.20 aA	0.37 bcB
	2005-01	116.19 aA	114.90 aA	0.19 aA	1.10 aA
设施	2004-03	56.17 cC	50.30 bB	0.88 aA	4.99 aA
	2004-06	337.94 aA	336.86 aA	0.37 aA	0.71 bB
	2004-10	18.85 dC	17.61 bB	0.42 aA	0.82 bB
	2005-01	121.82 bB	120.50 bB	0.31 aA	1.01 bB

注：土样采自四川省双流县；同列不同小写字母表示在$P<0.05$水平下差异显著，不同大写字母表示在$P<0.01$水平下差异极显著。

真菌数量的季节变化特点与细菌不同，以3月最高，而后逐渐降低，但差异并不显著。与露地土壤相比，设施土壤真菌数量较高，是露地土壤的2.36倍，占微生物总数的比例也在上升，设施土壤真菌占微生物总数的0.37%，而露地土壤该比例为0.33%。此外，细菌与真菌数量的比值(B/F)较露地土壤有所降低，表明设施土壤中真菌增加的速度快于细菌。放线菌季节变化与真菌相似，也以3月数量最高，而后逐渐降低，且3月数量与其他季节相比差异显著。与露地土壤相比，放线菌数量逐渐增加，占微生物总数的比例也由露地土壤中的0.94%提高到设施土壤中的1.41%，增幅接近50%。

土壤微生物的季节变化较复杂，与不同季节的温度、水分和植被等有关。设施土壤微生物总数以6月最高，10月最低。6月作物正处于旺盛生长时期，新陈代谢较快，根系分泌物增多，大量有机残体进入土壤，导致土壤有机物显著增加，刺激了土壤微生物的生长和繁殖。6月后采取揭棚管理，设施内表土层温度有所下降，雨水淋溶使部分养分随水流失，同时外源有机物量的投入也减少，导致微生物能利用的碳源数量大大降低，因而进入10月后，土壤微生物数量急剧减少。

6.2.2 设施土壤微生物多样性

6.2.2.1 土壤微生物多样性的测定方法

现在的微生物多样性测试方法较多，传统的方法是培养分离法。近年来，随着生物化学及分子生物学等测试技术的进步，推动了对微生物多样性的研究，其中普遍采用的有效技术主要 Biolog 微平板方法、磷脂脂肪酸(PLFA)分析法及核酸分析法。

1）传统的微生物培养法

传统的微生物培养法是根据目标微生物选择相应的培养基，然后通过各种微生物的生理生化特征及外观形态等方面进行分析鉴定。这种方法对衡量小群体多样性方面不失为一种快速的方法。由于这种方法人为限定了一些培养条件，无法全面反映微生物生长的自然条件，常造成某些微生物的富集生长，而某些微生物缺失。微生物平板培养方法就是一种传统的实验方法。这种方法主要使用不同营养成分的固体培养基对土壤中可培养的微生物进行分离培养，然后根据微生物的菌落形态及菌落数来计测微生物的数量及类型。平板稀释法是进行土壤微生物分离培养的常用方法，一般分为稀释-接种-培养-计数等几个步骤，该方法简便易行，一直被广泛应用。然而，这种方法存在固体培养基的选择和实验室培养条件等方面受到限制等缺陷。由于微生物对培养基具有选择性，有限的几种培养基不可能将土壤中所有的微生物培养出来。例如，在实验室用营养丰富的牛肉膏蛋白胨来测定土壤活细菌的总数，大量的贫营养微生物则不适宜生长，导致测定结果误差较大；同时，不同类型的微生物对温度、通气状况以及 pH 等条件的要求不同，实验室的培养条件不可能同时满足，因此，采用某一特定条件就很难将不适应该条件的微生物培养出来。显然，这不利于研究土壤微生物多样性状况。利用平板培养法测定的土壤微生物类群数量只能占到土壤中实际存在的微生物总数 10%以下。同时，这种平板培养方法通常只能得到微生物类群的数量信息，若要得到种类信息，则必须进一步地分离、纯化和鉴定。因此，传统的培养法只能反映极少数微生物的信息，所测结果误差较大，掩盖了大量极有应用价值的微生物资源。所以，传统的研究方法只能作为一种辅助手段，只有与现代生物技术相结合才能较为全面而客观的反映微生物群落结构的真实信息。但也不能忽视这种传统微生物培养方法的作用，因为许多微生物资源的开发与利用还要依赖传统的平板培养技术。

2）Biolog 微平板方法

Biolog 微平板法是根据微生物对 95 种不同有机碳源的利用能力及其代谢差异，进而用以表征微生物代谢功能多样性或结构多样性的一种方法。通常采用 Biolog 测试盘(如革兰氏阴性盘、革兰氏阳性盘、真菌盘等)来实现。常用的 Biolog 测试盘含有 96 个小孔，除 1 孔为对照不含碳源外，其余 95 孔分别含不同的有机碳源。具体做法是：利用由 95 孔不同单一碳源和 1 个对照孔组成的 Biolog 微平板系统，首先获得适宜浓度的菌悬液，然后用移液器加入测试盘每一个微平板孔中，接种后在一定的时间内(如 4～24 h)，由于不同微生物对不同单一碳源利用程度和强度不一样，从而发生不同生化代谢反应，使每一个孔的溶液呈现出不同的颜色，微平板中每一孔的颜色变化情况用 Biolog 自动读数装置读数后，结合已有的数据库资料，就可以得到某些微生物的分类鉴定结果。

这种方法对一般细菌的鉴定可以精确到种，有的甚至精确到种以下的分类单元。但由于目前所拥有的标准数据库中菌种资料还不完善，有些种类还不能被准确鉴定，只能得到相似的类群。另外，由于培养环境如湿度、渗透压、pH 等方面的改变都可能引起微生物对碳底物实际利用能力及其适应性问题，如代谢补偿、代谢适应等的改变而造成一定的误差。Biolog 测试盘内近中性的缓冲体系、高浓度的碳源及有生物毒性的指示剂均可能影响测试效果。同时，土壤微生物在 Biolog 微平板培养过程中，由于培养环境与自然土壤环境状况存在很大差异，不能原位反映土壤微生物状况，快速生长型的土壤微生物变为优势类群，在测定结果中必然占优势。因此，Biolog 微平板法描述的只是土壤中快速生长型或富营养微生物类群的活性，而不能反映土壤中生长缓慢的微生物信息。包括 Biolog 方法在内的微生物培养方法测定的土壤微生物种类数量不到 16S rRNA 方法测定的微生物数量的 1%，因而大大低估了土壤中微生物的实际情况。因此，对微生物的分类鉴定，仅仅依靠 Biolog 系统的方法是远远不够的，还需要结合其他方法。尽管存在这些不足之处，但该方法仍是一种较为快速、简便的好方法，可以获得大量土壤微生物群落结构和功能多样性方面的信息。

3）磷脂脂肪酸法（PLFA）

磷脂脂肪酸是微生物细胞结构的稳定组成成分，且只存在于活细胞，因而可以通过分析磷脂脂肪酸的种类及组成比例来鉴别微生物的多样性。近些年来，磷脂脂肪酸分析法逐渐被应用于土壤微生物多样性的研究中，并作为土壤微生物种群变化的监测指标。该方法原理是首先用有机溶剂提取样品中的脂类，用柱层析法分离得到磷脂脂肪酸，然后经甲酯化后用气相色谱等仪器分析方法，得到土壤微生物的磷脂脂肪酸组成图谱，进而得到不同脂肪酸（$C_9 \sim C_{20}$）的含量和种类。这个方法无需进行生物培养就能评价微生物的多样性，但是，该方法强烈地依赖于标记脂肪酸，标记脂肪酸变化可能导致错误的群落变化估计，测试结果也常受有机质等因素的干扰。另外，该方法存在实验条件要求高，耗时长，成本高的缺陷，因而在实际研究工作中常受到一定的限制。

4）核酸分析法

以核酸分析技术为主的分子生物学技术（如 PCR、DGGE、RFLP、RAPD、AFLP、SSR 等）的广泛应用，为从分子水平揭示生物多样性提供了新的方法，也逐渐被应用到土壤微生物多样性的研究中。核酸分析法是从样品中直接提取分析 DNA，通过分析 DNA 的不均匀性来反映微生物的多样性。PCR（聚合酶链式反应）技术是一种体外扩增核酸序列从而得到多个核酸拷贝的技术，可用于土壤微生物 DNA 扩增，并对扩增产物进行定量或定性分析。DGGE（变性梯度凝胶电泳）是根据 PCR 扩增产物中长度系统但不同 G+C 含量的 rDNA 片段混合物在电泳胶中的移动位置不一样，进而形成不同 rDNA 指纹剖面，故可直接反映土壤微生物 rDNA 的多态性。RFLP（限制性片断长度多态性）是利用 PCR 扩增产物用限制性内切核酸酶进行切割并进行电泳，以酶切后 DNA 片段长度变化来表现，通过 DNA 转印及分子杂交方法检测。RAPD（随机扩增多态性 DNA）是以单一的短长度序列随机的寡核苷酸为引物，由于不同样本的基因组序列不同，以致与引物互补退火结合的 DNA 片段可能增加或减少，从而导致扩增产物数目的变化。AFLP（扩增片断长度多态性）是通过有选择的扩增经酶切的部分基因组 DNA 片段而达到发现各样本基因组间差异的目的。SSR（简单序列重复）是利用微卫星标记（Microsatellite）来检测 DNA 序列的多态性。目前比较简单的方法是利用 DNA 重组动力学测定微生物遗传物质多样性，即用变性 DNA 单链的重组速率来测定样品中 DNA 的不均匀性。变性单链 DNA 的重组速率决定于相同 DNA 链的浓度。微生物种群差异越大，重组时间越长。

近年来，在土壤微生物 DNA 分析中，16S rDNA、23S rDNA 以及 16～23S rDNA 间区（ISR）的序列分析正在成为细菌分类和鉴定中的热点。其中，原核生物的 16S rDNA 区域应用较多，它具有保守序列和非保守序列，保守序列可应用于 PCR 引物的设计，非保守序列可应用于不同种类微生物间的比较鉴定，因此，16S rDNA 序列分析已被广泛用于土壤微生物多样性的研究中。16S rDNA 序列分析主要基于已建立的微生物 16S rDNA 基因数据库，用以确定细菌的系统发育关系，设计并制备序列探针用以识别不可培养菌。目前，互联网上已可查询 16S rDNA 和 18S rDNA 序列数据库。核糖体 DNA 序列分析法操作过程为：提取样品 DNA 后，用设计的 16S rDNA 引物对其进行 PCR 扩增，PCR 产物用单链构象多态性技术（SSCP）、温度梯度凝胶电泳（TGGE）、变性梯度凝胶电泳（DGGE）等方法进行电泳分析，借此评估土壤微生物的多样性。这种方法能有效地检测培养困难的微生物，数据读取与记录均可由计算机辅助完成，重复性好，但工作量较大，且对样品 DNA 的提取和纯化要求较高。

目前土壤微生物 DNA 分析大致包括以下 4 个步骤。第一步，土壤微生物细胞中 DNA 的提取、纯化。DNA 提取有两种方法：①反复的悬浮、离心以提取细胞，然后溶解细胞，提取总 DNA；②用机械破碎、化学、酶解的手段直接裂解土壤微生物细胞，释放 DNA。第二步，聚合酶链式反应。第三步，变性处理，如电泳、酶切、转印、杂交、显影等。第四步，DNA 检测与测序。

由于在土壤微生物总 DNA 提取过程中，腐殖质干扰大，且 DNA 容易断裂和降解，易使 PCR 扩增失败或呈假阳性；同时，土壤中有些细菌很难裂解，大多数 DNA 纯化方法具有较大局限性，仅适用于特定的土壤，不能通用于各种土壤。尽管如此，土壤微生物多样性的分子生物学研究方法已显示出了广阔的应用前景。

6.2.2.2 设施土壤微生物多样性演变

1）不同种植年限设施土壤微生物多样性的变化特征

土壤微生物群落结构和组成的多样性与均匀性可以提高土壤生态系统的稳定性、和谐性及抗土壤微生态环境恶化的缓冲能力。采用 RAPD 分子标记技术在黄瓜不同生长时期，对不同种植年限设施土壤微生物群落的 DNA 序列进行研究发现，种植年限对土壤微生物群落有一定影响。焦晓丹（2004）研究表明，设施种植 2 年、9 年及 15 年的土壤微生物群落 DNA 序列的多样性指数、丰富度指数、修正丰富度指数及总体均匀度指数都较高，而设施种植 7 年的土壤这几个指数最低，表明设施使用到 7 年后土壤微生物的结构组成及分布较差，土壤的生态环境最差。同时，对微生物多样性分析发现，长时间连作后，土壤微生物有由细菌型向真菌型转变的特点。董艳等(2009)对昆明郊区蔬菜、花卉主产县典型大棚土壤微生物区系研究表明,随设施种植年限的增加,土壤细菌、放线菌、微生物总数、B/F表现为先增加后降低,以种植6～8年时最高,而20年时最低;真菌数量持续增加,而微生物多样性指数和均匀度指数持续降低。

2)不同季节设施土壤微生物多样性的变化特征

生物多样性指数是描述生物类型和均匀度的指标,在一定程度上可反映生物群落物种的丰富度及各类型间的分布比例。由表6-5可知,土壤微生物多样性指数季节变化明显,但与土壤微生物数量季节变化不同,其最大及最小值分别出现在3月和6月。与露地土壤相比,设施土壤微生物多样性指数上升了15.12%。

表6-5　土壤微生物主要类群多样性指数变化

种植类型	多样性指数	2004-03	2004-06	2004-10	2005-01
露地	Shannon指数	0.258	0.021	0.547	0.095
	Shannon均匀度	0.163	0.013	0.345	0.060
	Simpson指数	0.072	0.004	0.214	0.022
	McIntosh指数	0.043	0.002	0.159	0.012
设施	Shannon指数	0.547	0.034	0.411	0.095
	Shannon均匀度	0.345	0.021	0.259	0.060
	Simpson指数	0.193	0.006	0.132	0.021
	McIntosh指数	0.115	0.003	0.084	0.011

注:土样采自四川双流县蔬菜大棚。

几种指数反映了土壤微生物群落功能多样性的不同侧面,Shannon指数受群落物种丰富度影响较大,Simpson指数较多反映群落中最常见物种的变化,而McIntosh指数则是群落物种均一性的度量。不同种植年限设施土壤微生物多样性指数在3月和6月分别达到最大和最小值,这与土壤微生物总数的季节变化不一致。3月设施土壤真菌和放线菌数量最多,土壤微生物间分布均匀,比例协调;而6月以细菌居多,真菌、放线菌数量急剧减少,三者的比例与3月相比均一度大大降低,因此土壤微生物多样性指数也下降。

设施栽培中,连作障碍已成为制约蔬菜等作物设施生产可持续发展的重要因素,而特定元素的超量累积或耗减、前茬代谢产物及根系分泌物导致土壤微生物的改变是连作中引起土壤质量下降的核心原因。土壤微生物群落结构组成及变化在一定程度上反映了土壤质量状况,维持其协调稳定性,是克服连作障碍及其他土壤障碍因子的关键所在。一般而言,具有多样性与活性生物群落的土壤一定具有较为丰富的土壤养分,更重要的是,土壤微生物群落结构和组成的多样性与均匀性不仅能提高土壤生态系统的稳定性和和谐性,还能提高对抗土壤微生态环境恶化的缓冲能力。大棚中高温高湿,养分充足,有利于微生物的生长,其群落物种丰富。但设施使用越长,土壤酸化、盐渍化现象日趋严重。微生物间比例失调,氨化细菌、硝化细菌和反硝化细菌增加,真菌中腐霉数量增加、木霉数量减小、放线菌数量下降,对土壤微生物群落物种的均一度有极大影响。对保护地菜田与稻麦轮作田土壤Biolog分析也证明,设施土壤微生物群落的组成与露地相比差异显著。随设施种植年限的延长,表土层受人为影响更大,微生物生长将受到强烈影响,土壤微生物多样性指数会逐步下降，若不采取适当的措施改善土壤生态环境，微生物群落结构组成和稳定性将变差。

6.3　设施土壤微生物量及微生物活性演变

除微生物群落的组成和多样性外，土壤微生物量、呼吸强度和微生物商等被认为是最具代表性的微生物指标。土壤微生物量(MB)是指土壤中体积小于 $5.0\times10^3\ \mu m^3$ 的生物总量，但活的植物体如植物根系等不包括在内，它是活的土壤有机质部分，广义的土壤微生物量包括微生物量碳(MBC)、微生物量氮(MBN)、微生物量磷(MBP)和微生物量硫(MBS)。土壤微生物量是土壤养分的储存库和植物生长可利用养分的重要来源，与微生物数量指标相比，更能反映微生物在土壤中的实际含量和作用的潜力，其含量高低及周转对植物有效养分起着源和库的作用，对土壤碳、氮、磷、硫的植物有效性及陆地生态系统的循环也有着深刻影响。随着测试方法的不断完善，土壤微生物量的研究越来越备受关注，现已成为土壤学研究的热点之一，并取得了一定进展。

6.3.1　土壤微生物量的测定方法

目前土壤微生物量的测定方法主要包括直接镜检法、成分分析法、底物诱导呼吸法、熏蒸-培养法和熏蒸-浸提法。直接镜检法是在显微镜下计数一定面积的微生物个数、体积以及密度，计算出单位干土质量中所含的微生物量。该法技术难度大、误差大、操作复杂，不适合批量分析。成分分析法中较常用的是三磷酸腺苷(ATP)法，该法主要是通过荧光素酶的酶促反应来测定土壤中的 ATP 含量，进而估算土壤中微生物的生物量。但 ATP 法也存在如何充分提取 ATP 以及提取过程中怎样避免 ATP 水解和被土粒吸附，怎样建立 ATP 含量与微生物生物量之间的关系等问题。底物诱导呼吸法主要利用微生物对易利用底物的反应强度与微生物量存在的线性关系，用于土壤微生物量的测定，但计算参数存在争议，结果也不稳定。Jenkinson 提出了氯仿熏蒸培养法，根据熏蒸与未熏蒸土样释放 CO_2 量的差值，计算土壤微生物量碳。但该法不适用于风干土壤微生物量的测定，并且对含游离 $CaCO_3$ 较高的土壤、淹水土壤和 pH 小于 4.5 的土壤以及新近施用新鲜有机底物的土壤，其测定结果均不可靠。因此，Brookes 提出了一种更直接的估算微生物量的方法，即氯仿熏蒸浸提法。土样经氯仿熏蒸后，用硫酸钾溶液浸提，从而测定微生物量。熏蒸浸提法不仅能够测定微生物量碳，还能测定微生物量氮、磷、硫等，且适于中性和酸性土壤、新近施用新鲜有机底物的土壤、新鲜采集的土壤和水稻土等。但该方法针对不同的土壤、不同的要素，需要制订不同的参数。目前，后两种方法已作为一些国家(如德国)土壤普查的标准方法。

氯仿熏蒸浸提法：土壤经氯仿熏蒸处理，微生物被杀死，细胞破裂后，细胞内物质释放到土壤中，导致土壤中的可提取碳、氨基酸、氮、磷等大幅度增加。通过测定浸提液中的全碳、全氮和全磷的含量可以计算相应土壤微生物量碳、氮、磷。

称取过 2 mm 孔筛的新鲜土壤 20.00 g，放入 100 mL 的小烧杯中，连同盛有 60 mL 不含乙醇、氯仿的小烧杯放入真空干燥器中熏蒸培养 24 h 后，加 80 mL 0.5 mol/L 的硫酸钾溶液，震荡 30 min(25℃，200 r/min)后过滤，同时另取等量土样，做未熏蒸对照与空白对照，3 次重复。提取液中碳的测定用重铬酸钾容量法。

$$土壤有机碳量(mg/kg) = 0.012/4 \times 10^6 \times M(V_0 - V) \times f/w$$

式中，M 为 $FeSO_4$ 溶液浓度；V_0 为滴定空白所耗 $FeSO_4$ 体积；V 为滴定土壤浸提液所耗 $FeSO_4$ 体积；f 为稀释倍数；w 为烘干土重；0.012 为碳的毫摩尔质量；10^6 为换算系数。

$$微生物量碳(mg/kg) = E_c/K$$

式中，E_c 为熏蒸与不熏蒸土样有机碳的差值，校正系数 $K=0.38$。

提取液中氮的测定采用开氏法，$K=0.54$；磷的测定用钼酸铵-抗坏血酸比色法 $K=0.40$。

6.3.2 土壤微生物量

6.3.2.1 微生物量碳

土壤微生物量碳含量变化较大，表土变化为 110～2240 kg/hm²，与土壤有机质含量呈正相关，一般为土壤有机碳含量的 2%～5%。土壤微生物量碳的含量在不同土地利用方式下一般为草地>林地>耕地，这与有机质的变化趋势一致。何振立(1997)研究表明，我国土壤微生物量碳为 42～2064 kg/hm²，占土壤有机碳的 2%～4%。土壤微生物量的大小反映了土壤同化和矿化能力的高低，是土壤微生物活性大小的标志。微生物对有机碳的利用率用微生物商表示，可以反映土壤质量的特性，该值越大，维持相同微生物量所需的能源越少，说明土壤环境有利于土壤微生物的生长，质量比较高；相反，当微生物对有机碳利用率较低时，为了维持生存，微生物的代谢活动发生变化，土壤基础呼吸、微生物代谢商逐渐升高，一部分碳以 CO_2 的形式进入大气中，使能直接利用碳源为底物的微生物数量减少，降低了微生物的活性。根据室内培养试验估算，土壤微生物对添加葡萄糖作为碳源的利用率达 60%，成熟的麦秆，微生物对其所含碳的转化利用率可达 50%。作物产量与土壤微生物量碳及微生物商有着密切联系，研究表明，大豆产量与土壤微生物量碳显著相关($r=0.77^*$)，高粱、黑麦及玉米的产量与其呈正相关，微生物商的比例则随作物产量的增加而提高。

6.3.2.2 微生物量氮

土壤微生物量氮一般占全氮的 1%～5%，与土壤水解氮含量较为一致，其周转期大约为 1.5 年，但不同生态环境和土壤类型下周转期会有很大差异。不同土壤类型及生态环境下微生物量氮总的变化趋势表现为草地>耕地>林地。有研究报道土壤微生物量氮与微生物量碳呈高度正相关，但也有研究表明两者间并无相关性。土壤微生物量碳氮比在 5～7，较土壤碳氮比 10～12 低，说明土壤微生物量氮是植物有效氮的重要储备。根据微生物量低碳氮比特性，施用化学氮肥时添加碳氮比较高的秸秆，使化学氮尽可能被同化结合到微生物量中，可以减少化学氮的淋失和挥发，提高氮肥利用率。微生物的矿化-同化作用是土壤氮素库-源调节的重要机制。土壤氮素主要集中在耕层，其中 90%以上以有机氮的形势存在，而在作物生长季节，约有 1%～3%的土壤有机氮被矿化，释放出无机氮供作物利用。土壤微生物量氮在数量上低于或接近作物的吸氮量，但由于其周转的速率较土壤有机氮快，故大部分矿化氮来自于土壤微生物量氮，微生物量氮是土壤氮素的一个重要的暂时储存库。据报道，土壤经培养释放的矿化氮有55%（黑钙土）～77%（棕壤）来自土壤微生物量。

6.3.2.3 微生物量磷

土壤微生物量磷一般占全磷的2%～23%，占有机磷的5%～47%，高于土壤中可提取的有效磷，土壤微生物量磷的周转速率比微生物量碳快，周转期约37 d。土壤微生物量磷为10～100 kg/hm^2，其含量一般与微生物量碳、微生物量氮、土壤全磷、有机磷及有效磷含量之间有很好的相关性。作物每年从土壤带走的磷一般为5～20 kg/hm^2，只有土壤微生物量磷的10%～50%。牧草产量及吸磷量与土壤微生物量磷之间的关系研究结果表明，牧草产量和吸磷量均与土壤微生物量磷含量高度相关。土壤微生物量碳磷比主要反映土壤微生物对磷有效性调节作用的潜力，当微生物量碳磷比较小时，土壤微生物释放磷的潜力较大，补充有效磷库；而微生物量碳磷比过高时，微生物处于缺磷状态，趋于吸收土壤中有效磷。微生物量碳磷比一般为7～30，不同土地利用方式下一般为耕地(25)＞草地(18)＞林地(11)。微生物量碳磷比与土壤性质、利用状况及土壤磷素供应有关，土壤性质对其影响最大，酸性或有效磷含量高的土壤，该比值一般都比较低，即微生物量中磷的浓度较高。微生物量磷是有机磷中活性较高的部分，它不仅是土壤有效磷的重要来源，而且与土壤有效磷直接相平衡。施用磷肥，土壤有效磷增加，会有更多的无机磷被同化结合到微生物体内；反之，土壤有效磷被植物耗竭时，微生物量磷将被迫释放出来。在测定土壤微生物量磷时发现，土壤风干时，微生物量磷含量增加，这主要是由于微生物死亡释放出的磷，导致土壤中有效磷增加。田间土壤经干湿交替后测定微生物量磷也有相同的结果。

6.3.2.4 微生物量硫

土壤微生物量硫占全硫的1%～5%，占有机硫的1%～6%，是可提取硫的1～3倍。土壤微生物量硫含量为7～56 kg/hm^2，与微生物量碳含量密切相关。土壤微生物量碳硫比一般在30～100。耕地土壤微生物量硫的含量及微生物量碳硫比较草地低。低硫或缺硫的土壤微生物量硫显著高于可提取硫。牧草吸硫量与土壤微生物量硫有较好的相关性。土壤微生物量硫对土壤中硫的有效性及硫在生态环境中的循环具很大制约作用，植物每年吸收带走的硫约占土壤微生物量硫的30%～80%。目前，对微生物量硫的相关研究报道较少。

6.3.3 微生物量的影响因素

一切影响微生物的条件，如土壤碳、氮含量，气候，土壤质地及污染物如重金属元素等都会影响土壤微生物量。碳源不足是限制土壤微生物生长和活性的主要因素。耕作土壤中，由于果实和秸秆被取走，碳源缺乏较为严重；而草地草本植物不仅地上部分生长量大，可为土壤微生物提供大量凋落物，同时地下部分根系也较为发达，密集于表层，根系分泌物和衰亡的根更是微生物丰富的能源物质。因此，草地每年向土壤微生物提供的有机碳大于耕地，使得其微生物量也相应高于耕地。研究表明，施肥措施和耕作管理同样对微生物量变化有明显的影响，当前推行的秸秆还田、免耕以及施用有机肥等农业措施则使耕地中土壤表层的微生物量明显增加。但施肥对土壤微生物的影响比较复杂，如王晶等(2004)研究认为长期耕种与施肥对黑土微生物量产生明显的衰减作用；而对不同氮肥处理的水稻根圈土壤中微生物量与非根圈土壤比较研究后发现前者远高于后者，尿素处理又高于硫铵，这说明对氮的生物有效性而言，施用尿素比硫铵具有明显滞后期，有利于土壤氮素对植物生长的持续供应，减少氮素损失和环境污染。一般来说，长期施用磷肥促进土壤微生物量的增加，而长期施用硫酸铵则降低土壤微生物量。前者与磷能促进植物根系生长、发育密切联系，后者则与土壤生理酸化造成环境胁迫有关。此外，土壤温度和湿度的共同作用也会影响微生物量变化，适宜的含水量将有利于土壤微生物量的周转。土壤干旱时，微生物量碳减小26%～30%，当土壤重新湿润时，微生物量碳又增加了77%～84%。但有关温度对微生物量的影响结果不一致，有研究发现较高温度下微生物活性增强，这与温度引起微生物量增加或生物量中碳/氮降低有关；也有发现较高土壤温度下，泥炭土壤中微生物量碳、氮都降低。

为了直观反映速效养分对设施土壤微生物量的影响，将速效养分含量从低到高排列，按菜地土壤速效养分评级标准(表6-6)计算相应土壤微生物量碳、氮、磷的平均值。由于设施土壤速效养分含量普遍偏高，故特别分析其含量从适宜到过高等级变化过程中土壤微生物量的变化。

表6-6 菜地土壤速效养分(mg/kg)等级划分

评定等级	速效氮	速效磷	速效钾
缺乏	100～200	30～60	80～160
适宜	200～300	60～90	160～240
过高	>300	>90	>240

从图6-1、图6-2和图6-3可以看出，土壤速效养分含量在从适宜到过高变化过程中对设施土壤微生物量碳、氮、磷有明显影响。土壤微生物量碳随土壤速效氮含量增加而增加，但微生物量氮、磷变化与之相反，随土壤速效氮含量增加而降低；土壤速效磷含量从适

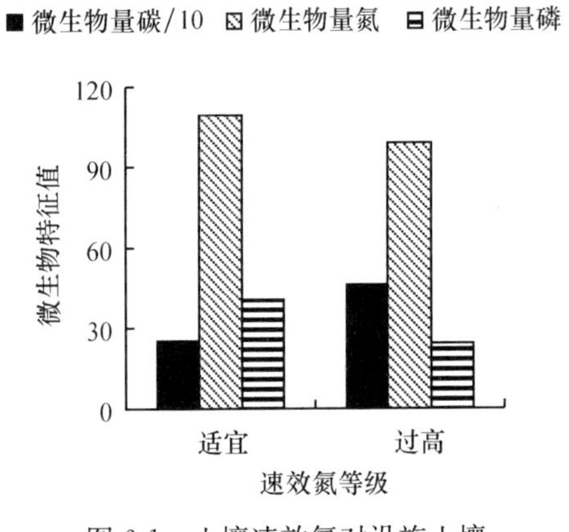

图6-1 土壤速效氮对设施土壤微生物量碳、氮、磷的影响

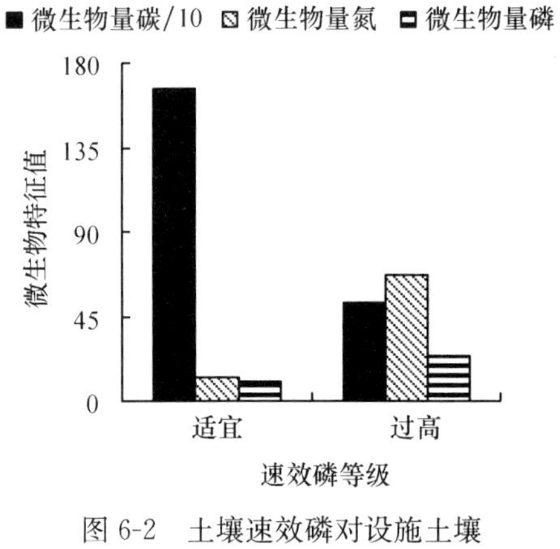

图6-2 土壤速效磷对设施土壤微生物量碳、氮、磷的影响

宜到过高变化过程中对微生物量碳、氮、磷的影响与速效氮恰好相反，土壤微生物量碳随土壤速效磷含量增加急剧降低，而微生物量氮、磷含量随其变化有上升趋势；过高的土壤速效钾含量使设施土壤微生物量碳、氮、磷含量都降低。

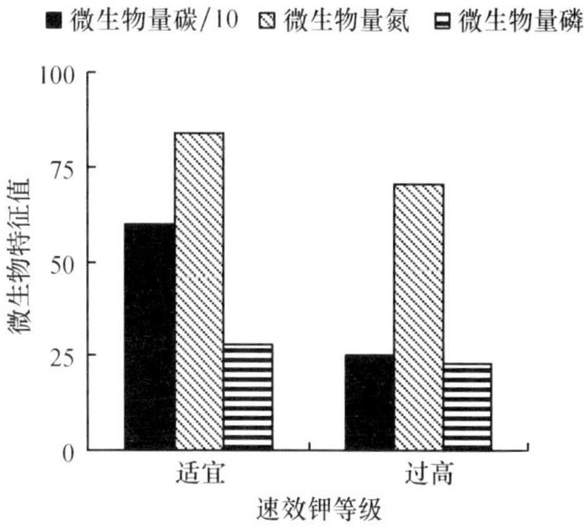

图 6-3 土壤速效钾对设施土壤微生物量碳、氮、磷的影响

速效养分虽然只占土壤全量养分的少部分，但能够被植物和微生物直接吸收和转化，因而微生物对其变化更为敏感，土壤速效养分过剩和比例失调都可能影响土壤微生物的生长、活性及种群结构。本研究表明，除速效钾外，过高的土壤速效养分对土壤微生物量碳、氮、磷的影响并不一致，过高的速效氮（>300 mg/kg）有利于土壤微生物量碳含量的增加，但对土壤微生物量氮、磷存在一定的抑制；过高的速效磷（>90 mg/kg）使土壤微生物量碳的含量迅速降低，却对土壤微生物量氮、磷有着明显的促进作用。速效养分含量对土壤微生物量的影响鲜见报道，但在施肥对土壤微生物量的影响研究中发现，氮肥是影响微生物量碳的主导因素。本研究中，设施土壤微生物量碳的含量随速效氮从适宜到过高等级变化中增加，而微生物量氮却降低，这是由于向微生物提供了较多氮源，使微生物对碳的固持大于矿化所致，而微生物量氮的降低，可能与氮肥的“激发效应”有关。土壤中磷素过多，可以提高微生物数量，促进腐殖质的分解和氮从土壤向微生物的转化，促使土壤微生物量碳含量降低而微生物量氮增加。同时磷的增加，也使更多的无机磷被同化结合到微生物体内，导致微生物量磷提高。一般认为，土壤钾素过高影响植物对钙、镁的吸收，并导致根系老化、妨碍茎叶的发育，对土壤微生物没有不良影响。但本研究中发现过高的速效钾（>240 mg/kg）对土壤微生物量碳、氮、磷都产生了抑制，对土壤微生物量碳的影响尤为明显，其原因有待进一步研究。

6.3.4 微生物量与土壤肥力指标及土壤质量评价的关系

土壤微生物参与多种反应过程，是有机碳代谢及污染物降解的驱动力，在土壤肥力演变，尤其是养分循环中具有重要意义。微生物的生命周期极短，良好条件下细菌 20～30 min 更新一代，真菌所需时间也只要几小时。微生物群体处在不断新老更替、分解外界物质、吸收同化无机养料、合成自身物质的同时又向外界不断释放其代谢产物的过程中，同时，赋予土壤肥力和生产力。因此，土壤微生物量的大小与土壤肥力状况相联系。大量研究表明，土壤微生物量与土壤养分有很好的相关性，可以较早预测土壤肥力的变化，尤其是土壤中的有机质和氮素营养。有资料报道，因人为因素或其他干扰引起的土壤性质的变化，土壤有机质含量需几年或几十年甚至上百年才能表现出来，而土壤微生物量的周转期仅为 0.14～2.5 年，能迅速对这种干扰做出反应。Holt（1997）对澳大利亚东北部半干旱牧区经过 6 年和 8 年放牧后的土壤比较研究发现，有机碳含量没有明显变化，而微生物量碳则分别下降了 24%和 51%。对土壤化学性质与微生物学性质的关系研究发现，两者变化不一致，有机碳、全氮并未随土壤微生物量的增加而增加，说明与土壤化学性质相比，土壤微生物量是更灵敏的土壤肥力变化指标。

Dick 等(1998)利用施肥实验，研究微生物量作为生物指标的可行性，大田试验结果表明，长期向田间土壤中施有机肥处理的土壤，其微生物量碳比不施肥和施无机氮肥处理的高；温室盆栽试验中，短期的土壤有机肥改良也能对微生物量产生较大的影响，因此，微生物量对长期和短期施肥管理都很敏感，能及时反映土壤质量的变化。随着土壤植被连续覆盖程度的增加，土壤微生物量氮一般也增高。在小麦-绿肥和小麦-牧草轮作系统中，土壤微生物量氮的水平较高，而单作小麦系统中的微生物量氮则较低，这表明轮作下的谷类生产将提高土壤质量。对不同种植年限下相同林分类型土壤微生物量碳、氮和土壤有机碳、全氮含量的检验，发现土壤有机碳、全氮含量差异并不显著，但土壤微生物量碳、氮含量差异显著，预示土壤质量发生了变化。土壤受到重金属污染时，土壤微生物对能源的利用率下降，微生物量的含量也降低。由于微生物量对环境变化反应的迅速性和及时性，现在更多地被应用到土壤质量的生物评价中。

6.3.5 设施土壤微生物量

我国设施栽培经过 30 多年的发展，现已成为现代农业生产的重要组成部分。目前，我国各类设施栽培面积已突破 334.3 万 hm^2，总面积居世界第一。然而，与设施栽培迅速发展不相适应的是其养分管理，尤其是肥料的施用量及施用比例与作物所需有较大差距。其后果直接导致土壤中一些营养元素严重亏缺，而另一些营养元素却大量残留，造成养分过剩和失衡，容易带来土壤微生态失调、土传病害加重、土壤质量下降等问题，造成作物的产量及品质下降。如果能较早预测到土壤质量变化，将对指导设施系统的养分管理具有重要意义。土壤微生物是土壤中物质转化和养分循环的驱动力，土壤微生物量被认为是土壤活性养分的储存库和植物生长可利用养分的重要来源，具有很高的活性。因此，微生物量常被用于评价土壤的生物学性状，作为评价土壤质量的重要指标之一。

6.3.5.1 设施土壤微生物量的年际变化特征

1）微生物量碳的变化特点

土壤微生物量碳是土壤有机质中最活跃的部分，不仅转化迅速，能在检测到土壤总碳变化前即可反映土壤有机质的变化，还能调节土壤养分的矿化和固定，反映土壤养分的有效性和土壤生物的活性。

由图 6-4 可以看出，各地设施土壤微生物量碳的含量均高于露地，但由于受土壤质地及种植年限的影响，各区域土壤微生物量碳的含量有较大差异，变化范围也较大。辽宁、山东、江苏设施土壤微生物量碳的含量分别为 1145.78 mg/kg(CV＝27％)、403.18 mg/kg(CV＝31％)和 242.93 mg/kg(CV＝52％)，对应露地土壤该指标分别是其的 21.67％、66.36％和 45.24％。随种植年限的延长，土壤微生物量碳一般在设施种植 4 年时最高，此后逐渐降低。例如，山东连续种植了 4 年的设施土壤该值为 539.83 mg/kg，是连续种植 2 年、8 年的设施土壤的 1.43 倍和 1.85 倍；江苏以种植 3 年设施土壤微生物量碳含量最高，分别是种植8年和15年设施土壤的3.06倍和1.64倍；而辽宁设施种植4年和2年的土壤微生物量碳含量接近。土壤微生物量碳是组成土壤腐殖质的重要碳源，微生物量碳的增加可以促进土壤形成活性较高的新生腐殖质，对改善土壤质量具有重要意义。

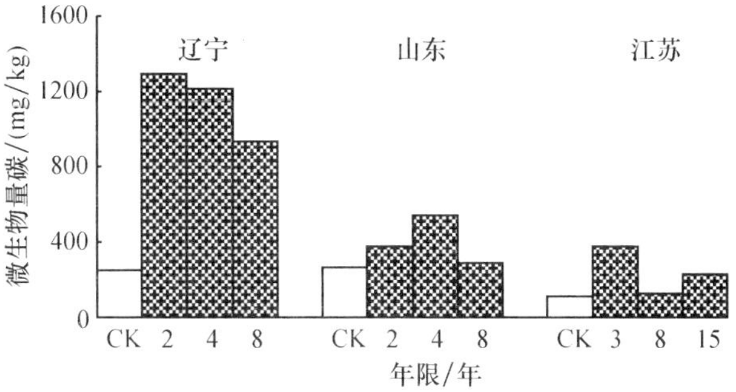

图6-4　不同区域设施土壤微生物量碳的年际变化

2）微生物量氮的变化特点

微生物量氮反映土壤氮素的有效性，是土壤微生物对氮素矿化与固持作用的综合体现，对土壤氮的供应和循环具有重要意义。

除辽宁设施栽培2年的土壤外，其他研究区域设施土壤微生物量氮的含量都较露地有不同程度提高(图6-5)，辽宁、山东、江苏设施土壤微生物量氮的含量分别为46.36 mg/kg(CV=42%)、58.97 mg/kg(CV=51%)和78.06 mg/kg(CV=34%)，对应露地土壤该指标分别是62.01%、40.24%和64.27%。随种植年限的延长，微生物量氮变化表现出与微生物量碳相似的特点，也以连续种植4年左右的土壤含量最高，而后逐渐下降。辽宁连续种植了4年的设施土壤微生物量氮含量分别是种植了2年、8年土壤的2.53倍、1.29倍；山东相同种植年限的设施土壤微生物量氮含量分别是种植了2年、8年土壤的3.13倍、1.47倍；江苏种植3年的设施土壤微生物量氮含量是种植8年、15年土壤的1.54倍、1.90倍。以上分析表明设施土壤氮素肥力水平和供氮能力均高于露地，并以设施种植4年时土壤的供氮能力最强。

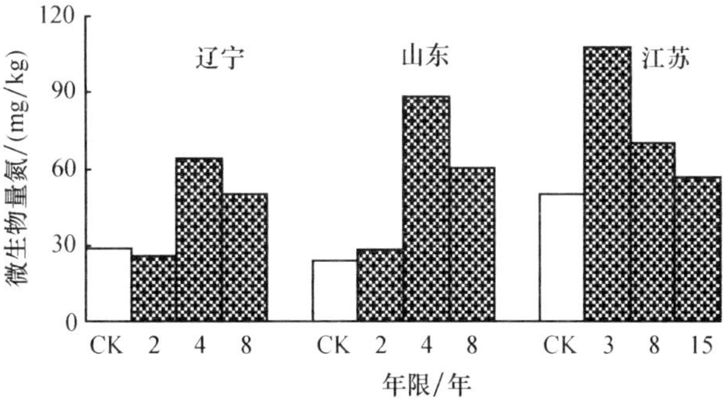

图6-5　不同区域设施土壤微生物量氮的年际变化

3）微生物量磷的变化特点

土壤微生物量磷是植物有效磷的重要来源，对调控土壤磷的植物有效性及磷的生物地球化学循环具有重要作用。与土壤微生物量碳、氮变化相同，各地设施土壤微生物量磷含量也都高于相应露地土壤（图 6-6），辽宁、山东、江苏地区设施土壤微生物量磷的含量分别为 13.37 mg/kg（CV=62%）、20.22 mg/kg（CV=42%）、31.77 mg/kg（CV=33%），对应露地土壤含量仅为其的 42.41%、13.35%和 70.66%。

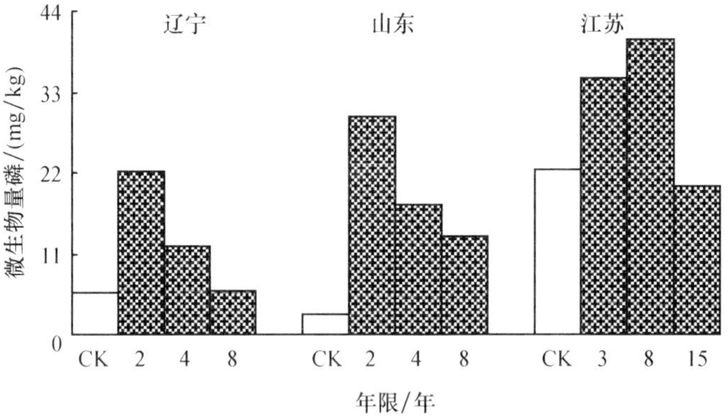

图 6-6　不同区域设施土壤微生物量磷的年际变化

土壤微生物量磷含量在年际间的变化也表现出一定规律性，但与微生物量碳、氮不同，微生物量磷在种植初期含量最高。辽宁设施种植 2 年的土壤微生物量磷含量分别是种植了 4 年、8 年土壤的 1.85 倍和 3.82 倍；山东则分别为 1.68 倍和 2.22 倍；而江苏设施种植 3 年的土壤该指标略低于设施种植 8 年的土壤。相关分析表明，设施土壤中速效磷与微生物量磷含量成极显著正相关（$r=0.62^{**}$，$n=58$），设施种植 8 年的土壤中速效磷的含量达 309.66 mg/kg，高于设施种植 3 年的土壤（235.59 mg/kg），因而土壤微生物量磷含量也高。

土壤微生物量被定义为有机质的活性组分，是表征土壤质量的生物学指标之一。本研究中，设施土壤微生物量均高于露地，表明其微生物学特性普遍好于对照，土壤肥力高，这与许多研究结果一致。随种植年限的延长，土壤微生物量表现出一定的变化规律。土壤微生物量碳、氮在设施种植 4 年时含量最高，表明此时土壤质量最好，调查中也发现该种植年限作物产量最高。设施种植初期，化肥和有机肥的大量投入，土壤中外源有机碳迅速增加，为微生物活动提供较多能源，同时设施内部高温、高湿的环境，也极大地刺激了微生物活性，因此土壤微生物量明显提高。此后土壤次生盐渍化、养分失衡、酸化等问题明显，土壤环境条件开始变劣，容易引起土壤微生物数量及活性下降，微生物量也有不同程度降低。研究中发现设施土壤微生物量磷与微生物量碳、氮变化特点明显不同，在设施种植 2 年即出现最大值，这是因为大量磷肥的输入可以促进微生物数量的增加和活性的提高，使磷的矿化作用加快，微生物量磷降低。是否可以认为在预测土壤质量变化的微生物学指标中，微生物量磷较微生物量碳、氮更敏感，这点还有待进一步研究。土壤微生物量的降低虽然可以促进养分进一步释放，但一方面会增加肥料氮因挥发淋溶和反硝化造成的环境污染，加重土壤环境风险；另一方面这些营养元素在作物生长期间不能及时提供，造成养分在设施土壤中大量累积，破坏土壤-养分的供需平衡。调查中也发现，设施使用4年后，连作障碍明显，作物生长不良、病害严重、减产等问题较普遍。

6.3.5.2　典型设施栽培地区土壤微生物量及微生物活性状况

近年来，我国的设施蔬菜栽培面积以每年5%的速度增加，设施蔬菜已成为农业中最有活力的产业之一。蔬菜生长期短、产量及复种指数高，对养分的需求量和养分元素的种类、配比要求也比其他作物高，但对其利用率却较低，加之设施中养分的投入比例常与作物所需存在较大差距，长时间连作，容易造成特定元素在土壤中的超量累积或耗减等，引起土壤微生物的变化，导致连作障碍的产生，从而影响设施土壤-植物养分的供需平衡。土壤微生物量是土壤养分的储存库和植物生长可利用养分的重要来源，对环境变化反应迅速、及时，可以较早预测土壤肥力的变化。本研究选取我国设施蔬菜栽培的典型地区——山东寿光，对其土壤微生物量及微生物活性状况进行了研究，并揭示该地土壤微生物量的影响因子，可以了解设施土壤肥力的变化特征，有利于维持设施土壤的地力、提高其生产力，对设施栽培的可持续利用和发展具有重要意义。

1）土壤微生物量碳、氮、磷的变化

分析表明（图6-7至图6-9），山东寿光露地土壤微生物量碳、氮、磷的平均含量分别为273.29 mg/kg（CV=28%）、39.44 mg/kg（CV=33%）、7.85 mg/kg（CV=61%）。设施土壤中，该值分别为525.22 mg/kg（CV=48%）、47.62 mg/kg（CV=51%）、29.52 mg/kg（CV=78%），较露地分别提高了92.18%、20.74%和276.05%，设施土壤微生物量明显高于露地。

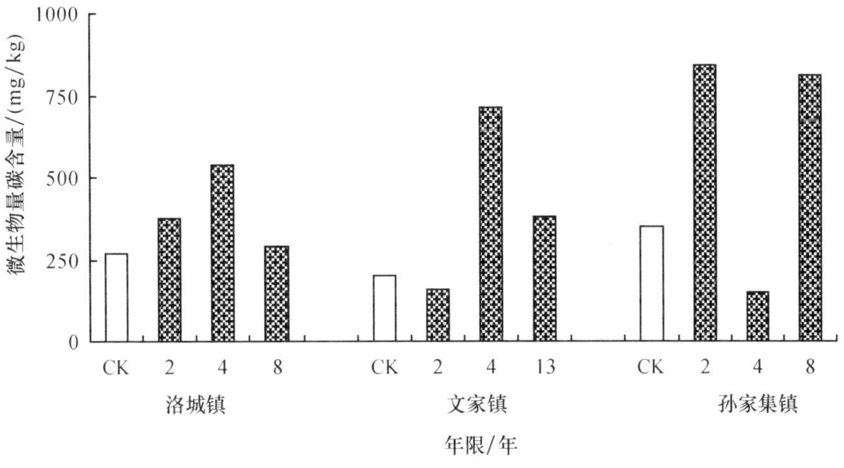

图6-7　山东寿光地区设施土壤微生物量碳变化情况

由图6-7可以看出，土壤微生物量碳的含量在不同种植年限间差异明显。洛城镇连续种植4年的设施土壤微生物量碳的含量是种植2年、8年设施土壤的1.43倍、1.85倍；文家

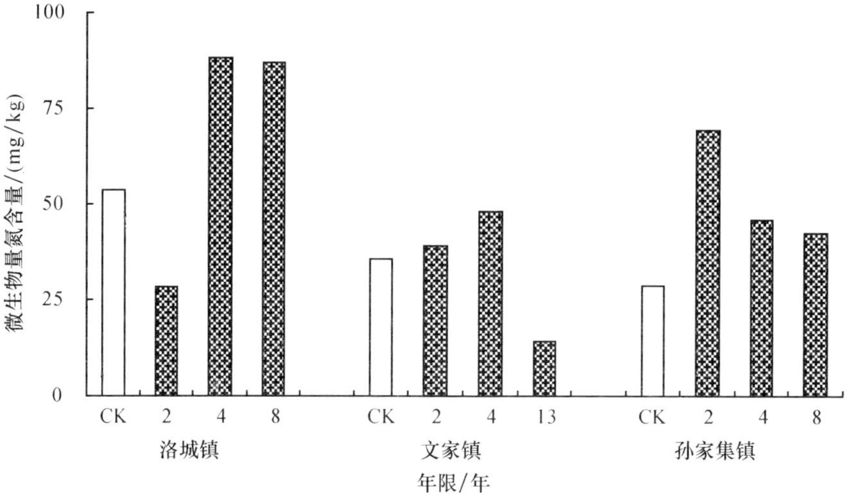

图 6-8 山东寿光地区设施土壤微生物量氮变化情况

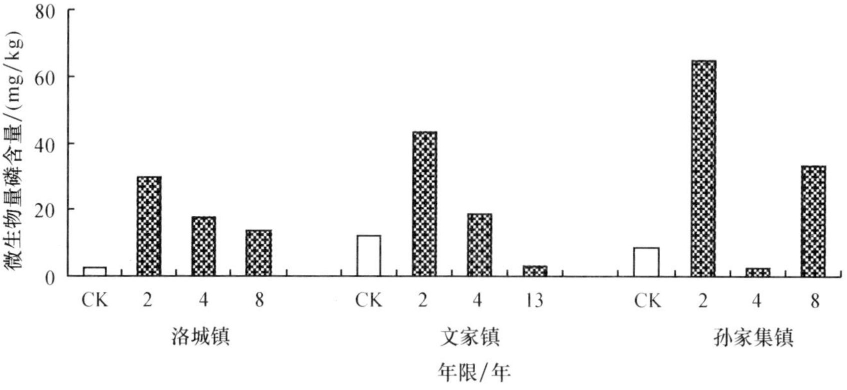

图 6-9 山东寿光地区设施土壤微生物量磷变化情况

镇连续种植了 4 年的设施土壤微生物量碳的含量分别为种植 2 年、13 年设施土壤的 4.56 倍、1.88 倍;但孙家集镇连续种植 2 年的设施土壤微生物量碳的含量最高,达 841.91 mg/kg,是种植 4 年设施土壤的 5.6 倍。

微生物量氮的变化特点与微生物量碳相似,这主要是由于微生物在代谢过程中吸收碳的同时也要吸收氮,以维持其自身的碳氮比,所以当土壤微生物量碳变化时,微生物量氮也随之发生变化。此外,从图 6-7 和图 6-8 中还可以看出三地土壤微生物量碳、氮含量都达到最大值的时间不尽相同,洛城镇和文家镇设施种植 4 年时微生物量碳、氮含量较高,而孙家集镇在设施种植 2 年时即出现最高含量。

与微生物量碳、氮不同,微生物量磷的变化具有明显的规律性,均在设施连续种植 2 年时含量最高。洛城镇连续种植 2 年的设施土壤微生物量磷为 29.67 mg/kg,分别是种植 4 年和 8 年设施土壤的 1.68 倍、2.22 倍;文家镇连续种植 2 年的设施土壤微生物量磷为 43.32 mg/kg,分别为种植 4 年、13 年设施土壤的 2.34 倍、14.54 倍;孙家集镇种植 2 年的设施土壤微生物量磷为 64.72 mg/kg,种植 4 年时微生物量磷最低,此后明显升高。

2）土壤微生物商和微生物量氮与全氮之比

土壤微生物商(MBC/OC)是土壤微生物量碳与有机碳之比,可以表示土壤活性有机碳的比例,该值通常与有机质含量或微生物活性密切相关。由表 6-7 可知,露地土壤微生物商平均为 4.39%(CV=41%),设施栽培土壤为 5.16%(CV=51%),较露地土壤提高了 17.54%。显著性检验表明,不同种植年限间设施土壤微生物商差异显著,洛城镇和文家镇均以设施种植 4 年为转折点,此时土壤微生物商均达到最大值,而后降低,土壤微生物活性整体随设施使用年限延长呈低—高—低的变化特点;孙家集镇变化则相反,在设施种植 4 年时土壤微生物商最低,此后迅速增高,在设施使用到 8 年时才出现最大值。土壤微生物对有机碳的利用率越高,维持相同土壤微生物所需的能源就越少,说明土壤环境有利于土壤微生物的生长,质量比较高;反之,土壤质量下降,土壤微生物活性降低。

表 6-7　山东寿光设施土壤微生物商、微生物量氮/全氮、微生物量碳/氮和微生物量碳/磷的变化

地　点	年限/年	MBC/OC (%)	MBN/TN (%)	MBC/MBN	MBC/MBP
洛城镇	露地	5.77 aA	6.18 aA	4.98 cC	99.10 aA
	2	4.07 bB	1.57 cC	13.36 aA	15.85 dD
	4	4.13 bB	3.21 bB	6.43 bB	17.69 cC
	8	2.06 cC	3.04 bB	3.34 dD	21.92 bB
文家镇	露地	2.35 cC	1.89 bB	5.61 cC	16.45 cC
	2	1.57 dD	1.49 cC	5.14 cC	3.53 dD
	4	8.79 aA	1.96 aA	16.42 bB	39.05 bB
	13	6.05 bB	0.79 dD	26.69 aA	127.47 aA
孙家集镇	露地	5.06 cC	3.88 aA	12.22 bB	40.75 bB
	2	8.90 bB	2.04 bB	12.12 cC	13.01 dD
	4	1.61 dD	0.76 dD	8.08 dD	59.07 aA
	8	9.27 aA	1.94 cC	18.99 aA	24.61 cC

注:同列不同小写字母表示在 $P<0.05$ 水平下差异显著,不同大写字母表示在 $P<0.01$ 水平下差异极显著。

设施土壤微生物量氮与全氮之比(MBN/TN)较露地土壤明显下降,露地土壤为 3.98%(CV=20%),而设施土壤较其降低了一半以上,仅 1.87%(CV=44%),两者差异均达显著水平,反映露地和设施土壤微生物对氮素利用的差异。随种植年限的延长,设施土壤微生物量氮/全氮的变化规律与微生物商相同,洛城镇和文家镇设施种植 4 年时该比值最大,而后降低,整体变化也呈低—高—低的特点;而孙家集镇在设施种植 4 年时该值最低,此后迅速增高,在设施使用到 8 年时才出现最大值,但与设施使用 2 年时相差不大。

有文献报道微生物量氮/全氮在 2%～6%,该研究中设施土壤该比值大部分低于 2%,且在各种植年限间差异显著,这与设施土壤环境胁迫对微生物量的影响有关,可能是由于环境胁迫降低了微生物对基质氮的利用率。设施栽培初期，养分的大量投入，刺激微生物迅速繁殖，增强对土壤无机氮的固定能力，但设施使用一定年限后，土壤养分出现大量盈余，土壤酸化、次生盐渍化严重，此时大量氮肥的施用反而会减少土壤微生物量氮的含量。

3）土壤微生物量碳氮比

土壤微生物量碳氮比（MBC/MBN）可以反映土壤微生物群落结构，一般细菌碳氮比为3～4，放线菌4～5，而真菌在11～13。设施土壤微生物量碳氮比一般较露地土壤高（表6-7），露地土壤平均为7.60（CV＝53％），设施土壤上升了61.71％，说明设施栽培可使土壤微生物组成和种类发生改变。土壤微生物量碳氮比上升说明真菌生长占优势或细菌生长受抑制，微生物量碳氮比下降，结果则相反。吴凤芝等（1999）研究结果也表明设施土壤中有害真菌的种类和数量较露地土壤都有较快增加。此外，土壤微生物量碳氮比在不同设施种植年限差异显著，反映土壤微生物对环境变化的敏感性，但由于土壤微生物量碳、氮变化速度的不一致性，导致土壤微生物量氮的增减性没有土壤微生物量碳那么明显。因此，土壤微生物量碳氮比的规律性不及土壤微生物量碳或土壤微生物量氮明显。

4）土壤微生物量碳磷比

土壤微生物量碳磷比（MBC/MBP）主要反映土壤微生物对磷有效性调节作用的潜力。该研究中（表6-7），露地土壤微生物量碳磷比为52.10，设施栽培后，该值下降了31.29％，说明设施土壤微生物量磷的浓度相对较高，土壤微生物较露地土壤种植下易释放磷，能有效补充磷素。设施使用2年后，土壤微生物量碳磷比有较大幅度增加，并且在各年限间差异显著，这与土壤微生物量磷下降有关，相关分析表明，土壤微生物量碳磷比与土壤微生物量磷呈极显著负相关（$r=-0.67^{**}$，$n=18$），据此推测设施使用2年后，土壤微生物趋于易吸收土壤中的有效磷。

孙家集镇土壤微生物量碳及微生物量氮、磷间比与洛城镇、文家镇表现出明显的不同，各地栽培模式和水肥管理等条件相对一致，出现这种情况与土壤采取翻耕措施有关。调查中发现，孙家集镇设施种植2年的土壤曾进行翻耕，翻耕使土壤上下层混合，可以降低表层盐分的含量、减少根系分泌物及病原菌的积累等，改善土壤的质量，因而各个土壤微生物指标都较高。在对寿光设施土壤盐分累积变化研究中发现，孙家集镇种植8年的设施土壤盐分含量明显低于其他种植年限，推测是盐分浓度的改变引起溶质势变化，造成该地土壤微生物发生变化；而土壤有机质、全氮等养分随种植年限延长无明显变化，这也体现了土壤微生物对环境变化的敏感性和及时性。

5）土壤化学性质、微生物量间的比值对微生物量的通径分析

通径系数是表示各条通径对结果反应量相对重要性大小的统计量，其大小和正负表示原因变量对结果变量作用的大小和方向。将设施土壤微生物量碳、氮、磷分别看作结果变量，土壤化学性质及土壤微生物量各组分之间的比值看作原因变量，通径系数表示设施土壤化学性质及土壤微生物量各组分之间对土壤微生物量的影响程度。直接通径系数表示各原因变量对土壤微生物量的直接影响；间接通径系数表示原因变量通过其他变量对土壤微生物量产生的间接影响程度。

通径分析显示(表 6-8),微生物商对设施土壤微生物量碳的直接影响最大,主要表现为正效应,直接通径系数为 1.1487,其次为微生物量碳氮比和有机质。微生物量碳氮比的直接和间接通径系数(绝对值)都比较大,说明它对设施土壤微生物量碳具有直接和间接影响,但间接通径系数高达 0.9014,表明通过其他组分对微生物量碳的间接作用更大,且这种作用表现为正效应。有机质表现的直接影响是正面的,但它可通过 pH、微生物商和微生物量碳磷比对微生物量碳表现出负面间接影响。速效氮对微生物量碳的直接通径系数虽然很小(直接通径系数 0.0261),但间接通径系数却达 0.5915,约是直接通径系数的 23 倍。可见,速效氮对微生物量碳的影响主要表现在间接影响上,进一步分析这种间接影响主要是通过微生物商对微生物量碳产生影响。同样,速效磷、速效钾、pH、微生物量氮/全氮、土壤碳氮比、微生物量碳磷比也主要通过微生物商对微生物量碳施加间接影响。而全氮对微生物量碳的直接和间接影响都比较小。

表 6-8 设施土壤化学性质、微生物量间的比值与土壤微生物量的通径分析

项　目	微生物量碳 MBC		微生物量氮 MBN		微生物量磷 MBP	
	直接通径系数	间接通径系数	直接通径系数	间接通径系数	直接通径系数	间接通径系数
有机质	0.1590	−0.2609	0.1775	0.5323	−0.5548	0.4175
全氮	0.0087	0.0694	0.1520	0.3229	0.4734	−0.4185
速效氮	0.0261	0.5915	0.1115	−0.0963	−0.5668	0.5391
速效磷	0.0808	0.2312	0.2364	0.0150	−0.8147	0.8962
速效钾	0.0133	−0.1144	0.1523	0.1619	−0.7735	0.6387
pH	−0.0025	−0.4044	0.3628	−0.1236	−1.0795	0.8781
土壤碳氮比	0.0998	−0.2834	−0.3411	0.5219	0.9539	−1.1134
微生物商	1.1487	−0.1918	0.1936	−0.4769	−2.2663	2.5965
微生物量氮/全氮	0.0456	−0.2007	0.7900	0.0849	−1.0700	0.9785
微生物量碳氮比	−0.2178	0.9014	−0.0635	−0.5368	0.6101	−0.4546
微生物量碳磷比	0.0868	0.1668	0.1070	−0.3527	−0.9266	0.3427

从表 6-8 可知,土壤微生物量氮/全氮对微生物量氮的直接影响最大,其次是 pH,均表现为正效应,直接通径系数分别为 0.7900 和 0.3628。间接影响以微生物量碳氮比和有机质较大,分别表现为负效应和正效应,综合分析这种间接作用主要通过微生物量氮/全氮对微生物量氮施加间接影响。土壤碳氮比的直接和间接通径系数(绝对值)比较大,对设施土壤微生物量氮具有直接和间接影响,但以间接影响为主,通过土壤有机质、速效钾、pH、微生物量氮/全氮和微生物量碳氮比表现出正效应。

微生物商、微生物量氮/全氮对微生物量磷的直接和间接通径系数(绝对值)都比较大,说明它们对设施土壤微生物量磷的直接和间接影响都比较大,虽然微生物商表现的直接影响是负面的,但它可以通过间接影响有机质、速效钾、pH、微生物量氮/全氮和微生物量碳氮比对微生物量磷表现正面作用。

一切影响微生物的条件,如土壤碳、氮含量、气候、土壤质地及污染物等都会影响土壤微生物量。设施栽培中,土壤主要化学性质及部分微生物学指标对微生物量的通径分析表明，土壤有机质、土壤速效氮、土壤 pH、微生物商、微生物量碳氮比、微生物量氮/全氮、土壤碳氮比对土壤微生物量都有极大的影响，其中尤以微生物商、微生物量氮/全氮的影响最明显。两者分别代表微生物对土壤有机碳、氮素的利用率，说明保持较高的微生物活性，可促进土壤微生物对碳、氮的转化和吸收，是提高设施土壤微生物量的主要途径。

6.3.5.3 设施土壤微生物量碳的季节变化

由图 6-10 可以看出，设施土壤微生物量碳含量明显高于露地，设施种植下该值比露地土壤增加了 59.02%。设施土壤微生物量碳含量在作物定植的 3 月和生长旺盛的 6 月差异不大，揭棚管理后，在土壤中的含量急剧降低（10 月），此后无较大变化。土壤微生物量碳含量与土壤微生物数量及养分状况有一定关系。设施栽培中，土壤养分状况较露地好，土壤微生物活性强，因而土壤微生物量碳含量高。受揭棚影响，10 月与 6 月相比，土壤微生物数量急剧下降，因而土壤微生物量碳也降低。

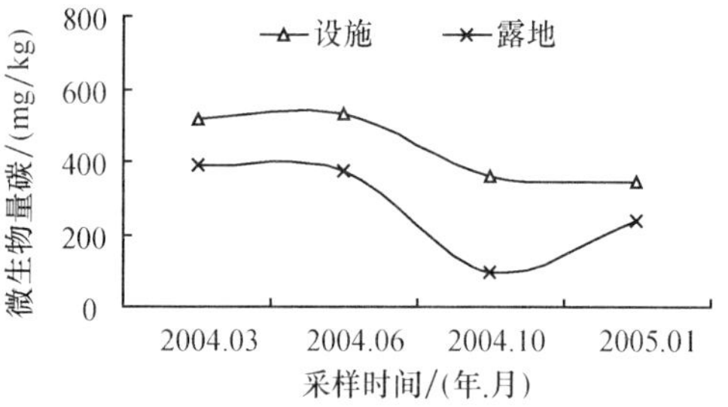

图 6-10 成都双流设施土壤微生物量碳的季节变化

由于研究区域气候、植被与土壤理化性质的差异，土壤微生物量的变化存在许多不确定性，对其是否存在明显的季节变化有一定争议。一种观点认为土壤微生物量没有显著的季节变化规律。另一种观点则认为土壤微生物量存在明显的季节变化，但峰值出现的季节不一致。Bardgett 等（1999）研究表明草地土壤在夏季和冬季分别具有最大和最小的微生物量，对红壤微生物量的季节变化研究也有相同发现。但也有研究认为，土壤微生物量在冬季具有最高值，而夏季值最低。此外，不同植被覆盖下土壤微生物量季节变化也不相同。例如，林地土壤中微生物量夏季和冬季的含量高于春季和秋季，而荒草地表现为春季和夏季的数值高于秋季和冬季。

6.4 设施土壤酶活性的演变

土壤酶参与元素的生物循环、土壤的发生、发育及有效肥力的形成，反映土壤养分的转化能力和生物活性大小，是土壤生物化学特征的重要组成部分。20 世纪 50 年代以来，对土壤酶学性质的研究越来越为人们所关注，Douglas 等（1975）将土壤酶活性的研究确定为土壤生物学性质研究的重要内容。研究表明，土壤酶是土壤组成成分之一，数量虽少，但作用颇大，土壤中所进行的生化过程都需要酶的参与才能完成，其中，尤以氧化还原酶和水解酶占主要地位。土壤酶与微生物的丰度和活性密切相关，土壤酶活性的高低可以反映土壤养分（尤其是氮、磷）转化的强弱，与土壤熟化度、土壤理化性状以及有机质有关。

6.4.1　土壤酶活性测定方法

6.4.1.1　脲酶——靛酚比色法

称取过 1 mm 孔筛的风干土样 10 g 于 100 ml 容量瓶中，加入 2 ml 甲苯，室温下放置 15 min 后，加入 10 ml 10%尿素和 20 ml 柠檬酸盐缓冲液(pH6.7)，充分混合。置于 37℃恒温箱中培养 24 h 后，用 38℃的水定容至刻度(甲苯应在刻度之上)，过滤。吸取 1 ml 滤液于 50 ml 容量瓶中，加入 10 ml 蒸馏水，充分摇荡。再加入 4 ml 苯酚钠溶液，混合后再加入 3 ml 活性氯浓度为 0.9%的次氯酸钠溶液，充分振荡。放置 20 min 后用蒸馏水稀释至刻度，溶液呈蓝色，在 578 nm 下比色。同时设置无土对照(不加土样，其他与样品相同)和无基质对照(不加基质，以同体积蒸馏水代替，其他操作与样品相同)。酶活性以 24 h 后 100 g 土壤中 NH_3-N 的毫克数表示。

$$\text{土壤脲酶活性} = (A_1 - A_2 - A_3) \times 100 \times 10$$

式中，A_1、A_2、A_3 分别为样品、无土对照、无基质对照的光密度值在标准曲线上对应的 NH_3-N 的毫克数；100 为样品定容体积与测定时吸取量的比值；10 为酶活性单位的土重与样品的土重之比。

6.4.1.2　转化酶——3,5-二硝基水杨酸法

称取过 1 mm 孔筛的风干土样 10 g 于 100 ml 容量瓶中并加入 1.5 ml 甲苯，室温下放置 15 min 后，加入 10 ml 20%的蔗糖溶液和 10 ml 磷酸盐缓冲液(pH5.5)，摇匀。将容量瓶放置在 37℃的恒温箱中培养 23 h，用 38℃的水定容至刻度(甲苯应在刻度之上)，充分混合再放入恒温箱中培养 1 h 后过滤。吸取 20 ml 滤液于 100 ml 三角瓶中，加入 10 ml 啡啉溶液和 20 ml 蒸馏水，在沸水浴上加热 10 min 后立即冷却到 25℃。再加入 3 ml 33%碘化钾溶液和 4 ml 稀硫酸(1∶3,V∶V)，然后用 0.05 mol/L 的硫代硫酸钠滴定，到达终点前加入 0.5 ml 淀粉指示剂，滴定至蓝色刚刚消失，同时设置无土对照和无基质对照。

$$\text{土壤转化酶活性} = (V_1 - V_2 - V_3) \times 100/(20 \times 10)$$

式中，V_1、V_2、V_3 分别为滴定样品、无土对照、无基质对照所消耗的硫代硫酸钠的体积；100 为 10 g 样品定容的体积；20 为用于滴定的试样体积；10 为样品重量。

6.4.1.3　过氧化氢酶——高锰酸钾滴定法

称取过 1 mm 孔筛风干土样 2 g 于 125 ml 三角瓶中，加入 40 ml 蒸馏水和 0.3%的过氧化氢溶液 5 ml。将三角瓶置于振荡机上振荡 20 min 后立即加入稀硫酸 5 ml 再过滤。吸取 25 ml 滤液于 100 ml 三角瓶中用 0.02 mol/L 的高锰酸钾滴定至溶液呈微红色，同时设置无土对照实验。

$$\text{过氧化氢酶活性} = (V_2 - V_1) \times C/g$$

式中，V_2、V_1 分别为对照和样品所消耗的高锰酸钾的体积；C 为高锰酸钾的浓度；g 为样品的重量。

6.4.1.4　磷酸酶——磷酸苯二钠比色法

称取过 1 mm 孔筛的风干土样 10 g 于 100 ml 容量瓶中，加入 1.5 ml 甲苯，室温下放置 15 min 后，加入 10 ml 苯磷酸二钠溶液和 10 ml 缓冲液（酸性磷酸酶用 pH5.0 醋酸盐缓冲液，中性磷酸酶用 pH7.0 柠檬酸盐缓冲液），摇匀。将容量瓶放置在 37℃的恒温箱中培养 24 h，用 38℃的水定容至刻度（甲苯应在刻度之上），用致密滤纸过滤。吸取 1 ml 滤液于 100 ml 容量瓶中，加入 5 ml pH9.6 的硼酸盐缓冲液至 25 ml，加 1 ml Gibbs 试剂，将混合物混合并静置 20 min，再用蒸馏水稀释至刻度。在 24 h 内，于 578 nm 下比色。同时设置无土对照和无基质对照。酶活性以 24 h 后每 100 g 土壤中酚的毫克数表示。

$$\text{土壤磷酸酶活性} = (A_1 - A_2 - A_3) \times 100 \times 10$$

式中，A_1、A_2、A_3 分别为样品、无土对照、无基质对照的光密度值在标准曲线上对应酚的毫克数；100 为样品定容体积与测定时吸取量的比值；10 为酶活性单位的土重与样品的土重之比。

6.4.2　设施土壤酶活性随种植年限的变化

设施土壤中，研究较多的是脲酶、转化酶和脱氢酶等。土壤脲酶参与土壤中含氮有机化合物的转化，水解尿素生成氨，其活性影响着土壤氮素的代谢。脲酶活性随尿素施用量增加而增大，但土壤中脲酶活性过高，容易引起氨的挥发损失。脲酶活性与土壤微生物量、有机质、全氮和速效磷呈显著正相关。刘志民等（1994）发现设施土壤脲酶活性比露地土壤高 1～3 倍，并随设施种植年限的延长逐渐升高。设施种植 3 年的土壤，土壤脲酶活性为 4.87 mg/g，而种植了 14 年和 36 年的土壤中，土壤脲酶活性提高了 11.3% 和 27.9%，对番茄设施种植土壤脲酶活性的研究也有相同发现。

转化酶促进蔗糖分解成葡萄糖和果糖，能提高土壤生物活性，在表征土壤生物活性强度上，转化酶比其他酶的反应更明显。转化酶活性高，说明土壤生物活性好、肥力高。土壤转化酶活性与土壤碳、氮状况密切相关，与中性磷酸酶和过氧化氢酶有相互促进作用。研究表明设施土壤转化酶活性有随种植年限的延长呈降低的趋势，其高低因作物种类及种植年限而异。

过氧化氢酶能破坏土壤中生化反应生成的过氧化氢，减轻对植物的危害。过氧化氢酶与土壤有机质含量、土壤阳离子代换量呈极显著正相关，与土壤的呼吸强度和土壤微生物数量也有一定关系。过氧化氢酶活性比较稳定，设施种植年限对其影响不大，但也有研究表明设施土壤过氧化氢酶活性随种植年限的增加呈抛物线变化，在设施种植 3～4 年达较高水平。此外，土壤磷酸酶、蛋白酶、蔗糖酶、纤维素酶等酶活性随设施种植年限的延长也均有升高。

6.4.3　设施土壤酶活性的季节变化

土壤酶参与元素的生物循环、土壤发生发育及有效肥力的形成，反映土壤养分转化能力和生物活性的大小。由图 6-11 可知，与露地土壤相比，设施土壤酶活性季节变化明显，除过氧化氢酶外，设施土壤中脲酶、酸性磷酸酶、中性磷酸酶及转化酶活性具有一定的变化规律，整体呈高—低—高—低的变化特点，其活性高峰都出现在 3 月，6 月时迅速下降，并达到最低值，揭棚后（10 月）又有所升高，此后再逐渐降低。而露地土壤酶活性从 3 月开始整体呈持续下降的趋势，过氧化氢酶、尿酶活性在 1 月时虽有所升高，但增幅都不大。设施土壤过氧化氢酶、脲酶、酸性磷酸酶和中性磷酸酶活性与露地土壤相比升高了 20.69%、92.66%、51.47%和 54.23%，而转化酶活性较之下降了 16.67%。设施土壤酶的总体活性较露地土壤有较大幅度提高。

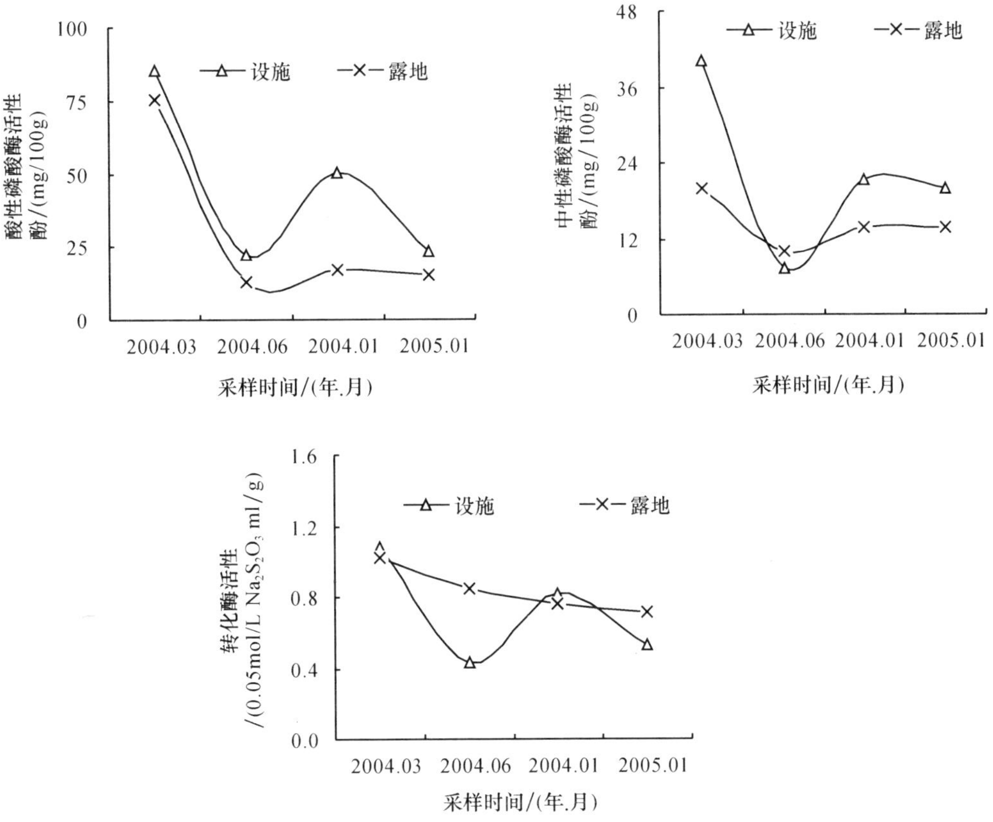

图 6-11 成都双流土壤酶活性的季节变化

相关分析表明，过氧化氢酶与放线菌数量呈显著负相关；脲酶活性与真菌数量呈显著正相关，与放线菌数量呈极显著正相关；酸性磷酸酶活性除与真菌、放线菌数量呈显著正相关外，还与微生物多样性指数呈极显著正相关；中性磷酸酶活性与放线菌、Simpson 指数呈显著正相关；转化酶活性除与真菌数量呈显著正相关外，也与微生物多样性指数呈极显著正相关（表 6-9）。

表 6-9 设施土壤酶活性与微生物主要类群及微生物量碳相关分析

项 目	过氧化氢酶	脲 酶	酸性磷酸酶	中性磷酸酶	转化酶
细菌	0.51	−0.52	−0.65	−0.75	−0.77
真菌	−0.84	0.96*	0.95*	0.88	0.88*
放线菌	−0.93*	0.99**	0.89*	0.91*	0.83

续表

项　目	过氧化氢酶	脲　酶	酸性磷酸酶	中性磷酸酶	转化酶
Shannon 指数	−0.64	0.78	0.96**	0.87	0.99**
Shannon 均匀度	−0.64	0.78	0.96**	0.87	0.99**
Simpson 指数	−0.66	0.81	0.97**	0.88*	0.99**
McIntosh 指数	−0.63	0.78	0.96**	0.86	0.99**
微生物量碳	−0.19	0.33	0.28	0.06	0.11

* 表示统计显著($P<0.05$)，** 表示统计极显著($P<0.01$)。

过氧化氢酶能分解土壤中对植物有害的过氧化氢，减轻其对植物的危害，在一定程度上反映了土壤的生物化学过程强度。过氧化氢酶与其他酶变化特点不同，其活性在作物生长旺盛的 6 月最强，且在揭棚后明显下降，这主要与放线菌数量变化有关。脲酶能促进尿素和有机物质分子中酞键的水解，其活性可以用来表征土壤的氮素状况。设施土壤脲酶活性高于露地土壤，表明设施土壤氮素状况好于露地土壤，这与设施土壤多施用氮肥有关。磷酸酶能促进土壤有机磷化合物的分解，为植物提供有效磷素。设施土壤磷酸酶活性虽然高于露地土壤，但相关分析表明，磷酸酶(尤其是酸性磷酸酶)活性除与微生物数量密切相关外，微生物群落的物种丰富度和均匀性对其影响更大，而设施种植年限越长，微生物群落物种丰富度和均匀度均会随着土壤环境恶化而逐渐下降，因而导致其活性也有所降低。此外，设施中高量磷肥的施用也会抑制磷酸酶的活性。转化酶能将高分子化合物分解成植物和微生物利用的营养物质，提高土壤的生物活性。本研究中，仅转化酶活性较露地土壤有所下降，说明在表征土壤微生物活性强度上，转化酶比其他酶反应更敏感。

在对土壤酶活性的季节变化研究中，普遍认为，不同酶类的季节变化规律不一致。Criquet 等认为土壤酶活性高峰主要出现在温度较高的季节，熊浩仲等(2004)对川西亚高山两种植物群落下 6 种土壤酶活性的研究却表明脲酶和过氧化氢酶的活性高峰出现在 4 月。本研究表明，除过氧化氢酶外，设施土壤中脲酶、酸性磷酸酶、中性磷酸酶和转化酶活性季节变化特点与土壤微生物多样性指数一致，其中酸性磷酸酶、转化酶活性与其更呈极显著正相关，最大值都出现在 3 月，6 月最低，且揭棚管理后，土壤微生物多样性指数及土壤酶活性都得到不同程度的恢复。说明设施土壤酶活性与土壤微生物丰富度和均一性关系较大，而揭棚可以改善土壤微生态环境，创造有利于土壤微生物生长的环境条件，以维持设施土壤微生物群落的多样性，对提高土壤酶活性和土壤肥力具有一定意义。

6.5 小　结

本章主要从设施土壤微生物多样性、设施土壤微生物量和设施土壤酶活性等方面进行了研究，得到了以下结论。

(1) 设施土壤微生物量高于露地土壤，设施种植年限对土壤微生物量有影响。设施土壤养分状况普遍好于露地土壤，土壤微生物量分别较露地土壤有不同程度提高，且变化幅度大，各研究区内露地土壤微生物量碳、氮、磷分别为其的 21.67%～45.24%、40.24%～

64.27%、13.35%～70.66%。设施连续使用4年左右的土壤微生物量碳、氮含量最高，而微生物量磷一般在设施连续使用2年时即达到最高含量。设施的连续使用会导致土壤环境质量的不断下降，一般在设施使用4年后土壤质量开始变差。

（2）过高的土壤速效养分对设施土壤微生物量碳、氮、磷的影响不一致。土壤过高的速效氮（>300 mg/kg）有利于土壤微生物量碳的增加，但土壤微生物量氮、磷的含量较速效氮在适宜等级（200～300 mg/kg）时有所降低；土壤过高的速效磷（>90 mg/kg）使土壤微生物量碳的含量迅速降低，却对土壤微生物量氮、磷有着明显的促进作用；土壤过高的速效钾（>240 mg/kg）使微生物量碳、氮、磷的含量较之在适宜等级（160～240 mg/kg）时都有不同程度的下降。设施土壤中速效养分含量过高，使土壤微生物生长与活性受到了一定程度的抑制，因而设施栽培中应该注意根据作物的需肥性及土壤的养分含量科学计算施肥量，并采取合理的耕作栽培管理措施调节土壤微生态环境，以提高微生物对速效养分的吸收和转化能力。

（3）在我国典型设施栽培地区——山东寿光，设施土壤微生物量同样高于露地土壤，但各地设施土壤微生物学特性变化不一致。设施土壤微生物量碳、氮、磷含量及微生物量间的比较露地土壤发生了明显变化。露地土壤微生物量含量低，变幅小，设施土壤微生物量碳、氮、磷，微生物商和微生物量碳/氮较露地分别提高了92.18%、20.74%、276.05%、17.54%和61.71%，微生物量氮/全氮、微生物量碳/磷下降了53.02%和31.29%。洛城镇、文家镇微生物量碳、氮、磷及微生物商、微生物量氮/全氮随设施种植年限的延长变化一致，除微生物量磷外，都以设施种植4年时出现最大值。而孙家集镇在设施种植4年时这些指标都降到最低。各地区微生物量及微生物量间的比值变化不一致，反映微生物对环境变化反应的迅速、敏感。

（4）微生物对土壤碳、氮的利用率对设施土壤微生物量的影响最大。影响设施土壤微生物量的化学因素主要包括有机质、速效氮、pH，而微生物商、微生物量碳氮比、微生物量氮/全氮、土壤碳氮比对其也有很大影响，其中尤以微生物商、微生物量氮/全氮的影响最明显。因此，在用微生物学特性表征设施土壤质量变化时，除采用常见的微生物量碳、氮、磷指标外，还可考虑微生物指标间的相互联系，避免单一指标的使用。

（5）设施土壤中各微生物学指标均随季节变化而变化。除微生物总数和细菌数量外，设施土壤中各微生物学指标均以3月最高，6月最低，随季节变化整体呈高—低—高—低的特点，揭棚对设施土壤微生物学性质有一定影响。微生物总数各季节变化差异显著，在一年内呈先升高后降低的特点，高峰出现在6月，10月最低；细菌占微生物总数90%以上，其季节变化特点与微生物总数相同，也以6月数量最高，10月最低；真菌、放线菌的数量和土壤微生物量碳含量最大值都出现在3月。微生物多样性指数与脲酶、酸性磷酸酶、中性磷酸酶和转化酶活性季节变化特点一致，整体呈高—低—高—低的变化特点，活性高峰都出现在3月，6月降到最低，揭棚后（10月）又有所升高，此后又逐渐降低。与露地土壤相比，设施土壤微生物数量、微生物多样性指数、微生物量碳含量及酶活性都升高，且各群落占微生物总数的比例也发生变化，真菌和放线菌占微生物总数的比例都呈上升趋势。设施使用越长，土壤微生物由细菌型向真菌型转变的特点就越明显，尤其是有害真菌的增加，会加重土壤连作障碍的发生。揭棚管理后，尽管微生物数量、微生物量碳明显下降，但微生物多样性指数及土壤酶活性都有所恢复。

主要参考文献

陈安磊，王凯荣，谢小立. 2005. 施肥制度与养分循环对稻田土壤微生物生物量碳氮磷的影响. 农业环境科学学报，24(6)：1094-1099

陈蓓，张仁陟. 2004. 免耕与覆盖对土壤微生物数量及组成的影响. 甘肃农业大学学报，39(6)：634-638

陈竑竣，李传涵. 1993. 杉木幼林地土壤酶活性与土壤肥力. 林业学研究，6(3)：321-326

陈强，李登煜，张先婉. 1998. 旱地聚土免耕土壤微生物特性研究. 土壤农化通报，13(4)：49-52

陈文新. 1996. 土壤和环境微生物学. 北京：北京农业大学出版社

董艳，董坤，郑毅，等. 2009. 种植年限和种植模式对设施土壤微生物区系和酶活性的影响. 农业环境科学学报，28(3)：527-532

樊军，郝明德. 2003. 长期轮作施肥对土壤微生物碳氮的影响. 水土保持研究，10(1)：85-87

樊丽琴，南志标，沈禹颖，等. 2005. 保护性耕作对黄土高原小麦田土壤微生物量碳的影响. 草原与草坪，(4)：51-56

高明，周保同，魏朝富，等. 2004. 不同耕作方式对稻田土壤动物、微生物及酶活性影响研究. 应用生态学报，15(7)：1177-1181

韩芳，邵玉琴，赵吉，等. 2003. 皇甫川流域不同土地利用方式下的土壤微生物多样性. 内蒙古大学学报(自然科学版)，34(3)：298-303

何振立. 1997. 土壤微生物量及其在养分循环和环境质量评价中的意义. 土壤，29(2)：61-69

黄昌勇. 2000. 土壤学. 北京：中国农业出版社

贾继文，聂俊华，李絮花，等. 2001. 蔬菜大棚土壤理化性状与土壤酶活性关系的研究. 山东农业大学学报(自然科学版)，32(4)：427-431

焦晓丹. 2004. 利用 RAPD 技术研究设施不同种植年限土壤微生物多样性. 哈尔滨：东北农业大学

李文庆，杜秉海，骆洪义，等. 1996. 大棚栽培对土壤微生物区系的影响. 土壤肥料，(2)：31-33

李骁，王迎春. 2006. 土壤微生物多样性与植物多样性. 内蒙古大学学报(自然科学版)，37(6)：708-713

李延茂，胡江春，张晶，等. 2005. 杉木连栽土壤微生物多样性的比较研究. 应用生态学报，16(7)：1275-1278

刘满强，胡锋，何园球，等. 2003. 退化红壤不同植被恢复下土壤微生物量季节动态及其指示意义. 土壤学报，40(11)：937-944

刘五星，骆永明，滕应. 2007. 石油污染土壤的生态风险评价和生物修复. 土壤学报，44(5)：844-853

刘志民，李家金，薛继澄，等. 1994. 设施土壤的肥力特性及酶活性. 土壤，26(5)：273-275

吕贻忠，李保国. 2006. 土壤学. 北京：中国农业出版社

庞欣，张福锁，王敬国. 2000. 不同供氮水平对根际微生物量氮及微生物活度的影响. 植物营养与肥料学报，6(4)：476-480

孙秀山，封海胜，万书波，等. 2001. 连作花生田主要微生物类群与土壤酶活性变化及其交互作用. 作物学报，27(5)：617-621

唐咏，梁成华，刘志恒，等. 1999. 日光温室蔬菜栽培对土壤微生物和酶活性的影响. 沈阳农业大学学报(自然科学版)，30(1)：16-19

滕应，黄昌勇，龙健，等. 2003. 矿区侵蚀土壤的微生物活性及其群落功能多样性研究. 水土保持学报，17(1)：115-118

王继红，刘景双，于君宝，等. 2004. 氮磷肥对黑土玉米农田生态系统土壤微生物量碳、氮的影响. 水土保

持学报，18(1)：35-38

王晶，解宏图，张旭东，等. 2004. 施肥对黑土土壤微生物生物量碳的作用研究. 中国生态农业学报，12(2)：118-120

王小彬，蔡典雄，刘小秧，等. 2005. 液膜覆盖对旱地小麦种植体系土壤微生物区系的影响. 土壤学报，42(4)：692-695

吴凤芝，刘德，栾非时. 1999. 大棚土壤连作年限对黄瓜产量及品质的影响. 东北农业大学学报，30(3)：245-248

吴凤芝，王伟. 1999. 大棚番茄土壤微生物区系研究. 北方园艺，(3)：1-3

吴凤芝，赵凤艳，谷思玉. 2002. 保护地黄瓜连作对土壤生物化学性质的影响. 农业系统科学与综合研究，18(2)：20-22

吴凤芝，赵凤艳，刘元英，等. 2000. 设施蔬菜连作障碍原因综合分析与防治措施. 东北农业大学学报，31(2)：241-947

熊浩仲，王开运，杨万勤. 2004. 川西亚高山冷杉林和白桦林土壤酶活性季节动态. 应用与环境生物学报，10(4)：416-420

徐阳春，沈其荣，冉炜. 2002. 长期免耕与施用有机肥对土壤微生物生物量碳、氮、磷的影响. 土壤学报，39(1)：89-96

杨芳，徐秋芳. 2002. 土壤微生物多样性研究进展. 浙江林业科技，22(6)：39-41，55

杨万勤，王开运. 2004. 森林土壤酶的研究进展. 林业科学，40(2)：156

杨永华，姚健，华晓梅. 2000. 农药污染对土壤微生物群落功能多样性的影响. 微生物学杂志，20(2)：23-25，47

姚槐应，黄昌勇. 2006. 土壤微生物生态学及其实验技术. 北京：科学出版社

姚圣梅，杨晓红，郑雪红. 1997. 蔬菜大棚土壤微生物种类及数量的初步研究. 华中农业大学学报，16(4)：92-95

殷永娴，刘鸿雁. 1996. 设施栽培下土壤硝化、反硝化作用的研究. 生态学报，16(3)：246-250

尹睿，张华勇，黄锦法，等. 2004. 保护地菜田与稻麦轮作田土壤微生物学特征的比较. 植物营养与肥料学报，10(1)：57-62

张成娥，陈小利. 1998. 林地砍伐开垦对土壤酶活性及养分的影响. 生态学杂志，17(6)：18-21

张成娥，梁银丽，贺秀斌. 2002. 地膜覆盖玉米对土壤微生物量的影响. 生态学报，22(4)：508-512

张夫道. 2006. 中国土壤生物演变及安全评价. 北京：中国农业出版社

张国红，任华中，高丽红，等. 2005. 京郊日光温室土壤微生物状况和酶活性. 中国农业科学，38(7)：1447-1452

张乃明，董艳. 2004. 施肥与设施栽培措施对土壤微生物区系的影响. 生态环境，13(1)：61-62

张永利，戴九兰，王仁卿. 2007. 土壤重金属污染的微生物生态效应研究进展. 生态科学，26(2)：186-190

赵凤艳，吴凤芝，刘德，等. 2000. 大棚菜地土壤理化特性的研究. 土壤肥料，(2)：11-13

赵先丽，程海涛，吕国红，等. 2006. 土壤微生物生物量研究进展. 气象与环境学报，22(4)：68-72

中国科学院南京土壤研究所微生物室. 1985. 土壤微生物研究法. 北京：科学出版社

周艺敏，小仓宽典，吉田彻志. 2000. 天津半干旱地区不同种植年限菜田土壤微生物变化特征的研究. 植物营养与肥料学报，6(4)：424-429

Bardgett R D, Lovell R D, Hobbs P J, et al. 1999. Seasonal changes in soil microbial communities along a fertility gradient of temperate grassland. Soil Bio Biochem, 31: 1021-1030

Blume E M, Bischoff J M, Reichert T, et al. 2002. Surface and surface microbial biomass, community structure and metabolic activity as a function of soil depth and season. Applied Soil Ecology, 20: 171-

181

Bossio D A, Scow K M. 1998. Impacts of carbon and flooding on soil microbial communities: phospholipid fatty acid profiles and substrate utilization patterns. Microbial Ecology, 35: 265-278

Chen C R, Xu Z H, Blumfield T J, et al. 2003. Soil microbial biomass during the early establishment of hoop pine plantation: seasonal variation and impacts of site preparation. Forest Ecology and Management, 186: 213-225

Chen G C, He Z L, Wang Y J. 2004. Impact of pH on microbial biomass carbon and microbial biomass phosphorus in red soils. Pedosphere, 14(1): 9-15

Dick R P, Myrold D D, Kerle E A. 1998. Microbial biomass and soil enzyme activities in compacted and rehabilitated skid trail soils. Soil Sci Sco Am J, 52: 512-516

Douglas M A, George P H. 1975. Soil Biochemistry. New York: Marceldekker, Inc

Duxbury J M, Nkambule S V. 1994. Assessment and significance of biologically active soil organic nitrogen. *In*: Doran J. W, Coleman D C, Bezdicek D F, et al. Defining soil quality for a sustainable environment. Wisconsin: SSSA Special Publication, 125-146

Duxbury J M, Nkambule S V. 1994. In: Defining Soil Qulity for a Sustainable Environment. Soil Science of America, Inc., Madison, Wisconsin, USA: 125-146

Frostegard A, Tunlid A, Baath E. 1993. Phospholipid fatty acid composition, biomass, and activity of microbial communities from two soil types experimentally exposed to different heavy metals. Applied and Environmental Microbiology, 59(11): 3605-3617

Hassink J. 1994. Efects of soil texture and grassland management on soil organic C and N and rate of C and N mineralization. Soil Bio Biochem, 26: 1221-1231

Hassink J. 1994. Efects of soil texture on size of soil microbial biomass and on the amount of C and N mineralization per unit of microbial biomass in Dutch grassland soils. Soil Bio Biochem, 26: 1377-1581

Holt J A. 1997. Grazing pressure and soil carbon, microbial biomass and enzyme activities in semi-arid northeastern Australia. Applied Soil Ecology, 5: 143-149

Ovreas L, Torsvik V. 1998. Microbial diversity and community structure in two different agricultural soil communities. Microbial Ecology, 36(3): 303-315

Palmborg C, Bringmark L, Bringmark E, et al. 1998. Multivariate analysis of microbial activity and soil organic matter at a forest site subjected to low level heavy metal contamination. Integ Soil Anal Ambio, 27(1): 53-57

Pankhurst C E. 1994. Biological indicators of soil health and sustainable productivity. *In*: Greenland D J, Szabolcs L. Soil Resilience and Sustainable Land Use. Wallingford: CAB Internation Publication: 331-351

Smit E, Leeflang P, Wernars K. 1997. Detection of shifts inmicrobial community structure and diversity in soil caused by copper contamination using amplified ribosomal DNA restriction analysis. FEMS Microbiol. Ecol., 23: 249-261

Turco R F, Kennedy A C, Jawson M D. 1994. Microbial indicators of soil quality. *In*: Doran J W, Coleman D C, Bezdicek D J, et al. Defining Soil Quality for a Sustainable in Environment. Wisconsin: SSSA Special Publication: 73-90

7　设施土壤污染及评价

7.1　土壤污染概述

土壤作为人类赖以生存和发展的物质基础，不仅在于它的肥力属性即具有生产绿色植物的功能，还因为它具有过滤性、吸附性、缓冲性等多种特性，既能充当各种来源污染物的载体，又起到污染物天然净化场所的作用。随着人类对土壤需求的扩展，土壤的开发强度越来越大，由人类活动向土壤排放的污染物也成倍增加，当污染物进入土壤后，由于土壤的过滤阻留、胶体的物理化学吸附、化学沉淀、生物吸收等过程，其存在形态和数量将有所改变或降低，但当污染物的数量和积累速度超过了土壤的容纳和净化能力，导致土壤的组成及性状等发生变化，引起土壤自然功能失衡，土壤环境质量恶化，并对生物、水体、空气和人体健康产生危害时，便发生了土壤污染，这是一个由量变到质变的发展过程。

土壤污染不能像大气、水体那样以某种物质超出某种标准来表示，因为土壤是很难用化学组成的变动来衡量的，即使净土的组成也是不固定的，某些物质含量的变动并不意味着土壤功能的障碍。土壤功能的破坏最明显的标志是作物产量与质量的下降，然而某种污染物侵入土壤，影响到作物生长并不是立即反映出来的。要确定某化合物是否对土壤起污染作用，必须研究其毒性效应以及污染物在土壤中的迁移与富集特点。

7.1.1　土壤污染的特点

7.1.1.1　土壤污染具有隐蔽性和滞后性

土壤污染往往要通过对土壤样品进行分析化验和农作物的残留检测，甚至通过研究对人畜健康状况的影响才能确定。因此，土壤污染从产生到发现通常会有较长的滞后时间，如日本的“痛痛病”经过了 10～20 年之后才被人们认识。

7.1.1.2　土壤污染的累积性和地域性

污染物质在土壤中并不像在大气和水体中那样容易扩散和稀释，因此容易在土壤中不断积累而超标，同时也使土壤污染具有很强的地域性，不同地方有不同的污染特征。

7.1.1.3　土壤污染具有不可逆转性

重金属对土壤的污染基本上是一个“不可逆转的”过程。另外，许多有机化学物质的污染也需要较长的时间才能降解。如被某些重金属污染的土壤可能要经过 100～200 年才能够恢复。

7.1.2 土壤污染的类型及其危害

土壤污染物的种类繁多，既有化学污染物也有物理污染物、生物污染物和放射污染物等，其中以土壤的化学污染物最为普遍、严重和复杂。按污染物的性质一般可分为4类：即有机污染物、重金属、放射性元素和病原微生物。

7.1.2.1 有机污染物

1）有机污染物的主要类型及危害

土壤有机污染物主要是化学农药。目前大量使用的化学农药约有50多种，其中主要包括有机磷农药、有机氯农药、氨基甲酸酶类、苯氧羧酸类、苯酚、胺类。此外，石油、多环芳烃、多氯联苯、甲烷、有害微生物等也是土壤中常见的有机污染物。目前，中国农药生产量居世界第二位，但产品结构不合理，质量较低，产品中杀虫剂占70%，杀虫剂中有机磷农药占70%，有机磷农药中高毒品种占70%。这些化学农药可以随着生产、运输、储存、使用、废弃等不同环节大量进入环境和生态系统，如多氯联苯、多环芳烃、塑料增塑剂等这些高致癌的物质就可以很容易地在重工业区周围的土壤中被检测到，且超过国家标准数倍，因而产生了诸多不良后果，主要表现为以下几个方面。①某些化学农药，如有机氯农药在消灭植物病虫害的同时对害虫的“天敌”及传粉昆虫等益虫益鸟也有杀伤作用，因而破坏了自然界的生态平衡。②长期使用同类型农药，使害虫产生了抗药性，不仅增加了农药的使用量和防治次数，也大大增加了防治费用和成本。据调查，过去用稀释2000倍的敌百虫可杀灭80%～90%菜青虫，而现在稀释500倍，才能起到杀死害虫的作用。③农药被农作物吸收进入动物体内后，经过生物富集浓缩，使其毒性更大，不仅使害虫的天敌更易受到毒害作用，而且积累于动物体内的农药还会转移至蛋和奶中，由此造成各种畜禽产品的污染，这些残留的农药若经食物链转移到人体内，由于它们不易分解，长期积累便会引起内脏机能受损，使机体的正常生理功能失调，造成慢性中毒，影响身体健康。特别是杀虫剂所引起的致癌、致畸、致突变的“三致”问题，令人十分担忧。④土壤有机污染可通过物质迁移对大气、水体等其他环境要素产生不利影响。据统计，我国每年大约施用80万～100万t化学农药，而真正作用于有害生物的化学农药最多达30%，甚至只有10%～20%，落到地面的为40%～60%，飘浮于大气中的为5%～30%。据联合国环境规划署(UNEP)1990年的报告(RPTC)指出，每年大约有3亿～4亿t有机物进入环境，其中大部分进入了土壤环境，土壤生态系统成了有机污染物的最大受体。鉴于此，有机污染土壤的修复和治理已日益引起有关方面的高度重视。

2）农药在土壤中的挥发、扩散和迁移

土壤中的农药，在被土壤固相吸附的同时，还通过气体挥发和水的淋溶在土体中扩散迁移，因而导致大气、水和生物的污染。大量资料证明，某些不易挥发的农药（如有机氯）都可以从土壤、水及植物表面大量挥发。对于低水溶性和持久性的化学农药来说，挥发是农药进入大气的重要途径。农药除以气体形式扩散外，还以水为介质进行迁移，其主要方式有两种：一是直接溶于水；二是吸附于土壤固体细粒表面上随水分移动而进行机械迁移。一般来说，农药在吸附性能小的砂性土壤中容易移动，而在黏粒含量高或有机质含量多的土壤中则不易移动，大多积累于土壤表层 30 cm 土层内。因此有研究指出，农药对地下水的污染及其风险较小，主要是通过地表径流流入地面水体造成地表水体的污染。

3）农药在土壤中残留的影响因素

（1）农药本身的化学性质。包括挥发性、溶解度、化学稳定性、剂型等。农药挥发的速度与农药的浓度、大气的相对湿度、土壤表面上方空气的运动速度及土壤中的温度等因素有关，一般农药浓度越大、大气相对湿度越大、含水量越高、风速越大则挥发作用越强。

（2）土壤性质。农药在质地黏重和有机质含量高的土壤中存留时间较长。故植物从砂质土壤吸收农药的能力要比从其他黏质土壤中高得多。

（3）农药在土壤中的降解。进入土壤中的化学农药，易受各种化学、物理和生物的作用，并以多种途径进行反应或降解，只是不同类型的农药其降解速度和难易程度不同而已。此外，某些农药在土壤中还可以转化为其他有毒物质，如 DDT 可转化为 DDD、DDE。

7.1.2.2　重金属

1）重金属污染物的主要类型及危害

重金属是指比重等于或大于 5.0 的金属，土壤重金属污染物主要有 Hg、Cd、Pb、Cu、Cr、As、Ni、Fe、Mn、Zn 等，As 虽不属于重金属，但因其行为与来源以及危害都与重金属相似，故通常将其列入重金属类进行讨论。土壤污染以重金属污染比较突出，主要是重金属对土壤的污染基本是一个不可逆转的过程，表现为重金属不能被土壤微生物分解，且易于积累，从而转化为毒性更大的化合物。同时，重金属可以被生物富集，通过食物链在人体内蓄积，因而对人类有较大的潜在危害。此外，受污染的土壤直接暴露在环境中，通过土壤颗粒等形式直接或间接地为动物或人所吸收。土壤一旦被重金属污染其自然净化过程和人工治理都非常困难。

不同重金属以及同种金属的不同形态，其迁移转化特点和污染性质也各不相同，因此在研究土壤中重金属的危害时，不仅要注意它们的种类、含量，还必须考虑各种形态的含量。下面分别列举几种常见的重金属，其离子环境污染标准见表 7-1。

表 7-1　重金属离子环境污染标准(mg/kg)

重金属种类	As	Cd	Cr	Hg	Pb
环境污染标准	20	3	50	1	200
一般植物忍受范围	2	1.5	2	0.04	10

Hg：土壤的 Hg 污染主要来自于污水灌溉、燃煤、Hg 冶炼厂和 Hg 制剂厂（仪表、电气、氯碱工业）的排放。土壤中 Hg 的存在形态有无机态与有机态，并在一定的条件下互相转化。无机 Hg 有 $HgSO_4$、$Hg(OH)_2$、$HgCl_2$、HgO，它们因溶解度低，在土壤中迁移转化能力很弱，但在土壤微生物作用下，Hg 可向甲基化方向转化。在好氧土壤微生物作用下主要形成脂溶性的甲基汞，可被微生物吸收、积累，从而转入食物链对人体造成危害；在厌氧土壤微生物作用下，主要形成二甲基汞，在微酸性环境下，二甲基汞可转化为甲基汞。汞对作物生长发育的影响主要有抑制光合作用、根系生长、酶的活性和根瘤菌的固氮作用等，在一定浓度下使作物减产，浓度较高时甚至导致作物死亡。

Cd：Cd在电镀、颜料、塑料稳定剂、镍镉电池、工业、电视显像管制造中日益广泛应用，世界上每年由冶炼厂和镉处理厂释放到大气的镉约为100万kg，由磷肥带入土壤的Cd约66万kg。土壤中Cd的存在形态也很多，大致可分为水溶性Cd和非水溶性Cd两大类。离子态和络合态的水溶性Cd等能被作物吸收，对生物危害大，而非水溶性Cd如CdS、$CdCO_3$等不易迁移，不易被作物吸收，但随环境条件的改变二者可互相转化。长期食用Cd污染(>1 mg/kg)的“镉米”就会患骨痛病，轻者也会引起高血压，Na阻留，并对酶系统、生育力产生不利影响。

Pb：Pb在蓄电池生产、粉末冶金、颜料、釉彩、涂料、医药和化学试剂中广泛应用，通常道路两旁、污灌区域以及果园土壤（施用砷酸铅）中的Pb含量较高。一般进入土壤中的Pb在土壤中易与有机物结合，不易溶解，土壤Pb大多发现在表土层，表土Pb在土壤中几乎不向下移动。Pb可通过光合作用影响植物生长，或在植物中积累，Pb对动物的危害则是累积中毒。人体中Pb能与多种酶结合从而干扰有机体多方面的生理活动，导致对全身器官产生危害。

Cr：全世界年产约750万t Cr，90%用于钢铁生产，含Cr化合物在电镀、颜料、油漆、合金、印染等工业生产中均有应用，其中，电镀含Cr废水是一种重要的Cr污染源。Cr在土壤中主要有两种价态：Cr^{6+}和Cr^{3+}。两种价态的行为极为不同，前者活性低而毒性高，后者恰恰相反。Cr^{3+}主要存在于土壤与沉积物中，Cr^{6+}主要存在于水中，但易被Fe^{2+}和有机物等还原。Cr除对人体皮肤和黏膜表现出强烈的刺激和腐蚀作用外，还对全身具有毒性作用，可引起血功能障碍、骨功能衰竭、皮炎等症，并可产生“三致”作用。

As：土壤中As的累积污染主要来源于开矿冶炼过程以及农业生产上使用的农药（砷酸钙、砷酸铅、稻脚清、稻宁等）和化肥（如磷肥中As含量一般为20～50 mg/kg，高的可达几百mg/kg）。土壤中As大部分为胶体吸收或与有机物络合、螯合，或和P一样与土壤中Fe、Al、Ca离子相结合，形成难溶化合物，或与Fe、Al等氢氧化物发生共沉淀。pH高，土壤As吸附量减少而水溶性As增加；土壤处于氧化条件下，大部分是砷酸，砷酸易被胶体吸附，而增加土壤固As量。随Eh降低，砷酸转化为亚砷酸，可促进As的可溶性，增加As害。As对植物危害的最初症状是叶片卷曲枯萎，进一步是根系发育受阻，最后是植物根、茎、叶全部枯死。As对人体危害很大，它能使红细胞溶解，破坏人体正常生理功能，甚至致癌等。

2）土壤中重金属的主要迁移转化方式

重金属在土壤中的行为和归宿，包括迁移、转化和持留，主要过程有物理、物理化学、化学和生物过程，作用方式可分为下列5种类型。

(1) 机械吸收作用。土壤是一个多孔体系，能够机械截留进入土壤后比其孔隙大的颗粒物。例如，含有重金属的矿物颗粒，使之不易淋失，这种作用称为机械吸收作用。土壤越黏重，截留物质的能力越强。但因其不能保存可溶性物质，所以不是土壤吸持重金属的主要形式。

(2) 物理作用。土壤颗粒，特别是胶粒，具有巨大的表面能，能把分子态（包括液态和气态分子）的重金属吸附在土壤与溶液的界面上，称为物理吸收作用。土壤质地越细，物理吸收作用越强。另外，土壤溶液中水溶性的重金属离子或络离子，可随土壤中的水分从表层移到深层、从地势高处移到地势低处、甚至发生淋溶，随水流失迁移出土壤而进入地表或地下水体。更多的是重金属通过多种途径被包含于矿物颗粒中，或被吸附于土壤胶体表面上，随土壤中的水分流动而被机械搬运，也可能以飞扬尘土的形式随风迁移。

(3) 物理化学作用。土壤胶体带有不同电性的电荷，当它与溶液接触时，便能吸附溶液中带异性电荷的离子，与此同时，把土壤胶体上等当量的相同电荷的其他离子代换出来而达到动态平衡。这是一种物理化学现象，称为物理化学吸收作用。它是土壤吸收性能中最重要的一种方式。土壤胶体越多，物理化学吸收作用也越强。

(4) 化学作用。化学作用主要包括吸附-解吸、溶解-沉淀、配合(螯合)作用、中和作用、氧化-还原作用等，可直接影响重金属在土壤中的存在形态和它们之间的比率关系，从而影响植物对重金属的吸收以及重金属在土壤中的生物迁移作用。土壤溶液中重金属化合物的沉淀-溶解作用表现在可溶性盐类的离子与土壤溶液中的离子，因化学反应生成难溶的化合物而保持在土壤中，从而使其生物有效性降低。土壤环境中存在的无机和有机配位体，如羟基、氯离子、腐殖酸和酶，以及农药等人工合成的物质，这些常含 N、O、S 等原子，可以提供孤对电子与重金属形成配位键，即生成配合物或螯合物，因而土壤中的配合和螯合作用具有普遍性，是影响土壤污染物、特别是重金属和农药迁移转化的重要途径。土壤溶液中的酸碱反应和氧化还原反应也是影响土壤自净作用的重要因素，通常土壤酸碱度的高低取决于土壤中酸性物质(土壤溶液中的无机酸、有机酸化合物及土壤胶体吸附的 H^+、Al^{3+} 等)和碱性物质(碳酸盐、溶液中碱土或碱金属离子、OH^- 等)之间的化学平衡。土壤的氧化-还原作用影响着有机污染物的降解速度、重金属存在形态、迁移转化及毒性的大小。土壤中的氧化剂主要是土壤空气中的游离氧、高价金属化合物和 NO_3^- 等，还原剂主要为土壤有机质、低价金属化合物。还原条件下，Cd、Zn、Ni、Co、Cu、Pb 都可能形成难溶性硫化物，以致迁移性和对生物的可给性比在氧化条件下低。Cr、As 的价态变化对土壤危害程度也有重要作用。

(5) 生物作用。土壤环境中重金属的生物作用，主要指植物通过根系从土壤中吸收某些化学形态的重金属，并在植物体内累积起来。这种迁移既可认为是植物对土壤的净化，亦可认为是污染土壤对植物的危害，特别是植物富集的重金属有可能通过食物链进入人体，危害更严重。微生物对重金属的吸收及土壤动物的啃食、搬运是造成土壤中重金属生物迁移的另一途径。一些微生物能够产生胞外聚合物如多糖、糖蛋白、脂多糖等，具有大量的阴离子基团，与金属离子结合沉淀。微生物还可通过氧化、还原、甲基化和去甲基化作用转化重金属。大量研究表明，细菌、放线菌及某些真菌可以把汞离子还原成单质汞，从而使汞从土壤中挥发或以沉淀方式存在。

7.1.2.3 放射性元素

放射性元素主要来源于大气层核试验的沉降物，以及原子能和平利用过程中所排放的各种废气、废水和废渣。含有放射性元素的物质不可避免地随自然沉降、雨水冲刷和废弃物堆放而污染土壤。土壤一旦被放射性物质污染就难以自行消除，只能自然衰变为稳定元素，而消除其放射性。放射性元素可通过食物链进入人体。

放射性物质进入土壤后能在土壤中积累，形成潜在威胁。由核裂变产生的两个重要的长半衰期放射性元素是^{90}Sr和^{137}Cs。空气中的放射性^{90}Sr可被雨水带入土壤中。因此，土壤中^{90}Sr的浓度常与当地降雨量成正比。^{137}Cs在土壤中吸附得更为牢固。有些植物能积累^{137}Cs，所以高浓度的放射性^{137}Cs能通过食物链经消化道进入人体，其次是经呼吸道进入人体。放射性物质进入人体后，可造成内照射损伤，使受害者头晕、疲乏无力、脱发、白细胞减少或增多、发生癌变等。此外，长寿命的放射性核素因衰变周期长，一旦进入人体，其通过放射性裂变而产生的α、β、γ射线，将对机体产生持续的照射，使机体的一些组织细胞破坏或变异。此过程将持续至放射性核素蜕变成稳定性核素或全部被排出体外为止。

7.1.2.4 病原微生物

土壤中的病原微生物，主要包括病原菌和病毒等。造成土壤生物污染的污染物主要是未经处理的粪便、垃圾、城市生活污水、饲养和屠宰场的污物等。其中危害性最大的是传染病区未经处理的污水和污物。人类若直接接触含有病原微生物的土壤，可能会对健康带来影响；若食用被土壤污染的蔬菜、水果等则间接受到污染。

7.1.3 土壤污染物的来源

土壤是一个开放体系，与其他环境要素间不断地进行着物质与能量的交换，因而导致土壤污染的物质来源是极为广泛的，有天然污染源也有人为污染源。天然污染源是指自然界自行向环境排放有害物质的场所，如正在活动的火山。人为污染源是指人类活动所形成的污染源，如工业生产排放的“三废”，农业生产使用的农药、化肥等。污染物进入土壤的途径按所划分的土壤污染源可分为污水灌溉、固体废弃物利用、化肥与农药的施用、大气沉降等。

7.1.3.1 污水灌溉

生活污水和工业废水中含有N、P、K等许多植物所需要的养分，合理地使用污水灌溉农田，一般有增产效果。但污水中还含有重金属、酚、氰化物等许多有毒害的物质，如果污水没有经过必要的处理而直接用于农田灌溉，会将污水中有毒害的物质带至农田，进而污染土壤，并造成作物及地下水的严重污染。污水灌溉已经成为我国农村水环境恶化的主要原因之一，直接危害着污水灌溉区饮水及食物安全。许多调查表明，长期引用未经任何处理的不符合灌溉标准的污水灌溉农田，会引起严重的土壤有机污染、重金属污染和酸碱盐污染。污水灌溉对土壤固氮细菌种群的影响具有长期的生态效应，土壤表层固氮细菌数量随土壤污染的加重有不同程度的减少，从而导致土壤生态与结构功能改变。据报道，在同一地区引用污水灌溉的农作物比不用污水灌溉的农作物致使人肠胃发病率提高3倍以上。

7.1.3.2 固体废弃物利用

固体废弃物是主要的土壤污染源，按其来源不同，主要分为工业废物、矿业废物、农业废物、城市垃圾、放射性废物和传染性的废物等几大类。有的城市，特别是近几年刚发展起来的县级市，还没有专门的固体废物处理场所，即使有一定的填埋场，其环保要求、技术操作规范等也未达到国家规定的标准。人们对固体废物的危害性、固体废物的资源化认识程度不高，致使大量的固体废物随意抛弃、堆积、填埋，综合回收利用率较低。长期以来，在自然环境中囤积数量已达到较高的程度，大量有毒有害物质渗透到自然环境中，已经或正在对生态环境造成极大的破坏。目前我国固体废弃物堆存占地和毁田 13.3 万 hm^2。固体废弃物对农业环境造成的污染主要表现在有机物、重金属和放射性物质对土壤的污染。

7.1.3.3 农药

农药在生产、储存、运输、销售与使用过程中都会产生污染，施在作物上的杀虫剂大约有一半左右流入土壤中。目前，我国农药使用量已位居全球榜首，2004 年，全国农药施用量达 138.6 万 t，较 1991 年增加近 1 倍；单位播种面积使用量近 15 kg/hm^2，是发达国家和世界平均水平的 2 倍；全国每年防治病虫草害面积约 3.8 亿 hm^2/次，其中 95%以上使用的是化学农药。在一些高产地区，每年施用农药 30 多次，每公顷用量高达 300 kg，令人担忧的是，农药施用量每年仍以 10%的速度递增。大量使用农药，虽然控制了病虫害，但大部分农药残留于环境中，造成潜在的环境威胁。虽然大多数农药在生物、光解与化学作用下，可有一部分被逐渐降解成为无毒的化合物，但对于像有机氯等这样的长效农药来说，是十分缓慢的过程，它们的化学物质稳定，能较长期的残留在作物或土壤中，有的农药甚至能代谢为更毒或致癌的化合物，如杀虫脒水解产生四氯磷甲苯胺，代森锌代谢为乙撑硫脲，直到农产品收获时还会有残留的农药及有毒代谢物。农药污染农业环境的途径主要是通过农田施用、食物链和生物富集作用，使农药残留浓度提高几十倍、甚至几十万倍，从而造成环境威胁。抗生素类药物一般有 60%～90%随动物粪便排出体外，被土壤吸附后降解较慢，容易在土壤中累积，对生态系统和人体健康形成潜在威胁。

7.1.3.4 肥料

现代农业的一个重要特征是大量使用化肥，但不合理的使用会引起土壤污染。不当和过量施用化肥对土壤造成的污染主要表现在改变耕作土壤的理化性质，导致重金属污染、土壤酸化、土壤结构破坏以及微生物活性降低等。此外，大量施肥也导致地表水和地下水的严重污染并引发 NH_3、NO_x、N_2O 的排放，从而加速臭氧层破坏和温室效应的进程。

据统计，全国耕地的平均化肥施用量为 262.4 kg/hm^2，但由于施肥方法、施肥量、施肥时间的不合理，肥料利用率很低，被植物利用的部分很少，N 肥的利用率仅为 30%～35%，P 肥为 10%～20%，K 肥为 35%～50%。施 N 量与土壤硝态氮残留量之间呈显著正相关关系，施 N 量越高，土壤中硝态氮的残余就越大。

我国是世界上最大的化肥使用国，每公顷氮肥使用量高出世界平均水平 2.05 倍；每公顷 P 肥使用量高出世界平均水平 1.86 倍。使用化肥的强度平均每公顷达 400 kg(太湖流域曾高达 600 kg)，平均使用量是发达国家化肥安全使用上限的 2 倍。中国科学院南京土壤研究所研究表明，我国每年有 123.5 万 t N 通过地表径流进入江河湖泊，49.4 万 t 进入地下水，299 万 t 进入大气。长江、黄河和珠江每年输出的溶解态无机氮达 97.5 万 t，其中 90%来自农业。目前，中国高 N 肥用量的集约化农田已占到农田总面积的 15%以上，城市周边地带通常达 30%以上。在经济效益较高的蔬菜、果树、花卉生产中，N 肥用量(纯氮)平均为 569～2000 kg/hm^2，为普通大田作物的数倍甚至数十倍。

7.1.3.5 畜禽养殖

改革开放以来，中国畜禽养殖业得到了迅速发展，大批养殖场在城镇郊区、农村建立起来，原先农村的分散养殖变成了集中养殖。由于相当部分的农村畜禽养殖场存在设施简陋、管理不善的情况，由此带来的畜禽粪便废弃物的排放和污染问题也日益严重。据报道，全国畜禽排泄物年排放量已达 18.84 亿 t，相当于工业废气物年排放量的 3.4 倍。畜牧场对土壤的污染源主要是粪便，其一是通过污染水源流经土壤造成水源污染型土壤污染；二是空气中的恶臭气体降落到地面，造成大气污染型土壤污染。按中等饲养水平，一个千头猪场日排粪尿达 10 000 t，年排粪尿达 2500 t；采用水冲清粪日产污水 30 t，年产污水可达 10 000 t。畜牧业生产中大量使用抑制有害菌的微量元素添加剂，如 Se、Cu、Pb、As 等金属元素，而无机元素在畜体内的消化吸收利用极低，在排放的粪尿中相当高。长期使用此类添加剂，造成土壤污染，且作物中吸收累积的这些金属元素的浓度超过一定标准时就会影响人类的健康。

7.1.3.6 大气沉降

气源重金属微粒是土壤重金属污染的途径之一，它的构成主要是金属飘尘。在交通繁忙的地区，金属加工过程中，往往伴随有金属尘埃进入大气，其种类视污染源的不同而异。这些飘尘自身降落或随雨水接触植物体或进入土壤后随之为植物或动物所吸收，在大气污染严重的地区作物亦有污染。酸沉降本身既是一种土壤污染源，又可加重其他有毒物质的危害，我国长江以南大部分地区本身就是酸性土壤，在酸雨的作用下，土壤进一步酸化、养分淋溶、结构破坏、肥力降低、作物受损，从而降低土壤生产力。此外，尚有多种污染物(包括重金属、非金属有毒有害物质及放射性散落物等)的同时污染。

7.1.3.7 其他污染源

农用塑料的应用为我国的农业、水产养殖业、林牧业发展做出了巨大的贡献，塑料棚膜比较容易回收，因此造成农膜污染的主要来源是塑料地膜，大量塑料地膜残留在农田的现象被称为“白色污染”。我国农膜年产量达百万吨，且以每年 10%的速度递增。随着农膜产量的增加，使用面积也在大幅度扩展。现已突破 666.66 万 hm^2 大关。农膜的原料是人工合成的高分子化合物，这些物质的分子结构非常稳定，很难在自然条件下进行光降解和热降解，也不易通过细菌和酶等生物方式降解。一般情况下，残膜可在土壤中存留 200～400 年。

7.1.4 我国农业土壤污染现状

我国土壤污染总体形势相当严峻，全国至少有 1300 万～1600 万 hm^2 耕地受到农药污染，约占全国耕地的10%以上，污水灌溉污染耕地216.7万hm^2，固体废弃物堆存占地和毁田13.3万hm^2，每年因重金属污染的粮食达1200万t，每年造成的直接经济损失超过200亿元。我国农业土壤污染主要表现在肥料元素积累、多种重金属污染严重、农药和有机污染物残留量高等方面。

1988年，我国受Cd污染的土地有20多万亩，受Hg污染的土地达48万亩，受农药污染的土地1.9亿～2.4亿亩，受F污染的约有1009万亩。1999年，广东省生态环境与土壤研究所在对179个保护监测点近8.4万hm^2农田的监测中，发现稻田重金属超标率高达70.9%。2001年国家环保局对北京、上海、天津和深圳4个"菜篮子"工程试点城市一些区域的种植生产基地的As、Hg、Pb、Cd、Cu、滴滴涕和六六六等土壤因子进行的环境质量调查监测结果表明：由于污染物在土壤中长期富集，土壤环境质量达标率只有84.9%。目前，全国重金属污染的耕地面积近2000万hm^2，约占总耕地面积的1/5。农业部稻米及其制品质量监督检验测试中心2002年对全国市场稻米安全性抽检结果表明，重金属超标最严重的是Pb，超标率为28.4%；其次是Cd，超标率为10.3%；As和Hg超标率相对较低，分别为2.8%和3.4%。沈阳市近郊菜田大白菜中Pb的超标率为100%，Cd超标率为58.3%；黄瓜Cd的超标率为72.7%，Hg的超标率为27.2%，Pb的超标率为18.2%。天津市郊生产检测的大白菜、芹菜、水萝卜、小白菜4种蔬菜36个样品中，重金属的检出率为100%，Cd超标40%。上海宝山区青菜中Cd污染最为严重，超标率14.5%。从广州市郊区土壤中8种重金属单项污染指数频率分布可以看出，8种重金属中Hg的污染频率最大，即轻污染、中污染和重污染的出现频率都较大，分别为25.4%，9.%和16.1%；其次是Cd和Zn，也出现了较高频率的轻污染、中污染和重污染。对西安市郊农业土壤进行取样调查分析结果表明，Cu、Ni、Cr、Cd、Pb显著高于全国土壤背景值，其中Cd、Pb污染尤为严重，其含量的几何平均值(1.76 mg/kg)为西安市土壤Cd背景值的5.15倍，全国土壤Cd背景值的15.22倍；Pb含量的几何平均值(107.721 mg/kg)为西安市土壤Pb背景值的2.8倍，全国Pb背景值的4.14倍。北京某些地区，30个土壤、水质监测点位中有5个监测点位菜田耕层土壤中Hg含量超标，超标率为16.7%，最大超标倍数为3.1倍。天津市11个土壤、水质监测点位中有3个监测点位超标。对上海郊区蔬菜种植面积达50.5%的农田调查发现，Cd、Hg和Zn是上海蔬菜农田土壤中主要的重金属累积污染物。上海市主要蔬菜园艺场环境不合格因素主要为土壤，6个劣于三级标准的园艺场的限制因素皆为土壤，污染物Cd最高达1.06 mg/kg。近年来华南地区部分城市有50%的农地遭受Cd、As、Hg等有毒重金属和石油类污染。在东南一些地区，As、Cu、Zn等元素的超标土壤面积占污染总面积的45.5%，江西省某县多达44%的耕地遭到重金属污染，并形成670 hm^2的"镉米"区。在湖北恩施和陕西紫阳，水和土壤环境中Se含量较高，曾经导致动物牧草Se中毒发生；贵州、内蒙古一些地区的水和土壤F含量严重超标，造成了人畜F中毒。通过对白银市污水灌溉区与沿黄灌区农田土壤进行调查测定，该市一些污水灌溉区农田Cr、Cu、Pb、Zn、Cd、As、Hg等有害物质已严重超标，且有逐年加重的趋势。对一些地区的6种典型农业区域有机食品生产基地、绿色食品生产基地、无公害蔬菜生产基地、污水灌溉区、规模化畜禽养殖基地周围的农田、常规农业生产区土壤污染状况进行调查监测表明，以六六六和滴滴涕为主的有机氯农药浓度总体已远低于标准限值，污染水平总体上处于安全状态，但仍存在局部污染；持久性致癌有机物多环芳烃类在6种典型区域检出率为100%，表明土壤污染在向有机-无机复合污染的方向发展。据中国科学院南京土壤研究所最新调查研究发现，目前长江三角洲地区土壤污染除“常见”的农药等污染外，最严重的是“持久性有机污染物”，局部的农田土壤多达16种多环芳烃、100多种多氯联苯类及十余种二噁英类剧毒物质，其结果令人吃惊和担忧。东南沿海地区部分土壤也出现具有内分泌干扰作用的多环芳烃、多氯联苯、塑料增塑剂、农药甚至二噁英等复合污染高风险区。农用塑料薄膜的使用量也在逐年增加。中国东北、华北大量使用农膜地区，仅农田塑料的年残留量就高达40 kg/hm^{2}左右，土壤平均残留率达20%左右。在长期使用地膜覆盖的农田中地膜残留量一般在60～90 kg/hm^2，最高可达165 kg/hm^2，棉田土壤中残膜导致烂种和烂芽率大幅度提高，棉苗侧根减少，棉苗死亡率提高，现蕾期推迟和株高降低。据北京市农业局对密云、大兴等5个近郊县的花生地抽样调查结果表明，塑料地膜残留量为27.45～69 kg/hm^2，残留塑料地膜占地膜总使用量的40%以上。农业部组织的塑料地膜残留污染调查表明，污染较严重的地区农田土壤中残留塑料地膜量在90～135 kg/hm^2。

农业部调查表明：中国污灌区面积约140万hm^2，遭受重金属污染的土地面积占污染总面积的64.8%，其中轻度污染占46.7%、中度污染占9.7%、严重污染面积占8.4%，而以Hg和Cd的污染面积最大。据报道，目前中国污灌区有11处生产的大米中Cd含量严重超标，中国每年因重金属污染导致的粮食减产超过1000万t，被重金属污染的粮食多达1200万t，合计经济损失至少200亿元。从表7-2可见，各大城市郊区的耕地土壤都存在不同程度的重金属污染，其中Hg、Cd、Pb污染尤为明显。例如，沈阳市郊区与西安污灌区土壤的Hg、Cd污染，北方地区的土壤受重金属污染程度普遍高于南方，主要污染物是Hg、Cd、Pb等；南方地区土壤受重金属污染的主要原因与北方相似，但由于雨水相对充足，污灌面积相对较小，加上降雨稀释，污染程度相对较低。由于大量重金属被带入土壤，造成耕地的重金属污染，使得农作物的重金属污染也日趋严重。表7-3是中国部分地区农作物重金属含量。

表7-2　中国部分地区农田土壤中重金属含量(mg/kg)

城　市	AS	Cd	Cu	Cr	Hg	Pb	Zn
沈阳	11.96	0.880	43.70	96.20	0.520	102.00	52.70
西安	11.48	0.628	49.38	69.78	—	40.80	—
上海	—	0.657	111.00	70.30	—	109.00	349.00
贵阳	47.10	0.100	—	150.46	0.296	87.31	—
重庆	7.03	0.231	—	47.92	0.185	21.09	—
南京	—	1.030	39.38	—	67.770	254.79	—
南宁	16.35	1.440	20.38	149.57	0.194	37.38	51.07
广州	8.35	0.190	—	38.43	0.070	34.64	—
土壤质量标准	≤40	≤0.30	≤50	≤150	≤0.30	≤250	≤150

注：土壤质量标准为环境质量标准(二级)GB15618—1995。

表 7-3 中国部分地区农作物重金属含量(mg/kg)

城 市	品 种	Cu	Zn	Pb	Cd	Cr	AS	Hg
沈阳	水稻	1.258	7.810	3.265	0.319	0.291	0.068	0.019
	蔬菜	3.190	11.800	0.420	0.057	0.210	0.104	0.006
西安	水稻	—	20.790	0.310	0.164	0.651	0.099	0.002
	蔬菜	—	—	0.376	0.032	0.468	0.094	0.001
上海	青菜	0.781	3.532	0.447	0.075	0.081	—	—
贵阳	蔬菜	—	—	1.640	—	—	—	0.021
重庆	蔬菜	—	—	0.123	0.014	—	0.027	0.002
南京	蔬菜	5.000	62.210	5.900	0.730	—	—	—
南宁	蔬菜	—	—	0.246	0.055	0.265	0.085	0.015
广州	蔬菜	—	—	0.048	0.0071	0.040	0.013	0.002
国家卫生标准	蔬菜	10	50	0.2	0.05	0.5	0.5	0.01
	粮食	10	50	0.4	0.2	1.0	0.7	0.02

注:国家卫生标准为国家现行食品卫生标准。

7.1.5 防治农业土壤污染对策

目前我国的农业生产方式短期内很难发生大的转变,在相当长的一段时期内,我国农业土壤污染仍较为严重,甚至有恶化的可能。要想从根本上尽快改变我国农业土壤污染的现状,需要从以下几个方面着手。

(1) 坚持"预防为主"的原则,科学种田,减少污染物质的投入,在生产过程中控制土壤污染。首先控制肥料污染,要实施测土配方施肥,合理安排肥料的配比和用量,减少化学肥料的盲目大量投入,加大有机肥料的利用;其次,对农药等农业投入品的土壤污染风险进行科学评估,筛选低风险品种,控制高毒高风险农业投入品使用,合理使用农业投入品;最后,减少污水灌溉,对粪便、垃圾和生活污水进行无害化处理。

(2) 开展有效的土壤污染修复技术研究,利用植物和微生物修复缓解土壤污染。首先,寻找能够超积累或超耐受有害重金属的植物,利用分子生物学和基因工程技术培育兼具高生物量和高富集能力的植物;其次,研究各种条件下土壤中农药等污染物的吸附、解吸机理,农药等污染物在植物体内迁移、转化和代谢的动力学,筛选对污染物耐受性强、去除率高、生物量大的植物;再次,研究联合修复技术如植物-微生物联合修复、化学-微生物联合修复以及综合了微生物修复、植物修复和化学修复技术的污染生态化学修复等。特别是要发挥微生物对土壤污染物的吸收作用,筛选优良的菌株,增强土壤活力,通过改变污染物形态或降解作用降低土壤中污染物的残留量。

(3) 合理进行土壤改良,建立相关的休耕制度,一方面利于降低某些严重污染土壤对农业和农产品造成的危害;另一方面增加土壤的活力,减轻土壤污染程度。许多污染是由于土壤的连年使用,使土壤活力下降,生物多样性降低,破坏了土壤自身的维护功能。合理使用土壤,适时休耕,可以更好地发挥土壤自身的清洁作用。

(4) 强化监管,实行政策引导。在当前情况下,我国农业生产水平还在发展中,许多地方安全生产、清洁生产操作方式落后,仍然依靠高投入来维持。因此,发挥行政部门的监督和引导职能,制定保护土壤的农业生产政策,并采用合理、科学的耕作方法积极引导农业生产者保护土地资源。

(5) 加强土壤保护意识,宣传土壤保护制度。农业生产者是农业生产的主体,只有让广大农田耕作者提高了土壤保护的意识,体会到土壤污染所带来的危害,发挥他们的主观能动性,才能从根本上改善我国农业土壤污染状况。

7.2　土壤重金属污染评价的研究进展

7.2.1　土壤重金属背景值的研究

环境背景值是指未受、基本未受或少受人类活动污染的情况下,自然体如岩石、土壤、水体、植被和农作物等的基本化学组成。人类活动与现代工业发展的影响已遍布全球,现在很难找到绝对不受人类活动影响的土壤(人迹罕见的珠穆朗玛峰及格陵兰的土壤中也已有人为化学品污染物的残留),严格意义上的土壤自然背景值已很难确定,因而只能去寻找人类影响尽可能少的土壤来确定土壤环境背景值。与土壤自然背景值有所不同的是,土壤环境背景值既包括自然背景部分,也可能包括微量外源污染物(如大气污染物输送沉降等)。对于那些从外源输入而土壤本身并不含有的物质,如何确定其土壤环境背景值还值得商榷。一种做法是将其定为无背景值,另一种是依据大范围地区的大多数低值(作为目标控制值考虑)来确定。例如,在某一区域内某些点位间隔若干年(如 10 年左右)进行 1 次检测,以此来反映较大范围和较长时期内的物质动态变化。因此,土壤环境背景值只是一个相对的概念,反映一定自然历史时期、一定地域内土壤中某些原有或准原有状态的物质丰度,或者说是土壤当前的环境背景值或本底值,是维持当前土壤环境质量的目标。

由于各地岩石、成土母质和土壤类型存在差别,土壤环境背景值具有明显的地区性差异。土壤环境背景值密切地受气候、地形、生物和时间的影响,因而不同风化过程和成土过程以及不同污染源状况,必然会导致各地不同的土壤环境背景值。鉴于在土壤发生分类中,土属是由高级分类单元过渡到基层分类单元的一个中级分类单元,其划分依据是地方性影响因素。因此,在确定具体土壤的环境背景值时采用土属作为土壤环境背景值的统计单元,这样充分考虑了母质、成土过程和土壤特性(如 pH、质地状况、黏土矿物含量、有机质含量、吸附性能、氧化还原状况)等因素的影响。此外,某些发育在特殊地球化学区域的土壤会出现高的土壤环境背景值,即使无外来污染影响,土壤环境背景值也会异常高,甚至高于一般土壤的污染临界值。在这种异常土壤背景区种植农作物可能会产生危害。因而在区域土壤背景值采样点的统计中应剔除这些异常值。

重金属是构成地壳的元素,在地球上的水循环、生物循环和地球化学循环等作用下,迁移循环于岩石圈、大气圈、水圈和土壤圈之间,广泛分布于土壤、大气、水体和生物体之中。重金属环境背景值的确定是研究与评价环境中重金属污染和制定环境质量标准的前提和基础,在环境医学和农业生产等方面有着重要的作用。我国从 20 世纪 70 年代开展这方面的研究工作,但研究的区域范围仅限于几个重点城市和主要的农业区。“六・五”期间,在湘江谷地和松辽平原开展了土壤环境背景值研究;“七・五”期间,调查范围扩大到了除台湾省以外的全国各省区。在20世纪70～80年代开展的环境背景值调查基本限于土壤背景值的调查，进入90年代，环境背景值的研究对象扩大到了水、植物、大气，甚至于海底沉积物，但大多是各地根据需要而开展的地方性调查。目前环境背景值的研究主要还是针对土壤开展的。

土壤虽具有一定自净功能，但其环境容量是有一定限度的。要用长远的战略眼光和可持续发展的科学发展观，提高对保护土壤资源与质量重要性的认识，贯彻预防为主的方针。所以，采用土壤环境背景值作为土壤环境质量评价的标准之一是十分必要的，这样可使大部分土壤尽可能维持当前背景水平，对超标（土壤环境背景值上限值）土壤予以警示，及早给予关注。

7.2.2 土壤环境质量标准

土壤环境质量标准是国家为防治土壤污染、保护生态系统、维护人体健康所制订的土壤中污染物在一定时间和空间范围内的容许含量值，是衡量土壤污染的尺度，防治土壤污染的依据。土壤环境质量标准的制定主要是依据土壤中污染物对各种受体（水体、空气、生物、人体）的危害与否。污染土壤的生态环境影响是污染物自身性质与环境条件的综合反映。污染土壤的生态危害及其风险大小，不仅取决于污染物本身的生物毒性、存在形态以及浓度大小，还与所处场地的应用功能、土壤性质、环境条件如地下水埋深等密切相关，因此，同一污染物在不同土壤中的活性及其对同样受体的影响就会不同。同时，污染危害的间接性、隐蔽性以及污染的多途径性（土壤或扬降尘接触、饮水、农产品食物链摄入、皮肤吸收）等诸多因素的影响，均使得制定土壤环境标准的技术难度远大于水、大气。

制定土壤环境质量标准的基础是确定土壤元素的临界含量（土壤元素环境质量基准），该临界值是土壤元素既不影响农产品产量和生物学质量，又不导致地表水和地下水污染的最大含量。为了保护土壤这种几乎无再生能力的人类生存资源，约有十几个国家或地区对土壤中的有害物质（主要是重金属）作了最高允许浓度的规定。制定土壤环境质量基准，目前采用的技术路线大体上有两种：地球化学方法和生态环境效应法。地球化学方法主要是应用统计学方法，根据土壤中元素地球化学含量状况、分布特征来推断土壤环境质量基准的方法。生态环境效应法基于土壤-植物体系、土壤-微生物体系、土壤-水体系或其中任何一种体系的环境质量标准推算土壤中重金属元素的最高允许浓度。应用生态环境效应法得出的土壤环境质量基准值，有害物质在土壤中有所积累，但对农作物和环境尚没有造成危害和污染。

由于土壤系统的复杂性，土壤环境标准的制定是一个不断研究和完善的过程，并逐步形成土壤环境质量体系。总体来看，世界各国在制定土壤环境质量标准时，通常考虑各种化学物生态毒害性、土壤环境背景值、污染程度、影响化学污染物迁移和暴露的环境因素，从土地利用功能保护和污染土壤修复目的出发，形成以重金属、有机污染物为主要指标，由土壤质量基准与标准、污染起始浓度、污染土壤修复行动值、修复基准与标准构成的土壤质量标准体系。

环境标准是环境立法的重要组成部分，环境标准的建立和严格实施在一定程度上反映了一个国家的科技发展水平和法制健全状况。国外很多发达国家早已制定了“土壤环境质量标准”。例如，日本早期的土壤污染防治法(包括标准)订立于1947年。1976年美国环境保护署提出以土壤中不同阳离子交换量表示的重金属最高容许量。我国相继于1995年10月颁布《土壤环境质量标准》(GB15618—1995)，1999年6月颁布《工业企业土壤环境质量风险评价基准》(HJ/T25-1999)，2000年农业部颁布《绿色食品土壤质量标准》(NY/T391-2000)。

7.2.2.1 我国现行的土壤环境质量标准

1)《土壤环境质量标准》(GB15618—1995)

1995年，我国公布了《国家土壤环境质量标准》(GB15618—1995)，该标准是在20世纪70年代中期以来中国取得的土壤环境背景值、土壤环境容量、土壤环境基准值等大量研究成果的基础上制定的。中国土壤环境质量标准以土壤应用功能分区、土地保护为目标，考虑土壤主要性质，将我国的土壤划分为三类，各类土壤分别执行相应的土壤质量标准。Ⅰ类是指规定的自然保护区、集中式生活饮用水水源地、茶园、果园、牧场等土壤，土壤质量基本上保持自然背景水平，执行一级标准，是保护区域自然生态、维持自然背景的土壤环境质量的限制值。Ⅱ类是指一般农田、蔬菜地、茶园、果园、牧场等土壤，土壤质量基本保持在不对植物和环境造成危害和污染，执行二级标准，为保障农林业生产和植物正常生长的土壤临界值。Ⅲ类是指林地土壤及污染物容量较大的高背景值土壤和矿产附近等地的农田土壤(蔬菜地除外)，执行三级标准，为保障农林业生产和植物正常生长的土壤临界值。

中国土壤环境质量标准考虑了土壤pH(Ⅱ类土壤最高允许浓度指标值)、耕作方式(以As、Cu、Cr含量对水田、旱地或果园分别定值)和土壤阳离子交换量(表7-4)，主要规定了土壤中的重金属、滴滴涕和六六六含量限值，其他的有机污染物均未给出标准值。

表7-4 中国土壤环境质量标准值(GB15618—1995)(mg/kg)

项目		一级	二级			三级
		自然背景	pH<6.5	pH6.5～7.5	pH>7.5	pH>6.5
Cd	≤	0.20	0.30	0.30	0.60	1.00
Hg	≤	0.15	0.30	0.50	1.00	1.50
As	水田≤	15	30	25	20	30
	旱地≤	15	40	30	25	40
Cu	农田等≤	35	50	100	100	400
	果园≤	—	150	200	200	400
Pb	≤	35	250	300	350	500
Cr	水田≤	90	250	300	350	400
	旱地≤	90	150	200	50	300
Zn	≤	100	200	250	300	500
Ni	≤	40	40	50	60	200
六六六	≤	0.05	—	0.50	—	1.00
滴滴涕	≤	0.05	—	0.50	—	1.00
标准值符号		$C_{Ⅰ}$	$C_{Ⅱa}$	$C_{Ⅱb}$	$C_{Ⅱc}$	$C_{Ⅲ}$

注：重金属(Cr主要是三价)和As均按元素量计，适用于阳离子交换量>5 cmol(+)/kg的土壤，若≤5 cmol(+)/kg，其标准值为表内数值的半数；六六六为4种异构体总量，滴滴涕为4种衍生物总量；水旱轮作地的土壤环境质量标准，As采用水田值，Cr采用旱地值；表中$C_{Ⅰ}$、$C_{Ⅱa}$、$C_{Ⅱb}$、$C_{Ⅱc}$、$C_{Ⅲ}$分别作为土壤污染程度评价计算式中的标准值。

2)《工业企业土壤环境质量风险评价基准》(HJ/T25—1999)

《工业企业土壤环境质量风险评价基准》(HJ/T25—1999)适用于工业企业选址阶段及工业企业生产活动发生后界区内土壤的环境质量风险评价,不适用于采矿、农田和居住用地。该基准用风险评价的方法确定两套基准值:土壤基准$_{直接接触}$和土壤基准$_{迁移至地下水}$。土壤基准$_{直接接触}$:用于保护在工业企业生产活动中因不当摄入或皮肤接触土壤的工作人员,适用于地表至地表以下0.6m之间的土壤;土壤基准$_{迁移至地下水}$:用于保证化学物质不因土壤的沥滤导致工业企业下方饮用水源造成危害。该基准仅适用于现在或将来工业企业下方的地下水用作饮用水源时,其地下水位以上的土壤。工业企业下方的地下水现在或将来不用作饮用水源的,按照土壤基准$_{直接接触}$执行。该标准共涉及80多种污染物,不适用于居住用地的土壤和地下水标准,缺乏土壤清除标准。

3)《绿色食品土壤质量标准》(NY/T391—2000)

《绿色食品土壤质量标准》(NY/T391—2000)将土壤按耕作方式的不同分为旱地和水田两大类,每类又根据土壤pH的高低分为三种情况,即pH<6.5,pH=6.5~7.5,pH>7.5。绿色食品产地各种不同土壤中的各项污染物含量不应超过表7-5所列的限值。

表7-5 土壤中各项污染物的含量限值(mg/kg)

项目	旱地			水田		
	pH<6.5	pH6.5~7.5	pH>7.5	pH<6.5	pH6.5~7.5	pH>7.5
Cd	0.30	0.30	0.40	0.30	0.30	0.40
Hg	0.25	0.30	0.35	0.30	0.40	0.40
As	25	20	20	20	20	15
Pb	50	50	50	50	50	50
Cr	120	120	120	120	120	120
Cu	50	60	60	50	60	60

注:果园土壤中的Cu限量为旱田中的Cu限量的1倍;水旱轮作用的标准值取严不取宽。

4)《食用农产品产地环境质量评价标准》(HJ/T 332—2006)

2006年,国家环保总局发布了《食用农产品产地环境质量评价标准》(HJ/T 332—2006)和《温室蔬菜产地环境质量评价标准》(HJ/T 333 2006)两项国家环境保护行业标准。该标准切合我国食用农产品和蔬菜安全生产的需要及其产地环境安全管理的要求,在依据《土壤环境质量标准》、《农田灌溉水质标准》、《保护农作物的大气污染物最高允许浓度》和《环境空气质量》等环境质量标准的基础上,分别对食用农产品产地环境和温室环境的质量要求作了适当修订。同时,补充了检测和评价方法。为科学合理实施食用农产品和蔬菜的生产、管理,提高产品品质与食用安全,保障群众健康提供了科学的法规依据。

该标准规定了食用农产品产地土壤环境质量、灌溉水质量和空气质量的各个项目及其浓度(含量)限值和检测、评价方法。适用于食用农产品产地,不包括温室蔬菜生产用地。监测项目分为基本控制项目和选择控制项目两类,既避免漏掉主要项目,又可由各地自主地选择一些项目。在进行环境质量评价时,评价项目分为严格控制项目和一般控制项目两类,使那些危害较重和一般的污染物在评价中有所不同。标准基本内容和评价方法切合实际,具有实施管理的可操作性。该标准规定食用农产品产地土壤环境质量应符合表7-6的规定。

表 7-6　土壤环境质量评价指标(mg/kg)限制①

项目②				pH<6.5	pH③ 6.5~7.5	pH>7.5
基本控制项目	总 Cd	水作、旱作、果树等	≤	0.30	0.30	0.60
		蔬菜	≤	0.30	0.30	0.40
	总 Hg	水作、旱作、果树等	≤	0.30	0.50	1.0
		蔬菜	≤	0.25	0.30	0.35
	总 As	旱作、果树等	≤	40	30	25
		水作、蔬菜	≤	30	25	20
	总 Pb	水作、旱作、果树等	≤	80	80	80
		蔬菜	≤	50	50	50
	总 Cr	旱作、蔬菜、果树等	≤	150	200	250
		水作	≤	250	300	350
	总 Cu	水作、旱作、蔬菜、柑桔等	≤	50	100	100
		蔬菜	≤	150	200	200
	六六六④		≤	0.10		
	滴滴滴④		≤	0.10		
选择控制项目	总 Zn		≤	200	250	300
	总 Ni		≤	40	50	60
	稀土总量(氧化稀土)		≤	背景值⑤+10	背景值⑤+15	背景值⑤+20
	全盐量		≤		1000　2000⑥	

注：①对实行水旱轮作、菜粮套种或果粮套种等种植方式的农地，执行其中较低标准值的一项作物的标准值；②重金属(Cr 主要是三价)和 As 均按元素量计，适用于阳离子交换量>5 cmol(+)/kg 的土壤，若≤5 cmol(+)/kg，其标准值为表内数值的半数；③若当地某些类型土壤 pH 变异在 6.0~7.5，鉴于土壤对重金属的吸附率，在 pH6.0 时接近 6.5，pH 6.5~7.5 组可考虑在该地扩展为 pH 6.0~7.5；④六六六为四种异构体总量，滴滴涕为四种衍生物总量；⑤背景值：采用当地土壤母质相同、土壤类型和性质相似的土壤背景值；⑥适用于半漠境及荒漠区。

5)《温室蔬菜产地环境质量评价标准》(HJ 333—2006)

《温室蔬菜产地环境质量评价标准》(HJ 333—2006)规定了以土壤为基质种植的温室蔬菜产地温室内土壤环境质量、灌溉水质量和环境空气质量的各个控制项目及其浓度(含量)限值和监测、评价方法。温室蔬菜产地土壤环境、灌溉水和空气环境中的污染物(或有害因素)项目均划分为基本控制项目和选择控制项目两类。基本控制项目为评价必测项目，选择控制项目由当地根据污染源及可能存在的污染物状况选择确定并予以测定。该标准规定温室蔬菜产地土壤环境质量应符合表 7-7 的规定。

表 7-7　土壤环境质量评价指标限值①(mg/kg)

项目①			pH②		
			<6.5	6.5~7.5	>7.5
土壤环境质量基本控制项目	总 Cd	≤	0.30	0.30	0.40
	总 Hg	≤	0.25	0.30	0.35
	总 As	≤	30	25	20
	总 Pb	≤	50	50	50
	总 Cr	≤	150	200	250
	六六六③	≤	0.10		
	滴滴涕③	≤		0.10	
	全盐量	≤		2000	

续表

项目[①]			pH[②]		
			<6.5	6.5—7.5	>7.5
选择控制项目	总 Cu	≤	50	100	100
	总 Zn	≤	200	250	300
	总镍	≤	40	50	60

注:①重金属和 As 均按元素量计,适用于阳离子交换量>5 cmol(+)/kg 的土壤,若≤5 cmol(+)/kg,其标准值为表内数值的半数;②若当地某些类型土壤 pH 变异在 6.0～7.5,鉴于土壤对重金属的吸附率,在 pH6.0 时接近 6.5,pH 6.5～7.5 组可考虑在该地扩展为 pH 6.0～7.5;③六六六为 4 种异构体总量,滴滴涕为 4 种衍生物总量。

7.2.2.2 现有评价标准存在的问题

1) 缺乏相应的土壤环境功能分区

国际上许多国家都依据不同的土地利用类型制定了相应的土壤污染控制标准。而目前我国的土壤环境质量标准主要针对农用土地,基本没有考虑到人类可直接接触的居住用地、娱乐、商业和工业用地土壤的特殊性等社会因素。而城市地区中不同土地类型对土壤中污染物质含量的要求不同。例如,住宅用地要求要高于商业用地和工业用地,工业用地和商业用地则对土壤污染物质的要求相对较低。就城市土壤而言,采用相同的评价标准进行土壤污染评价,在一定程度上限制了城市土地的开发利用。

2) 土壤环境质量标准中有机污染物质涉及种类少

目前世界大多数国家和地区在水体、大气、土壤、沉积物和生物体等介质中都能检测出各种有机污染物。当前的各项调查研究也表明,有机污染已经成为我国目前土壤中重要污染物质。由于我国经济技术发展水平,对绝大多数有机物还没有制定出相应的环境质量标准。我国《土壤环境质量标准》涉及的有机污染物种类较少,除六六六、滴滴涕两种现在很少使用的农药外,标准中并没有对这些土壤中常见的挥发性、半挥发性有机污染物含量做出限定,而且大多数有机物在环境介质中的浓度很低,一种物质对生态环境和人体健康的影响程度可能很小,但多种物质的累积效应就很难判断。因而难以评判各环境介质中有机污染物对生态环境和人体健康的潜在危害程度和发展趋势。

3) 土壤环境质量标准中的重金属形态选择单一

由于土壤的复杂性,重金属在土壤中的存在形态多样化,并且土壤污染主要由有效态部分造成。因而,在评定土壤中污染物的影响时,应主要考虑有效态的数量。而我国标准中的重金属形态选择比较单一,基本上采用总量为指标,没有考虑污染物质的有效态量。这种定值方式,对大多数有效态含量较高的土壤重金属具有一定代表性,但对一些有效态含量较低的土壤重金属,采用总量则会产生较大差异,不能反映土壤受污染的实际情况。以 Cu 为例,受 Cu 污染的土壤中,残余态量要比其余 4 种形态(可交换态、易还原态、可氧化态、有机态)的含量低。

4) 缺乏地方性土壤污染控制标准

目前我国的土壤环境质量标准没有针对全国不同地区的情况加以区别,对于土壤背景值差异较大的各个省市均采用统一的临界值,这样就会导致有些土壤背景值含量高的地区很容易出现重金属超标而被认为是受到了严重“污染”;另外,对于土壤重金属背景含量较低的地区,即使其重金属污染问题已经比较严重,但是按照《标准》的临界值来进行评价却依然认为没有受到“污染”，难以反映各地土壤环境污染状况。

7.2.3 土壤重金属污染的评价方法

7.2.3.1 单因子污染指数法

单因子指数法是国内通用的一种重金属污染评价方法，是国内评价土壤、水、大气和河流沉积物重金属污染的常用方法。该方法采用单因子污染指数(P_i)，即环境中该污染物实测值(C_i)与该污染物的评价标准值(S_i)之比，即 $P_i=C_i/S_i$，$P_i<1$，未污染；$P_i>1$，污染，数值越大，说明受到的污染越严重(表 7-8)。单因子指数法可以判断出环境中的主要污染因子，但环境是一个复杂的体系，环境污染往往是由多个污染因子复合污染导致的，因而这种方法仅适用于受单一因子污染的特定区域的评价，单因子指数法是其他环境质量指数、环境质量分级和综合评价的基础。

表 7-8 基于单因子污染指数评价的元素污染程度分级表

污染指数 P_i	<1	1~2	2~3	3~5	>5
污染程度	未污染	轻度污染	中度污染	重度污染	严重污染

7.2.3.2 重金属的复合污染评价

单个重金属污染虽有发生，但在自然界中，重金属的污染多为伴生性或综合性的复合污染。因此，评价某种元素在污染土壤中的毒性仅以在其单体系中确定的临界值为依据显然是缺乏说服力的。重金属的复合污染对土壤-植物体系的影响十分复杂，其难点在于如何反映诸多影响因素的综合效应。目前，对重金属复合污染的评价主要采用如下几种方法。

1) 离子冲量法

Bardgett(1994)推荐用离子冲量(ionic impulsion)来评价重金属复合污染的植物效应，并指出在一定条件下离子冲量是一个很好的土壤污染指导指标标准。对同一土壤来说，已证明离子冲量可作为重金属复合污染的综合指标来考察其对植株生长的影响。丁园等(2003)通过生物盆栽试验研究了在重金属 Cu、Zn、Cd 复合污染条件下牧草(黑麦草、紫花苜蓿)体内重金属含量和土壤中重金属有效态含量的相关性，结果表明，在 3 种不同性质的污染土壤中，牧草体内重金属的离子冲量与其对应土壤中重金属有效态的离子冲量之间均存在明显的相关性。周东美等(2004)发现，Cu、Cd、Pb、Zn 复合污染条件下土壤中离子交换态含量与离子冲量之间具有很好的相关性，可以用于土壤重金属有效态的预测。其表达式为

$$I=\sum(C_i^{1/n})$$

$$\text{相对离子强度}=K\times\sum(C_i n_i)^2$$

式中，C_i 为重金属元素浓度；n 为某种金属离子的氧化数。用相对离子强度表示的效果优于用离子冲量表示的效果，因为元素的生物有效性莫过于植物体金属离子的含量，故植物体中相对离子强度与生物量的拟合性更好，相关性更显著。

近年来，陈怀满等(2000)进一步完善了重金属复合污染的表征方式，提出了污染综合指数的表征方法：

污染综合指数：$I = X \cdot (1 + \mathrm{RPE}) + Y \cdot \mathrm{DDMB}/(Z \cdot \mathrm{DDSB})$

相对污染当量：$\mathrm{RPE} = \left\{ \sum (C_i/C_{si})^{1/n} \right\}/N$

土壤重金属浓度偏离背景值的程度：$\mathrm{DDMB} = \left\{ \sum (C_i/C_{bi})^{1/n} \right\}/N$

土壤重金属浓度标准偏离背景值的程度：$\mathrm{DDSB} = \left\{ \sum (C_{si}/C_{bi})^{1/n} \right\}/Z$

式中，C_i 为重金属在土壤中的浓度；C_{si} 为重金属在土壤标准中的浓度；C_{bi} 为重金属在土壤背景中的浓度；X 为超过标准值元素个数；Y 为超过背景值元素个数；Z 为超过标准值元素个数；n 为每种金属离子的氧化数；N 为测定元素的数目；Z 为用于评价的元素个数。当 $Y=0$ 时：$X=0, I=0$，此时的土壤为背景条件；当 $Y>0, X=0$：I 在 0～1 表示土壤未污染；当 $X>1, I>1$，此时的土壤被污染，其数值表明相对污染程度的大小。这些描述方法为今后科学表征土壤重金属污染提供了定量描述的手段，为比较重金属污染土壤之间的差异性奠定了基础。

2) 尼梅罗综合污染指数法(土壤环境监测技术规范)

单因子污染指数法只能分别反映各个污染物的污染程度，不能全面、综合地反映土壤的污染程度，因此当评定区域内土壤质量作为一个整体与外区域土壤质量比较、或土壤同时被多种重金属元素污染时，需将单因子污染指数按一定方法综合起来进行评价，即应用综合污染指数法评价。重金属元素综合污染评价一般采用尼梅罗综合污染指数法，该方法同时兼顾了单因子污染指数的平均值和最高值，可以突出污染较重的污染物的作用，而且方法比较简便，目前普遍采用这种方法来评价土壤重金属污染。

尼梅罗综合污染指数法及分级标准(表 7-9)。土壤重金属综合污染指数计算公式如下：

$$P_{综} = \{[(C_i/S_i)^2_{\max} + (C_i/S_i)^2_{\mathrm{ave}}]/2\}^{1/2}$$

式中，$P_{综}$ 为土壤重金属综合污染指数；C_i 为土壤重金属元素 i 的实测浓度(mg/kg)；S_i 为重金属元素 i 的评价标准(mg/kg)；$(C_i/S_i)_{\max}$ 为土壤重金属元素中污染指数最大值；$(C_i/S_i)_{\mathrm{ave}}$ 为土壤各污染指数的平均值。

表 7-9 土壤污染分级标准

等级划分	$P_{综}$	污染等级	污染水平
1	$P_{综} \leqslant 0.17$	安全	清洁
2	$0.17 < P_{综} \leqslant 1$	警戒级	尚清洁
3	$1 < P_{综} \leqslant 2$	轻污染	土壤轻污染，作物开始受到污染
4	$2 < P_{综} \leqslant 3$	中污染	土壤、作物均受到中度污染
5	$P_{综} \geqslant 3$	重污染	土壤、作物受污染已相当严重

3) 污染负荷指数法

污染负荷指数法是 Tomlinson 等在进行重金属污染水平的分级研究中提出来的一种评价方法，该方法被广泛应用于土壤和河流沉积物重金属污染的评价。该指数由评价区域所包含的多种重金属成分共同构成，它能直观地反映各个重金属对污染的贡献程度，以及重金属在时间、空间上的变化趋势，应用比较方便。

评价公式：首先根据某一点的实测重金属含量进行最高污染系数(CF_i)的计算：

$$CF_i = C_i/C_{0i}$$

式中，CF_i 为元素 i 的最高污染系数；C_i 为元素 i 的实测含量 mg/kg；C_{0i} 为元素 i 的评价标准，即背景值，一般选用全球页岩平均值作为重金属的评价标准，见表 7-10。某一点的污染负荷指数 PLI 为

$$PLI = (CF_1 \times CF_2 \times C_3 \cdots CF_n)^{1/n}$$

式中，PLI 为某一点的污染负荷指数；n 为评价元素的个数。某一区域的污染负荷指数(IPLzone)为

$$IPLzone = (IPL_1 \times IPL_2 \times IPL_3 \cdots IPL_n)^{1/n}$$

式中，IPLzone 为区域污染负荷指数；n 为评价点的个数(即采样点的个数)。污染负荷指数一般分为 4 个等级，见表 7-11。

表 7-10 重金属元素的评价标准(全球页岩平均值*)($\mu g/g$)

元　素	Cr	Cu	Pb	Zn	Cd
全球页岩平均值	90	45	20	95	0.3

* 根据 Fostner and Wittmann(1987)。

表 7-11 污染负荷指数与污染程度之间的关系

PLI 值	1<	1～2	2～3	>3
污染等级	0	Ⅰ	Ⅱ	Ⅲ
污染程度	无污染	中度污染	强污染	极强污染

污染负荷指数法的优点是该指数由评价区域所包含的多种重金属成分共同构成，通过这种方法可对整个区域各个点位各种重金属进行定量评价，并对各点的污染程度进行分级，指出对环境污染最严重的元素和各种元素对环境污染的贡献程度，能避免污染指数加和关系造成的对评价结果歪曲的现象，并且对任意给定的区域进行定量的判断，但该方法没有考虑不同污染物源所引起的背景差别。

4) 潜在生态危害指数法

潜在生态危害指数法是瑞典学者 Hakanson 于 1980 年建立的一套应用沉积学原理评价重金属污染及生态危害的方法。该方法作为国际上土壤(沉积物)重金属研究的方法之一，它结合环境化学、生物毒理学、生态学等方面的内容，从重金属的生物毒性角度出发，反映了多种污染物的综合影响，并定量地划分出潜在生态危害的程度，是目前此类研究中应用较为广泛的一种。计算公式如下：

$$C_f^i = C_{表}^i / C_n^i$$

$$E_r^i = T_r^i / C_f^i$$

$$RI = \sum E_r^i$$

式中，C_f^i 为某一金属的污染参数；$C_{表}^i$ 为土壤沉积物中重金属的实测含量；C_n^i 为土壤背景

参考值；E_r^i 为潜在生态风险参数；T_r^i 为单个污染物的毒性响应参数；RI 为多种金属潜在生态风险指数。评价标准见表 7-12、表 7-13。

表 7-12 土壤重金属的背景参考值(C_n^i)和毒性系数(T_r^i)

元 素	Pb	Hg	Cu	Cd	As	Cr	Zn
背景值	22.500	0.233	30.800	0.156	7.500	56.000	84.900
T_r^i	5	40	5	30	10	2	1

表 7-13 重金属潜在生态危害系数(E_r^i)，潜在生态危害指数(RI)与污染程度的关系

指数类型	所处范围	污染程度	指数类型	所处范围	污染程度
潜在生态风险因子(E_r^i)	$E_r^i<40$	轻微生态危害	潜在生态风险指数(RI)	RI<150	轻微生态危害
	$40\leqslant E_r^i<80$	中等生态危害		150⩽RI<300	中等生态危害
	$80\leqslant E_r^i<160$	强度生态危害		300⩽RI<600	强度生态危害
	$160\leqslant E_r^i<320$	很强生态危害		RI⩾600	很强生态危害
	⩾320	极强生态危害			

潜在生态危害指数法综合考虑了重金属的毒性、在土壤和沉积物中普遍的迁移转化规律和评价区域对重金属污染的敏感性以及重金属区域背景值的差异，消除了区域差异影响，体现了生物有效性和相对贡献及地理空间差异等特点，是综合反映重金属对生态环境影响潜力的指标，适合于对大区域范围沉积物和土壤进行评价比较。冯慕华应用这种方法对辽东湾潜水区沉积物生态风险和污染程度进行了分级，指出了对环境污染贡献最大的重金属元素，并分析了各种重金属污染对环境质量的潜在影响和环境的潜在风险，成为国内外沉积物和土壤质量评价中应用最为广泛的方法之一，但这种方法的毒性和加权带有主观性。

5）环境风险指数法

Rapant 等(2003)提出运用环境风险指数法对污染环境进行环境风险表征，该方法规定了相应的环境风险划分标准，可以定量度量重金属污染的土壤或沉积物中样品的环境风险程度大小。计算公式如下：

$$I_{ERi}=AC_i/RC_i-1$$

$$I_{ER}=\sum_{i=1}^{n}I_{ERi}$$

式中，I_{ERi}为超过临界限量的第 i 种元素的环境风险指数；AC_i 为第 i 种元素的分析含量，mg/kg；RC_i 为第 i 种元素的临界限量，mg/kg；I_{ER}为待测样品的环境风险。

需要说明的是，如果 $AC_i<RC_i$，则定义 I_{ERi}的数值为 0。环境风险指数法能定量反映重金属污染风险程度的大小，能用数值反映污染物对环境现状的危害程度。Rapant 等(2003)应用环境风险指数法对斯洛伐克共和国的环境进行了风险分级，分析了各种重金属对环境污染的贡献程度和对环境污染贡献最大的重金属元素，但这种方法不能反映重金属污染在时间和空间上的变化特征。

7.3 典型设施栽培土壤重金属含量变化及其风险评价——以山东寿光为例

采用野外调查和室内分析相结合的方法，对典型设施栽培地山东寿光的部分土壤重金属含量变化特征进行研究，并根据温室蔬菜产地环境质量评价标准，选取单项污染指数法和尼梅罗综合指数法对土壤的重金属污染状况进行环境质量评价，研究结果可为揭示设施土壤重金属污染现状，防治生产中出现的土壤与环境问题，实现设施生产优质、高效且环境友好的发展方向提供依据。

7.3.1 研究方法

7.3.1.1 采样与分析

本试验设置 2 种采样处理：①各地不同种植年限的设施土壤及相邻的露地土壤，取耕层（0～20 cm）土样；②各地最长种植年限的设施土壤及其相邻的露地土壤，按 0～20 cm、20～40 cm、40～60 cm、60～80 cm 和 80～100 cm 分层，取剖面土样。土样的采集均按“S”形布点，单个温室内取一个混合耕层土样，剖面土样为单个温室内取多个剖面（5～7 个）按土层分别混合所得。所采土样风干过 0.15 mm 筛。样品经 HNO_3-$HClO_4$-HF 消煮后用原子吸收分光光度法（MKII M6 型，Thermoelemental 公司）测定 Cu、Cr、Pb、Zn、Cd 的含量。采样的同时走访农户和当地农技干部，收集研究区设施大棚的施肥情况、主要蔬菜种类、产量、种植面积及种植年限等资料（详见表 4-1）。

7.3.1.2 评价方法与标准

按照温室蔬菜产地环境质量评价标准，土壤重金属污染评价采用单项污染指数法和尼梅罗综合污染指数法。单项污染指数法计算公式：

$$P_i = C_i / S_i$$

式中，P_i 为单项污染指数；C_i 为污染物的实测数据；S_i 为《温室蔬菜产地环境质量评价标准》（HJ333—2006）中各污染物限值。

尼梅罗综合污染指数法计算公式：

$$P_{综} = \sqrt{\frac{(\overline{P_i})^2 + (P_{max})^2}{2}}$$

式中，$P_{综}$ 为综合污染指数；$\overline{P_i}$为所有单项污染指数的平均值；P_{max}为最大污染指数。

按照温室蔬菜产地环境质量评价标准（表 7-14），对该地设施土壤重金属含量进行评定分级。

表 7-14 环境质量等级划定

等级划分	$P_{综}$ 和 P_i	污染等级
1	≤0.7	清洁
2	0.7～1.0	尚清洁
3	>1.0	超标

7.3.2 设施土壤重金属含量的剖面变化特点

设施土壤重金属的剖面分布，由于人为扰动频繁，种植户栽培管理措施的差异以及重金属在土壤中迁移能力的不同，使不同重金属的剖面含量变化具有一定的差异。

由图 7-1 可以看出，设施土壤 Cu 的含量以 0～20 cm 土层最高，达 33.28 mg/kg，且显著高于露地土壤。随着土层深度的增加，其含量与露地土壤无显著差异，但其耕层的含量显著高于 20 cm 以下各层。20 cm 以下，设施土壤剖面 Cu 含量分布较为一致，变化不明显，为 24.59～26.10 mg/kg，露地土壤在剖面分布也较为一致。据实地调查，山东设施土壤中大量施用猪粪、鸡粪等畜禽粪便，使 Cu 含量在 0～20 cm 土层显著高于很少施用畜禽粪便的露地土壤。土壤中 Cu 的累积与畜禽粪便的投入有关。在现代化饲养业中，Cu 常用作复合饲料的添加剂（含 Cu 150～250 mg/kg），因此畜禽粪便中 Cu 成为农业土壤中 Cu 污染的一个重要来源。

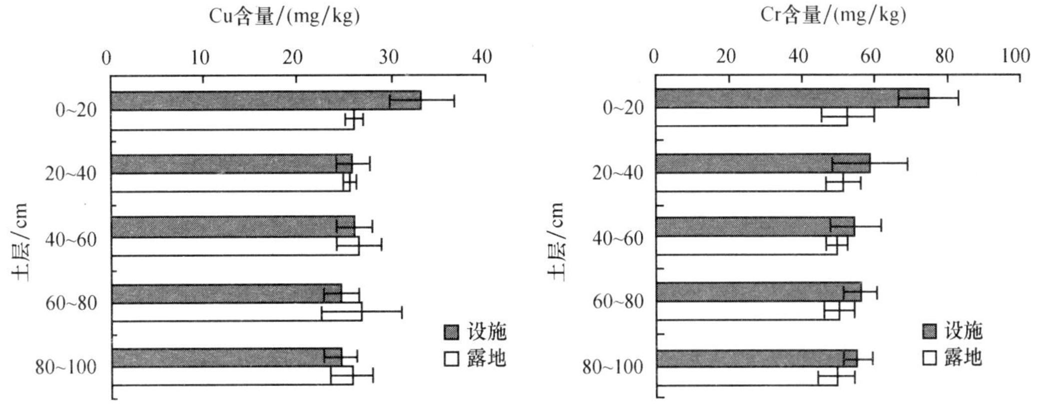

图 7-1 山东寿光设施土壤 Cu、Cr 含量的剖面变化特征

山东寿光露地土壤耕层 Cr 的含量为 52.47 mg/kg，设施土壤耕层的平均含量为 74.80 mg/kg，差异显著（图 7-1）。在设施土壤中，其耕层的含量显著高于其下各层，20 cm 以下土壤剖面中 Cr 含量变化不明显。在露地土壤中，Cr 含量在各土层的分布变幅较小。Cr 在 P 肥中的含量很高，因此，施用大量肥料的设施土壤耕层的 Cr 含量显著高于露地土壤。Cr 在土壤剖面的分布情况与 Cu 表现出了一定的相似性，因为 Cr 在土壤中的迁移能力也较弱。

Pb 在设施土壤剖面含量随着土层深度的增加而逐渐降低，为 15.51～12.54 mg/kg，以 0～20 cm 土层的累积量最高（图 7-2）。与露地土壤相比，设施土壤中 Pb 含量在 0～20 cm、20～40 cm、40～60 cm 土层分别是露地土壤的 1.12 倍、1.21 倍和 1.11 倍，均达到了显著差异。Pb 在设施土壤的耕层表现出了一定的累积现象，但表层以下的各土层含量变化不明显。

Zn 在 20～40 cm 土层的含量较高（图 7-2）。设施土壤 0～100 cm 土层含量是露地土壤的 1.27 倍。在 0～80 cm 各土层的含量均高于露地，且在 0～20 cm 和 60～80 cm 的差

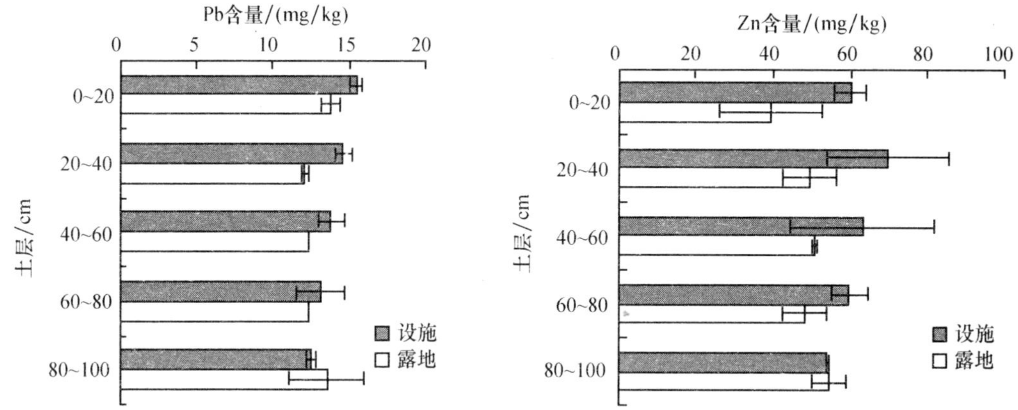

图 7-2 山东寿光设施土壤 Pb、Zn 含量的剖面变化特征

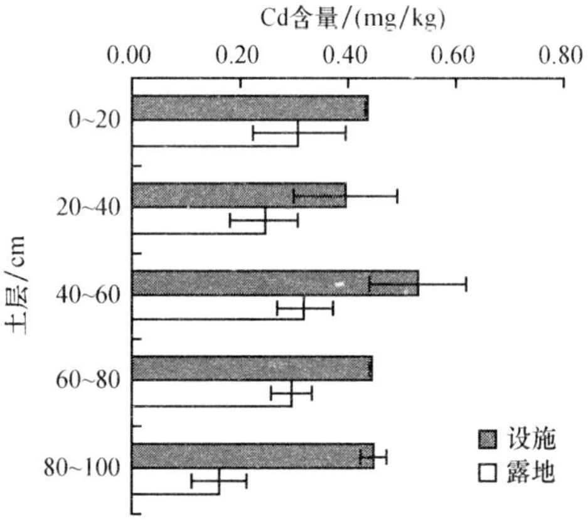

图 7-3 山东寿光设施土壤 Cd 含量的剖面变化特征

异达到了显著水平。Zn 在土壤中的迁移能力较强，因此无论是在设施土壤还是露地土壤剖面的分布都有一定的波动。

Cd 在设施土壤中 40～60 cm 土层的含量最高（图 7-3）。与露地土壤相比，其在 0～100 cm 各土层的含量均高于露地，且在 0～20 cm、40～60 cm、60～80 cm 和 80～100 cm 土层差异均达显著水平，分别是露地土壤的 1.41 倍、1.65 倍、1.49 倍和 2.80 倍。P 肥和猪粪是土壤中 Cd 的重要来源之一。设施土壤中有机肥和 P 肥的大量施用导致 Cd 在土壤的累积。Cd 是相对比较活泼的重金属，其迁移率高于其他重金属元素，因此在 40～60 cm 土层的含量高于耕层。

7.3.3 不同种植年限设施土壤重金属含量变化特点

不同种植年限的设施土壤耕层重金属含量与露地相比均有一定的差异。对山东寿光 3 个镇的调查结果（表 7-15）显示，连续使用了 2～4 年的日光温室，重金属含量普遍较高。洛城镇连续种植了 2 年的设施土壤中 Cu 的含量最高；而 Cr、Pb、Zn 和 Cd 含量在种植的第 4 年达到最大值，分别是露地土壤的 1.18 倍、1.14 倍、2.08 倍和 1.43 倍。文家镇设施土壤中 Cu、Cr 的含量与 Pb、Zn、Cd 的含量分别在种植的第 2 年和第 4 年达到最大值。孙家集镇连续种植了 2 年的设施土壤，其 Cu、Pb、Zn、Cd 含量达最大值，Cr 在各年限的设施土壤中的含量均高于露地，在种植 9 年达到最大值，是露地土壤含量的 1.97 倍。

表 7-15 典型设施土壤耕层重金属含量(mg/kg)

地 点	年限/年	Cu	Cr	Pb	Zn	Cd
洛城镇	CK	24.98	59.94	13.87	39.39	0.32
	2	25.08	63.89	15.55	60.70	0.38
	4	24.83	70.75	15.87	81.75	0.46
	8	24.02	68.92	13.04	62.08	0.45
文家镇	CK	26.95	43.64	17.15	58.88	0.37
	2	39.20	57.21	16.97	64.28	0.56
	4	38.19	56.69	17.98	85.52	0.59
	7	31.59	53.90	14.94	58.35	0.34
	13	34.45	56.30	15.41	57.34	0.53
孙家集镇	CK	25.55	51.97	15.23	55.13	0.25
	2	34.18	57.89	18.94	76.63	0.47
	3	32.07	56.78	16.80	70.29	0.40
	4	31.23	67.07	18.33	69.66	0.40
	8	27.19	67.03	15.27	67.36	0.43
	9	28.60	102.17	15.26	58.16	0.44

设施栽培具有施肥量大的特点,其重金属的来源很多,主要以鸡粪、猪粪等有机肥料和无机 P 肥为主。动物粪肥中往往含有大量的 Cu、Zn 等元素,会造成土壤中这些元素的累积;另外,Cd、Cr 在磷肥中的含量也很高。据调查,日光温室的可持续利用周期较短。一般温室使用 4 年左右,生产上就会普遍出现作物生长不良、病害严重等问题,导致作物减产甚至绝收,这与温室土壤环境质量的恶化密切相关。由于设施栽培长期处于高集约化、高复种指数、高肥料施用量的生产状态,加之设施生产至今仍缺乏与温室环境条件及生产模式相适应的科学管理措施,肥料的过量投入使土壤重金属在设施栽培初期含量较高,当重金属含量累积到限制作物正常生长的临界浓度时,种植户便会减少投入并采取一些相应的措施来减少损失,如揭棚、翻耕甚至闲置不用等,待土壤条件稍有改善,种植户又会继续加大投入,从而使某些重金属又有所积累。

7.3.4 设施土壤重金属污染评价

通过计算分别得到综合污染指数($P_{综}$)和单项污染指数(P_i),与设施蔬菜产地环境质量评价标准比较,对山东寿光设施土壤重金属含量进行评估、分级。由表 7-16 可知,从单项污染指数分析,土壤中 Cu、Cr、Pb、Zn 的 P_i 均小于 0.7,而 Cd 的 P_i 均大于 0.7,并且有 78%的土壤已经超过了 1.0,表明山东寿光的设施土壤已经受到了 Cd 的污染。根据污染指标的毒理学特性和蔬菜吸收、富集能力,Cd 为严格控制指标。综合污染指数分析看出,有 67%的土壤重金属含量超标。据调查,设施栽培具有施肥量大的特点,因此容易导致重金属在土壤中的累积。土壤中重金属的生态风险性在于它们能通过食物链进入人体危害健康。所以在设施栽培过程中应采取相应的措施避免重金属在土壤中富集,防止因土壤质量下降而威胁到人类健康。

表 7-16 典型设施土壤耕层重金属含量评估与分级结果

地点	样品编号	种植年限/年	P_{Cu}	P_{Cr}	P_{Pb}	P_{Zn}	P_{Cd}	$P_{综}$	等级
洛城镇	S1	2	0.20	0.31	0.33	0.26	0.95	0.73	尚清洁
	S2	2	0.31	0.33	0.29	0.23	0.94	0.73	尚清洁
	S3	4	0.24	0.32	0.30	0.31	1.38	1.04	超标
	S4	4	0.26	0.35	0.33	0.34	0.92	0.72	尚清洁
	S5	8	0.24	0.38	0.26	0.24	1.13	0.86	尚清洁
	S6	8	0.37	0.24	0.26	0.21	1.49	1.12	超标
文家镇	S7	2	0.39	0.23	0.32	0.21	1.31	0.99	尚清洁
	S8	2	0.39	0.28	0.36	0.50	1.46	1.12	超标
	S9	4	0.39	0.28	0.36	0.34	1.39	1.06	超标
	S10	4	0.37	0.28	0.35	0.34	1.55	1.17	超标
	S11	7	0.63	0.36	0.30	0.29	0.86	0.70	尚清洁
	S12	13	0.34	0.28	0.32	0.23	1.77	1.32	超标
孙家集镇	S13	2	0.68	0.39	0.38	0.38	1.58	1.22	超标
	S14	3	0.64	0.38	0.34	0.35	1.34	1.04	超标
	S15	4	0.56	0.39	0.35	0.33	1.35	1.04	超标
	S16	4	0.69	0.45	0.38	0.37	1.32	1.04	超标
	S17	8	0.27	0.34	0.31	0.27	1.44	1.08	超标
	S18	9	0.57	0.68	0.31	0.29	1.46	1.13	超标

7.4 小　结

蔬菜产品中重金属对人体的致害作用已引起国际国内的广泛关注，随着蔬菜生产技术的发展和人们消费水平的提高，降低蔬菜产品中重金属元素的含量已成为蔬菜生产的重要环节之一，而保证农产品优质生产的关键在于维护土壤环境的安全。本章针对山东寿光地区设施土壤重金属污染现状进行了分析，并在此基础上开展了相应的评价，得到以下主要成果。

（1）设施土壤耕层 Cu、Cr、Pb、Zn、Cd 的含量因设施栽培的年限不同而有所差异，连续使用了 2～4 年的日光温室，Cu、Cr、Pb、Zn、Cd 的含量普遍较高。

（2）不同重金属的剖面分布特征差异明显，Cu、Cr、Pb、Zn 在设施土壤耕层（0～20 cm）的含量显著高于露地土壤，以表聚为主；Cd 在 0～20 cm、40～60 cm、60～80 cm 和 80～100 cm 土层的含量均显著高于露地土壤，是主要的污染因子，需引起高度重视。

在实际生产中，适当降低肥料投入，选种抗重金属污染能力较强的蔬菜（如抗 Cd 污染的冬瓜、黄瓜、叶甜菜、云架豆、甘蓝、西红柿等蔬菜）等措施，均可在一定程度上减少因土壤重金属富集而导致的土壤环境质量恶化及农产品品质下降等问题的发生，

主要参考文献

晁雷，周启星，陈苏，等. 2006. 施用猪粪农田重金属分布迁移和污染评价. 辽宁工程技术大学学报，25

(6):32-38
陈芳,董元华,安琼,等.2005.长期肥料定位试验条件下土壤中重金属的含量变化.土壤,37(3):308-311
陈海燕,高雪,韩峰.2006.贵州省常用化肥重金属含量分析及评价.耕作与栽培,4:18-19
陈怀满,郑春荣,涂从.2000.铜矿尾矿库土壤-植物体系中重金属和营养现状.见:胡振琪.面向21世纪的矿区土地复垦与生态重建.北京:煤炭工业出版社
丁园,宗良纲.2003.不同土壤重金属复合污染的有效态离子冲量表征.环境污染与防治,25(3):173-175,178
丁真真.2007.中国农田土壤重金属污染与其植物修复研究.水土保持研究,14(3):19-20
杜慧玲,冯两蕊,郭平毅.2005.不同使用年限蔬菜大棚土壤溶质含量变化的试验研究.农业工程学报,21(5):127-130
高砚芳,段增强,郁恒福.2007.太湖地区温室土壤重金属污染状况调查及评价.土壤,39(6):910-914
高阳俊,张乃明.2003.施用磷肥对环境的影响探讨.中国农学通报,19(6):162-165
国家环境保护总局.2004.中华人民共和国环境保护行业标准.北京:中国环境科学出版社
国家环境保护总局.2007.《温室蔬菜产地环境质量评价标准》(HJ333—2006).北京:中国环境科学出版社
韩素清,迟翔.2007.土壤污染的类型及影响和危害.化工之友,(5):32-34
黄顺生,廖启林,吴新民,等.2006.扬中地区农田土壤重金属污染调查与评价.土壤,38(4):483-488
李德成,李忠佩,周祥,等.2003.不同使用年限蔬菜大棚土壤重金属含量变化.农村生态环境,19(3):38-40
刘荣乐,李书田,王秀斌,等.2005.我国商品有机肥料和有机废弃物中重金属的含量状况与分析.农业环境科学学报,24(2):392-397
鲁如坤.1999.土壤农业化学分析方法.北京:中国农业科技出版社,477-490
马榕.2002.重视磷肥中重金属镉的危害.磷肥与复肥,17(6):5-6
权桂芝.2007.土壤的农药污染及修复技术.天津农业科学,13(1):35-38
邵学新,吴明,蒋科毅.2007.土壤重金属污染来源及其解析研究进展.广东微量元素科学,14(4):1-6
沈玉英.2004.畜禽粪便污染及加快资源化利用探讨.土壤,36(2):164-167
史海娃,宋卫国,赵志辉.2008.我国农业土壤污染现状及其成因.上海农业学报,24(2):122-126
孙铁晰,李培军,周启星.2005.土壤污染形成机理与修复技术.北京:科学出版社
唐家黎,李洪香,曹志仝.2008.某污灌区土壤中重金属迁移转化规律的研究.山西科技,1:124-125
王国梁,周生路,赵其国,等.2006.菜地土壤剖面上重金属元素含量随时间的变化规律研究.农业工程学报,22(1):79-83
武建华,刘文辉,郭永东,等.2007.日光温室土壤盐分、pH及重金属垂直分布特征研究.山西农业科学,35(9):67-70
夏家淇,骆永明.2006.关于土壤污染的概念和3类评价指标的探讨.生态与农村环境学报,22(1):87-90
夏增禄,李森照,穆从如.1985.北京地区重金属在土壤中的纵向分布和迁移.环境科学学报,5(1):105-112
肖军,秦志伟,赵景波.2005.农田土壤化肥污染及对策.环境保护科学,131(31):32-34
熊汉琴,王朝辉,辛松梅.2007.种植年限对蔬菜大棚土壤肥力的影响.水土保持研究,14(3):137-139
徐燕,李淑芹,郭书海,等.2008.土壤重金属污染评价方法的比较.安徽农业科学,36(11):4615-4617
余海英,李廷轩,周健民.2006.典型设施栽培土壤盐分变化规律及潜在的环境效应研究.土壤学报,43(4):571-576
余海英,李廷轩,周健民.2007.设施土壤盐分的累积、迁移及离子组成变化特征.植物营养与肥料学报,

13(4):642-650
余海英,李廷轩. 2005. 辽宁设施栽培土壤盐分累积变化规律研究. 水土保持学报,19(4):80-83
袁建新,王云. 2000. 我国《土壤环境质量标准》现存问题与建议. 中国环境监测,16(5):41-44
张国印,王凌,茹淑华,等. 2006. 蔬菜种类和种植年限对土壤重金属含量的影响. 河北农业科学,10(3):11-15
张民,龚子同. 1996. 我国菜园土壤中某些重金属元素的含量与分布. 土壤学报,33(1):85-92
张新英,宋书巧. 1999. 重金属环境背景研究. 广西师院学报(自然科学版),16(4):98-101
赵晶,范必威,武仕忠. 2007. 攀枝花市攀钢工业区土壤重金属污染特征及评价. 四川环境,26(3):67-70
赵明,陈雪辉,赵征宇,等. 2007. 鸡粪等有机肥料的养分释放及对土壤有效铜、锌、铁、锰含量的影响. 中国生态农业学报,15(2):47-50
周东美,王玉军,仓龙,等. 2004. 土壤及土壤—植物系统中复合污染的研究进展. 环境污染治理技术与设备,5(10):1-8
周广柱,杨锋杰,程建光,等. 2005. 土壤环境质量综合评价方法探讨. 山东科技大学学报(自然科学版),24(4):114-118
周国华,秦绪文,董岩翔. 2005. 土壤环境质量标准的制定原则与方法. 地质通报,24(8):722-728
Bardgett R D,Saggar S. 1994. Effects of heavy metal contamination on the short-term decomposition of labeled 14^{C} glucose in a pasture soil. Soil Biology and Biochemistry,26:727-733
Fonster U,Wittmann G T W. 1987. Metal pollution in the aquatic environment. 3nd edition. Berlin: Springer-Verlag
Rapant S,Kordik J. 2003. An environmental risk assessment map of the slovak republic:application of data from geochemical atlases. Environmental Geology,44:400-407

8 设施土壤质量调控机理研究

土壤质量演变是土壤性状在时间上和空间上的动态变化，是一个自然和人为因素综合作用的动态过程，这些变化在一定时间范围内具有一定的趋向性，或趋向于正向变化，表现为土壤质量的提高和生物生产功能的增强；或趋于负向变化，表现为土壤质量的下降。设施栽培条件下，由于温室、大棚等覆盖条件下的土壤缺少雨水淋洗，且温度、湿度、通气状况和水肥管理等均与露地栽培有较大差别，加之设施栽培又长期处于高集约化、高复种指数、高肥料施用量的生产状态下，其特殊的生态环境、高强度及高频度的人为利用对土壤生态系统本身带来了强烈干扰和巨大压力，导致土壤养分失衡、土壤板结、土壤酸化、有害物质积累、微生物种群和功能多样性衰退等，严重影响了土壤生态系统的稳定性及其功能的发挥。

为提高设施栽培的产量和质量，为作物生长创造良好的土壤条件，保证设施农业可持续发展，应针对设施栽培的特殊环境及管理现状，选择适当的调控措施防止土壤质量恶化。目前，设施土壤的调控措施主要包括化学调控、物理调控与生物调控三种方式。

8.1 化学调控

在实际生产中，化学调控主要表现为施肥调控。土壤具有吸附、保持各种矿质营养元素的能力称为土壤的保肥力(又称缓冲力)；土壤吸收保存的离子态养分被植株吸收利用的能力称为土壤的供肥能力。适于种植蔬菜的土壤既要有良好的保肥能力，又要具有良好的供肥性能。然而自然界土壤的保肥与供肥能力又经常存在矛盾：一般保肥能力强的土壤往往表现供肥迟缓，影响蔬菜对养分的吸收和利用，如缺乏有机质的黏壤土；而保肥性能弱的土壤如砂壤土，一经施肥又往往表现出土壤供肥能力猛而不持久，植株往往来不及吸收而造成养分的过快流失，使土壤表现为缓冲性较差。

设施土壤是一种受人为作用影响十分强烈的土壤，主要靠人工创造、调节及控制环境以满足作物生长发育的需要，而且在不受雨淋、连续施肥、高度连作的方式下，形成了不同于自然条件下土壤的特点。与露地土壤相比，设施土壤改变了自然状态下的水热平衡，使主要养分有增加的趋势，但土壤理化性状变劣。部分设施土壤微量元素及钾素处于缺乏状态。设施土壤次生盐渍化是国内外设施栽培中普遍存在的严重问题，其中温室栽培土壤最为突出，不少温室在使用3～5年后便废弃不用或改作他用，造成很大的浪费。据调查，我国许多大中城市城郊的设施土壤(尤其是蔬菜设施栽培土壤)次生盐渍化现象呈逐年加重的趋势。

过量施用化肥(尤其是氮肥)是设施土壤发生盐害的主要原因之一，也是造成设施土壤硝态氮累积的重要因素。而土壤硝态氮的累积既是土壤盐分的重要特征，又是导致蔬菜生理障碍的主导因子。设施栽培蔬菜，由于复种指数高、产量高、蔬菜收获时从土壤中带走了大量养分。根据养分归还学说,要向土壤中补充养分。无机肥料养分含量高,施用无机肥料是补充土壤养分的重要途径之一,但是一定要根据作物需肥特性及土壤养分状况进行配方施肥,尽量减少化肥用量,不要盲目施用化学肥料。

总之,对于设施土壤,应根据不同种类果蔬作物的需肥特性及土壤养分供应状况,合理施肥,实行肥料调控。

8.1.1 研究概述

施肥可以提高土壤肥力,是实现农业增产的重要措施之一。无机肥料在土壤中的作用受土壤性质、肥料种类等因素的影响,仅有部分转化为可被作物吸收利用的有效养分,影响了无机肥料的利用效率。有机肥料中不仅含有作物生长的各种营养元素,而且还含有其他生理活性物质,可以为微生物生长提供能量。它在改良土壤结构、为作物提供较完全的养分等方面具有显著的优越性,但由于其养分浓度低、肥效慢,单施有机肥料不能满足作物迅速生长的需要。近年来,各种肥料共施在农业生产中是普遍的现象。多种肥料混合施用使不同养分间的交互作用影响了肥料在土壤中的迁移转化,从而影响肥料的利用率、养分的有效性以及作物对养分的吸收代谢,并最终影响作物的产量和品质。因此,肥料施入土壤后,养分之间的交互作用是土壤肥料学中的重要研究内容之一。

目前,有关不同无机肥料在土壤中的迁移转化及其影响因素、氮磷钾的相互作用对养分迁移转化的影响、肥料配施对农作物产量和品质的影响等方面的研究较多,而有关有机肥与无机肥交互作用对土壤养分转化影响的研究较少,且研究主要集中在肥料间交互作用对农田土壤的影响上,对设施土壤的作用鲜有报道。

设施栽培在我国分布广、类型多,是提高蔬菜等作物产量、平衡周年供应的有效途径。设施栽培产出和经济效益高,生产中十分重视肥料的施用,其肥料投入量远远高于露地农田,据调查山东寿光每年每个温室的化肥施用量高达 11.5～28.1 t/hm^2。各地设施栽培普遍缺乏科学的土肥管理,存在盲目施肥、肥料施用量大、施肥结构不合理等现象,尤其是重施氮磷肥、轻施钾肥,过量施用有机肥,氮磷钾的施用比例与作物的吸收比例差距较大。连年高投入肥料,而施肥结构却不合理,使肥料利用率低,养分大量残留和累积,这是导致设施土壤次生盐渍化的重要原因之一,进而影响了作物产量和品质以及设施生产的可持续发展。

因此,开展有机无机肥料间的交互作用对设施土壤养分有效性和盐分含量变化影响的研究,成为揭示设施栽培条件下土壤养分有效性及转化机理的重要途径,对设施栽培土壤质量均衡调控和设施农业的可持续发展具有重要的理论价值与现实意义。

8.1.2 供试土壤及肥料

供试土壤为四川双流设施栽培 5 年的土壤及相邻露地土壤,土壤均采自耕层(0～20 cm),经自然风干。过 2 mm 筛备用。该土壤的基本性状见表 8-1。

表 8-1　供试土壤的基本理化性状

项　目	设施土壤	露地土壤	项　目	设施土壤	露地土壤
有机质/(g/kg)	26.69	23.85	K^+/(g/kg)	0.023	0.018
全氮/(g/kg)	1.28	1.21	Na^+/(g/kg)	0.014	0.012
速效氮/(mg/kg)	130.41	129.84	Ca^{2+}/(g/kg)	0.101	0.08
速效磷/(mg/kg)	82.54	40.73	Mg^{2+}/(g/kg)	0.075	0.015
速效钾(mg/kg)	162.46	101.16	SO_4^{2-}/(g/kg)	1.046	0.922
pH	6.85	6.12	Cl^-/(g/kg)	0.072	0.052
电导率/(ms/cm)	0.328	0.293	HCO_3^-/(g/kg)	0.103	0.069
含盐量/(g/kg)	1.870	1.603	NO_3^-/(g/kg)	0.436	0.436

无机肥：氮肥有尿素(含 N 46.6%)、碳酸氢铵(含 N 17.0%)、硝酸钙(含 N 11.9%)三种，磷钾肥分别为磷酸二氢钙(含 P_2O_5 27.0%)和硫酸钾(含 K_2O 53.9%)，均为分析纯试剂。

有机肥：选用鸡粪，取自四川农业大学动物营养所养殖场，风干过 2 mm 筛，养分含量为全氮 40.11 g/kg、全磷 9.54 g/kg、全钾 34.87 g/kg。

8.1.3　不同施肥处理条件下设施土壤养分和盐分的动态变化

8.1.3.1　不同形态氮肥条件下设施土壤养分和盐分含量的动态变化

施用氮肥是增加作物产量和改善作物品质的重要措施之一。农业上施用的氮肥，主要有铵态氮、硝态氮以及酰胺态氮三种类型，化学氮肥施入土壤后，被作物吸收利用的只占其施入量的 30%～40%，大部分氮肥经各种途径被损失，使得氮肥的利用率降低。

氮素在土壤中的转化主要有有机氮的矿化、氮素固定、铵离子的吸附释放、硝化与反硝化等。土壤含水量、土壤温度、矿物种类、施入肥料种类及耕作制度等都会影响氮的转化。氮矿化量与土壤含水量相关，矿化氮随水势升高而显著增加，在－1.5～0.03 MPa 氮矿化与土壤湿度呈线性相关，而氮矿化的最佳水分含量在－0.03～0.01 MPa。温度的波动也会刺激氮的矿化，在一定的温度范围内(－4～40℃)，随着温度的升高，氮矿化数量和矿化速率均增大，当温度在 25～35℃时氮矿化量最大。土壤中矿质氮形态的转化过程也随温度升高而加快，铵态氮仅能在低温条件下积累，温度越高越能促进硝化作用。旱作条件下，铵态氮肥施入土中会经硝化作用很快转化为硝态氮，硝化作用的快慢受土壤含氧量、酸度、温度等因素的影响较大。正常施肥范围内，旱作土壤铵态氮的硝化作用在施肥后 20～30 d 完成；但也有研究表明尿素、碳酸氢铵、硫酸铵和硝酸钙 4 种氮肥的硝化作用在 14 d 内完成，施入铵态氮肥或酰胺态氮肥前期能显著增加土壤固定态铵含量，并在作物生长后期被吸收利用。硝化速率的差异主要与土壤环境条件有关，在质地较黏重和肥料浓度高的条件下，硝化速率较慢，硝化作用持续的时间较长。研究表明土壤环境因素影响尿素在土壤中的水解速率，大小顺序为培养时间>尿素浓度>土壤温度>土壤含水量，各影响因子之间存在着显著的交互作用。

农业生产中，肥料的配合施用非常普遍，不同肥料的共同投入必然会导致各元素间发生交互作用，这对氮素的转化产生了重要的影响。铵态氮在土壤中的固定机制与钾的固定作用基本相同，钾肥的施用影响铵的固定与释放。钾对土壤固定态铵的释放有显著抑制作用，并在一定条件下影响氮素有效性。施钾既显著地抑制了氯化钠提取过程中土壤铵的释放，也抑制了培养过程中土壤固定态铵的释放；同时施钾导致培养初期土壤中水溶性铵的增加与交换态铵的减少，这与铵钾的代换作用有关。铵钾施用次序对铵的固定能够产生不同的影响。一般情况下，施钾先于施铵，土壤固定铵最少，施钾后于施铵，则土壤固定铵最多，同时施用则处于两者之间。但也有研究表明，钾铵同时施用，施钾可促进铵的固定。出现上述结果的原因可能与土壤矿物种类和铵钾的施用比例有关。另外，钾可通过促进铵的固定和抑制黏土矿物中铵的释放而对硝化作用产生直接影响，施钾可以抑制氮的硝化作用，单施钾肥会显著降低未施氮土壤中无机氮的有效性。

磷肥与氮肥同施，磷酸根可增加铵的固定。磷酸二氢钙的施用抑制了氯化铵处理中水溶性铵向其他形态氮的转变，而且对尿素处理土壤培养中期的硝化作用也有明显的抑制效应。施磷虽然能显著减少土壤中硝酸盐的累积，但过量的磷肥投入反而增加土壤中的硝酸盐含量。

可见，由于不同种类氮肥氮的形态和肥料性质不同，因而将其施入土壤后，在土壤中的迁移转化过程也不相同，如铵的硝化作用、硝态氮的吸附或淋失、反硝化作用等，氮的这些作用与土壤矿物种类、铵的浓度、陪伴阴离子种类等因素密切相关。然而肥料的配合施用在农业生产中非常普遍，不同肥料的共同投入必然会导致各元素间发生交互作用，这对养分的转化产生重要影响，也会产生不同的盐分累积效应。因此，研究不同形态氮肥配施磷钾肥对设施土壤养分和盐分含量变化的影响，对指导设施栽培合理施肥，调控设施土壤养分平衡与盐分含量有重要意义。

1）试验设计

氮肥有尿素、碳酸氢铵、硝酸钙三种，每种氮肥用量均设三个水平：0 g N/kg 土、0.2 g N/kg 土、0.5 gN/kg 土，各处理统一施用磷酸二氢钙 0.1 g P_2O_5/kg 土、硫酸钾 0.2 g K_2O/kg 土，以不施肥(CK)作对照，共 10 个处理。分别在设施土壤和露地土壤中设置相同处理。

2）不同形态氮肥对设施土壤铵态氮含量的影响

施入土壤中的氮肥除硝态氮肥外，其他氮肥都会以铵的形式与土壤发生反应，被吸附或解吸、固定或释放。从图 8-1 可知，与对照相比，施用碳酸氢铵和尿素可显著增加设施

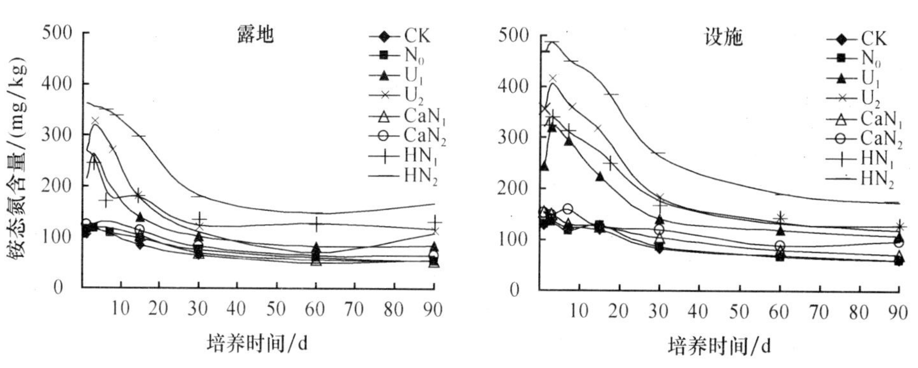

图 8-1 不同形态氮肥处理土壤铵态氮的动态变化

图中 U、CaN 和 HN 分别表示尿素、硝酸钙和碳酸氢铵三种氮肥处理；“0、1、2”分别表示氮肥施用量 0 g N/kg 土、0.2 g N/kg 土、0.5 g N/kg 土，下同

土壤铵态氮含量，培养前 3 d 铵态氮含量略有增加，随培养时间的延长，土壤铵态氮含量迅速降低，30 d 后铵态氮含量降低缓慢，培养 60 d 后趋于稳定。而施用硝酸钙，设施土壤铵态氮含量变化与对照处理相似，培养前 30 d 略有降低，之后则无明显变化。

氮用量相同时碳酸氢铵处理的设施土壤铵态氮含量高于尿素处理的铵态氮含量，但两种氮肥处理铵态氮含量变化的趋势相似，并且铵态氮含量均随两种氮肥用量的增加而增加。培养前 3 d，碳酸氢铵和尿素处理铵态氮含量分别增加了 19.37 mg/kg 和 62.90 mg/kg，之后 15～30 d 两种氮肥的低量和高量处理的铵态氮含量以平均每天 6.39 mg/kg 和 8.29 mg/kg 的速度迅速降低，30 d 后以平均每天 1.09 mg/kg 和 2.01 mg/kg 的速度降低，铵态氮含量降低缓慢并逐渐趋于稳定。两种氮肥处理铵态氮含量的动态变化，主要是因为铵态氮肥施入土壤后，除被土壤吸附、固定和以氨的形式挥发一部分外，还有一部分铵态氮在硝化细菌的作用下转化为硝态氮。而酰胺态氮肥施入土壤后，除小部分直接被土壤胶体吸附外，绝大部分在脲酶的作用下水解为铵态氮，之后的过程与铵态氮肥的转化过程一致。在此试验条件下，培养 30 d 后铵态氮肥和酰胺态氮肥在设施土壤中的硝化速率降低，基本完成铵态氮向硝态氮的转化。而硝酸钙处理的设施土壤铵态氮含量平均为 121.75 mg/kg(CV=23.25%)，与对照差异不显著，但显著低于其他两种氮肥处理，硝酸钙对土壤铵态氮含量无明显影响。露地土壤各处理铵态氮含量低于设施土壤，其变化趋势与设施土壤相似，在培养 30 d 后，铵态氮向硝态氮的转化即趋于平衡。

3）不同形态氮肥对设施土壤硝态氮含量的影响

硝态氮是土壤无机氮的另一活跃成分，在土壤氮素循环中发挥着重要作用。由图 8-2 可知，设施土壤硝态氮含量与铵态氮含量互为消长。施用碳酸氢铵和尿素，随着培养时间的延长，土壤硝态氮含量均迅速增加，30 d 后硝态氮含量增加到较高水平并趋于稳定。而施用硝酸钙，显著增加了土壤中硝态氮的含量，培养前 7 d 土壤硝态氮呈增加趋势，之后略有降低，培养 15 d 后硝态氮含量变化差异不显著。

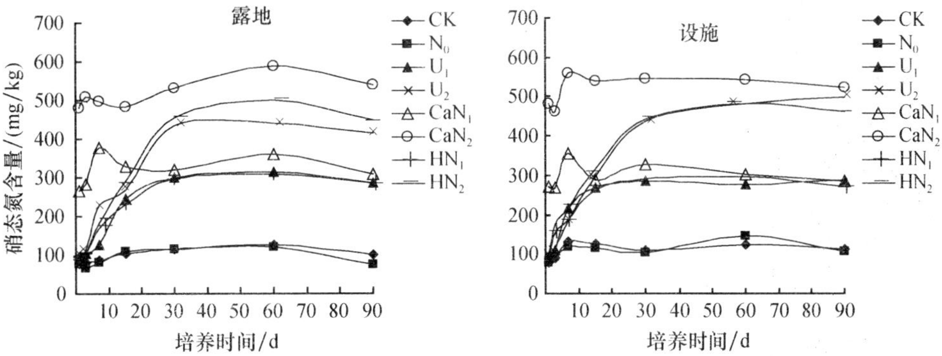

图 8-2 不同形态氮肥处理土壤硝态氮的动态变化

设施土壤施用不同形态氮肥可显著增加土壤硝态氮含量。相同氮用量时碳酸氢铵和尿素处理的土壤硝态氮含量变化相似且差异不显著，培养前 15 d 低氮量和高氮量处理的硝态氮含量均迅速增加，15 d 后低氮量处理硝态氮无显著变化，平均含量为 280.02 mg/kg(CV=4.18%)，高氮量处理硝态氮含量 15 d 后持续增加，在 30 d 后趋于稳定，平均含量达

467.14 mg/kg(CV=4.81%)。硝酸钙处理设施土壤硝态氮含量高于其他两种氮肥处理，培养15 d后硝态氮含量达到稳定时，低氮量和高氮量硝酸钙处理的土壤硝态氮含量分别达到301.17 mg/kg和538.13 mg/kg，土壤有效氮主要以硝态氮的形式存在。露地土壤各处理硝态氮含量与设施土壤无显著差异，变化趋势相似。因此，大量施用氮肥，虽可增加土壤中的硝态氮含量，但由于 NO_3^- 的电负性，不易被土壤吸附，主要存在于土壤溶液中，易随水淋失，既造成氮素损失，降低氮肥利用率，又造成了一定的环境风险。

此外，苏娜等(2006)对单施氮肥对设施土壤中碱解氮含量的影响进行了研究，结果表明：随氮肥施入量的增加，碱解氮的含量也随着增加，这说明氮肥的施入增强了土壤的供氮能力。在上述基础上，比较1997年与2005年的试验结果发现，调整氮肥施入量能够改变土壤中碱解氮的含量，从而改善土壤的供氮能力，但在一定程度上也增加了土壤次生盐渍化的潜在风险。针对氮肥的施用，茅国芳等(2007)开展了设施栽培土壤化肥减量施用的生态效应研究，结果表明：氮肥减量施用可有效遏制设施土壤 NO_3^--N 的快速积累。土壤耕层氮素变化表现为耕层土壤溶液铵态氮和硝态氮浓度都比较高，这说明氮肥投入量高，积累就多，投入量少则积累少。与此同时，当铵态氮肥被分解后，一部分铵态氮被土壤胶体吸附，保存在上层土壤之中，另一部分则被氧化形成硝态氮，可随土壤水分的高低变化，在0～50 cm的土层中上下移动。因此，适宜的氮素投入对土壤 NO_3^--N 的大量积累具有明显的遏制作用。

由此可见，氮肥的过度施用会使设施土壤氮素盈余量不断增加，加之其独特的环境条件，随之带来土壤盐分的积累和次生盐渍化问题。因此，控制氮肥使用对设施栽培土壤可持续利用至关重要。

4）不同形态氮肥对设施土壤速效磷含量的影响

磷是作物高产必需的大量营养元素之一，但磷肥的当季利用率很低，一般只有10%～25%。在设施特殊的栽培、灌溉、施肥以及环境条件下，由于不合理的施肥，尤其是有机肥和磷肥的大量施用，使设施土壤磷素含量逐年积累。土壤磷素的积累有其有利的一面，即增加了土壤磷的供应能力，但这些积累超过一定限度就将成为引起水体富营养化的重要来源。土壤速效磷含量的高低是衡量土壤供磷能力的重要指标，通常认为这部分磷素是作物可以吸收利用的。可见，磷肥对当季作物的有效性较低，因此，如何更好地利用设施土壤中积累的磷，促进其释放，提高其对植物的有效性，成为设施土壤质量调控的一个热点问题。

磷肥施入土壤后，能很快地被吸附到土壤颗粒表面或与土壤中的一些物质(Fe、Al、Ca等)生成难溶性磷酸盐，从而在很大程度上影响磷的释放和对植物的有效性。而磷在土壤中的转化存在着吸持和释放之间的动态平衡。由图8-3可知，设施土壤、对照和未施氮肥处理培养30 d时的土壤速效磷含量较培养1 d有显著增加，30 d后逐渐降低，培养90 d的土壤速效磷含量与培养1 d时差异不显著，而不同形态氮肥处理速效磷呈降低的趋势，但各培养时间段土壤速效磷含量差异不显著。磷素固定导致磷肥肥效降低是普遍存在的问题。培养1 d，设施土壤对照处理速效磷含量为54.63 mg/kg，各施肥处理设施土壤速效磷含量平均为90.74 mg/kg(CV=7.31%)，而培养前设施土壤对照处理速效磷含量为82.54 mg/kg，磷肥的施入量为100 mg P_2O_5/kg，说明培养开始时土壤中的有效磷和施入的磷肥即有部分被固定。尿素、碳酸氢铵和硝酸钙三种形态氮肥处理的速效磷平均含量分别为 89.69 mg/kg（CV＝7.34％）、87.78 mg/kg（CV＝5.45％）和 90.65 mg/kg（CV＝7.00％），三种氮肥处理土壤速效磷含量在同一水平上，相互差异不显著，且速效磷含量与氮肥用量之间无明显的相关性，说明氮肥对速效磷的影响较小。露地土壤速效磷含量显著低于设施土壤，露地对照和未施氮肥处理的速效磷变化与设施土壤相应处理变化相似，培养前 30 d 有显著升高，之后又降低。与设施土壤不同的是，露地土壤各氮肥处理速效磷变化与未施氮肥处理变化趋势相似，不同形态氮肥处理间的土壤速效磷含量差异也不显著，这与陈新等(2005)的研究结果较为一致，不同施肥处理表现为土壤速效磷在耕层大量积累，在剖面中均呈现随土层深度增加而减少的趋势，且在 0～60 cm 土层内速效磷含量均高于对照，但对速效磷含量的影响并不显著。

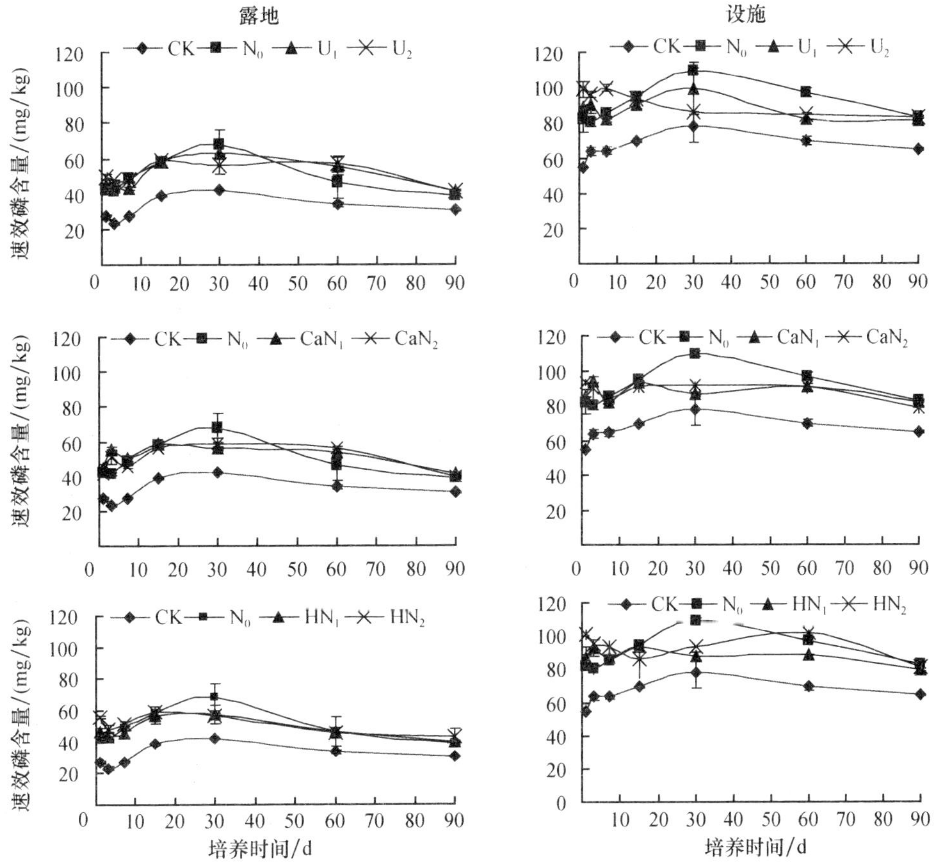

图 8-3　不同形态氮肥对土壤速效磷含量变化的影响

上述结果与土壤磷素的解吸-吸附密切相关。土壤的解吸是吸附的逆过程，它可能是一个比吸附更为重要的过程，因为它不仅涉及被吸附磷的再利用，还能提高土壤中磷的有效性，同时也会引起易溶性磷酸根向土壤深层移动，对地下水产生污染。

5）不同形态氮肥对设施土壤速效钾含量的影响

钾素是蔬菜品质和抗逆性的主要限制因子，土壤中有效性钾素含量的高低直接影响作物的生长、产量和品质。近些年来，由于施肥比例不平衡，施肥方式不合理，使土壤钾素平衡受到了破坏。土壤缺钾已成为农业生产进一步发展的限制因素。

土壤速效钾包括水溶性钾和交换性钾，其含量高低是评价当季作物对土壤钾利用丰缺度的主要指标之一。由表 8-2 可知，随着培养时间延长，设施和露地土壤各施肥处理速效钾含量呈先降低后升高的趋势，培养 15 d 土壤速效钾含量最低，之后开始增加，培养 60 d时升至最高，其后有缓慢降低的趋势。对照处理速效钾含量变化与之相似，但变幅较小，在 40.88～43.48 mg/kg。培养 15 d 设施土壤施肥处理速效钾含量为培养初始时的 38.95%～54.22%，降低了 172.24 mg/kg(CV＝13.34%)；露地土壤为培养初始时的 27.88%～43.04%，降低了 169.46 mg/kg(CV＝7.53%)，速效钾含量减少，钾的有效性降低。设施土壤培养 60 d 与 30 d 的速效钾含量差异不显著，为培养初始时的 64.54%～85.41%，比培养 15 d 增加了 91.32 mg/kg(CV＝31.93%)，露地土壤培养 60 d 速效钾含量最高，是培养初始时的 60.29%～86.38%，比培养 15 d 增加了 75.57 mg/kg(CV＝11.04%)。培养期间设施土壤速效钾含量的变化量均高于露地土壤，可见，设施土壤对速效钾的固定量和释放量较高。

表 8-2 不同形态氮肥对土壤速效钾含量(mg/kg)变化的影响

处理		1d	3d	7d	15d	30d	60d	90d
露地	CK	104.32eD	74.70eD	69.34fE	60.29eE	103.76bB	82.81eE	69.56cB
	N_0	158.20dC	118.99cdC	112.08bcB	79.97dD	171.89aA	204.84bcAB	113.77bA
	U_1	168.82cC	136.22bB	105.34cdBCD	125.12aA	181.50aA	230.77aA	125.70abA
	U_2	198.72bB	135.69bB	110.04bcBC	102.55bB	176.22aA	220.55abAB	145.49aA
	CaN_1	170.10cC	113.07dC	98.99deCD	74.50dD	164.75aA	165.69dCD	140.54abA
	CaN_2	167.23cdC	125.33bcBc	95.75eD	90.22cC	162.08aA	161.08dD	135.80abA
	HN_1	222.01aA	176.03aA	127.70aA	98.61bBC	177.63aA	191.00cBC	141.42aA
	HN_2	226.09aA	171.82aA	114.99bB	127.09aA	177.42aA	214.70abAB	152.13aA
设施	CK	155.34eE	132.84eD	188.62aA	153.82cC	125.23fE	163.26eE	134.41cC
	N_0	236.59cC	168.08cdC	137.83dD	128.11dD	186.54eD	211.98dD	182.31bB
	U_1	267.42aA	196.35aA	161.97cBC	135.99cCD	242.65bcB	252.77bB	173.95bB
	U_2	241.77cC	184.92bAB	163.23cBC	231.18aA	235.00cBC	243.67bcBC	212.39aA
	CaN_1	263.57abAB	158.82dC	178.09abAB	186.72bB	216.22dC	228.26cC	175.37bB
	CaN_2	215.62dD	174.86bcBC	148.32dCD	127.92dD	229.12cdBC	233.74bcBC	170.68bB
	HN_1	255.69bB	197.46aA	170.75bcB	193.35bB	253.77bB	244.77bBC	217.30aA
	HN_2	257.85bAB	200.43aA	119.78eE	234.24aA	280.55aA	279.41aA	224.03aA

注：同一列不同大写字母表示 $P<0.01$ 下的显著水平，小写字母表示 $P<0.05$ 下的显著水平，下同。

土壤速效钾含量变化受施用氮肥及其形态的影响。设施和露地土壤，施用氮肥与未施氮肥相比有增加土壤速效钾含量的趋势，而以设施土壤较为明显。设施土壤碳酸氢铵、尿素、硝酸钙处理土壤速效钾含量比未施氮分别增加了 26.88%、18.28%和 11.07%；露地土壤碳酸氢铵、尿素处理速效钾含量相比分别增加了 21.14%、14.60%，硝酸钙处理与未施氮处理相比有降低的趋势，但差异不显著。两种土壤中，碳酸氢铵处理速效钾含量高于其他两种氮肥处理，且设施土壤碳酸氢铵处理土壤钾素转化较迅速，培养 7 d 后即开始增加，30 d时达到最高，比其他氮肥更有利于土壤钾素的转化；硝酸钙处理速效钾含量低于其他两种氮肥处理。相关分析表明：设施土壤速效钾含量与碳酸氢铵用量呈极显著正相关（$r=0.412^{**}$），与硝酸钙用量则无明显的相关性；露地土壤速效钾含量仅与碳酸氢铵用量显著相关（$r=0.329^{*}$）。

培养期间土壤速效钾含量均低于培养前，主要是土壤对钾的吸附固定造成的，这也是钾肥利用率低的主要原因之一。由表8-3可知，钾肥施入土壤后部分钾素被迅速固定，培养1 d，设施土壤对钾肥的固定率为32.48%～63.68%，露地土壤为26.64%～62.10%。培养15 d土壤速效钾含量最低，设施土壤钾肥固定率达59.67%～95.10%，露地土壤为67.04～91.44%。钾肥施入土壤后面临着大量钾素被固定的问题，直接影响钾的有效性。设施土壤与露地土壤的钾肥固定率差异不显著，而两种土壤施氮处理的钾肥固定率比未施氮处理的低，其中碳酸氢铵处理的钾肥固定率相对较低，尿素处理居中，硝酸钙处理最高，这主要是因为NH_4^+是影响钾素转化的因素之一，NH_4^+与K^+的固定机制相似，并且NH_4^+有先于K^+被土壤固定的趋势，可与K^+竞争结合位置；同时NH_4^+也能与吸附态的K^+进行交换，从而减少钾的吸附固定。施用铵态氮肥增加了土壤NH_4^+的浓度，酰胺态氮肥也能水解产生NH_4^+，促进土壤速效钾的提高，因此，施用氮肥特别是铵态氮肥可以增加土壤速效钾含量，降低外源钾肥的固定，提高钾的有效性。

表8-3　不同时期不同形态氮肥对钾肥固定率的影响

处理	1 d		15 d		60 d	
	设施	露地	设施	露地	设施	露地
N_0	51.05bB	67.54aA	94.98aA	88.14aA	70.65aA	39.11bcBC
U_1	32.49dC	61.14bA	90.24aA	72.86cCD	46.07cC	23.49dC
U_2	47.93bB	43.13cB	69.30bB	74.54cC	51.56cBC	29.65cdBC
CaN_1	34.8cdC	60.37bA	59.68cB	91.44aA	60.84bAB	62.70aA
CaN_2	63.68aA	62.10abA	95.10aA	81.97bB	57.54cBC	65.47aA
HN_1	39.55cC	29.10dC	64.87bcB	76.91cBC	45.47cC	47.45bAB
HN_2	38.24cC	26.64dC	89.13aA	67.04dD	29.34dD	33.18cdBC

注：土壤固钾量和固钾率的计算：土壤固钾量（K，mg/kg）＝原土壤速效钾含量＋施入肥料钾含量-培养后土壤速效钾含量；施入钾的固定率（%）＝［（施钾土壤固钾量－不施钾土壤固钾量）/钾施入量］×100。同一列不同大写字母表示$P<0.01$下的显著水平，小写字母表示$P<0.05$下的显著水平。

6）不同形态氮肥对设施土壤缓效钾含量变化的影响

土壤的供钾能力主要受土壤中各形态钾的含量及其转化速率的影响，缓效钾是土壤钾库中对作物钾营养起重要作用的组分。缓效钾释放是黏土矿物层间钾缓慢扩散进入液相的过程，释放速率决定着土壤供钾能力，缓效钾也是速效钾的重要来源和储备，反映土壤潜在供钾潜力。由表8-4可知，随培养时间的延长，两种土壤施氮处理缓效钾含量呈先升高后降低的趋势，培养30 d内缓效钾含量变化与速效钾含量变化相反，培养前15 d缓效钾含量升高，15～30 d含量降低，其后缓慢升高，但在培养60 d与90 d变化差异不显著，趋于稳定。对照和未施氮处理培养前3 d缓效钾含量升高，3～7 d缓效钾含量降低，7 d后变化趋势与施氮处理相似。设施土壤培养前7 d缓效钾含量有升高的趋势但差异不显著，7～15 d则显著升高，15 d时缓效钾含量比初始时增加了202.63 mg/kg（CV＝17.32%）；露地土壤培养前 15 d 缓效钾含量显著升高，培养 15 d 比初始时增加了 216.42 mg/kg（CV＝10.07％）。15～30 d，设施和露地土壤施氮处理缓效钾含量分别降低了 160.82 mg/kg（CV＝40.59％）和 240.53 mg/kg（CV＝19.12％），培养 30 d 缓效钾含量分别为初始时的 99.87％～119.72％和 68.17％～114.69％。设施土壤缓效钾含量的变化量低于露地土壤。培养 30 d 后缓效钾变化与速效钾变化无明显相关性，而且整个培养时间缓效钾的变化量高于速效钾的变化量。

表 8-4　不同形态氮肥对土壤缓效钾含量(mg/kg)变化的影响

处理		1 d	3 d	7 d	15 d	30 d	60 d	90 d
露地	CK	288.53deCD	338.82bcBC	299.78cB	485.41bA	185.08dC	512.96aA	551.68aA
	N_0	357.73aA	417.23aA	372.17bA	540.62abA	191.73dC	490.19abA	462.91bA
	U_1	323.08bcABC	404.97aA	420.33aA	520.33abA	313.04bB	420.82bA	519.73abA
	U_2	303.13cdeBCD	326.92cC	382.49abA	592.47aA	396.84aA	448.43abA	502.45abA
	CaN_1	335.88abAB	394.21aAB	411.76abA	564.70abA	333.52bB	516.93aA	532.42abA
	CaN_2	356.16aA	375.33abABC	380.22abA	567.59aA	334.95bB	447.10abA	505.45abA
	HN_1	318.79bcdABC	376.74abABC	372.29bA	573.28aA	235.88cC	423.39bA	509.02abA
	HN_2	275.76eD	333.81cC	422.27aA	555.53abA	317.11bB	449.32abA	528.34abA
设施	CK	476.32cB	541.55bB	503.25cBC	528.29bA	569.79aA	708.85aA	652.49abA
	N_0	486.48bcB	615.37aA	416.77eE	597.94abA	481.50bcAB	643.42bcAB	572.75cB
	U_1	499.76bcB	455.20dD	530.58bB	658.29abA	542.35abAB	584.92cdB	666.69aA
	U_2	487.96bcB	502.76cC	491.99cdCD	708.25aA	461.48cB	631.26bcdAB	612.40bcAB
	CaN_1	530.08abAB	554.35bB	472.87dD	646.02abA	508.94abcAB	665.27abAB	654.42abA
	CaN_2	578.10aA	549.31bB	527.06bB	684.34aA	452.41cB	603.95bcdB	651.60abA
	HN_1	484.01cB	494.48cC	513.23bcBC	639.38abA	465.56cB	607.81bcdB	672.56aA
	HN_2	485.18bcB	487.41cCD	587.45aA	597.25abA	538.11abAB	573.18dB	617.45bcAB

注：同一列不同大写字母表示 $P<0.01$ 下的显著水平，小写字母表示 $P<0.05$ 下的显著水平，下同。

施用钾肥可以增加土壤缓效钾含量，两种土壤施肥处理缓效钾含量高于相应的对照，但施用氮肥对土壤缓效钾含量变化无显著影响，不同形态氮肥处理与未施氮处理之间缓效钾含量均差异不显著，相关分析表明，设施和露地土壤缓效钾含量与氮肥用量无明显的相关性。

土壤中各种形态钾素间存在动态平衡，有机质含量、外源钾的施入、肥料种类等因素会影响土壤钾素的固定与释放，进而影响钾素的形态、含量及有效性。对比培养期间不同形态氮肥各处理设施土壤速效钾和缓效钾的变化可知，钾肥施入土壤后迅速提高了土壤溶液中钾的浓度，促使钾素向缓效钾或固定态钾转化，使钾的有效性降低，而水溶性钾和交换性钾的迅速耗竭可导致钾从缓效态和固定态中释放出来，培养期间土壤钾素处于动态变化中，速效钾和缓效钾均在升高到最大浓度后出现降低。但如果平衡溶液中钾离子浓度高，则不论是水溶性钾还是交换性钾，都会抑制钾离子从其他活性部分释放出来。此外，土壤颗粒周围的水溶性 K^+ 浓度也会影响矿物钾的释放。因此，速效钾与缓效钾的变化仅在一定时期呈负相关，且缓效钾的变化量高于速效钾的变化量，这与土壤速效钾和缓效钾与矿物钾的相互影响有关。

7）不同形态氮肥对设施土壤含盐量与电导率的影响

研究表明，施用化学肥料或有机肥均会对土壤电导率、盐基离子总量和组成产生影响。由于盲目施肥，设施土壤出现了不同程度的盐害。据调查，沈阳市郊在连续栽培蔬菜3年以上的日光温室和塑料大棚中，土壤可溶性盐积累比较明显。0～20 cm土层的含盐量达2.0 g/kg以上；其中使用14年的日光温室土壤0～5 cm土层的全盐含量分别达3.14 g/kg和7.18 g/kg，分别是露地土壤的4.6倍和10.4倍。哈尔滨市郊蔬菜大棚土壤全盐含量在1.0～4.7 g/kg，比露地高2.1～13.4倍，8年以上连作大棚，土壤表层已发生了次生盐渍化。同时，土壤盐分的累积又会影响土壤矿质养分的转化，随盐度增加，土壤总氮矿化量下降。

由图8-4可知，随着培养时间的延长，不同无机肥处理设施土壤含盐量总体呈先升高后降低再升高的趋势，培养前7 d含盐量迅速升高，7～30 d含盐量较高，30～60 d含盐量降低，60 d后又升高。培养1 d，各处理的土壤含盐量在1.705～2.530 g/kg，平均为2.124 g/kg（CV=10.88%），显著低于其他培养时间。各处理最高含盐量平均为3.578 g/kg（CV=5.31%），不同施肥处理的含盐量变化略有不同，未施氮肥N_0及对照CK处理培养7 d的含盐量最高，不同氮肥处理含盐量则在培养15～30 d维持在较高水平，这与氮肥的转化及其对NO_3^-、K^+、Ca^{2+}等离子的影响有关。露地土壤含盐量变化的趋势与设施土壤相似，培养1 d含盐量较低，在1.756～2.114 g/kg，平均为1.914 g/kg（CV=5.82%），培养前7 d迅速升高，15～30 d各处理最高含盐量平均为3.650 g/kg（CV=4.21%）。设施和露地土壤含盐量差异不显著主要是由于供试设施土壤在样品采集前已经过了一段时间的揭棚荒废，其含盐量降低，与露地土壤差异不大。

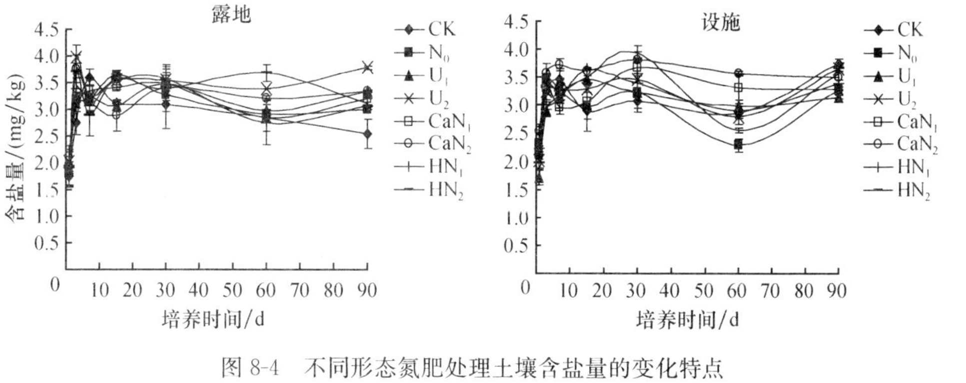

图8-4　不同形态氮肥处理土壤含盐量的变化特点

肥料的施用能改变土壤中某些离子的含量，土壤含盐量也因此发生变化，方差分析表明，施肥处理的土壤含盐量较对照有明显的增加，但是不同氮肥处理与未施氮肥处理间的土壤含盐量在整个培养期间内总体差异不显著，且氮肥用量对含盐量的影响也不显著，相关分析表明含盐量与氮肥用量无明显的相关性，这表明氮肥与磷钾肥配施时，氮肥对土壤盐分总量的影响较小。苏红等（2007）却认为无机肥处理中，氮肥用量与盐分的相关性较大，这可能与施入其他肥料后，肥料之间的相互作用有关。

土壤含盐量高低可以通过土壤电导率来衡量。图8-5表明，设施和露地土壤中，各处理电导率的变化趋势因施用氮肥形态不同而有差异。尿素和碳酸氢铵处理的电导率与含盐量有相似的变化趋势，两者呈极显著正相关（设施 $r=0.352^{**}$，露地 $r=0.418^{**}$），培养 1 d 不同用量的尿素和碳酸氢铵处理电导率均低于 0.500 ms/cm。培养前 15 d 逐渐升高，15～30 d 电导率较高，平均为 0.644 ms/cm，之后略有降低，60 d 后电导率又呈升高的趋势。硝酸钙处理电导率的变化趋势不同，随培养时间的延长呈波浪状变化，其电导率显著高于相同氮用量时的其他两种氮肥处理，培养 1 d 时电导率就高于 0.600 ms/cm，高量硝酸钙处理电导率高于 0.800 ms/cm，设施土壤硝酸钙处理电导率与含盐量有显著相关，但相关系数较小（$r=0.327^{*}$），露地土壤的电导率与含盐量变化无明显的相关性。电导率与氮肥施用量回归分析表明，电导率与三种形态氮肥的施用量均存在极显著正相关，其中与硝酸钙施用量的相关系数最大（设施 $r=0.889^{**}$；露地 $r=0.923^{**}$），这与含盐量的变化不同，表明施肥虽然同时使含盐量和电导率增加，但两者的变化量却不同，这与盐分组成离子的影响有关。

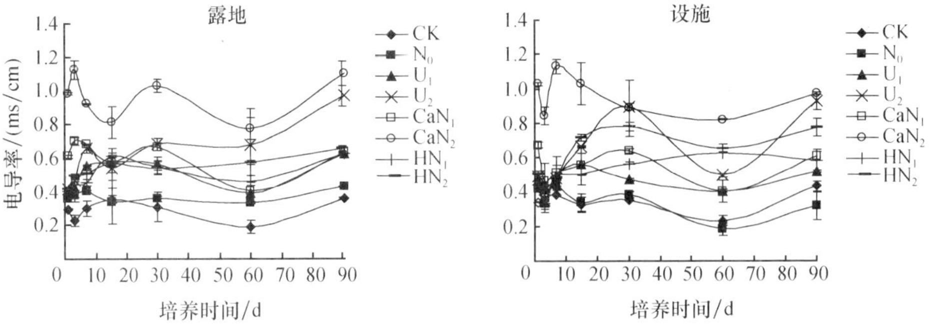

图 8-5　不同形态氮肥处理土壤电导率的变化特点

8）不同形态氮肥对土壤盐分离子组成与含量变化的影响

由图 8-6 可知，培养期间不同形态氮肥处理的盐分离子组成相近，且设施土壤盐分离子的含量及相对组成与露地土壤无显著差异。设施和露地土壤的盐分离子均以阴离子为主，不同培养时间的设施土壤各处理阴离子含量为盐分总量的 76.29%～93.81%，平均为 89.60%（CV＝4.01%）；露地土壤在 75.16%～96.63%，平均为 90.30%（CV＝4.12%），其中以 SO_4^{2-} 含量最高，设施和露地土壤 SO_4^{2-} 含量分别占盐分总量的 67.37%（CV＝10.09%）和 67.28%（CV＝11.07%），NO_3^- 含量次之，设施土壤碳酸氢铵处理 NO_3^- 含量为 10.09%（CV＝29.43%），尿素、硝酸钙处理的 NO_3^- 含量较高，分别占盐分总量的 16.91%（CV＝16.63%）、17.23%（CV＝15.84%），露地土壤不同形态氮肥处理 NO_3^- 含量差异不显著，平均为 17.80%（CV＝17.43%）；土壤中阳离子含量较少，以 Ca^{2+} 为主，Na^+ 最少。四川双流地区施用的肥料以复合肥、过磷酸钙、硫酸钾为主，因而土壤中盐分离子以 SO_4^{2-}、NO_3^- 和 Ca^{2+} 为主；培养试验中用尿素、碳酸氢铵、硝酸钙、磷酸二氢钙和硫酸钾作肥料，酰胺态氮和铵态氮水解产生的 NH_4^+ 经硝化作用转化为 NO_3^-，以及硝态氮的施入，增加了 NO_3^- 含量，带入的 SO_4^{2-} 没有发生迁移转化导致其在土壤溶液中的浓度增加。

各盐分离子在设施和露地土壤不同形态氮肥处理下的含量变化趋势相似。土壤 SO_4^{2-} 含量培养 1～3 d 显著增加，60 d 时略有降低，其他培养时间 SO_4^{2-} 含量差异不显著。Ca^{2+} 含

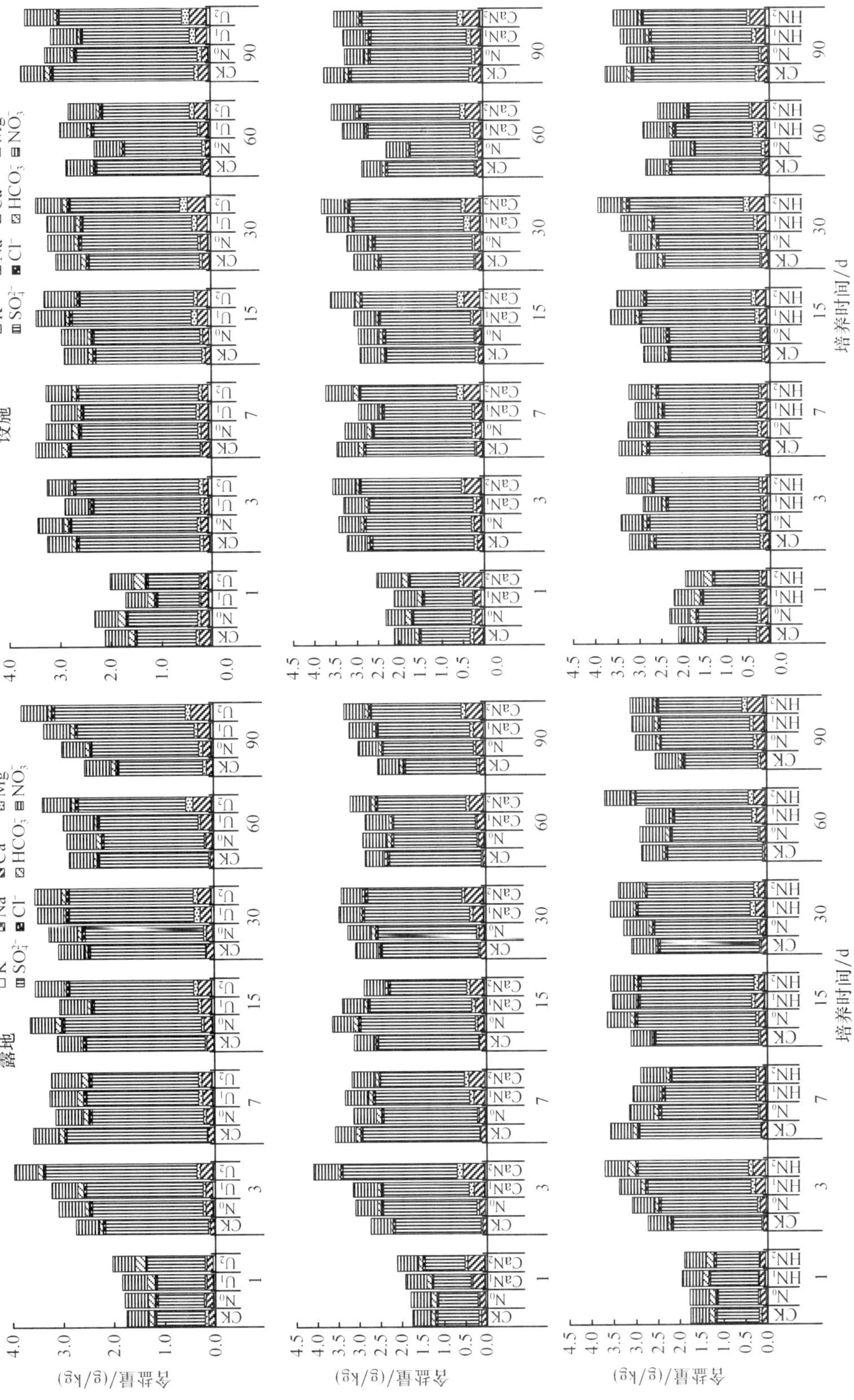

图8-6 不同形态氮肥对土壤盐分离子组成的影响

量在培养前 15 d 有显著增加，之后变化趋势与盐分总量变化趋势相似。随培养时间地延长，HCO_3^- 含量变化与盐分总量的变化趋势相反，培养前 15 d 显著降低，由培养 1 d 的 0.162 g/kg(CV=25.16%)降至 15 d 的 0.072 g/kg(CV=20.13%)，15 d 后趋于平缓。NO_3^- 含量在培养前 15 d 显著升高，由 1 d 的 0.478 g/kg(CV=5.62%)增加至 15 d 的 0.563 g/kg(CV=7.54%)，之后趋于平缓。其他离子含量变化趋势与盐分总量相似。

比较设施土壤不同处理的各类盐分离子含量可知，施用氮肥处理中 NO_3^-、K^+、Na^+、Ca^{2+}、Mg^{2+} 的含量较未施氮肥处理 N_0 有不同程度的增加。NO_3^- 在培养 7 d 后略有增加，主要是由于 NH_4^+ 硝化作用的影响。K^+、Na^+、Ca^{2+}、Mg^{2+} 的含量随氮肥用量的增加而增加，这与有关有机无机肥配施的田间试验研究结果相同，氮肥对水溶性 K^+、Na^+、Ca^{2+}、Mg^{2+} 含量的影响主要是形成的 NH_4^+ 对吸附态盐基离子的交换作用，其中尿素和碳酸氢铵处理的 K^+ 含量分别为 0.064 g/kg、0.072 g/kg，略高于硝态氮处理的 K^+ 含量 0.059 g/kg，因为尿素和碳酸氢铵转化形成的 NH_4^+ 含量较高，置换钾量较高。而施用硝酸钙同时带入了 Ca^{2+} 和 NO_3^-，硝酸钙处理的 Ca^{2+} 和 NO_3^- 含量培养前 15 d 显著高于其他两种氮肥处理。施用不同形态氮肥对其他盐分离子 SO_4^{2-}、Cl^-、HCO_3^- 则无显著影响。露地土壤各处理盐分组成离子含量变化与设施土壤相似，施用氮肥处理的阳离子和 NO_3^- 含量总体高于未施氮肥处理 N_0，其他离子含量各处理间差异不显著，除露地土壤的 K^+ 含量低于设施土壤外，其他各离子两种土壤中的含量差异不显著。

不同盐分离子对盐分总量和电导率的变化有不同影响。盐分总量和电导率分别与各盐分离子的相关分析表明(表 8-5)，Ca^{2+}、Mg^{2+}、SO_4^{2-}、Cl^-、NO_3^- 等的含量与盐分总量呈极显著正相关，且相关系数的大小与该离子在土壤中的含量有一定关系，SO_4^{2-} 含量最高，其与盐分总量的相关程度最大，决定了盐分总量的变化趋势。HCO_3^- 与盐分总量的变化趋势相反，HCO_3^- 含量与盐分总量呈极显著负相关。不同形态氮肥处理中 K^+、Na^+ 含量最少，两种离子与盐分总量间无明显的相关性。由此可见偏施一种或几种肥料，会造成土壤中某些盐分离子浓度的相对富集和盐分离子浓度的增高，会对作物产生直接的高盐危害，对作物产量和品质提高以及土壤环境质量演变也将产生不利影响。

表 8-5 不同形态氮肥条件下土壤盐分总量和电导率分别与各盐分离子的相关性分析

		K^+	Na^+	Ca^{2+}	Mg^{2+}	SO_4^{2-}	Cl^-	HCO_3^-	NO_3^-
盐分总量	设施	—	—	0.431**	0.674**	0.948**	0.425**	−0.619**	0.581**
	露地	—	—	0.318*	0.680**	0.983**	0.526**	−0.554**	0.367**
电导率	设施	0.524**	—	0.926**	0.676**	—	0.330*	—	0.637**
	露地	—	—	0.905**	0.513**	—	—	−0.359*	—

* 表示 $P<0.05$ 下的显著水平；** 表示 $P<0.01$ 下的显著水平。

设施土壤的电导率与 Ca^{2+}、Mg^{2+}、K^+、NO_3^- 的含量呈极显著正相关，与 Cl^- 有显著正相关，与 Na^+、SO_4^{2-}、HCO_3^- 则均无明显的相关性。露地土壤电导率与 Ca^{2+}、Mg^{2+} 的含量呈极显著正相关，与 HCO_3^- 呈显著负相关，与 K^+、Na^+、SO_4^{2-}、Cl^-、NO_3^- 无相关性。设施和露地土壤电导率均受阳离子的影响较大，以 Ca^{2+} 的相关系数最大。虽然阴离子含量所占比例较高，但其对电导率的影响较小。

上述分析表明，盐分离子对盐分总量的影响与其对电导率的影响是不同的，土壤中含量较高的SO_4^{2-}等主要盐分离子决定了含盐量的变化，而电导率主要受Ca^{2+}、Mg^{2+}的影响，由此也可以说明土壤含盐量和电导率与氮肥施用量关系的差异，氮肥的施用可以增加土壤中K^+、Na^+、Ca^{2+}、Mg^{2+}等的含量，而对SO_4^{2-}无显著影响，因此电导率与氮肥用量呈显著相关。此外，李海云等(2004)进行了不同阴离子化肥对设施土壤电导率影响的研究，结果表明：施用含有NO_3^-、SO_4^{2-}和Cl^-三种阴离子化肥后，设施土壤电导率均随施肥量的增加而上升，而pH却下降，施肥量越高，残存在土壤中的可溶性盐越多，土壤酸化作用越明显；等养分量施入不同化肥品种对土壤化学性状影响程度不同，即$SO_4^{2-}>Cl^->NO_3^-$，而对土壤电导率及pH的影响则表现为$Cl^->SO_4^{2-}>NO_3^-$，其原因一方面是设施栽培作物对各阴离子吸收量不同，另一方面是它们与土壤胶体间的吸附能力不同。

8.1.3.2　有机肥对设施土壤养分和盐分含量变化的影响

多年的生产实践表明，增施有机肥是培肥土壤、提高地力行之有效的措施之一，它对农业的可持续发展有着特殊的作用。施用有机肥不仅能使土壤有机质、速效磷、速效钾含量增加，使土壤团聚水平、团聚度和结构的稳定性、通气孔隙、水容量等土壤物理性状有显著的提高，而且增加土壤中有益微生物的数量和酶的活性。相对于化肥供肥强度大、时间短，而且不能提供生理活性物质，有机肥具有稳定持续的供肥性能，并且能提供各种营养元素和生理活性物质。有机肥的这种供肥性能和蔬菜作物的生长发育比较吻合。

有机肥的另一重要特性是能够保持和保护温室土壤结构及防止土壤侵蚀，它肥效缓慢、肥力持久，更有利于在设施栽培中形成良好的土壤团粒结构，增强土壤保水、保肥、通气能力，降解土壤中有毒物质。

1) 有机肥对设施土壤养分含量变化的影响

土壤养分是作物生长的物质基础，其含量水平是土壤肥力的重要指标。有机肥能为作物提供各种无机和有机养分，以往研究表明，有机肥中含有丰富的大量营养元素、中量元素和微量元素，其中大量营养元素的有效性最高，就氮、磷、钾而言，钾的有效性最高。

有机肥料中含有植物所需的各种营养成分和有机质，施用有机肥料可以改善土壤的物理性能，创造良好的团粒结构，增加土壤微生物的活力，调节土壤温度，提高土壤保水、保肥能力。研究表明，土壤中的有机质含量与土壤速效养分含量和易氧化有机质含量以及土壤有机质的吸肥保肥能力均有极其密切的关系，且达到极显著水平。施用有机肥可形成有机无机复合体和微团聚体，既提高了土壤有机质的数量，又能更新和活化老的有机质，改善腐殖质品质，从而全面提高土壤肥力。而菜田长期定位施肥试验研究表明，有机肥与无机氮肥配施的土壤有机质含量高于有机肥单施，配施磷、钾肥可以在一定程度上增加土壤有机质含量，随有机肥特别是有机无机氮肥配施的年限延长，土壤易氧化有机质的含量逐渐增加，有机质的氧化稳定系数下降，土壤松结态腐殖质含量和胡敏酸的比例提高，促进土壤腐殖化进程，改善有机质的品质。

施用有机肥对氮磷钾等无机肥料在土壤中的转化也会产生不同程度的影响。随土壤有机质含量的提高，大约占土壤全氮含量95%的可矿化氮量也随之增加，土壤供氮能力增强。有机肥氮的矿化过程与有机肥的化学组成有着密切的关系，肥料的C/N强烈影响着有机肥氮素的释放，含氮低有效碳源高，即C/N大的有机物料使微生物活性增强，固定氮多。有机物料（作物茎叶和有机肥）和氮肥对土壤微生物体氮的影响有着显著的交互作用，其作用大小与有机物料和氮肥的种类有关，有机物料与硝态氮的交互作用大，而与铵态氮的交互作用小，这种差异与微生物对两种形态氮的固定不同有关。有机物料 C/N 的影响表现为随着 C/N 增大交互作用增强，并且在有机物料分解前期的交互作用大于中、后期。研究证实，堆肥、牛粪和羊粪肥料氮素释放速率开始较小，但肥效较为持久稳定；而猪粪、鸡粪和饼肥肥料的肥效在前期较大，肥料氮的有效性较高。研究表明水溶有机质对硝化过程有一定的抑制作用，且抑制作用随水溶性有机质浓度的增加而增加，土壤中易分解的有机碳含量与土壤反硝化趋势之间存在正相关关系，有机肥的施用可以增加土壤的反硝化能力，从而削弱土壤中硝态氮的积累。但是过量施用有机肥会引起 2 m 以下深层次土壤中硝态氮的大量累积，土壤中硝态氮的累积量随有机肥施用量的增加而增加，当有机肥和无机肥配合施用时，土壤中硝态氮的累积量随总施氮量的增加而增加。土壤有机质本身不固定钾，但施用有机肥能改善土壤物理性能，导致有机质和土壤黏粒形成稳定的团粒结构，钾的固定量增加。土壤速效钾和缓效钾的总增加量与土壤有机质呈一定正相关关系（$r=0.612$），说明有机质含量较高的土壤，其钾素有效性也较高。有机质影响土壤中磷的吸附解析和沉淀溶解平衡，土壤有效磷含量与有机磷含量呈正相关，施用有机肥可降低闭蓄态磷含量，增加磷酸盐的溶解度，降低磷的吸附量，提高吸附磷的再利用率。有机酸能增加土壤速效磷含量，能明显减弱速效磷含量随时间而降低的趋势，使土壤速效磷含量在较长时间内保持较高的水平。另外，有机质对难溶性磷酸盐影响比较复杂，土壤有机质可以通过与 Ca^{2+} 结合降低磷的活度促进难溶性磷酸盐溶解，也可能在微生物作用下矿化释放磷而增加溶液中磷的活度抑制其溶解。

长期大量施用有机肥，对土壤 pH 的变化会产生一定的影响，土壤 pH 的变化影响土壤养分的有效性。多数研究表明，施有机肥为主的农田土壤 pH 降低，降幅一般为 0.2～1.2，其主要原因是铵态氮的硝化，有机肥特别是粪肥中的氮主要是铵态氮和有机态氮，粪肥中至少 50%的氮以 NH_4^+-N 形式存在，厌氧粪池中流体状猪粪至少 90%的氮是 NH_4^+-N，其余为有机氮，必须经矿化后才能被作物吸收利用，铵态氮的硝化产生氢离子使土壤 pH 降低；另外，粪肥中有机成分降解产生有机酸也会导致土壤 pH 的变化。

在设施栽培中，施用有机肥后土壤中的氮在当季的利用率一般为 20%～30%。有研究表明，连续施用有机肥 9 年后，土壤的养分含量与供给能力明显提高。单施有机肥比对照土壤有机质、全氮、全磷分别增加 56.5%、39.2%和 27.6%；土壤碱解氮、速效磷、速效钾含量分别增加 55.7%、230.0%和 20.1%。施用有机肥后，土壤 C/N 提高，有机肥处理分别较对照 C/N 高 14.5%和 12.2%。王兆荣等(1991)研究表明，随着有机物料的腐解，将释放出可供作物吸收利用的营养物质及光合作用所需的 CO_2。施用有机物料促进土壤氮、磷、钾向根表移动和氮、磷有机化合物的矿化，改善了根际养分的生物有效性。可见，施用有机肥，有利于腐殖化过程的发生和提供作物所需的各种营养元素，从而改善设施土壤的理化性质。

在设施栽培中，有机肥的施入不但可以增加设施土壤有机质的积累，而且还可以改善土壤中原有的有机质的品质。连续施入有机物料后有机质的积累与对照处理间（不施有机肥）达显著水平，设施土壤总碳量、重组有机碳较对照分别增加 34.88%～37.21%和 30.0%，长期施用有机肥也可明显增加保护地土壤有机质含量。上述结果的出现是由于施用有机物料可以增加设施土壤中活性有机质的数量，这样不仅增加土壤中的富里酸含量和胡敏酸的活化度,还可以增加土壤中松结合态腐殖质含量。长期施肥使蔬菜保护地耕层土壤磷素出现大量积累,耕层以下各土层磷素含量也有不同程度的增加,尤以施有机肥后这一作用更为明显。尽管长期以来一直认为磷素的移动性很小,但在施肥量过大,超过土壤最大吸附量以及蔬菜的需求量时,就将引起磷素下移。导致这一现象发生的原因一方面可能是由于长期施肥土壤中累积的磷含量很高,土壤固磷能力达到饱和,水溶性磷和吸附态磷通过土壤孔隙下移;另一方面是由于有机肥分解的有机酸可以显著活化土壤本身的磷,减少土壤对磷素的吸附,使得易溶性磷酸根向土壤深层移动,而且有机肥中的磷移动性较大的有70%~90%属可溶性的有机磷。据杜立宇等报道,施有机肥的设施土壤,吸附的磷与不施有机肥处理变化较为一致,在一定程度上能被部分解吸下来,且随解吸前土壤磷素吸附量的升高解吸量也有增加的趋势。由此可见,有机肥对土壤磷素的解吸过程并没有明显的促进作用。张鸿龄等(2007)研究表明,单施有机肥可明显提高保护地土壤有效钾含量及土壤的供钾能力。因为有机肥的长期施入,可带入一定的钾素,但施有机肥处理土壤中全钾含量反而低于不施有机肥处理的土壤,这表明施入土壤的这部分钾素进入土壤后先是以有效态形式存在,这就使得土壤中可被吸收的钾素增多,促进了作物的生长,同时也加大了作物对土壤钾素的摄取量,使得土壤钾素向有效态转化;另外,有机肥的长期施入,使土壤中有机质含量增加,从而提高了土壤阳离子交换量,减少了土壤中特定的固定钾位,使土壤中有效态钾的固定减少。同时,由于土壤有机胶体在其交换表面具有保持养分的巨大能力,使得未被作物吸收利用的有效态钾暂时被保存在有机胶体表面,待土壤供钾强度有所下降时以有效态形式被释放出来;此外,有机肥的长期施入,一方面带入土壤中大量的微生物及有机肥分解过程中产生的有机酸,可以改变土壤微环境中的pH及局部的氧化还原条件;另一方面,有机肥在不断的分解过程中增加了土壤中土著微生物的活性,在其分解释放有机酸的过程中,这些微生物分解土壤矿物的活性也得到了增强,从而有助于土壤中矿物态钾向有效钾的转化,提高了土壤的供钾强度。

然而,有机肥中含有较多酚、糖、醛类化合物及羧基,可吸附和固定肥料中的NH_4^+-N,抑制其硝化作用,减少NO_3^--N的形成。有研究表明,盆栽条件下冬青菜以尿素配腐熟鸡粪为基肥,50%尿素+50%鸡粪处理与100%尿素处理相比NO_3^--N减少93.8%,土壤中NO_3^--N含量随鸡粪堆肥施用量的增加而减少,且二者呈显著负相关;配施有机物料的尿素N,NO_3^--N的转化速率明显减慢,与对照相比减少9.94%~26.52%。Younie等(1992)研究表明,施有机肥料菜田土壤中氮淋失的量显著低于施用化肥的菜田,在菜园中施用有机肥能够有效地保护菜园土壤地表水和地下水的水质,施用化肥后土壤0~60 cm深度NO_3^--N含量比施用有机肥土壤高。施用半腐熟的有机肥对防治设施土壤次生盐渍化更为有效,原因之一是在有机肥分解过程中消耗了土壤盐分中的氮源,土壤微生物暂时将其加以固定,从而降低了土壤溶液中盐的浓度;另外,有机肥还能吸收部分盐分和阻断部分毛管水流,有抑制盐分聚集的作用。可见,增施有机肥是一种既能有效降低设施栽培蔬菜硝酸盐含量,提高蔬菜产品的品质,又能在一定程度上缓解设施土壤次生盐渍化发生的措施。因此,在设施栽培中,应提倡施用有机肥,并尽可能减少化肥的用量。

但是,施用有机肥时,有机肥需经合理的处理。施用未经处理的有机肥,往往会对作物生长和土壤环境产生不良影响。目前,多数设施栽培中都大量施用含有机质较高的禽粪,这样不仅增加了成本,而且使土嚷尿酸盐过多;不仅不能被蔬菜直接吸收,还对根系的正常生长有害。过量的高氮有机肥往往在高温下易分解释放出 NH_3，若栽培地通风不好，对 NH_3 敏感的蔬菜易中毒损伤。另外，新鲜禽粪易滋生虫类，会加重地下害虫的危害。此外，过多施用大型畜禽养殖场未经处理的禽粪，易造成土壤抗生素和重金属污染。据李淑芹等的调查结果，在畜禽养殖过程中，为了防治畜禽的多发性疾病，常在饲料中添加抗生素，抗生素随饲料进入动物体内后，经肾脏过滤后，随尿液排出体外；同时，为了加强饲料的促生长及医疗效果，一些企业在饲料生产中往往加入含有砷、汞、铜等元素的无机制剂。使这些元素也会相应地出现在畜禽粪便中。据预测，一个万头养猪场按美国 F 天 A 允许使用的砷计量推算，若连续使用含砷饲料 5～8 年，将可向猪场周边土壤中排放 1 t 左右的砷。施用 16 年后，当土壤中砷含量每升高达 1.0 mg/kg，则甘薯块根中砷含量上升到 0.28 mg/kg。不超过 10 年，该地块生产的甘薯中砷含量会全部超过国家食品卫生标准。因此，若使用这类未经处理的畜禽粪便作为有机肥，会使设施栽培土壤和相应的农产品受到严重污染。

2）有机肥对设施土壤盐分含量变化的影响

有机肥中除了含植物所需大量元素氮、磷、钾外，还含有许多植物利用少或几乎难以利用的钙、镁等，长期施用有机肥将会使钙、镁等在土壤中累积，尤其是在灌溉较少的土壤中这种情况较为普遍。一些调查研究表明，上海市郊区设施栽培因土壤盐分累积严重，土壤板结，已无法使用，且随种植年限的增加，危害程度日益加剧。种植 5～8 年农场大棚土壤的 EC 值高达 0.50～0.60 ms/cm，该值是露地土壤的 2～10 倍。施用有机肥的保护地土壤盐分积累明显低于不施有机肥的处理，且在有机肥用量相同条件下，氮肥用量与盐分相关性较小，表明有机肥可缓解尿素对保护地土壤盐分增加的影响。朱林等(2002)研究结果表明，经稻草处理的土壤 EC 值在腐解第一周内显著低于对照处理，而第二周土壤 EC 值骤然升高，以后又降低，3 周以后土壤 EC 值升高。猪粪处理土壤 EC 值在前期增加，2～3 周急剧增加，4 周以后有所降低，但均低于对照处理。这主要是因为施用有机物料后给土壤中的微生物提供了充足的能源和养分，提高其活性，使微生物的数量明显增加，加速对土壤养分的吸收固定，降低了土壤溶液中盐分浓度，减小毛细管作用。另外，溶于水中的盐分不易随水蒸发至地表，加之作物生长良好，地面覆盖度大，减少返盐，降低了土壤次生盐渍化发生的概率。微生物在分解鸡粪时，吸收固定土壤中无机养分，使之转化成有机养分。与未施干鸡粪土壤相比，施鸡粪土壤溶液浓度低，因此降低了土壤的 EC 值。施用半腐熟的鸡粪也是降低土壤 EC 值的良好途径。张春兰等报道，细菌对土壤盐分反应敏感。当土壤 EC 值较高时，土壤细菌繁殖较少。可见，施用有机肥后能够降低设施土壤的电导率，并在一定程度上可减少土壤表层盐分的积累。

同时，施用有机肥可引起设施栽培土壤 pH 变化。最初的设施栽培土 pH 较施用化肥低，但经过一段时间后其 pH 升高，且较施用化肥的土壤高。土壤中施入稻草、猪粪等有机物料，随腐解时间的延长，pH 降低，至腐解第 4 周土壤 pH 降至最低，以后又有所升高。但随着有机物料用量的增加，根际、近根际和非根际土壤 pH 趋向一致。这可能是由于有机物料腐解过程产生的有机酸使土壤 pH 降低；后期导致土壤溶液 pH 上升的原因可能是由于土壤微生物的氧化作用、土壤反硝化作用以及硫的还原作用等多种过程作用的结果。

沼气肥是有机物厌氧发酵后的残余物(包括沼液和沼渣)，它是一种优质有机肥。李轶等(2007)研究表明，各处理 0～20 cm 土层土壤全盐含量在 0.92～1.65 g/kg。在各处理中,处理1(单施猪粪)土壤全盐含量最低,处理3(猪粪+沼液)土壤全盐含量最高。猪粪与沼液配合(处理3)施用较猪粪与化肥配合(处理4)施用土壤全盐含量高0.59 g/kg,差异达极显著水平。沼渣与化肥配合施用(处理6)比沼渣与沼液配合(处理6)施用土壤全盐含量低0.10 g/kg,但差异未达到5%显著水平。基施猪粪土壤全盐含量的平均值比基施沼渣的高0.08 g/kg,但差异未达到5%显著水平。追施沼液土壤全盐含量高于追施化肥处理,两者相差0.24 g/kg,差异显著。追施沼液或追施化肥土壤全盐含量均比不追肥的高,差值分别达0.33 g/kg和0.09 g/kg,追施化肥与不追肥处理土壤全盐含量的差异未达到5%显著水平,而追施沼液与不追肥处理的差异达到显著水平(表8-6)。这一结果说明,施用猪粪或沼渣对土壤全盐含量的影响差异较小,在基施猪粪或沼渣的基础上追施沼液或化肥,土壤全盐含量增加,且以追施沼液提高的幅度更大。

表8-6 不同施肥处理土壤的全盐量及盐分组成(0~20 cm土层)(李轶等,2007)

处理	盐分组成/(mg/kg)								全盐量/(g/kg)
	NO_3^-	Cl^-	SO_4^{2-}	HCO_3^-	Ca^{2+}	Mg^{2+}	K^+	Na^+	
CK	20.81eD	92.35bB	500.78bB	217.82bB	101.69dC	82.57cC	3.82gE	4.82dD	1.02bcB
处理1	58.31dC	79.63cC	372.76dD	196.24cB	162.95cB	40.26dD	7.54dC	4.15dD	0.92cB
处理2	64.79cB	88.06bBC	485.83bB	253.02aA	141.17cB	93.41bcBC	5.18fD	4.59dD	1.14bB
处理3	66.33cB	88.69bBC	772.46aA	189.28cB	279.90aA	236.18aA	10.76aA	6.93bB	1.65aA
处理4	89.31bA	70.58dD	426.92cC	162.11dc	260.34aA	35.09dD	9.63bAB	5.67cC	1.06bcB
处理5	92.91aA	104.49aA	362.76dD	219.24bB	241.21bA	35.80dD	8.99cB	11.33aA	1.08bcB
处理6	65.81cB	80.49cC	506.52bB	252.48aA	149.54cB	109.93bB	6.73eC	5.49cC	1.18bB

注:处理1为基施猪粪,不再追施其他任何肥料;处理2为基施沼渣,不再追施其他任何肥料;处理3为猪粪+沼液;处理4为猪粪+化肥;处理5为沼渣+沼液;处理6为沼渣+化肥;CK为对照,不施肥料。同一列不同大写字母表示$P<0.01$下的显著水平,小写字母表示$P<0.05$下的显著水平。

但是浇施大量人畜粪水和施用较多的腐熟厩肥,还可能引起土壤盐分积累。过去,人们主要考虑农家肥的养分含量,很少注意农家肥的含盐量,由于在饲养畜禽的过程中,特别是在现代大型养殖场,饲料中一般都要添加0.3%~0.5%的食盐,故畜禽粪便中含有一定量的盐分,多年大量使用畜禽粪,土壤含盐量就会大大提高。据对银川郊区主要养殖场的畜禽粪测定结果,猪粪、鸡粪、羊粪和牛粪都含有一定的盐分,其含量分别为6.87 g/kg、19.99 g/kg、34.02 g/kg和41.86 g/kg。因此,在设施栽培中,注意各种肥料的合理使用一方面可提高肥料的利用率,另一方面可缓解设施土壤次生盐渍化。

8.1.3.3 有机无机肥交互作用对设施土壤养分和盐分含量变化的影响

化肥是土壤速效养分的主要来源,有机肥在改良土壤结构、为作物提供较完全的养分等方面具有优越性。在设施栽培中,种植户为了追求设施利用率及作物高产,通常都在棚室内进行连续种植,作物复种指数高且肥料投入量大,化肥和有机肥的年投入量远远高于露地栽培,并超过了作物的实际需要量,过量施肥造成了土壤环境质量的恶化,设施的可持续利用周期缩短。据调查,一方面种植户大量施用化肥和有机肥,另一方面,土壤中养分大量积累和过剩,若不施用或减少施用化肥和有机肥,则当季作物就会减产减收。多种肥料混合施用,不同养分之间的交互作用,会影响肥料利用率以及作物对养分的吸收代谢,并最终影响作物的产量和品质。因此,研究有机、无机肥交互作用对设施土壤养分和盐分的影响，掌握作物的施肥动态变化、农田养分平衡和盐分累积状况，能够为科学施肥提供必要依据，为保护农田生态平衡和保证农业的持续、健康发展奠定基础，对设施栽培养分均衡调控、设施农业的可持续发展和生态环境保护有积极意义。

1）试验设计

尿素、碳酸氢铵、硝酸钙的用量均设三个水平：0 g N/kg 土、0.2 g N/kg 土、0.5 g N/kg 土；有机肥用量为：10 g/kg 土、20 g/kg 土，采用完全组合设计，各处理统一施用磷酸二氢钙 0.1 g P_2O_5/kg 土、硫酸钾 0.2 g K_2O/kg 土（氮磷钾用量均为无机化肥用量，不包括有机肥养分含量），共 14 个处理。分别在设施土壤和露地土壤中设置相同处理。

2）有机无机肥交互作用对设施土壤铵态氮含量的影响

有机肥与无机肥配合施用是农业生产中常用的施肥方式，有机肥影响土壤氮的转化。图 8-7 表明，随着培养时间延长，设施土壤施有机肥各处理土壤铵态氮含量变化趋势与不同形态氮肥处理相似，培养前 3 d 铵态氮含量略有增加，之后土壤铵态氮含量迅速降低，多数有机无机肥配施处理培养 30 d 后铵态氮硝化速度减慢，在 60 d 后铵态氮含量变化平稳。

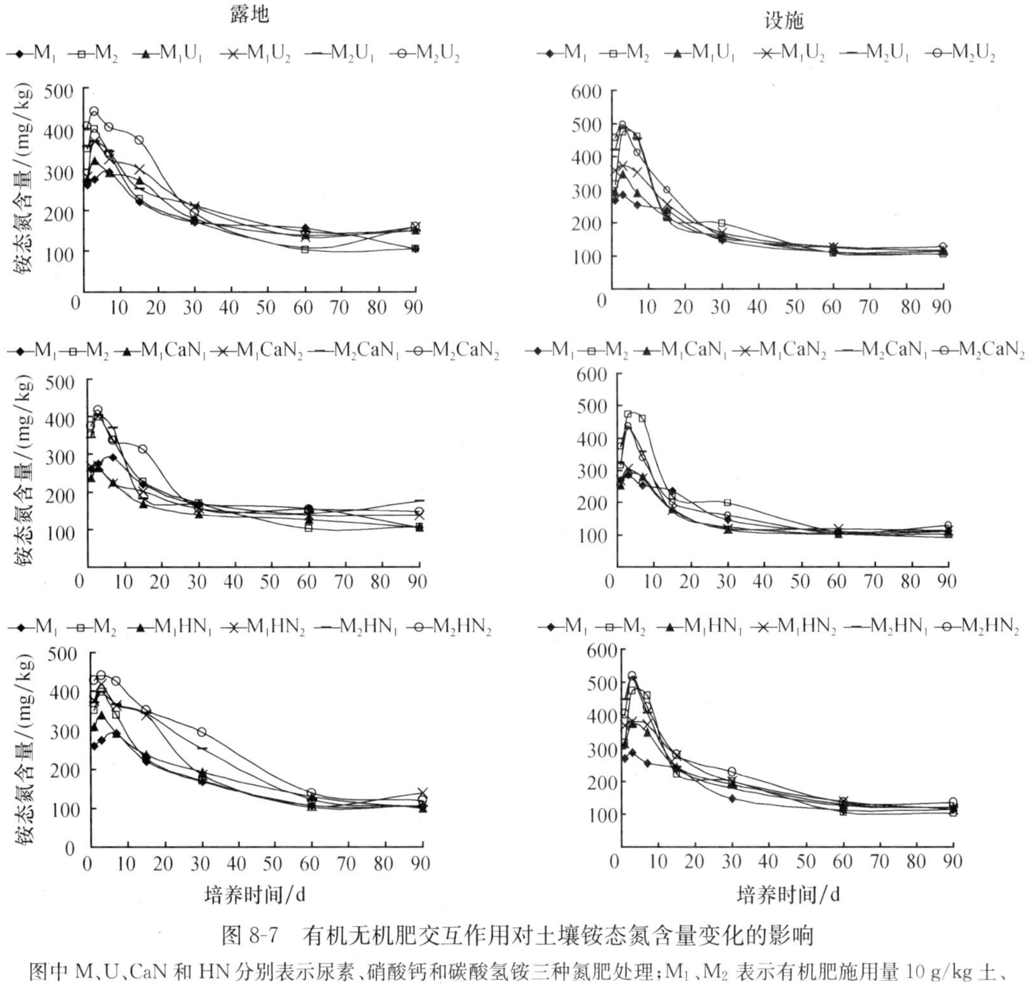

图 8-7　有机无机肥交互作用对土壤铵态氮含量变化的影响

图中 M、U、CaN 和 HN 分别表示尿素、硝酸钙和碳酸氢铵三种氮肥处理；M_1、M_2 表示有机肥施用量 10 g/kg 土、20 g/kg 土；N_1、N_2 表示氮肥施用量 0.2 g N/kg 土、0.5 g N/kg 土，下同不同形态氮肥与有机肥配施对土壤铵态氮含量的影响存在差异。设施土壤中，碳酸氢铵、尿素分别与有机肥配施处理与单施碳酸氢铵、尿素处理相比，土壤铵态氮含量变化不显著，仅低量的碳酸氢铵、尿素与高量有机肥配施处理的铵态氮含量在培养前 7 d 增加了 130.56 mg/kg 和 168.29 mg/kg，其他处理铵态氮含量无明显增加；与单施有机肥相比，碳酸氢铵、尿素分别与低量有机肥配施处理，培养前 15 d 的铵态氮含量显著增加，其后随着铵态氮含量降低而无显著差异；两种氮肥分别与高量有机肥配施处理的铵态氮含量与单施有机肥处理无显著差异。硝酸钙配施有机肥处理使土壤铵态氮含量增加，尤其在培养前7 d，低量和高量有机肥处理铵态氮含量比单施硝酸钙处理分别增加了 130.02 mg/kg 和 227.80 mg/kg。而有机肥与不同用量硝酸钙配施处理的土壤铵态氮含量与单施有机肥处理无显著差异。上述分析说明，由于硝态氮肥对土壤铵态氮含量影响较小，硝态氮肥与有机肥配施时土壤铵态氮含量变化主要受有机肥的影响而增加；而铵态氮肥和酰胺态氮肥与有机肥配施对土壤铵态氮的影响效果与单施氮肥或单施有机肥的效果相近，并没有产生叠加效应。露地土壤铵态氮含量的变化趋势与设施土壤相似，有机肥与不同形态氮肥配施使露地土壤铵态氮含量较单施氮肥处理有明显增加，但露地土壤铵态氮含量仍低于设施土壤。

3）有机无机肥交互作用对设施土壤硝态氮含量的影响

由图 8-8 可知，随着培养时间延长，设施土壤有机无机肥配施各处理土壤硝态氮含量均迅速增加，比不同形态氮肥各处理硝态氮变化持续时间更长，以培养 60 d 时的土壤硝态氮含量最高，60 d 后有降低的趋势；硝酸钙与有机肥配施处理土壤硝态氮含量显著高于其他处理，培养 7 d 后其硝态氮的增加速度较其他两种氮肥处理减慢。

单施低量有机肥处理的设施土壤硝态氮含量与单施低量碳酸氢铵和尿素处理差异不显著，相对应的单施有机肥和两种氮肥的高量处理中，以氮肥处理土壤硝态氮含量略高，说明施用 10 g/kg 土有机肥与施用 0.2 gN/kg 土碳酸氢铵或尿素的效果相近，氮素转化平衡后土壤硝态氮含量相近。有机肥与不同形态氮肥配施和单施氮肥或单施有机肥相比，土壤硝态氮含量显著增加，且硝态氮含量随氮肥施用量的增加而增加，氮肥用量相同时硝态氮含量也随有机肥用量增加而增加，土壤硝态氮含量同时受氮肥和有机肥的影响，产生叠加效果。

露地土壤有机无机肥配施处理土壤硝态氮含量变化趋势与设施土壤相似，但露地土壤中不同形态氮肥与有机肥的交互作用与设施土壤不同。露地土壤硝酸钙与有机肥配施能够增加土壤硝态氮含量，而碳酸氢铵和尿素分别与有机肥配施时，在低量有机肥条件下，有机无机配施能增加土壤硝态氮的含量；在高量有机肥条件下，土壤硝态氮受氮肥的影响较小。

另外，苏娜等(2006)对有机肥与氮肥配施对设施土壤中碱解氮含量的影响进行了研究，表明在施有机肥的基础上配施氮肥能促进土壤中碱解氮含量的增加。在一定范围内，随氮肥施入量的增加，土壤中碱解氮的含量呈上升趋势。并通过对比 1997 年与 2005 年的试验结果发现，土壤中碱解氮的含量与有机肥和氮肥配施处理间存在着较好的相关性。因此，在设施栽培施肥过程中，应注意各种肥料的配施，尤其是氮肥的合理施用。

4）有机无机肥交互作用对设施土壤速效磷含量的影响

由图 8-9 可知，施用有机肥可增加设施土壤速效磷含量，单施有机肥处理培养初期土壤速效磷含量无显著变化，培养 7～30 d 速效磷含量增加，30 d 后呈降低趋势；有机无机肥配施处理土壤速效磷含量变化趋势相似，但培养前 15 d 无显著变化，一般在培养 15～

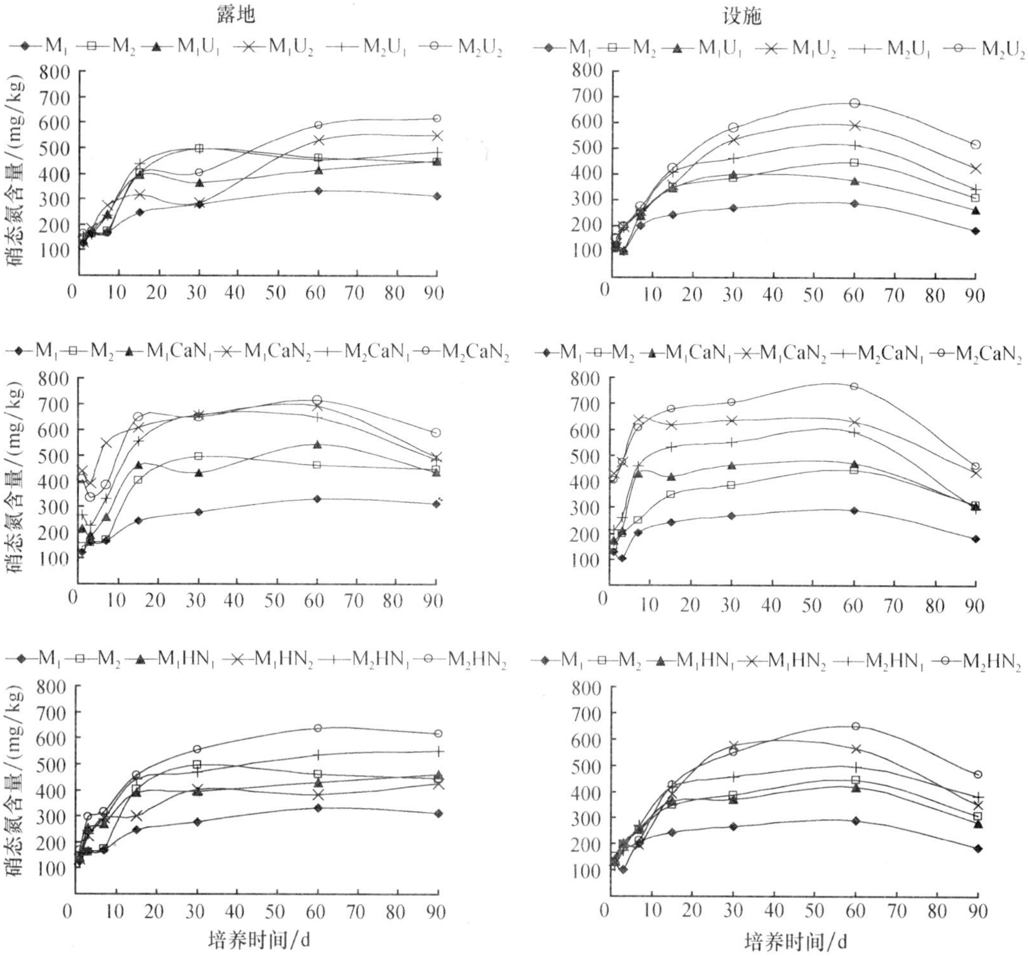

图 8-8　有机无机肥相互作用对土壤硝态氮含量变化的影响

30 d 时速效磷含量增加。有机无机肥配施处理与单施有机肥处理相比，主要在培养中期 15～60 d 时土壤速效磷含量存在差异，培养前 15 d 及培养 60 d 后相同有机肥用量各处理土壤速效磷含量差异不显著。在培养中期（15～60 d），施用低量有机肥，有机无机肥配施处理土壤速效磷含量低于单施有机肥处理，并且表现为氮肥施用量越高土壤速效磷含量越低。施用高量有机肥，尿素和硝酸钙分别与有机肥配施土壤速效磷含量低于单施有机肥处理，尿素和硝酸钙不同用量处理间的速效磷差异不显著；碳酸氢铵与高量有机肥配施土壤速效磷含量不仅低于单施有机肥处理，也低于对应的尿素和硝酸钙处理，并且碳酸氢铵用量越高土壤速效磷含量越低，表明氮肥与有机肥配施，氮肥（特别是铵态氮肥）使土壤速效磷含量降低，这可能与铵离子在土壤中的离子交换作用有关。农业生产中，尿素与磷肥共施的效果比铵态氮肥与磷肥共施好。对于露地土壤，培养前 7 d 有机肥各处理土壤速效磷含量降低，7～60 d 土壤速效磷含量呈增加趋势。露地土壤不同形态氮肥与有机肥配施时，在培养中期（15～60 d），尿素和碳酸氢铵处理土壤速效磷含量低于单施有机肥处理，并且表现为氮肥施用量越高土壤速效磷含量越低，而硝酸钙处理土壤速效磷含量也低于单施有机肥处理，但硝酸钙不同用量处理间的速效磷差异不显著。

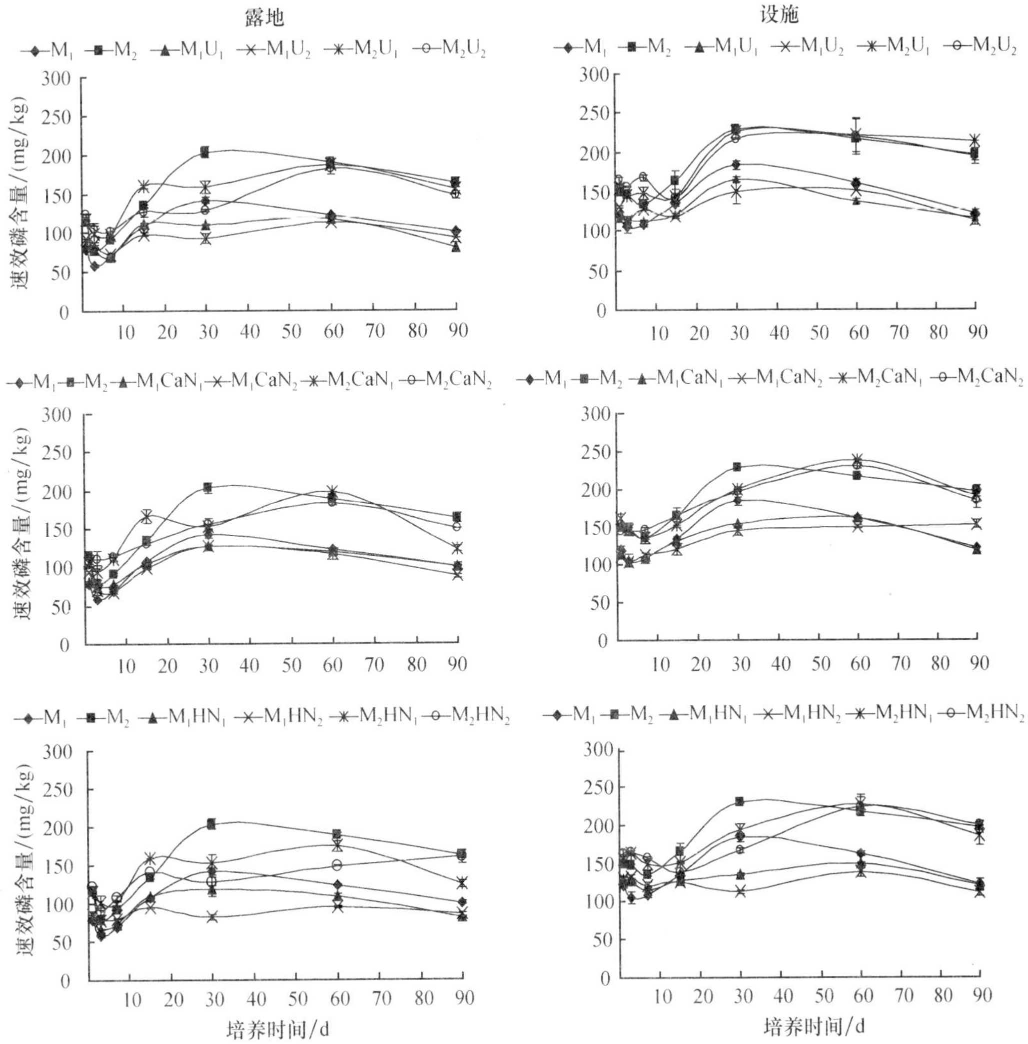

图 8-9　有机无机肥交互作用对土壤速效磷含量变化的影响

陈新等(2005)研究却表明，保护地土壤速效磷的变化表现为在耕层有大量积累，耕层以下骤减。有机无机交互处理的不同土层速效磷的含量均高于单施处理，其差异均达到显著或极显著水平，可以看出有机肥料的施用对土壤速效磷含量的增加起到了主要作用，其原因是有机肥可以显著活化土壤本身的磷，并能减少磷的吸附。

5）有机无机肥交互作用对设施土壤速效钾含量的影响

施用有机肥有利于保持和提高土壤养分储量，有机肥与无机肥配合施用是农业生产中常用的施肥方式。表 8-7 和表 8-8 表明，随着培养时间延长，设施和露地土壤施有机肥各处理土壤速效钾含量变化趋势与未施有机肥处理相似，培养 15 d 时含量最低。而 60 d 时最高。供试有机肥的钾素形态以速效钾为主，占全钾量的 82.19%，施肥导致土壤溶液中钾的浓度较高，钾离子被吸附固定，培养前期土壤速效钾含量显著降低。除露地土壤的尿素有机肥配施处理培养 7 d 时速效钾含量最低外，设施和露地土壤其他处理培养 15 d 速效钾含量最低，分别是培养初始时的 26.43%～51.03%和 19.45%～48.16%，其中低量有机肥速效钾含量分别减少了 381.31 mg/kg(CV＝11.71%)和 365.19 mg/kg(CV＝12.56%)，高用量有机肥时分别减少了 552.15 mg/kg(CV＝10.28%)和 557.17 mg/kg(CV＝17.77%)。培养 15 d 后速效钾含量逐渐增加，60 d 时设施土壤低量和高量有机肥各处理速效钾的最高含量分别为 441.98 mg/kg(CV＝9.53%)和 738.10 mg/kg(CV＝12.81%)，是培养初始时的 59.10%～83.17%和 68.61%～93.81%，露地土壤相应处理速效钾的最高含量分别为 365.67 mg/kg(CV＝11.82%)和 666.19 mg/kg(CV＝10.39%)，是初始时的 55.95%～78.70%和 67.35%～92.62%。培养期间土壤速效钾含量均低于培养初始时的速效钾含量，速效钾的变化量随有机肥用量的增加而增加，且设施土壤速效钾的变化量略高于露地土壤。

表 8-7　有机无机肥交互作用对设施土壤速效钾含量(mg/kg)变化的影响

处理	1d	3d	7d	15d	30d	60d	90d
M_1	449.85aA	351.10cBC	273.58cC	214.35dCD	400.82bB	418.23cC	280.87cE
M_1U_1	411.83bcBC	352.88cBC	287.98bcBC	367.33aA	347.15dC	433.73cBC	310.60bBCD
M_1U_2	395.27dDE	367.04bB	311.87abABC	162.57eE	394.95bcB	465.15bB	317.75bABC
M_1CaN_1	384.70eE	348.46cC	334.57aA	252.66cBC	373.05cdBC	443.76bcBC	290.31cDE
M_1CaN_2	400.35dCD	352.26cBC	325.84aAB	273.75bcB	395.02bcB	511.52aA	292.33cCDE
M_1HN_1	417.08bB	353.23cBC	281.77bcBC	180.69eDE	363.47dBC	356.84dD	341.75aA
M_1HN_2	403.76cdBCD	397.69aA	306.03abABC	284.89bB	457.99aA	364.63dD	320.30bAB
M_2	598.81bB	507.42cB	384.31cC	345.95bB	535.30bcA	619.40eE	482.06bB
M_2U_1	642.43aA	498.20cB	460.07bB	464.65aA	526.43cA	845.85aA	485.36bB
M_2U_2	640.08aA	507.34cB	464.19bB	356.37bB	581.67aA	811.65bB	529.68aA
M_2CaN_1	592.81bB	570.64bA	530.92aA	335.44bB	532.69bcA	659.87dD	430.77dD
M_2CaN_2	616.08abAB	603.35aA	519.52aA	331.14bB	557.52abcA	774.38cC	460.98cBC
M_2HN_1	606.99bAB	498.51cB	513.09aA	256.47cC	558.17abcA	618.59eE	480.90bB
M_2HN_2	643.91aA	484.53cB	386.92cC	356.51bB	565.99abA	836.92aAB	448.48cCD

注：同一列不同大写字母表示 $P<0.01$ 下的显著水平，小写字母表示 $P<0.05$ 下的显著水平。

表 8-8　有机无机肥交互作用对露地土壤速效钾含量(mg/kg)变化的影响

处理	1d	3d	7d	15d	30d	60d	90d
M_1	359.63dF	228.74eC	244.96abAB	111.71gG	309.81bB	305.07eE	230.64bA
M_1U_1	398.44bB	281.17bA	211.85cBC	339.95aA	310.04bB	435.82aA	259.22aA
M_1U_2	377.65cCD	262.57cB	240.56abAB	297.07bB	349.91aA	383.55bcBC	256.80aA
M_1CaN_1	374.96cDE	258.22cdB	237.95bAB	213.15dD	300.26bB	313.62eDE	228.66bA
M_1CaN_2	362.10dEF	249.43dB	185.19dC	170.59eE	346.15aA	353.47dCD	241.42abA
M_1HN_1	389.76bBC	289.05abA	224.07bcB	137.89fF	309.68bB	355.74cdCD	231.84bA
M_1HN_2	420.98aA	294.81aA	264.73aA	234.23cC	350.16aA	407.64bAB	245.45abA
M_2	584.02cC	443.16bBC	379.67bcABC	197.75dD	509.84abAB	573.24dC	381.14bBC
M_2U_1	580.66cC	454.14bAB	362.29cdBC	334.56bB	466.71cB	778.35aA	356.96cdCD
M_2U_2	566.33dD	426.10cC	404.70aA	485.01aA	488.84bcAB	700.59bB	416.58aA
M_2CaN_1	529.51eE	419.63cC	387.46abAB	99.24fF	476.97bcB	565.95dC	370.58bcC
M_2CaN_2	536.78eE	387.58dD	319.25eD	76.61gf	462.01cB	673.03cB	344.97dD
M_2HN_1	662.03aA	424.24cC	355.09dC	225.68cC	466.26cB	674.81cB	356.81cdCD
M_2HN_2	634.06bB	470.55aA	371.29bcdBC	163.45eE	535.37aA	697.37bcB	401.26aAB

注：同一列不同大写字母表示 $P<0.01$ 下的显著水平，小写字母表示 $P<0.05$ 下的显著水平。

施用有机肥能够提高土壤养分含量，相关分析表明：两种土壤速效钾含量与有机肥施用量呈极显著正相关（设施 $r=0.865^{**}$，露地 $r=0.818^{**}$），而相同有机肥用量时速效钾含量与氮肥用量无明显的相关性。

张鸿龄等(2007)通过长期定位施肥对保护地土壤钾素影响的研究也表明，单施有机肥处理比所有施化肥处理的有效钾含量都高，尤以有机肥与钾肥配施处理后土壤有效钾含量最高，其次是有机肥配施磷钾肥，有机肥配施氮磷钾肥处理有效钾含量最低。施用有机肥后保护地土壤供钾强度明显提高，一般都为单施化肥相应处理的 2 倍，有机肥与钾肥配施土壤供钾强度最高，有机肥与氮磷肥配施处理土壤的供钾强度最低，且差异都达到极显著水平，这表明施用有机肥能够提高土壤钾素的有效化程度。

由此可知，在提高土壤有效钾含量，改善土壤缺钾状况及培肥地力方面应注重有机肥与无机肥的合理配施，有机肥的合理施入不但可以提高土壤供钾强度，还能够减少化学肥料的浪费。

不同形态无机氮肥与有机肥配施对土壤速效钾含量变化有一定的交互作用。由表 8-9 可知，设施和露地土壤，化学氮肥有机肥配施与单施有机肥相比有增加土壤速效钾含量的趋势，以尿素与有机肥配施处理土壤速效钾含量较高。有机肥用量不同，化学氮肥与有机肥配施对速效钾的影响不同，设施土壤低量有机肥时以硝酸钙处理的速效钾含量较高，高量有机肥时以尿素处理较高，碳酸氢铵处理速效钾含量均较低。露地土壤，尿素与有机肥配施处理后速效钾含量最高，碳酸氢铵处理次之，硝酸钙处理速效钾含量最低，并且在高量有机肥的条件下，硝酸钙处理略低于单施有机肥处理。有研究表明，外加有机质和外加氮源在有机质的矿化与激发效应过程中表现为正交互作用，可以促进有机质矿化，提高土壤养分含量，化学氮肥与有机肥配施比单施有机肥有增加土壤速效钾含量的趋势。同时尿素水解程度与有机质呈显著正相关，尿素水解和有机质矿化可以相互促进，既有利于有机肥分解释放养分，又能促进尿素水解产生 NH_4^+，降低钾的固定。因此，两种土壤中尿素与有机肥配施处理土壤速效钾含量略高于其他两种形态氮肥。培养过程中，NH_4^+ 浓度一般在培养 30 d 后降到 80～200 mg/kg 并且趋于稳定，其对 K^+ 的影响减小。

表 8-9 有机肥与不同形态化学氮肥配施对土壤速效钾含量的影响

处理		M_1		M_2	
		平均值/(mg/kg)	变异系数/%	平均值/(mg/kg)	变异系数/%
露地	N_0	255.80	28.94	438.41	28.48
	U	314.62	20.62	487.28	25.62
	CaN	273.95	23.75	432.12	25.46
	HN	296.86	26.28	459.88	34.70
设施	N_0	341.26	23.68	496.18	19.07
	U	344.73	21.64	558.15	23.59
	CaN	355.62	18.97	536.87	21.54
	HN	345.01	19.27	518.29	26.24

6）有机无机肥交互作用对土壤缓效钾含量变化的影响

设施和露地土壤有机肥处理土壤缓效钾含量变化与未施有机肥处理有相似的变化趋势。由表 8-10 和表 8-11 可知，随着培养时间延长，缓效钾含量呈先升高后降低的趋势，培养 30 d 内缓效钾含量变化与速效钾含量变化相反，培养 15 d 缓效钾含量最高，15～30 d 含量降低，培养 30 d 后缓效钾变化与速效钾变化无明显相关性，低量有机肥处理 30～60 d 缓效钾含量升高，60 d 后有降低的趋势，高量有机肥处理则呈缓慢升高的趋势。培养前 15 d 两种土壤缓效钾含量显著升高，但在培养 7 d 内有波动，培养 1 d 和 7 d 土壤的缓效钾含量低于培养 3 d 时的土壤缓效钾含量。除设施土壤单施有机肥处理培养 3 d 时缓效钾含量最高外，各有机肥处理培养 15 d 缓效钾含量达到最高，此时低量有机肥处理的设施和露地土壤缓效钾含量分别为 820.76 mg/kg（CV＝3.31％）和 734.77 mg/kg（CV＝12.65％），是培养初始时的 162.78％和 184.98％；高量有机肥处理的土壤缓效钾含量分别达 1005.59 mg/kg（CV＝4.50％）和 995.51 mg/kg（CV＝8.03％），是培养初始时的 181.06％和 222.01％。培养 30 d，设施和露地土壤低量有机肥处理缓效钾含量比培养 15 d 时降低了 282.97 mg/kg（CV＝46.62％）和 381.95 mg/kg（CV＝38.33％），是培养初始时的 66.73％～119.89％和 55.95％～117.96％，高量有机肥处理相比分别降低了 478.58 mg/kg（CV＝26.62％）和 588.27 mg/kg（CV＝25.71％），是培养初始时的 64.86％～126.21％和 52.19％～121.58％。培养期间土壤缓效钾含量总体水平高于培养初始时的土壤缓效钾含量，缓效钾变化量高于未施有机肥处理并随有机肥用量的增加而增加。虽然供试设施土壤缓效钾含量高于露地土壤，但施肥后其缓效钾的变化量低于露地土壤。

表 8-10　有机无机肥交互作用对设施土壤缓效钾含量（mg/kg）变化的影响

处　理	1	3	7	15	30	60	90
M_1	532.53bB	771.74bAB	592.92abA	485.64bB	569.92aA	683.71aA	636.45aA
M_1U_1	585.51abAB	838.98aA	645.60abA	768.31aA	604.89aA	695.51aA	616.76aAB
M_1U_2	582.12abAB	738.41bB	674.32aA	838.64aA	336.44bB	608.27bAB	631.64aAB
M_1CaN_1	601.00aAB	767.76bAB	552.22bA	785.20aA	576.50aA	586.22bBC	497.33bC
M_1CaN_2	617.78aA	836.03aA	615.20abA	799.67aA	598.17aA	493.66cC	655.11aA
M_1HN_1	568.63abAB	601.50cC	680.39aA	830.69aA	604.51aA	679.35aAB	638.32aA
M_1HN_2	614.35aA	626.52cC	669.80aA	843.41aA	367.03bB	690.18aA	541.82bBC
M_2	682.34abAB	810.11bB	731.91bA	973.47bcAB	700.98aA	757.98aA	724.11abAB
M_2U_1	638.72bcB	728.60cdB	690.94bAB	900.31cB	469.24cCD	488.10cdBC	741.30aAB
M_2U_2	635.67cB	771.23cdB	782.07abA	1008.59abAB	392.81dDE	379.31dC	644.22bB
M_2CaN_1	663.00bcAB	914.58aA	556.72cB	1029.53abA	609.82bB	643.41abAB	773.73aA
M_2CaN_2	628.46cB	922.88aA	583.03cB	1015.17abA	622.38bAB	629.15abcAB	746.83aAB
M_2HN_1	718.63aA	700.21dB	755.95abA	1021.65abA	360.22dE	510.65bcdBC	715.34abAB
M_2HN_2	649.65bcB	781.18cB	833.67aA	1053.28aA	497.44cC	453.30dBC	749.42aAB

注：同一列不同小写字母表示在 $P<0.05$ 水平下差异显著，不同大写字母表示在 $P<0.01$ 水平下差异极显著。

表 8-11　有机无机肥交互作用对露地土壤缓效钾含量(mg/kg)变化的影响

处　理	1	3	7	15	30	60	90
M_1	408.33aA	629.39aA	514.27bB	719.79bAB	253.29deCD	613.27aA	413.06bcB
M_1U_1	373.60aAB	435.75bC	602.47aA	484.03cC	421.34abAB	358.22bB	386.19bcB
M_1U_2	401.03aA	421.72bC	565.89abAB	689.33bB	316.65cdCD	559.60aA	402.84bcB
M_1CaN_1	399.57aA	453.28bBC	561.46abAB	661.76bB	468.53aA	604.71aA	441.85bAB
M_1CaN_2	407.06aA	559.28aAB	593.09aAB	735.34bAB	356.57bcBC	608.29aA	435.77bAB
M_1HN_1	403.01aA	637.69aA	508.66bB	853.42aA	222.25eD	593.61aA	355.01cB
M_1HN_2	317.92bB	632.42aA	573.19aAB	880.24aA	431.09aAB	617.38aA	515.42aA
M_2	431.70abAB	573.77aA	583.32deC	1005.94abAB	234.02cB	616.79aA	693.75aA
M_2U_1	409.76bcAB	541.24aA	643.77cdBC	955.97abAB	545.17aA	264.02dB	634.27abcAB
M_2U_2	388.41cdBC	575.57aA	573.62eC	836.54bB	450.73abA	484.49bcA	569.07cB
M_2CaN_1	462.58aA	578.63aA	772.66aA	1012.20abAB	478.81abA	575.35abcA	571.84cB
M_2CaN_2	422.11bcAB	538.71aA	666.52bcBC	1114.66aA	471.34abA	462.41cA	618.36bcAB
M_2HN_1	309.30eD	543.55aA	631.92cdeBC	1052.44aAB	246.43cB	590.45abA	668.45abA
M_2HN_2	356.36dCD	533.13aA	711.39bAB	990.61abAB	424.15bA	506.32abcA	652.44abAB

注:同一列不同小写字母表示在 $P<0.05$ 水平下差异显著,不同大写字母表示在 $P<0.01$ 水平下差异极显著。

供试有机肥的缓效钾含量较少,但施用有机肥仍显著增加了土壤缓效钾含量,相关分析表明,两种土壤缓效钾含量均与有机肥施用量呈极显著正相关(设施 $r=0.600^{**}$,露地 $r=0.407^{**}$)。与未施有机肥时化学氮肥对缓效钾的影响相似,化学氮肥与有机肥配施处理与单施有机肥处理之间缓效钾含量差异不显著,土壤缓效钾含量与化学氮肥用量也无明显的相关性。

从对有机无机交互试验土壤速效钾和缓效钾含量变化的分析可以得出,连续设施种植,肥料的高投入造成设施土壤养分累积,供试设施土壤基础速效钾和缓效钾含量远高于露地土壤,设施土壤速效钾变化量略高于露地土壤,而其缓效钾变化量低于露地土壤。钾肥施入土壤后面临着大量钾素被固定的问题,且随农业集约程度的加强和土壤钾素耗竭程度的提高而加重,直接影响钾的有效性。设施栽培复种指数高,土地利用强度大,钾肥施入土壤后固定量大、有效性低,造成肥料的更高量投入。因此,在施肥时,特别是蔬菜等需钾量大的作物,应注意氮肥尤其是铵态氮肥与钾肥配合施用,同时应考虑肥料的施用时期,在需钾量大的生育期补充钾肥。

杜立宇等(2008)就有机无机肥交互作用对设施土壤缓效钾释放能力的影响开展了研究,其各处理见表 8-12 所示,结果表明有机肥施用能显著促进土壤中缓效钾的释放(表 8-13)。

表 8-12　有机无机肥交互作用对设施土壤缓效钾释放能力的施肥处理(杜立宇等,2008)

处　理	马粪/(kg/m²)	尿素/(g/m²)	过磷酸钙/(g/m²)	硫酸钾/(g/m²)
ANK	7.5	13.67	—	35.86
ANPK	7.5	13.67	480	35.86
ANO	7.5	—	—	—
AK	7.5	—	—	35.86
APK	7.5	—	480	35.86
ANP	7.5	13.67	480	—
AN	7.5	13.67	—	—
AP	7.5	—	480	—

注:A 为施用有机肥(马粪);N、P、K 分别表示氮、磷、钾肥;ANO 表示仅施有机肥。

表 8-13 不同施肥处理的土壤缓效钾释放总量和释放速率(杜立宇等 2008)

处理	释放总量/(mg/kg)	V/[mg/(kg·h)]	V_1/[mg/(kg·h)]	V_2/[mg/(kg·h)]	V_1/V_2
ANK	1950.75	2.14	8.00	1.64	4.89
ANPK	1819.35	1.99	7.85	1.49	5.25
ANO	1803.71	1.98	6.93	1.55	4.46
AK	1791.20	1.96	7.63	1.48	5.16
APK	1786.50	1.96	7.26	1.50	4.82
ANP	1781.81	1.95	6.87	1.53	4.48
AN	1734.10	1.90	6.65	1.49	4.45
AP	1687.96	1.85	5.75	1.52	3.79

注:V 为钾的释放总量/释放时间;V_1,V_2 分别表示 0～72h 及 72～912h 的平均速率。A 为施用有机肥(马粪);N、P、K 分别表示氮、磷、钾肥。

有机肥促进土壤中缓效钾释放是由于有机肥在土壤中可能会分解产生一些有机酸活化土壤中的固定钾,从而增加土壤中钾的释放量。另外,有机肥本身含有一定量钾素也可能会增加土壤中钾的含量。施有机肥处理的非交换性钾的释放总量表现为 ANK>ANPK>ANO>AK>APK>ANP>AN>AP。各处理中 ANK 处理的非交换性钾的释放总量最高,为 1950.75 mg/kg,AP 处理的释放总量最低,为 1687.96 mg/kg,其中除了 ANO 处理的释放总量较高之外,其他各处理仍然表现出施用钾肥的处理非交换性钾的释放量较高的规律。

对施用有机肥的各个处理钾的释放速率在 1.85～2.14 mg/(kg·h),释放速率最快的是 ANK 处理,为 2.14 mg/(kg·h)。从分段计算的各不同施肥处理土壤的非交换性钾的释放速率 V_1 及 V_2 来看,0～72 h 和 72～912 h 时间段内,土壤缓效钾的平均释放速率差异很大,0～72 h 内的释放速率在 5.75～8.00 mg/(kg·h),72～912 h 内的释放速率在 1.49～1.64 mg/(kg·h),V_1/V_2 在 3.79～5.25。这一变化与不施有机肥的土壤相比,具有较为一致的规律,土壤中缓效钾的释放在 0～72 h 进行得较快,而随着时间的延长释放的速率也随之减慢。

上述可见,有机肥和无机肥配施的各处理土壤的释放量和释放速率大于单施化肥的各个处理;在各个配施的处理中,氮、钾肥配施处理的释放量和释放速率最高,而氮、磷肥配施处理的释放量和释放速率最低。同时,对于不同施肥处理,初始阶段钾的释放速率远远高于后续阶段,反映出设施栽培土壤不同部位层间钾释放的难易程度不同。因此,在设施栽培过程中,应注意有机肥和无机肥的合理配施。

7) 有机无机肥交互作用对设施土壤含盐量与电导率的影响

由图 8-10 可知,随着培养时间延长,有机无机肥配施处理设施土壤含盐量的变化趋势与无机肥处理相似,总体呈先升高后降低再升高的趋势,培养前 7 d 含盐量迅速升高,7～30 d含盐量较高,30～60 d 含盐量降低,60 d 后又升高。各处理培养 1 d 时的土壤含盐量显著低于其他培养时间,在 2.064～2.966 g/kg,平均为 2.602 g/kg(CV=10.55%)。培养 7～30 d 土壤含盐量差异不显著,各处理最高含盐量平均为 4.168 g/kg(CV=7.37%),与施用无机肥处理相比,施用有机肥显著增加了土壤含盐量。露地土壤含盐量变化与设施土壤相似,培养 1 d 含盐量较低,在 2.230～2.828 g/kg,平均为 2.498 g/kg(CV=7.27%),培养前 3 d 迅速升高,7 d 时略有降低,之后与设施土壤含盐量变化相似,各处理最高含盐量平均为 4.114 g/kg(CV=7.01%)，设施和露地两种土壤含盐量差异不显著。分析表明，设施和露地土壤含盐量均随有机肥施用量的增加而增加，二者呈极显著正相关（设施 $r=0.436^{**}$，露地 $r=0.443^{**}$），而相同有机肥施用量时，各处理土壤含盐量差异不显著，含盐量与三种氮肥的用量无明显的相关性，这与无机肥处理时相同。

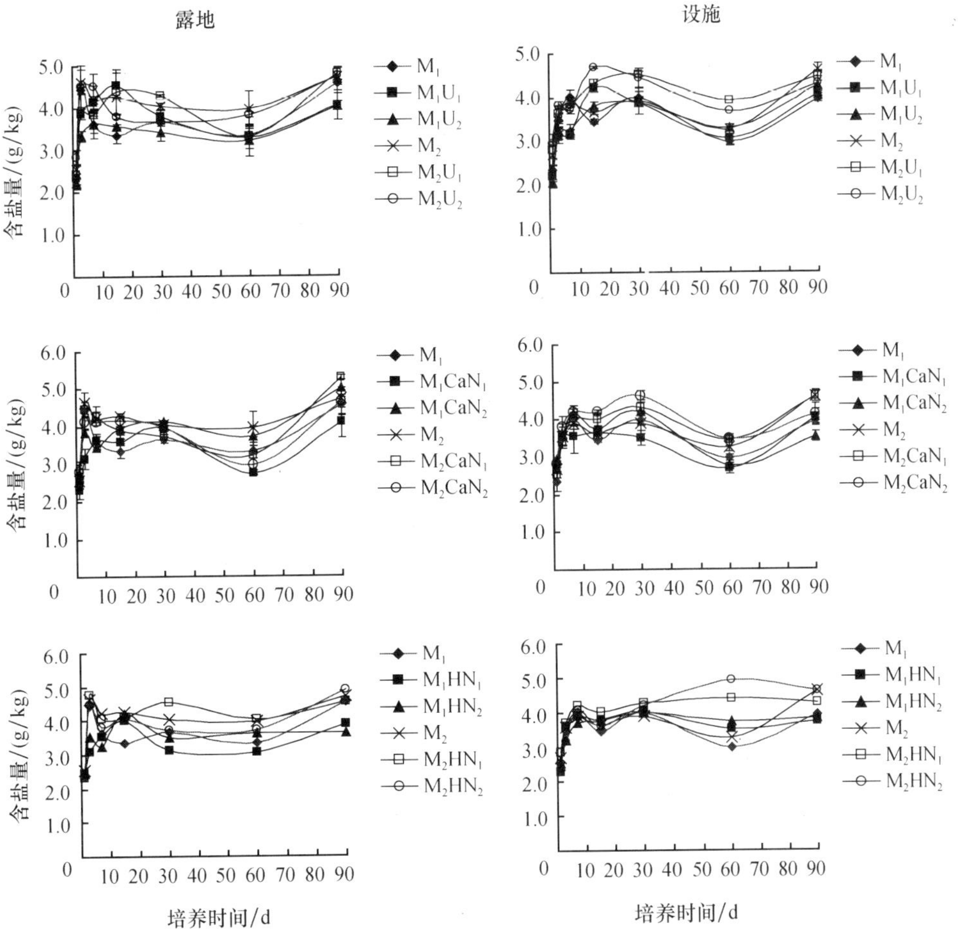

图 8-10　有机无机交互作用对土壤含盐量变化的影响

李铁等(2007)研究表明，与沼渣和化肥配合施用相比，沼渣与沼液配合施用显著提高了土壤硝态氮的含量，而土壤全盐含量降低，但差异不显著。土壤全盐含量与土壤 SO_4^{2-} 和 Mg^{2+} 含量均呈显著正相关，而与其他组成离子间相关系数均较小，且未达到 5% 显著水平。施用沼渣有机肥与施用猪粪相比，土壤硝态氮的含量及全盐含量提高，但对全盐含量的影响差异不显著；施用沼液较施用化肥使土壤全盐及土壤硝态氮含量提高。与猪粪和化肥配合施用相比，猪粪与沼液配合施用土壤硝态氮含量降低。

由图 8-11 可知，有机无机肥配施处理，设施和露地土壤电导率与含盐量的变化趋势相似，两者呈极显著正相关（设施 $r=0.509^{**}$，露地 $r=0.407^{**}$），培养 1 d 时电导率较低，除有机肥与硝酸钙配施处理外，均低于 0.700 ms/cm，培养前 15 d 逐渐升高，30 d 后降低，两种土壤对应处理的电导率差异不显著，仅设施土壤高量尿素与有机肥配施处理的电导率显著高于露地。而同一土壤不同处理的电导率受施肥影响变化较大，且差异显著。电导率分别与氮肥施用量和有机肥施用量的回归分析表明，电导率分别与尿素和碳酸氢铵的施用量呈显著正相关（设施：尿素 $r=0.342^{*}$，碳酸氢铵 $r=0.326^{*}$；露地：尿素 $r=0.381^{*}$，碳酸氢铵 $r=0.295^{*}$），电导率与硝酸钙施用量呈极显著正相关（设施 $r=0.784^{**}$、露地 $r=0.790^{**}$），与有机肥施用量也呈极显著正相关（设施 $r=0.531^{**}$、露地 $r=0.602^{**}$）。因此，施用高量氮肥和有机肥均能快速提高土壤电导率，培养 15 d 后电导率大于 0.800 ms/cm，设施土壤高量有机肥分别与高量尿素、碳酸氢铵和硝酸钙配施处理最大电导率分别达到 1.465 ms/cm、1.365 ms/cm 和 1.482ms/cm。常见设施栽培作物番茄、辣椒等的生育障碍和枯死临界点分别为 0.600 ms/cm、0.600 ms/cm、1.280 ms/cm 和 1.400ms/cm。大量施肥易造成土壤盐分累积，电导率升高，导致作物生长障碍。培养试验与实际设施栽培相比，盐分离子无土壤剖面上运移，盐分浓度更大，电导率显著升高。施用有机肥可以促进土壤矿质一有机复合体形成，有利于增加土壤对盐分的缓冲性，有利于稳定土壤电导率水平，但此试验中采用的有机肥养分含量较高，因此，土壤电导率变化明显。

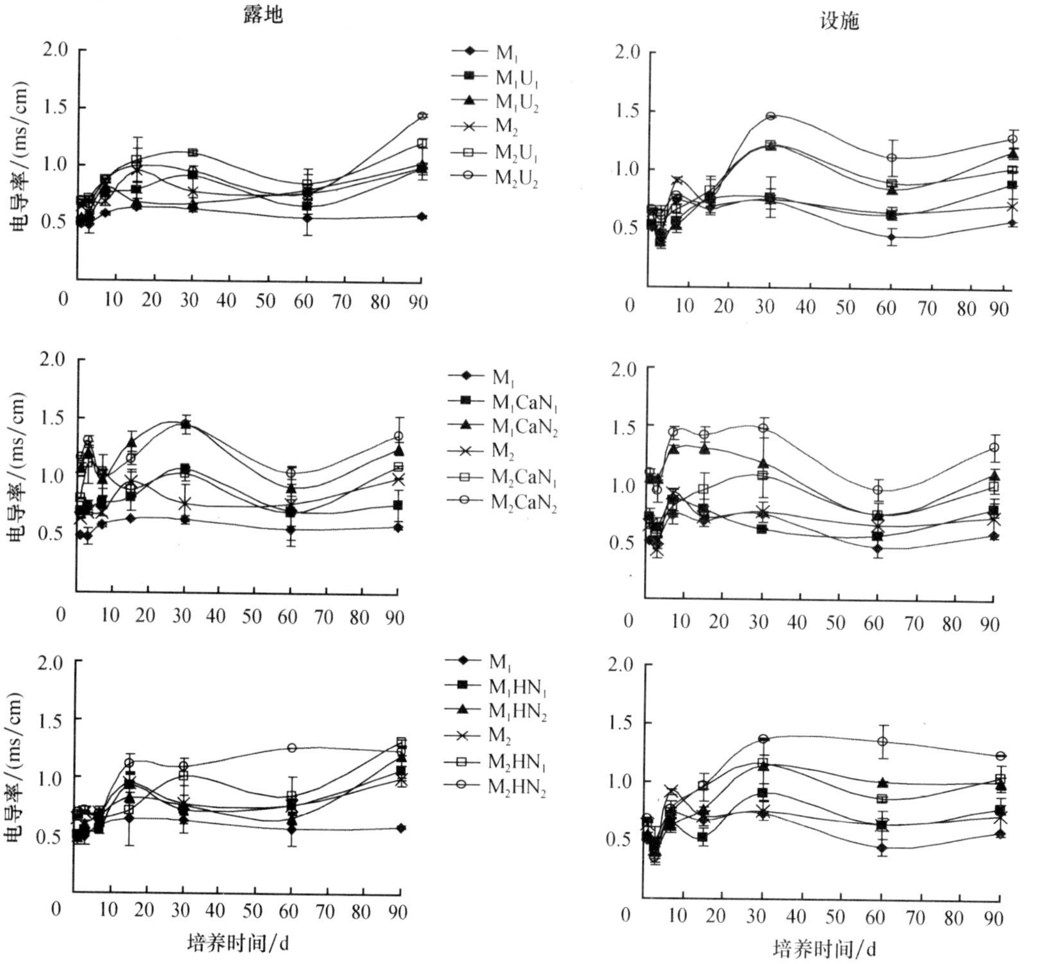

图 8-11　有机无机交互作用对土壤电导率变化的影响

8）有机无机肥交互作用对土壤盐分离子组成与含量变化的影响

由图 8-12 可知，设施和露地土壤有机肥与无机肥配施处理盐分离子仍以阴离子为主，但所占比例略有降低，设施土壤阴离子含量占盐分总量的 72.37%～91.59%，平均为 83.22%（CV=4.80%），露地土壤在 72.52%～90.28%，平均为 83.30%（CV=4.39%），其中 SO_4^{2-} 含量最高，设施和露地土壤 SO_4^{2-} 含量分别占盐分总量的 61.41%（CV=8.98%）和 61.65%（CV=8.72%）；NO_3^- 含量次之，分别占盐分总量的 12.73%（CV=21.40%）和 12.32%（CV=26.26%）。阳离子含量较无机肥处理时略有增加，仍以 Ca^{2+} 和 K^+ 为主，Na^+ 最少。阴离子所占比例虽然降低，但除 NO_3^- 以外，阴离子含量均较无机肥处理略有增加，设施土壤有机肥与无机肥配施处理的 SO_4^{2-}、Cl^-、HCO_3^- 含量较无机肥处理分别增加了 8.87%、201.77%、75.13%，露地土壤分别增加了 9.98%、238.78%、80.67%，设施和露地土壤 NO_3^- 含量则降低了 13.68% 和 15.91%。K^+、Na^+、Ca^{2+}、Mg^{2+} 阳离子含量的增加导致阴离子所占比例降低，其中 K^+、Na^+ 含量增加最显著，设施土壤中分别增加了 169.07%、472.08%，露地土壤中为 243.87%、391.17%。培养期间，K^+、Na^+、Cl^- 含量随有机肥用量的增加而显著增加。有机肥与氮肥配施，K^+、Na^+、Ca^{2+} 含量比单施有机肥处理增加。相同有机肥用量的各处理与其他盐分离子含量间差异不显著。可见，有机肥中 K^+、Na^+、Cl^- 的含量较高，施用有机肥直接增加了盐分离子含量，施用化学氮肥形成的 NH_4^+ 通过离子交换增加了水溶性阳离子含量。

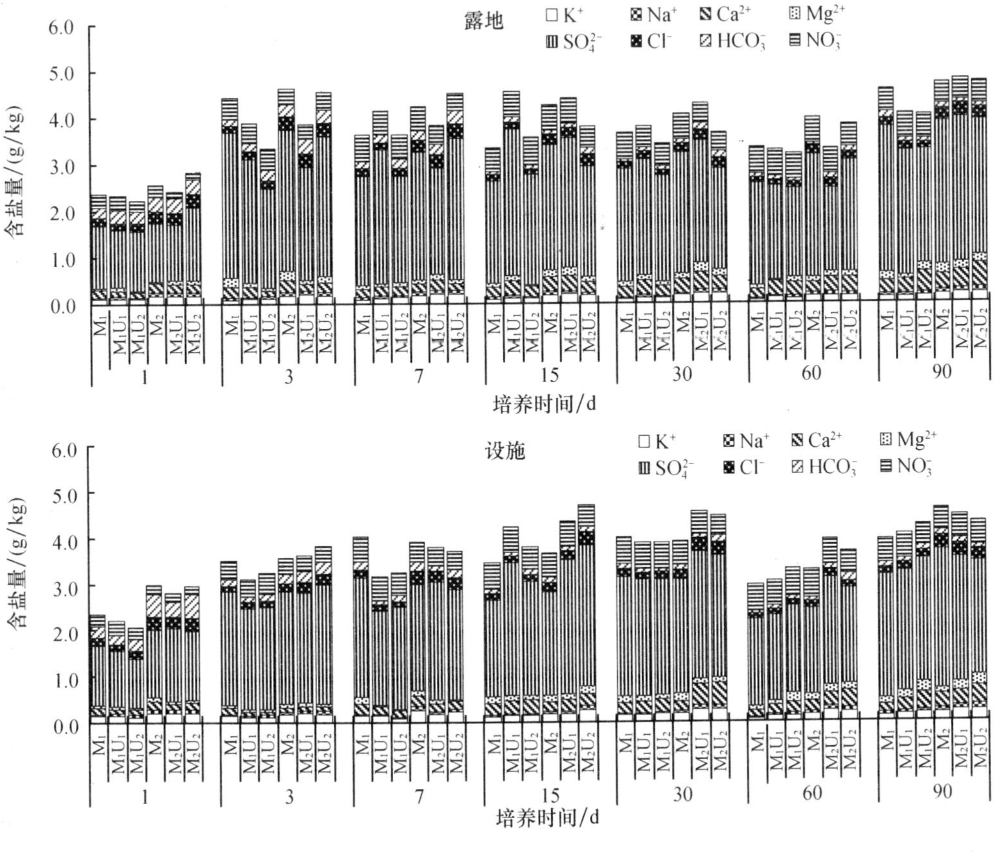

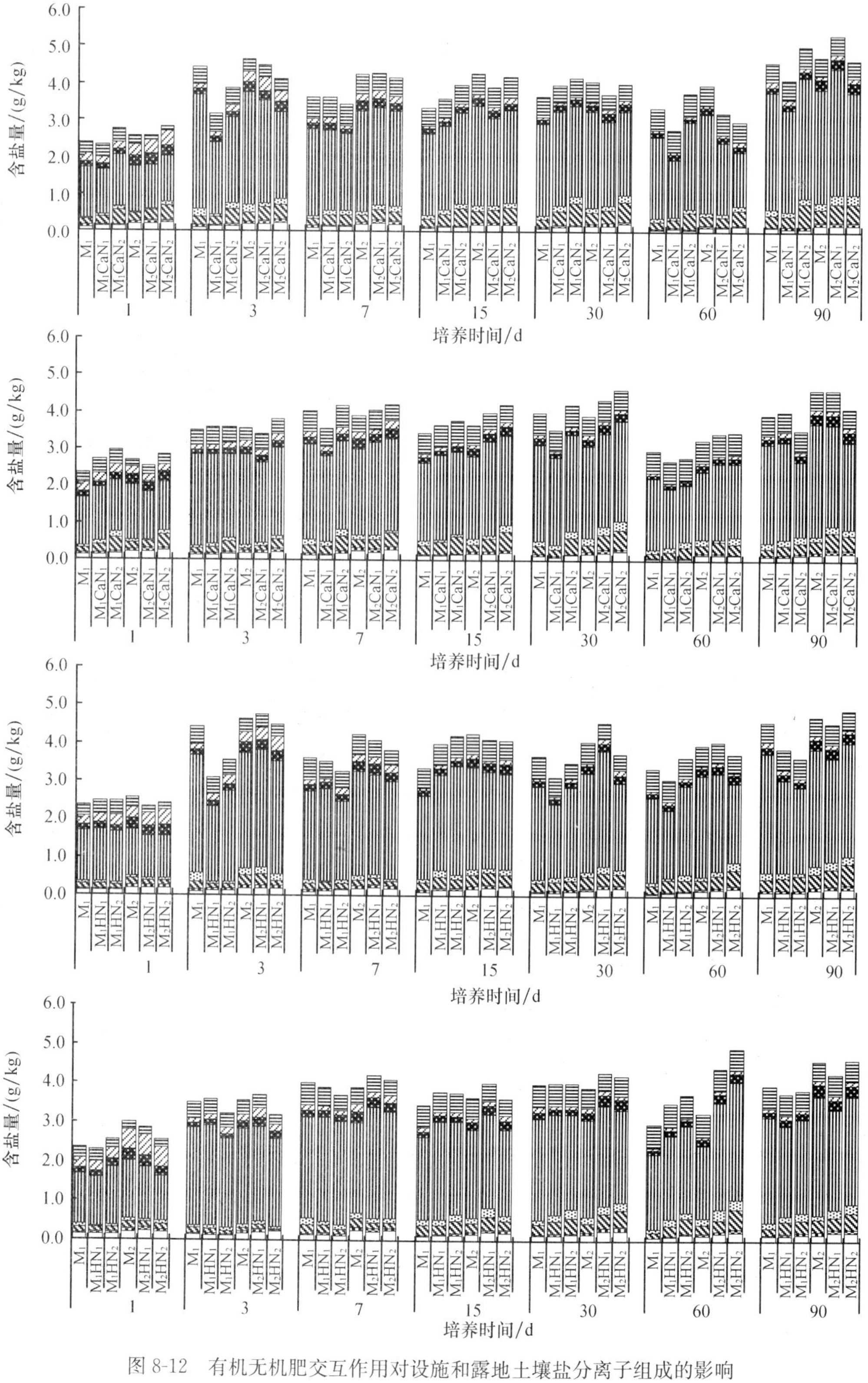

图 8-12　有机无机肥交互作用对设施和露地土壤盐分离子组成的影响

由表 8-14 可知，由于有机肥的施用增加了 K^+、Na^+ 含量，两种土壤中盐分总量与 K^+、Na^+ 呈极显著正相关，与 Ca^{2+}、Mg^{2+}、SO_4^{2-}、Cl^-、NO_3^- 等的含量也呈极显著正相关，HCO_3^- 含量与盐分总量呈极显著负相关。设施土壤的电导率与 K^+、Na^+、Ca^{2+}、Mg^{2+}、SO_4^{2-}、Cl^-、NO_3^- 等的含量呈极显著正相关，与 HCO_3^- 呈极显著负相关。土壤电导率同样受阳离子的影响较大，以 Ca^{2+} 的相关系数最大。虽然阴离子含量所占比例较高，但相关系数小于各阳离子。

表 8-14 设施和露地土壤盐分总量和电导率分别与各盐分离子的相关性分析

	处理	K^+	Na^+	Ca^{2+}	Mg^{2+}	SO_4^{2-}	Cl^-	HCO_3^-	NO_3^-
盐分总量	设施	0.491**	0.391**	0.638**	0.627**	0.925**	0.391**	−0.472**	0.535**
	露地	0.357**	0.405**	0.538**	0.741**	0.969**	0.314**	−0.305**	0.413**
电导率	设施	0.579**	0.463**	0.915**	0.630**	0.316**	0.445**	−0.248*	0.346**
	露地	0.465**	0.433**	0.852**	0.618**	0.306**	0.300**	−0.260**	—

* 表示 $P<0.05$ 下的显著水平，** 表示 $P<0.01$ 下的显著水平。

8.1.3.4 不同比例氮、磷、钾肥的交互作用对设施土壤养分和盐分含量变化的影响

氮磷钾配合施用是农业生产实践中普遍采用的一种施肥方式，但设施栽培养分管理中普遍存在重施氮、磷，而轻施钾肥的现象。据调查表明，关中渭河流域设施栽培的施肥量大，仅纯氮施用量就超过了 1800 kg/hm^2，而且多数设施未施过钾肥，所需钾肥仅依赖有机肥补充，土壤中钾素严重缺乏。不同作物对养分的吸收量不同，茄果类、瓜类和豆类等蔬菜的氮、磷、钾需肥比例分别为 1∶0.25∶1.58，1∶0.29∶1.47 和 1∶0.3∶1.44。但是许多设施栽培氮磷钾的施用比例与作物的吸收比例有较大差距，山东寿光设施栽培氮、磷、钾的投入比例为 1∶0.89∶0.84，重施氮磷、轻施钾肥施肥结构不合理，加之设施栽培系统特殊的环境条件，随着种植年限的延长，设施土壤出现养分积累、比例失衡、土壤板结、次生盐渍化等问题，造成土壤质量下降和一定的环境风险，生产上表现为作物生长障碍、产量和品质降低，严重制约了设施的发展与可持续利用。因此，研究不同比例氮磷钾肥交互作用对设施土壤养分和盐分含量变化的影响，对指导设施栽培合理施肥，调控设施土壤养分平衡与盐分含量有重要意义。

1）试验设计

设 3 个施氮水平、2 个施磷水平、2 个施钾水平，其中尿素：0.3 g N/kg 土、0.5 g N/kg 土、0.8 g N/kg 土；磷酸二氢钙：0.15 g P_2O_5/kg 土、0.4 g P_2O_5/kg 土；硫酸钾：0.3 g K_2O/kg 土、0.75 g K_2O/kg 土；采用完全组合设计，分别在设施土壤和露地土壤中设置 13 个处理。

2）不同比例氮磷钾肥交互作用对设施土壤铵态氮含量的影响

从图 8-13 可以看出，随着培养时间的延长，设施土壤不同用量氮磷钾肥各处理土壤铵态氮含量呈下降低的变化趋势，随着氮肥用量的增加，土壤铵态氮含量增加，铵态氮转化所需时间延长。施氮量为 0.3 g N/kg 土的处理，培养前 15 d 土壤铵态氮含量迅速降低，15 d 后变化不显著，不同磷、钾施用水平各处理铵态氮含量差异不显著；施氮量为 0.5 g N/kg土的处理，培养 30 d 后土壤铵态氮含量趋于稳定，且培养前 30 d 其铵态氮含量显著高于 0.3 g N/kg 土的施氮处理，30 d 后两个施氮水平处理铵态氮差异不显著，而

不同磷、钾肥用量对铵态氮含量变化的影响也不显著。施氮量为 0.8 g N/kg 土时，培养 30 d 后土壤铵态氮含量下降缓慢，整个培养期间其铵态氮含量高于其他两个施氮水平处理。不同比例氮磷钾肥配施各处理，露地土壤铵态氮含量变化也主要受氮肥施用量的影响，磷、钾施用水平对铵态氮含量的影响不显著。施氮量为 0.3 g N/kg 土的处理，露地土壤铵态氮含量变化与设施土壤相似，含量逐渐降低；施氮量为 0.5 g N/kg 土时，随着培养时间增加，露地土壤铵态氮含量总体呈降低趋势，但在培养 7～15 d 有明显增加之后又降低，除培养 1～3 d 和 15 d 外，其铵态氮含量较 0.3 g N/kg 土施氮处理无显著增加。施氮量为 0.8 gN/kg 土的各处理，土壤铵态氮含量在培养 15～30 d 有明显增加，但总体也呈降低趋势，整个培养期间其铵态氮含量也显著高于其他两个施氮处理。

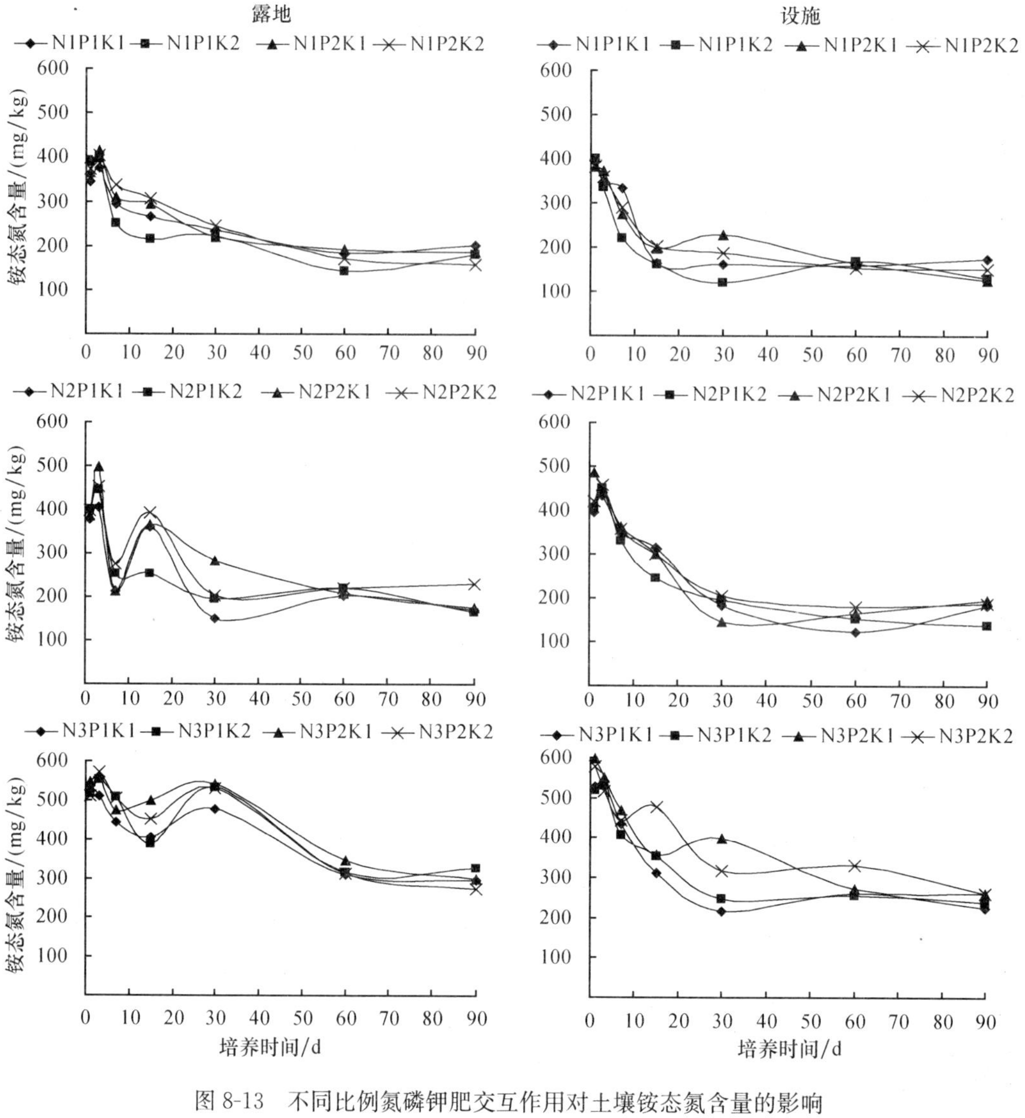

图 8-13　不同比例氮磷钾肥交互作用对土壤铵态氮含量的影响

N1、N2 和 N3 分别表示氮肥施用量 0.3 g N/kg 土、0.5 g N/kg 土和 0.8 g N/kg 土；P_1 和 P_2 分别表示磷肥施用量 0.15 g P_2O_5/kg 土和 0.4 g P_2O_5/kg 土；K1 和 K2 分别表示钾肥施用量 0.3 g K_2O/kg 土和 0.75 g K_2O/kg 土，下同

3）不同比例氮磷钾肥交互作用对设施土壤硝态氮含量的影响

由图 8-14 可知，不同比例氮磷钾肥配施对设施和露地土壤处理的土壤硝态氮含量随培养时间延长呈增加趋势，土壤硝态氮含量主要受氮肥影响，氮肥施用比例从 0.3 g N/kg 土增加至 0.8 g N/kg 土，设施土壤硝态氮含量增加，硝化作用时间延长，从 15 d 延长至 60 d，而施用相同氮肥用量时，磷、钾肥对硝态氮含量变化的影响不显著。露地土壤各处理土壤硝态氮含量变化趋势与设施土壤相似。

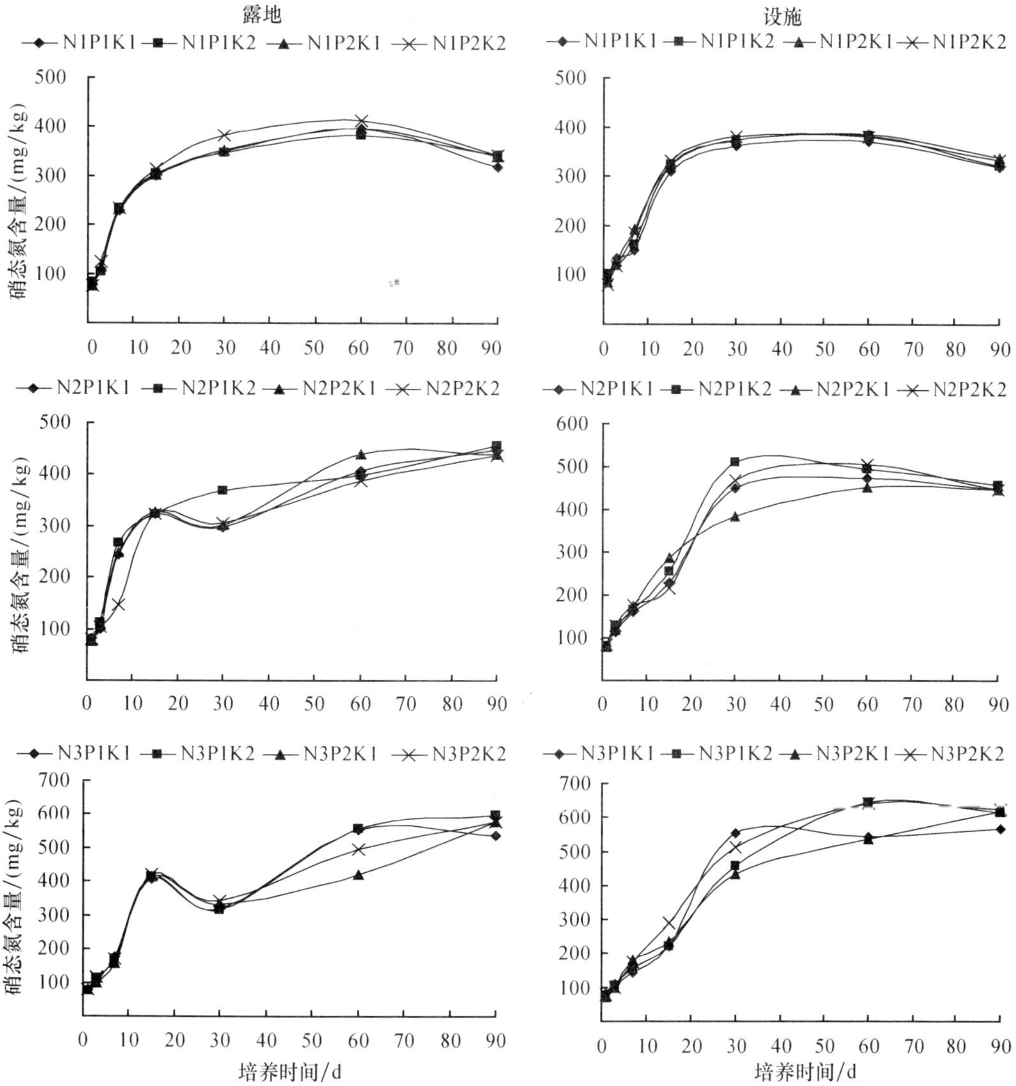

图 8-14 不同比例氮磷钾肥交互作用对土壤硝态氮含量的影响

4）不同比例氮磷钾肥交互作用对设施土壤速效磷含量的影响

农业生产中经常施用过磷酸钙等水溶性磷肥，但磷肥施入土壤后，易于被吸附到土壤颗粒表面或与一些物质生成难溶性磷酸盐，影响了磷对植物的有效性。磷在土壤中的转化处于吸附—解吸、沉淀—溶解的动态平衡过程中，被固定、吸附的磷可向有效态磷方向转化。

不同磷源肥单施一般会使土壤中速效磷含量增加，且随时间的推移，速效磷含量迅速下降，30～45 d后趋于稳定。氮肥或钾肥与磷肥配施也会影响磷肥在土壤中的转化。铵态氮肥或钾肥与磷肥同施，铵离子或钾离子与磷酸根形成可溶性物质，可以减少磷的沉淀，但是当肥料进入土壤后，其阳离子与土壤中的钙离子发生交换，也有可能增加磷的沉淀。有关研究表明，在施磷基础上施氮，不同氮肥均使土壤中的水溶性磷含量显著降低，铵态氮肥使土壤水溶性磷含量降低的作用更为明显，并且氮肥中的阴离子对水溶性磷含量的影响程度不同，氯化铵与磷酸二氢钙混施，显著增加了磷的固定。硫酸铵比硝酸铵和氯化铵对磷固定的影响更大，硫酸铵与磷酸二氢钙同时施用，硫酸铵显著降低了潮土、黄泥土和红壤中的水溶性磷含量，这可能与土壤胶体对硫酸根的吸附大于对硝酸根和氯离子的吸附有关。而尿素对水溶性磷的影响显著低于氯化铵，且在培养前期，其对水溶性磷并无显著影响，磷的有效性较高。

由图8-15可知，不同用量氮磷钾肥配施各处理，使设施土壤中速效磷含量随培养时间延长呈降低趋势，磷肥的施用显著增加了土壤中速效磷的含量。施磷量为0.15 g P_2O_5/kg

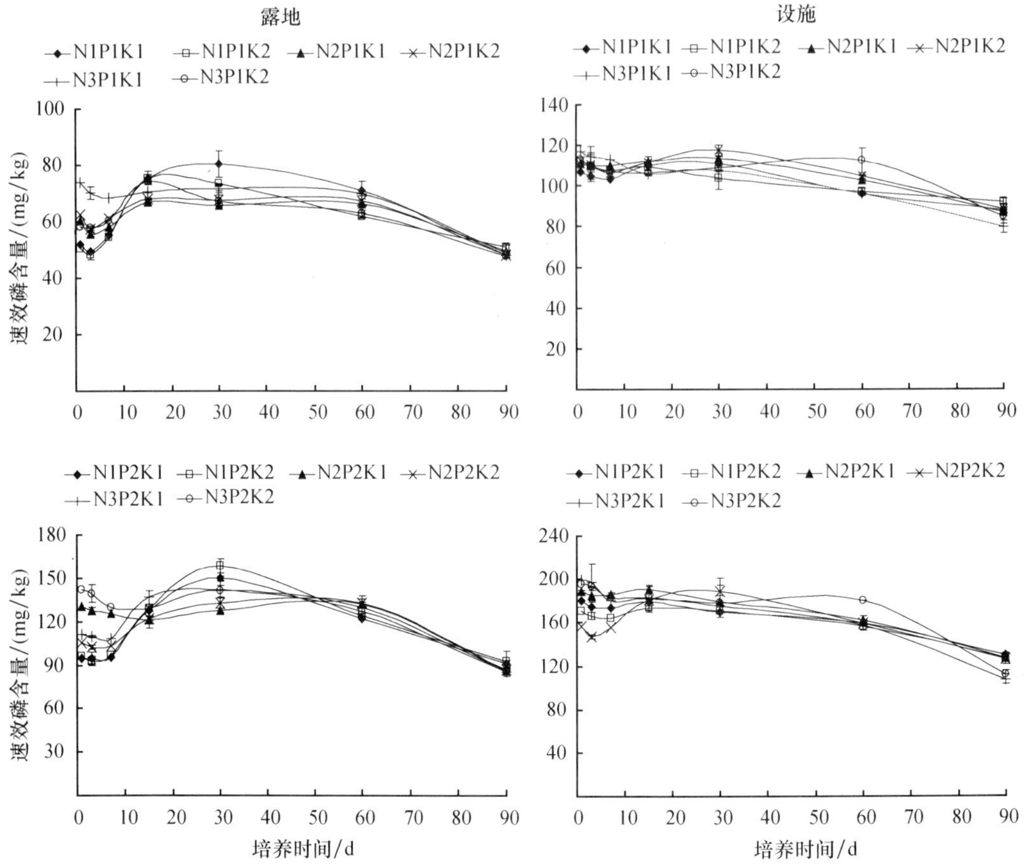

图8-15　不同比例氮磷钾肥交互作用对土壤速效磷含量的影响

土时，氮肥和钾肥不同用量各处理间的土壤速效磷含量差异不显著。施磷量为 0.4 gP_2O_5/kg土时，培养前 7 d 氮肥和钾肥用量对土壤速效磷含量有一定影响，$N_2P_2K_2$（N∶P_2O_5∶K_2O=0.5∶0.4∶0.75）处理土壤速效磷含量最低，平均为 153.33 mg/kg，$N_1P_2K_2$（N∶P_2O_5∶K_2O=0.3∶0.4∶0.75）处理次之，平均为 167.07 mg/kg，其他处理差异不显著，平均含量为 189.77 mg/kg，培养 15 d 后各处理无显著差异。而露地土壤速效磷含量显著低于设施土壤，变化趋势也与设施土壤不同，与露地土壤有机无机肥交互作用试验处理的变化趋势相似，呈先升高后降低的趋势，培养 7～30 d 速效磷含量逐渐增加，30 d 后降低，这是由于露地土壤磷含量较低，施用磷肥增加了土壤速效磷含量。

土壤中磷的解吸能力在不同肥力状况的土壤之间存在着很大差异。杜立宇等(2008)的研究结果却表明：在不同施肥处理的土壤中，氮、磷、钾共施处理的解吸率最大，说明该处理中土壤磷素的有效性较高，但持续供钾的能力较弱。另外，磷肥和氮肥配施时，土壤对磷的解吸率均有所增加，而磷肥和钾肥配施的效应却没有氮肥明显，这在一定程度上，说明氮肥对于土壤中磷素有效性的发挥表现出较强的促进作用。

5）不同比例氮磷钾肥交互作用对设施土壤速效钾含量的影响

钾是植物必需的营养元素之一，在正常情况下植物吸钾量一般超过吸磷量，与吸氮量相近，而喜钾植物需钾量高于需氮量。土壤中的钾有多种形态，不同形态的钾对植物的有效性是不同的。土壤中钾的植物有效性取决于土壤钾的存在形态和分布状况。土壤中的钾可分为水溶态钾、交换态钾、非交换态钾和矿物钾，各种形态钾素之间处于动态平衡，外源钾的施入、土壤钾素的固定与释放对这一平衡产生重要影响，进而影响钾素的形态、相互转化及其有效性。

土壤中的钾素水平受施肥影响，不同施肥情况下土壤钾素形态和含量的变化有较大差异。因钾肥所含钾素完全为水溶性，施用钾肥土壤速效钾和缓效钾的增加量高于施有机肥处理，但有机肥料中钾的有效性高于化学钾肥，这表明与水溶性钾肥相比，有机肥速效钾和缓效钾被土壤固定程度明显降低，在土壤中有效性较高。厩肥、绿肥、秸秆等有机供钾源施入土壤后，向土壤速效钾的转化过程在 30 d 左右达到平衡，向土壤缓效钾的转化过程在 30 d 后仍在缓慢进行，至 70 d 左右基本达到平衡。随施钾量的增加，土壤速效钾和缓效钾含量均明显增加，未表现出因施用量较高而产生更强烈的固定。土壤对钾的吸附固定受土壤矿物类型影响很大，一般认为土壤对外源钾的固定和释放是受 2∶1 型黏土矿物层间钾与交换性钾和水溶性钾之间动态平衡控制的。钾与铵的固定机制相似，施用铵态氮肥能降低土壤对外源钾的固定，钾的固定量受铵钾的施用顺序影响，先施用铵态氮肥料可以减少钾素的固定量，有利于提高钾肥肥效。增施铵态氮肥能够降低土壤中原有固定态钾的释放。而也有研究表明，施氮可促进紫色水稻土钾的释放，提高水稻对非交换性钾和矿物钾的利用。另外，土壤速效钾的含量与尿素的施用量呈显著相关，这可能是由于铵态氮对交换态钾置换的结果。磷肥施入土壤后，形成高浓度磷酸根和低 pH 的微域环境，磷酸根和氢离子共同作用导致土壤矿物溶解，含钾矿物中钾的释放速率加快，提高土壤供钾能力。

由于不同形态的钾素在土壤中存在着一定的动态变化，它随着土壤的矿物组成、不同粒级在土壤中的分布、栽培作物的吸钾量不同以及各形态钾之间的相互转化而不断地发生着变化。由图 8-16 可知，不同比例氮磷钾肥处理，设施土壤速效钾含量变化趋势与有机无机交互作用试验处理的变化趋势相似，呈先降低后升高的趋势，培养 15 d 土壤速效钾含量最低，15～30 d 速效钾含量增加，培养 30 d 时升至最高，其后有缓慢降低的趋势。不同施肥处理中，钾肥的施用显著增加了土壤速效钾含量，也增加了钾素转化过程中土壤对钾的固定量和释放量。施用相同钾肥时，培养 15 d 和 30 d 氮磷肥不同用量各处理土壤速效钾含量存在差异，其他培养时间各处理的速效钾差异不显著。

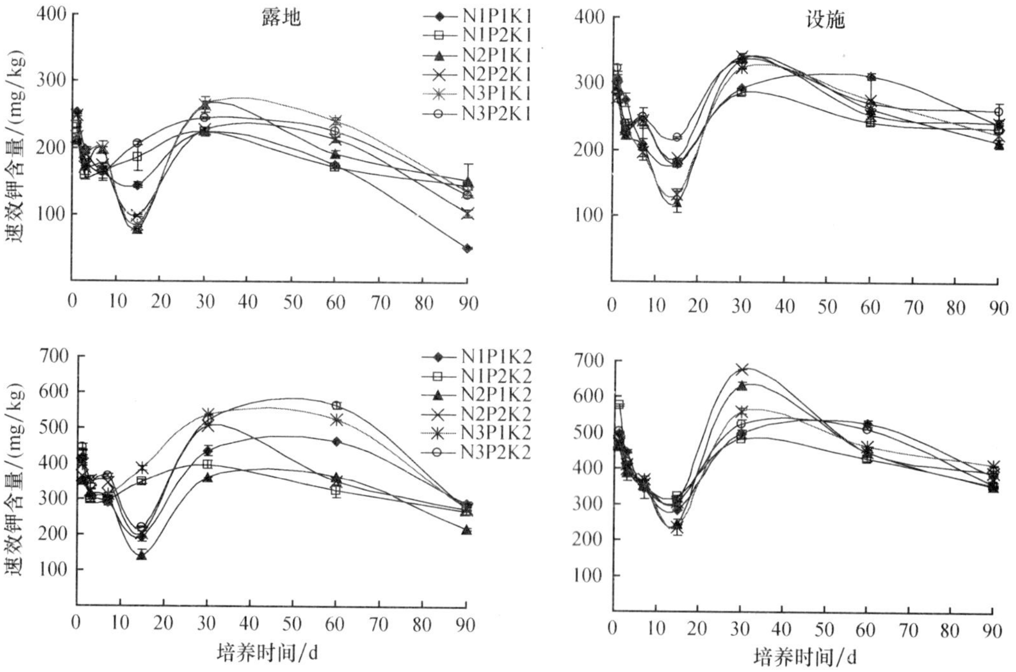

图 8-16 不同比例氮磷钾肥交互作用对土壤速效钾含量的影响

不同比例氮磷钾肥交互作用对土壤钾的固定量和释放量有一定影响。培养 1 d，0.3 g K_2O/kg 土的低量钾肥各处理土壤固钾量差异不显著，0.75 g K_2O/kg 土的高量钾肥各处理中低磷 0.15 g P_2O_5/kg 土的处理土壤固钾量高于 0.4 g K_2O/kg 土的高磷处理的固钾量；培养 15 d，土壤固钾量最大，不同钾肥用量各处理，低磷处理的土壤固钾量均高于高磷处理的固钾量(表 8-15)。这是由于磷肥施入土壤后，形成高浓度磷酸根和低 pH 的微域环境，磷酸根和氢离子共同作用导致土壤含钾矿物溶解，降低钾的固定，磷肥的用量大，作用效果明显。而磷钾肥相同时，0.5 g N/kg 土的施氮处理培养 15 d的钾素固定量较高。15 d 后部分被固定的钾得到释放，土壤速效钾含量升高，培养 30 d各处理土壤固钾量最小，0.5 g N/kg 土的施氮处理的钾素固定量显著低于其他氮肥处理，说明施用 0.5 gN/kg 土的氮肥处理土壤速效钾易被固定，也最易从土壤中释放出来。

表 8-15 不同时期不同比例氮磷钾肥对钾肥固定量的影响(mg/kg)

处理		1 d		15 d		30 d	
		设施	露地	设施	露地	设施	露地
K1	N1P1	103.70bBC	96.78eD	232.76bB	206.32cC	99.07bB	125.56aA
	N1P2	113.73bAB	118.02cC	233.63bB	192.23dCD	124.66aA	126.13aA
	N2P1	117.03bAB	139.78aA	290.84aA	271.74aA	72.47cC	85.01cB
	N2P2	117.85bAB	101.95dD	223.64bB	252.64bB	70.53cC	122.03aA
	N3P1	133.68aA	133.43bB	278.45aA	265.87aAB	87.56cB	85.08cB
	N3P2	88.48cC	141.14aA	192.98cC	182.76dD	73.57cC	105.39bAB
K2	N1P1	289.17cC	305.98dD	501.68bB	529.31bB	256.20bB	258.59cB
	N1P2	207.79dD	294.28eD	463.20cB	434.20dC	299.79aA	326.42bA
	N2P1	323.80aA	373.57aA	541.31aA	580.22aA	150.91dD	357.76aA
	N2P2	309.66bB	359.50bB	478.31bcB	520.86bcB	108.31eE	218.05dC
	N3P1	318.07aAB	327.13cC	549.38aA	409.87eC	223.98cC	186.44eCD
	N3P2	282.62cC	276.91fE	481.02bcB	502.99cB	261.34bB	159.59fD

注:同一列不同大写字母表示 $P<0.01$ 下的显著水平,小写字母表示 $P<0.05$ 下的显著水平,下同。

张鸿龄等(2007)研究结果表明,长期定位施肥蔬菜保护地土壤,氮磷钾肥配施处理土壤的速效钾含量低于对照处理,以氮磷肥配施处理土壤中速效钾含量最低。而不同氮磷钾肥配施处理对土壤供钾强度影响不明显,氮磷钾肥配施处理的土壤供钾强度最低。不同肥料配施处理的土壤钾素的有效率均高于单施化肥处理土壤,且以氮磷钾肥配施处理的土壤中钾素有效率最高,磷钾肥配施高于氮钾肥配施。

可见,不同比例的氮磷钾肥配施处理对设施栽培土壤钾素含量及供应具有较为明显的影响。因此,在设施栽培中,结合设施的特殊环境条件选择施用不同肥料的合适比例,进行肥料合理配施,对设施栽培的钾素供给具有一定的调控作用。

6)不同比例氮磷钾肥交互作用对设施土壤缓效钾含量的影响

土壤的供钾能力主要受土壤中各形态钾的含量及其转化速率的影响,缓效钾是土壤钾库中对作物钾营养起重要作用的组分。缓效钾释放是黏土矿物层间钾缓慢扩散进入液相的过程,释放速率决定着土壤供钾能力,缓效钾的动力学性质在土壤供钾能力评价中有着重要作用。

从图 8-17 可以看出,随着培养时间的延长,两种土壤缓效钾含量呈先升高后降低的趋势,培养前 15 d 缓效钾含量升高,15～30 d 含量降低,其后缓慢升高,但在培养 60 d 与 90 d 变化差异不显著,趋于稳定。培养 30 d 内缓效钾含量变化与速效钾含量变化相反,0.5 gN/kg 土的施氮处理的缓效钾含量低于其他氮肥处理的含量。不同处理对设施和露地土壤缓效钾的影响无明显的规律。

土壤供钾能力主要用土壤缓效钾的释放总量和释放速率来评价。杜立宇等(2008)就不同施肥处理对设施土壤缓效钾释放能力的影响开展了研究,其施肥处理见表 8-16。结果表明:施用钾肥的处理对于缓效钾的释放起到明显的促进作用(表 8-17),可能是由于长期施用导致土壤中钾素有了一定的积累,使该处理钾的释放量比其他不施钾肥处理有显著的增加。从对比处理间的差异还可以看出,氮肥与钾肥配合施用能够促进钾素在土壤中的释放,而磷肥与钾肥的配施对于土壤中钾素的释放却起阻碍作用,这有可能是由于氮肥施入土壤中之后,在土壤中形成的 NH_4^+ 会与钾离子争夺黏土矿物层间的晶格点位,从而促进钾离子释放出来,致使土壤的非交换性钾的释放总量增加。

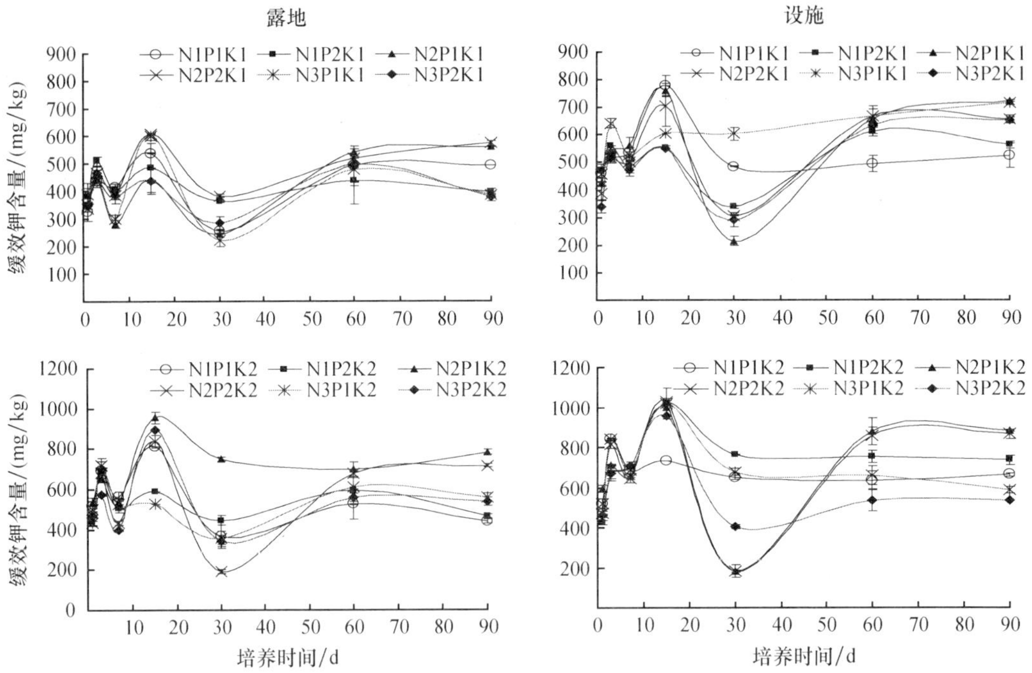

图 8-17　不同比例氮磷钾肥交互作用对土壤缓效钾含量的影响

表 8-16　设施土壤缓效钾释放能力的施肥处理(杜立宇等,2008)

处　理	尿素/(g/m²)	过磷酸钙/(g/m²)	硫酸钾/(g/m²)
BNK	13.67	0	35.86
BNPK	13.67	480	35.86
BK	0	0	35.86
BPK	0	480	35.86
BNP	13.67	480	0
CK	0	0	35.86
BN	13.67	0	0
BP	0	480	0

注:B 为不施用有机肥;N、P、K 分别表示氮、磷、钾肥。

表 8-17　不同施肥处理土壤缓效钾释放总量和释放速率(杜立宇等,2008)

处理	释放总量/(mg/kg)	V/[mg/(kg · h)]	V_1/[mg/(kg · h)]	V_2/[mg/(kg · h)]	V_1/V_2/[mg/(kg · h)]
BNK	1589.68	1.74	4.09	1.43	2.86
BNPK	1585.66	1.74	5.13	1.45	3.54
BK	1552.49	1.70	4.15	1.49	2.78
BPK	1535.60	1.68	5.48	1.36	4.03
BNP	1453.48	1.59	4.67	1.33	3.52
CK	1452.54	1.59	3.33	1.44	2.30
BN	1399.36	1.53	3.39	1.38	2.47
BP	1280.94	1.40	3.82	1.20	3.19

注:V 为钾的释放总量/释放时间;V_1、V_2 分别表示 0～72 h 及 72～912 h 的平均速率。B 为不施用有机肥;N、P、K 分别表示氮、磷、钾肥。

从表 8-17 可以看出,不同施肥处理土壤的缓效钾的释放过程差异较大,在不同的时间段内土壤缓效钾的释放明显不同,其平均释放速率在 1.40～1.74 mg/(kg · h)。从分段计算的各不同施肥处理土壤的非交换性钾的释放速率 V_1 及 V_2 来看，0～72 h 和 72～912 h 时间段，土壤非交换性钾的平均释放速率差异较大，0～72 h 的释放速率在 3.33～5.48 mg/(kg·h)，72～912 h 内的释放速率在 1.20～1.49 mg/(kg·h)，V_1/V_2 在 2.30～4.03。土壤中非交换性钾的释放在 0～72 h 进行得较快，而随着时间的延长释放的速率也随之减慢。这可能是由于非交换性钾释放的初期，在黏土矿物层间靠近外缘部位的钾离子易通过扩散离开黏土矿物晶格束缚而进入液相，随着时间的延长，黏土矿物层间的外缘钾越来越少，层间内部钾扩散距离较长，扩散的阻力较大，相应的扩散释放的速率就会不断地降低，即随着时间的延长缓效钾的释放速率不断地降低。

7）不同比例氮磷钾肥间的交互作用对设施土壤含盐量与电导率的影响

施肥很容易改变土壤养分状态，过量或不合理的施肥结构都会影响养分的转化，这在设施栽培中尤为显著。设施栽培的复种指数高，肥料施用量大，常处于半封闭的状态，湿度大，土壤缺少雨水淋溶，加之不合理的肥料投入，不但使施肥效益降低，而且易引起土壤养分不均衡富集。

由图 8-18 可知，施氮量为 0.3 gN/kg 土和 0.5 g N/kg 土的处理，设施土壤不同肥料

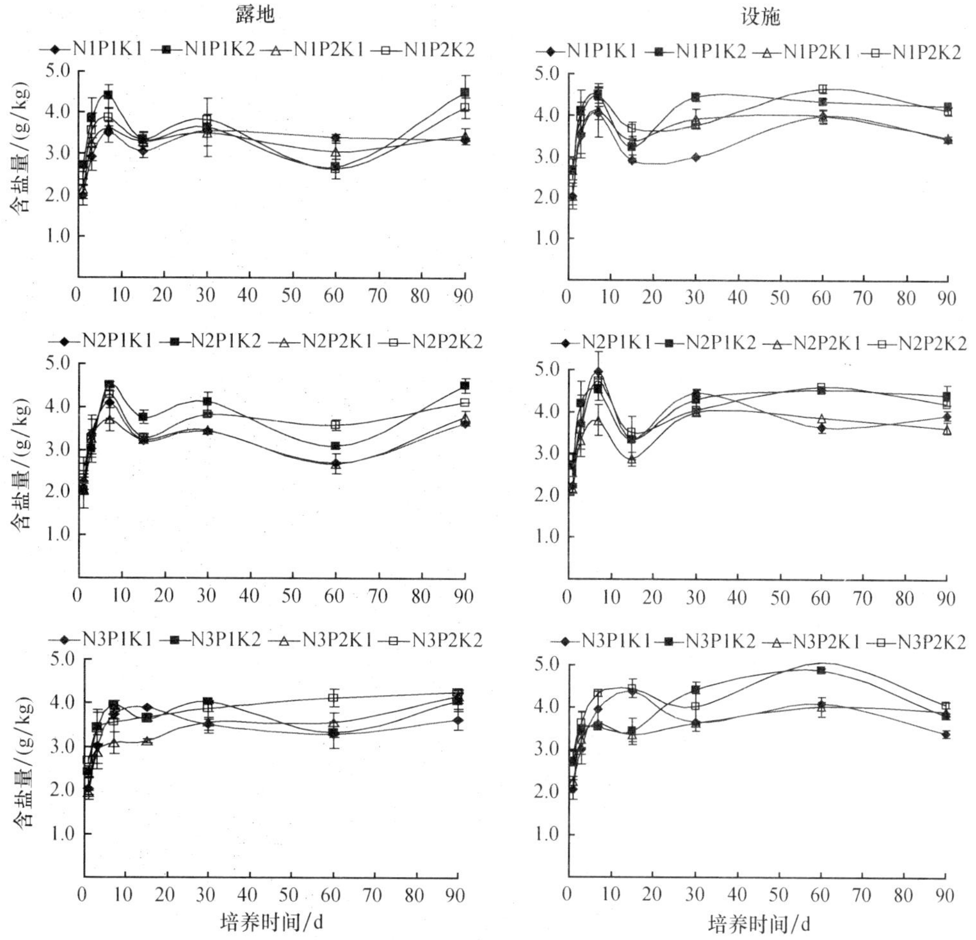

图 8-18 不同比例氮磷钾肥交互作用对土壤含盐量的影响

比例各处理的含盐量变化趋势相似，培养前 7 d 含盐量迅速升高，7～15 d 含盐量降低，15 d 后含盐量逐渐增加，60 d 后趋于稳定，且 60 d 后的含盐量与培养 7 d 的含盐量差异不显著。施氮量为 0.8 g N/kg 土的各处理，培养前 7 d 含盐量也显著升高，7 d 后含盐量变化不一致，7～30 d 除 N3P1K1 处理外，土壤含盐量无显著降低，30～60 d 含盐量变化不显著，60 d 后略有降低。露地土壤含盐量变化相似，但施氮量为 0.3 gN/kg 土和 0.5 g N/kg 土处理，培养 60 d 后含盐量有增加趋势，而施氮量为 0.8 g N/kg 土的各处理，培养 7 d 后土壤含盐量差异不显著。不同比例氮磷钾肥配施，钾肥对设施和露地土壤的含盐量的影响较大，钾肥用量高的各处理土壤含盐量较高，不同培养时间，设施土壤 0.75 g K_2O/kg 土的施钾处理比 0.3 g K_2O/kg 土的施钾处理含盐量增加了 6.50%～26.57%，与露地土壤中盐含量相比增加了 4.20%～20.60%。而不同氮肥和磷肥用量对设施和露地土壤的含盐量影响不显著。苏红(2007)针对长期定位施肥对保护地土壤影响的研究表明，不同比例氮磷钾肥配施比施用加有机肥的氮磷钾肥处理盐分积累的多，且氮肥用量与盐分相关性较大(r=0.94)。

从图 8-19 中可以看出，不同肥料比例各处理，设施和露地土壤电导率与含盐量呈极

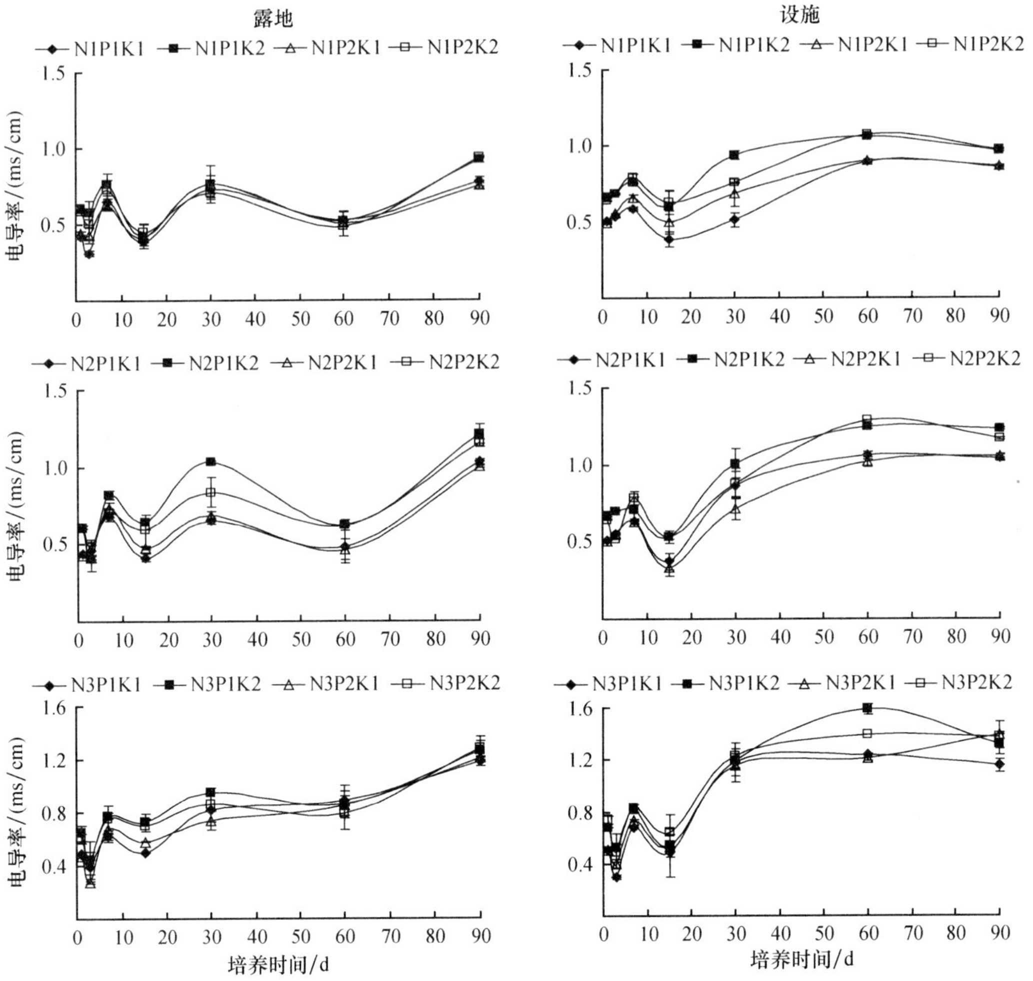

图 8-19 不同比例氮磷钾肥间的交互作用对电导率的影响

显著正相关(设施 $r=0.558^{**}$,露地 $r=0.647^{**}$),两者的变化趋势相似。设施土壤培养前 15 d 电导率相对较低,为 0.301～0.830 ms/cm,15 d 后电导率显著增加,培养 60 d 各处理电导率达到 0.892～1.588 ms/cm,60 d 后变化平稳。露地土壤电导率随含盐量的变化也有显著变化,培养 60 d 后电导率显著升高。钾肥对土壤电导率的影响显著,除露地土壤 0.3 gN/kg 土施氮量的处理不显著外,其他各处理土壤电导率随钾肥施用量的增加有显著提高。不同培养时间下,设施土壤 0.75 gK_2O/kg 土的施钾处理土壤比 0.3 gK_2O/kg土的施钾处理土壤电导率升高了 10.77%～33.56%,露地土壤中相对增加了 8.15%～35.51%。相同磷肥和钾肥用量时,设施土壤电导率随氮肥施用量增加呈升高的趋势,在培养 15 d 后变化显著,培养 60 d 0.3 gN/kg 土、0.5 gN/kg 土、0.8 gN/kg 土的施氮量各处理电导率最大值分别为 0.980 ms/cm、1.153 ms/cm 和 1.359 ms/cm。而不同磷肥用量对设施和露地土壤的电导率影响不显著。

8) 不同比例氮磷钾肥交互作用对土壤盐分离子组成与含量变化的影响

由图 8-20 可知,不同比例氮磷钾肥处理,设施和露地土壤盐分离子仍以 SO_4^{2-} 含量最高,NO_3^- 含量次之,Ca^{2+} 和 K^+ 再次之,Na^+ 最少,各离子所占比例与无机肥处理接近。施肥尤其是氮肥和钾肥的施用影响 K^+、Ca^{2+}、Mg^{2+} 含量,对 Na^+ 及阴离子含量的影响较小。设施和露地土壤中,K^+ 含量随氮肥用量的增加呈增加趋势,氮肥用量相同时又随钾

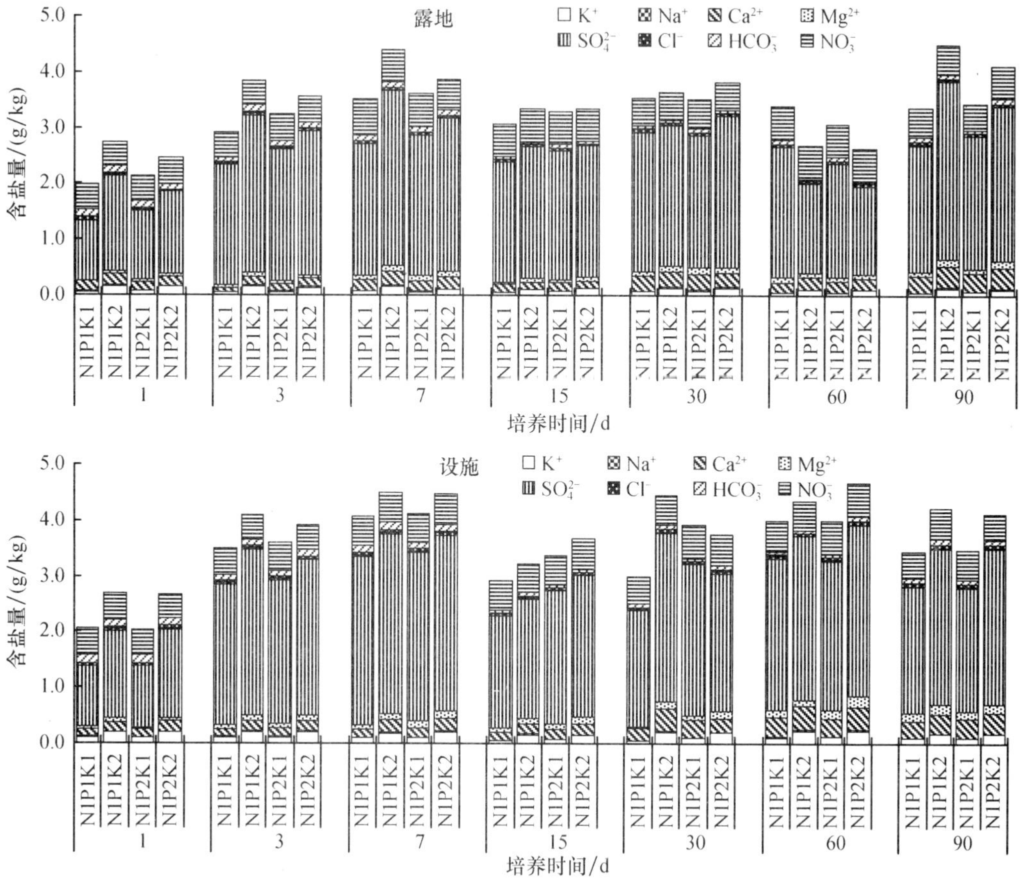

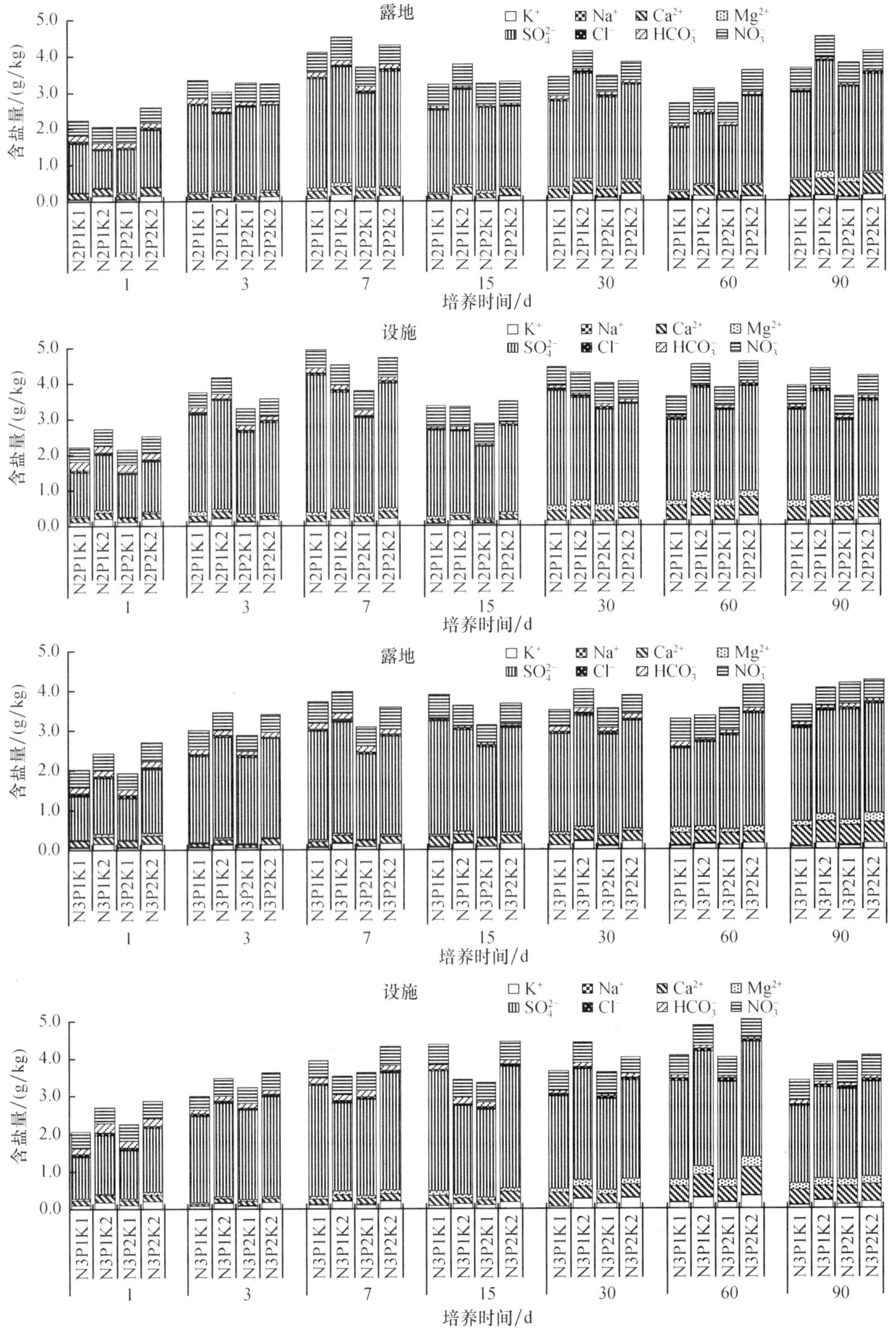

图 8-20　不同比例氮磷钾肥交互作用对土壤盐分离子组成与含量变化的影响

肥用量的增加而增加。设施土壤氮肥和钾肥对 Ca^{2+}、Mg^{2+} 含量变化的影响与 K^+ 的变化特征基本一致，但主要表现为培养 30 d 后差异显著，培养前 30 d 各处理无显著差异。在露地土壤中，Ca^{2+}、Mg^{2+} 含量在培养 30 d 后有随氮肥用量的增加而增加的趋势，钾肥对露地 Ca^{2+}、Mg^{2+} 含量的影响不明显。磷肥对土壤盐分离子含量变化无显著影响。

综上，设施土壤与露地土壤相比，由于设施栽培独特的环境条件，不同施肥处理条件下其养分与盐分呈现出不同的变化特征，尤其是一些肥料的配施及交互作用对设施土壤的养分与盐分的影响作用更为显著。因此，在设施栽培生产中，选用合适的肥料种类及配施比例，可以防止或延缓设施土壤次生盐渍化的发生。

8.2 物理调控

水是对植物生存极其重要的生态因子，植物体水分含量一般在 80%～90%；水是植物生命活动的参与者，植物光合作用就是将 CO_2 与 H_2O 合成有机物；植物还通过蒸腾水分来调节体温。植物所需要的水分主要来自土壤，因此，土壤水分状况直接关系到植物的生长发育。水是土壤的重要组成部分，土壤中的生物、化学、物理过程都与水分有密切关系。

设施内环境处于半封闭或全封闭状态，空间较小，气流稳定，又割断了天然降水对土壤水分的补充。因此，设施土壤表层水分欠缺时，只能通过灌水或由深层土壤毛管上升水补充。

设施内土壤湿度的变化不仅影响环境的温度和空气湿度，也会影响土壤的通气、养分和湿热状况。因此，调控设施内土壤水分状况是保证设施环境有利于植物生长发育的关键技术和重要手段。调控设施内土壤水分状况的主要措施是灌水和排水。应根据设施内不同植物种类、不同生育期的需水特性及植物体内的水分状况和设施内环境条件合理确定灌排水量。

水分调控是影响设施农业高效的关键因子之一。设施内的水分调控是指对设施内的环境水分和土壤水分状况进行合理而有效的调节和控制。调节设施内的水分状况主要是调控设施内的空气相对湿度和土壤湿度，水分调控管理的好坏将对设施农业的产出和效益产生巨大的影响。设施内空气相对湿度通常都较高，特别是在冬季不常通风时，空气湿度一般在 80%甚至 90%以上，夜间可达 100%。实践证明，设施内空气湿度过高，不仅会造成植物生理失调，也易引起病虫害的发生。影响设施内空气湿度的主要因素除与设施结构和材料、设施的密封性和外界气候条件等有关外，灌溉措施是其主要影响因素。节水灌溉技术是调控高效设施农业中水分环境的重要手段。由于设施内的特殊环境，以及种植在设施内的蔬菜、花卉、苗木等作物对环境水分的条件要求与大田作物、露地蔬菜和果树等完全不同，因此采用的灌溉技术也有差别。但是，无论选用何种灌溉技术，都必须以有利于为设施内植物创造良好的水分环境为重要依据。

合理灌溉一直是我国设施栽培生产中难于解决的关键问题。除极少数蔬菜示范园采用先进的滴灌方式外，目前多数菜农在设施栽培生产上仍采用沟灌、畦灌等传统灌溉方式，这种传统灌溉方式除了因水分利用率低造成水资源浪费外，还带来一些其他负面效应。程美廷等通过温室定点实验研究表明，土壤水分在耕层内运行的方向，除灌水后一天左右的时间外，其余时间都是向着地表的方向运动。在垂直方向上，越接近地表，土壤的含水量越高，按照“盐随水来”的规律，盐分必然向表土积聚。盐分在土壤中垂直分布的这种不均匀性，也是形成盐害的重要原因。

8.2.1 研究概述

设施农业是通过改变自然环境，获得生物最适生长条件，使农业生产从“资源依存型”转向“科技依存型”的一种手段。由于其具有一定的环境调控功能，可不同程度地摆脱不利的自然环境条件与有限土地资源的制约，进行周年生产和空间延伸性生产，从而大大提高作物的产量和土地资源的利用率，缓解我国人地矛盾。因此，设施农业高效、持续的生产，对实现我国农业发展和现代农业科技进步具有一定的战略意义。目前，我国设施栽培面积及总产量均跃居世界首位，设施生产取得了显著的经济效益和社会效益，但就可持续发展而言，由于受设施内局部小环境及特殊肥水管理方式的影响，设施的持续利用周期变短，其主要原因在于设施内土壤环境质量恶化。通过对山东、江苏、四川、辽宁等地设施农业的调查研究发现，土壤的次生盐渍化是设施生产中最为普遍的生产障碍问题，它不仅直接影响生产，还存在一定的环境风险。如何解决生产上已经出现的严重问题，确保设施生产优质高效并提高土壤的可持续利用，已成为目前亟待解决的重要课题。

研究表明，设施土壤的次生盐渍化实质上是一种“肥害”，一方面，它与设施生产大量施用化肥有关；另一方面也与设施栽培特殊的环境条件密切相关，由于温室、大棚等栽培条件下的土壤缺少雨水淋洗，且棚室内的温度、湿度、通气状况明显有别于露地土壤，土壤中盐分的积累及其在土壤中的分布、迁移，主要受控于土壤的水分运移。“盐随水来，盐随水去”，设施内特殊的水分运行方式是土壤盐分积累的动力，设施土壤次生盐渍化过程本质上也是一个水盐不平衡的问题。因此，只有通过合理的水肥管理，特别是采用水分调控的手段来解决土壤的盐渍化问题则显得更为有效。

土壤盐渍化是影响作物生长的一个重要因素。目前，世界上有 4 亿～9 亿 hm^2 的土地受盐渍化的影响，我国占 2.9%～6.5%。据报道，设施土壤次生盐渍化问题在国内外普遍存在。早在 20 世纪 70 年代设施栽培开展较早的日本，土壤盐分积累等问题就相当严重，适宜蔬菜生长的设施土壤面积仅占其总面积的 20%～30%，有 40%以上的塑料大棚土壤可溶性盐分浓度高达 10.0～16.0 g/kg，使得农产品产量降低、品质下降。国内报道也显示北京、南京、济南和上海郊区蔬菜大棚土壤可溶性盐的含量，0～5 cm 土层可高达 1.1～5.0 g/kg，0～20 cm 土壤含盐量也达 0.64～3.34 g/kg，且随着设施栽培年限的增加，土壤次生盐渍化、板结、酸化及病虫害等生态问题日益加重，常引起各种作物的生理障碍。水分是诸土壤肥力因子中最为活跃的因素之一，而在设施土壤中水分的作用则显得更为重要。其原因在于灌溉几乎成了设施土壤水分补充的唯一来源，土壤水分状况不仅直接关系到土壤对作物的水分供应，还会影响设施土壤室内空气的温度和湿度、土壤的肥、气、热及其他物理化学性质，进而间接地影响着作物生长发育、农产品产量和品质。设施大棚内土壤受到覆盖保护，其水分因蒸发向上运动过程旺盛，而接收灌水数量相对不足，所以盐分等物质会在表层土壤中积累起来，从而引起土壤的次生盐渍化。

自20世纪80年代以来，我国保护地蔬菜栽培发展迅速，据统计截止2009年底我国设施栽培蔬菜面积发展到了334.3万余hm^2，是世界上设施栽培面积最大的国家，收到了可观的经济效益和社会效益。但温室内土壤盐分表土积累问题严重地制约了设施栽培的可持续发展。

因此，开展设施栽培条件下盐渍化土壤水分、盐分运移研究，可为揭示设施土壤次生盐渍化的本质及有效防治提供一定的理论基础。同时，根据其作用机理，建立起既能满足作物需求又能节水且抑制土壤盐分积累的水分调控理论与技术体系，对于实现设施土壤的可持续利用具有重要的现实意义。

8.2.2　设施土壤的水分特性

土壤水分特性是重要的土壤物理性质，也是农业节水灌溉技术的重要基础，而土壤水分的有效性是评价植物对土壤水分利用程度和水分胁迫对植被生长影响的主要指标。一些研究表明土壤的持水供水能力与土壤结构、容重和孔隙度等物理性质及土地利用方式均密切相关，耕作方式也明显地影响耕层土壤物理学性质和水力学特性，引起土壤供水、持水特性的改变。

随着能量观点的引入，开始尝试用偏微分方程描述非饱和土壤水的运动，并建立了多孔介质中水流运动的基本方程来进行土壤水运动的定量研究。目前，土壤水分运动模型研究多数是基于水分运动的基本方程，主要集中在一维与二维模型的建立与求解上，且二维模型表述水分运移更为客观。

设施土壤水分在耕层内运行的方向，除灌水后一天左右外，其余时间都是向着地表方向运动的。葛筲萍(1998)研究表明，在大棚0～30 cm土层内，底层土壤水吸力明显大于表层，其变化规律受人工灌溉方式的影响。沈明卫等(2006)也证实了灌溉方式对设施土壤水分运动和分布有着重要的作用，并通过定点试验得出不同灌溉方式下，土壤水分的运动及分布规律。王绍辉等(2000)依据土-根系统水动力学原理，就日光温室内黄瓜的主要生育期土壤水分动态变化进行数值模拟，结果较为理想。冯绍元等(2001)考虑作物根系吸水，采用AdI隐式差分格式与Gauess-Seidel迭代法，对西红柿生长条件下温室地表滴灌剖面二维土壤水分运动的数学模型联合求解，并进行数值模拟，结果与温室土壤水负压的监测值有较好的一致性。谢森传等(2002)综合设施土壤条件、水分条件、灌水时间等因素，通过对水分运动规律的研究，分析渗灌技术的可行性。另外，一些学者就设施栽培作物生长过程的需水状况进行了研究，得到设施栽培作物不同生长时期的合理含水量，以及设施栽培的灌溉定额及其与作物间的关系。

上述可见，设施土壤中水分从下向上运动，使残留积累的盐分不仅很少流失，反而随着水分向上移动，积累在土壤表层，按照“盐随水来”的规律，盐分必然向表土积累，所以说设施内特殊的水分运行方式是土壤盐分积累的动力。目前关于土壤水分特性的研究主要集中在自然土壤或常规耕作土壤，而关于设施土壤的水分特性研究还鲜见报道。设施栽培内部高温、缺少雨水淋洗、蒸发强烈，再加上大量施肥的影响，使表层土壤盐分积累，且随设施土壤使用年限的增加而增加，土壤次生盐渍化、土壤板结已成为设施栽培中普遍存在的问题，许多学者对其进行了大量的研究。按照“盐随水来，盐随水去”原理，设施土壤次生盐渍化的强弱必定与其土壤水分特性密切相关。设施栽培在我国起步虽晚，但发展迅速，目前设施栽培面积居世界第一。

成都平原区作为四川省蔬菜生产基地之一，近年来设施栽培面积迅速增长。因此，本研究以该区域设施土壤为研究对象，以土壤水的动力学理论为依据，对设施栽培条件下的土壤水分特性进行较为系统的研究，以便为该区域设施栽培水肥调控与设施栽培可持续发展提供一定的理论依据。

8.2.2.1 供试土壤

土样采于四川省双流县典型设施栽培区，采集土样时选择多个典型大棚，开挖剖面，用环刀分 3 层(0～20 cm、20～40 cm、40～60 cm)取原状土，以相邻露地土壤作为对照，每层土壤 3 次重复。土壤机械组成采用比重计法测定，按国际制质地分类系统分类，土壤容重采用环刀法测定，供试土壤基本性质见表 8-18 所示。

表 8-18 供试土壤基本性质

土壤	层次/cm	颗粒组成(%)			质地名称	容重/(g/cm³)
		2～0.02 mm	0.2～0.02 mm	<0.002 mm		
设施土壤	0～20	52.40	44.60	3.00	壤土	1.29
	20～40	50.20	46.80	3.00	粉砂质壤土	1.50
	40～60	40.00	58.00	2.00	粉砂质壤土	1.56
露地土壤	0～20	32.40	33.60	34.00	壤质黏土	1.32
	20～40	37.00	61.00	2.00	粉砂质壤土	1.36
	40～60	36.00	54.60	9.40	粉砂质壤土	1.41

8.2.2.2 测定项目及方法

1) 水分特征曲线测定

土壤水分特征曲线采用压力膜法测定。将装有原状土壤和回填土的环刀经 24 h 水分饱和后放入压力室，向压力室分别施加 0.01 MPa、0.03 MPa、0.06 MPa、0.1 MPa、0.3 MPa、0.6 MPa、1.5 MPa 压力，求得相应条件下对应的土壤含水量，得到土壤水分特征曲线。土壤水分特征曲线的拟合模型采用 Gardner 提出的幂函数模型 $\theta=AS^{-B}$。

2) 土壤物理性质的测定

土壤孔隙度、饱和含水量和田间含水量均采用环刀法测定。

3) 土壤比水容量计算

比水容量(C_θ)由土壤水分特征曲线方程求一阶导数计算，即

$$C_\theta=\frac{\mathrm{d}\theta}{\mathrm{d}\psi}=-\frac{\mathrm{d}\theta}{\mathrm{d}S}=ABS^{-(B+1)}$$

式中，θ 为土壤含水量；Ψ 为土壤基质势；S 为土壤吸力；A 和 B 均为参数。

4) 土壤水分扩散率的测定

目前，测定土壤水分扩散率的方法主要有水平土柱法，一步出流法和瞬时剖面法三种方法。其中以水平土柱法作水平土柱入渗试验来测定居多，其原理是利用一个半无限长

水平土柱的吸渗试验，忽略重力作用，结合解析法求解，本研究采用这一方法测定。

(1) 试验装置。该试验采用长、宽、高分别为 100 cm×7.5 cm×8 cm 的长方形玻璃槽。槽体分为 3 段：水室段，长 10 cm，连接马氏瓶，控制水室内液面与试样段土样的高度相同，用以消除重力势和压力势对土壤水分扩散的影响；滤层段，长 10 cm，用隔水滤层缓冲水流，使水流保持层流状态；试样段，长 80 cm，填装供试土样，如图 8-21 所示。

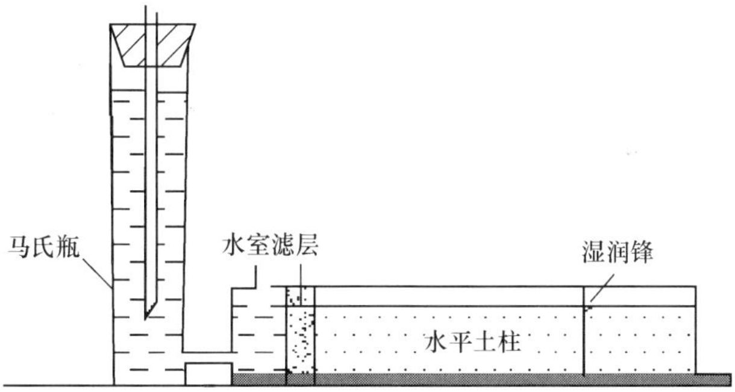

图 8-21 土壤水分扩散率试验装置示意图

(2) 测定方法。土壤经过风干、磨碎、过 2 mm 筛后，按田间实测的土壤容重装入扩散槽内，使水平土柱的初始含水量保持一致。开启马氏瓶供水阀门，记录起始时间，当湿润锋达到 60 cm 处时(通过观察有机玻璃侧面的刻度)，关闭供水阀门，记录结束时间并迅速开始从扩散槽一端每隔 2 cm 取土，一直取到湿润锋处，共计取 30 个点土样，用烘干法测定其含水量，每一土层设 3 个重复。

(3) 土壤水分扩散率的计算方法。由实测土壤的重量含水量、土壤容重换算为土壤体积含水量(θ)，根据实验数据，结合玻尔兹曼常数(λ)，依据一维水平运动的微分方程可得到土壤水分扩散率 $D(\theta)$的计算式：

$$D(\theta) = -\frac{1}{2}\frac{\Delta\lambda}{\Delta\theta}\sum_{\theta_a}^{\theta}\lambda\,\Delta\theta$$

式中，$D(\theta)$为土壤水分扩散率(cm^2/min)；θ_a 为初始含水量(cm^3/cm^3)；λ 为玻尔兹曼常数($cm/min^{1/2}$)。

8.2.2.3 土壤水分特征曲线

土壤水分特征曲线的高低反映了土壤持水能力的强弱，它是定量分析土壤水分运动最基本资料之一。目前对土壤水分、溶质运移的研究主要用到的是回填均质土，土样经风干磨碎后其结构受到破坏，土壤水分特性会发生改变，导致室内模拟结果和实际有较大的差异。在此就原状的设施土壤和露地土壤与回填设施土壤及露地土壤水分特性进行了研究，探讨其差异性，以期为土壤水分运动模拟提供基础。

由图 8-22 可知，设施土壤与露地土壤，不同原状土层水分特征曲线总体变化趋势较为一致，表现为土壤含水量随土壤基质吸力增加而降低。在低吸力段(<0.1 MPa)土壤含水量变化较为明显，随土壤吸力增大含水量迅速降低，而在中高吸力段(>0.1 MPa)土壤水分特征曲线趋于平缓。这主要是由于在低吸力范围内，土壤所能保持或释放的水量主要是取决于土壤孔隙分布状况。而在中高吸力段，则主要是取决于土壤颗粒表面吸附力的强弱。因供试土壤质地偏砂，除 0～20 cm 土层外均为粉砂质壤土，孔隙大，毛管吸力弱，当施加较小的吸力时，保持在土壤大孔隙中的水分就被迅速释放出来，而保存在中小孔隙中的水分则随吸力增大后缓慢释放出来。

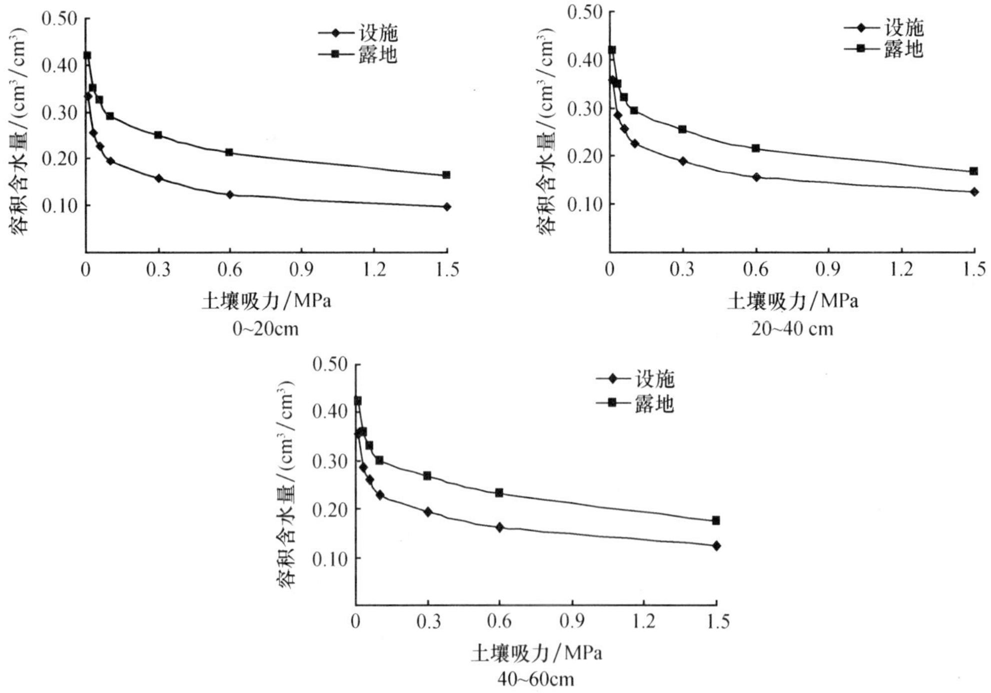

图 8-22　不同土层原状土壤水分特征曲线

当土壤吸力相同时，同层次的设施土壤含水量均小于露地土壤。就土壤持水能力而言，底层土壤持水能力强于耕层土壤，露地土壤持水性强于设施土壤，其中以 0～20 cm 土层差异最大。出现上述现象的原因与其水分特征曲线变化相关，一般而言，土壤水分特征曲线与土壤质地、结构、容重、温度和有机质含量等有密切的非线性关系。在土壤剖面中，上、下层土壤的颗粒组成、有机质含量的差异对土壤水分特征曲线的影响较为明显，同时，耕作扰动也会改变土壤孔隙几何尺寸，导致孔隙尺度分布状况发生变化。供试设施土壤以蔬菜种植为主，耕作主要集中在较浅的表土层。加之设施土壤长期处于封闭状态，灌水频繁、施肥量大，长期的设施栽培会出现土壤盐分离子表聚现象，各盐分离子对土壤的不同作用会造成土壤结构、容重、有机质含量等性质与露地土壤的差异，从而影响了土壤水分特征曲线的变化及土壤持水能力的强弱。

由图 8-23 可知，在试验中，回填土容重和原状土壤基本保持一致，它们的土壤水分特征曲线的变化规律基本一致。当土壤吸力相同时，回填设施土壤和露地土壤水分特征曲线也表现出一定的差异性，但是小于原状土。在低吸力段回填设施土壤和露地土壤水分特征曲线基本重合，因此不能较好的反映不同种植方式对土壤水分特征曲线造成的差异。

这主要是由于回填土壤在填充过程中破坏了土壤孔隙结构，土壤的大小孔隙趋于一致的结果。

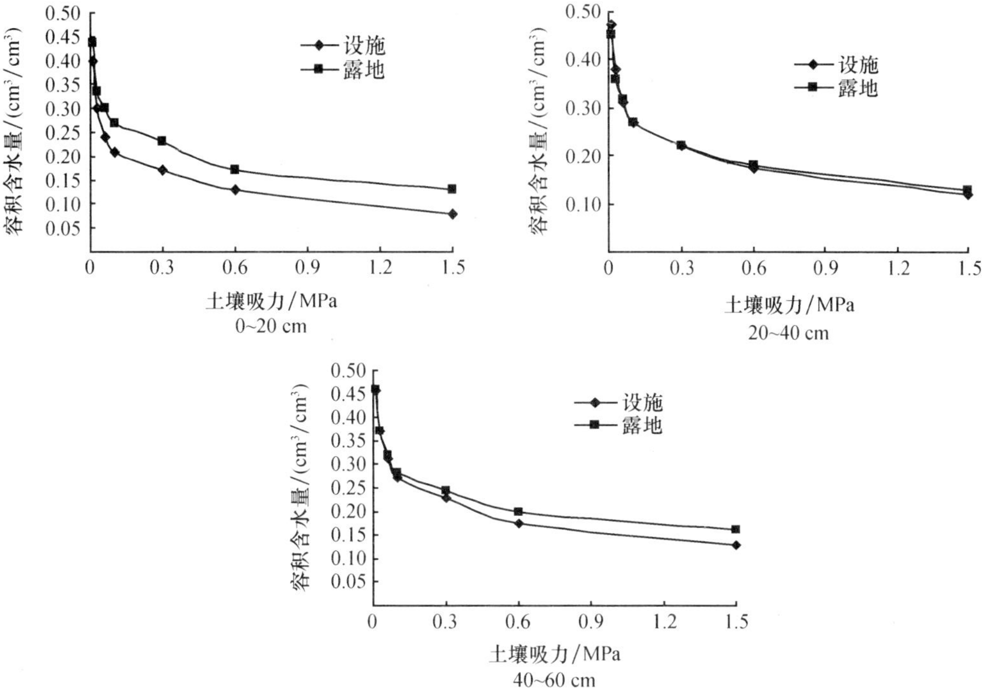

图 8-23　不同层次回填土土壤水分特征曲线

为了进一步明确土壤水分特征曲线的变化，采用 Gardner(1958)提出的幂函数模型对实验数据进行拟合。模型中参数 A 决定了曲线的高低，即持水能力大小，其数值越大，持水能力越强；参数 B 决定曲线的走向，反映土壤含水量随土壤水势降低而递减的快慢程度。从表 8-19 可以看出，拟合经验式的相关系数均在 0.98 以上，幂函数模型对供试原状土壤水分特征曲线的拟合效果较好。设施土壤和露地土壤均表现为参数 A 值随土层加深而增大，参数 B 值随土层加深而减小的变化趋势。设施土壤各层参数 A 均低于露地土壤；参数 B 却均高于露地土壤。这在模型上同样也表现出 0～20 cm 土层土壤持水性弱于 20～40 cm 与 40～60 cm 土层，设施土壤持水性弱于露地土壤的变化规律。

表 8-19　供试原状土壤含水量与水吸力关系

土　壤	层次/cm	参数 A	参数 B	方程	相关系数 r
	0～20	0.1941	0.2453	$\theta=0.1941S^{-0.2453}$	0.9962
设施土壤	20～40	0.2271	0.2040	$\theta=0.2271S^{-0.2040}$	0.9968
	40～60	0.2290	0.2034	$\theta=0.2290S^{-0.2034}$	0.9940
	0～20	0.2866	0.1806	$\theta=0.2866S^{-0.1806}$	0.9901
露地土壤	20～40	0.2889	0.1752	$\theta=0.2889S^{-0.1752}$	0.9889
	40～60	0.2992	0.1633	$\theta=0.2992S^{-0.1633}$	0.9842

8.2.2.4 土壤水分物理性质

土壤水分物理性质受多方面因素的影响，其中人为耕作对土壤水分物理性质的影响较大。从表 8-20 可以看出，与露地土壤相比，原状设施土壤水分物理性质发生了较大的变化，设施土壤毛管孔隙、总孔度、凋萎含水量和有效含水量均随土层加深而变小，这主要是因为耕层土壤长期的耕作扰动使土壤较疏松，大孔隙多于下层土壤，保持在大孔隙中的水分受到吸附力较小，有效性较高。除凋萎含水量外，各水分物理参数在 0～20 cm、20～40 cm 土层均大于露地土壤，而 40～60 cm 土层却均小于露地土壤。设施土壤 40～60 cm 土层比 0～20 cm 土层毛管孔隙和田间持水量下降了 10.78%，总孔度下降了 11.65%，有效水含量减少了 13.58%，而露地土壤在 0～60 cm 土层水分物理特性变化不明显。这主要是因为原状设施土壤不同土层的孔隙分布、结构和容重等性质变化所引起的。

表 8-20 供试原状土壤水分物理性质

供试土壤	层次/cm	毛管孔隙/%	总孔度/%	田间持水量/%	凋萎含水量/%	有效水/%
设施土壤	0～20	44.08	54.94	42.08	9.64	32.44
	20～40	43.57	52.72	41.57	12.61	28.96
	40～60	33.30	43.29	31.30	12.44	18.86
露地土壤	0～20	41.31	51.35	39.31	16.35	22.96
	20～40	39.15	46.87	37.15	16.69	20.46
	40～60	40.00	46.18	38.00	17.64	20.36

注：表中含水量为容积含水量。

土壤对水分蓄积和保持的能力通常以一定土层最大蓄水量和有效含水量度量，而后者更能表明土壤对植物需水的保证程度。由表 8-20 可知，原状设施土壤土层剖面上有效水含量差异较大，0～20 cm 土层比 40～60 cm 土层高 13.58%；0～20 cm 土层比露地土壤高 9.48%，20～40 cm 土层比露地高 8.50%，40～60 cm 土层比露地低 1.5%。这主要是由于设施土壤上层田间持水量高于露地，而凋萎含水量低于露地土壤。土壤水分物理性质的变化主要是因为土壤孔隙结构变化而引起。结构良好的土壤总孔度可达到 55%～65%，可见供试土壤结构较差。设施土壤在 0～40 cm 土层的土壤总孔度和毛管孔隙都较露地土壤高，说明设施栽培使得土壤孔隙状况得到了改善，提高了 0～40 cm 土层水分的有效性。因此，设施栽培应该采取少量多次的灌水方式，以提高灌水利用率。

从表 8-21 中可以看出，回填土壤的各水分物理性质在 0～60 cm 土层上没有明显变化，设施土壤和露地土壤之间无明显差异。耕层（0～20 cm）原状土壤和露地土壤差异较小，20 cm 以下土层回填土毛管孔隙度、总孔度和田间持水量均大于原状土。这主要是因为原状土均匀填充，下层土壤与原状土差异较大，基本无大孔隙存在，回填后不能达到原状孔隙状况。

表 8-21 供试回填土水分物理性质

土壤	层次/cm	毛管孔隙/%	总孔度/%	田间持水量/%	凋萎含水量/%	有效水/%
设施土壤	0～20	44.77	54.75	32.95	9.75	23.20
	20～40	44.25	43.68	38.07	12.94	25.13
	40～60	40.34	42.66	34.84	13.26	21.58
露地土壤	0～20	45.08	51.53	36.29	13.00	23.29
	20～40	43.94	48.82	39.57	13.40	25.17
	40～60	43.25	47.28	38.13	16.75	21.38

1）土壤比水容量与供水性

土壤的供水性是指在一定条件下土壤对植物生理需水的供给能力，常以有效水和有效度衡量，这种能力的强弱在很大程度上又取决于土壤的有效水储量。比水容量(C_θ)表示单位吸力变化时单位质量土壤可释放或储存的水量，是评价土壤水分有效性、供水性和耐旱性的重要指标，在数值上等于土壤水分特征曲线的斜率。

由表 8-22 可知，原状设施土壤不同土层比水容量变化较小，随土壤吸力的增加，土壤比水容量逐渐降低，土壤的供水性能随着土壤吸力的增加也呈递减变化趋势。在整个 0.01～1.5 MPa 吸力段，其数量级以 $10^{-1}\rightarrow10^{-2}\rightarrow10^{-3}$ 发生变化，土壤释出的水量较多。所有土壤在低吸力段大致可分为 10^{-1} 和 10^{-2} 两个数量级，根据土壤比水容量定义可知，当其值达到 10^{-2} 数量级时，植物所能吸取的水量就显著减少。本实验中设施土壤和露地土壤均在 0.06 MPa 时达到 10^{-2} 数量级，土壤吸力小于 0.06 MPa 时，设施土壤 0～20 cm 土层比水容量均大于露地土壤，由此表明设施土壤表层(0～20 cm)对作物有效水的供给能力强于露地土壤。在 0.6～1.5 MPa 比水容量保持在 10^{-3} 数量级范围内，说明在高吸力范围内土壤所能释放出的水量较少。

表 8-22 供试原状土壤比水容量

土壤	层次/cm	土壤吸力/MPa							参数
		0.01	0.03	0.06	0.1	0.3	0.6	1.5	$A\cdot B$
设施土壤	0～20	8.38×10^{-1}	2.13×10^{-1}	8.99×10^{-2}	4.76×10^{-2}	1.21×10^{-2}	5.11×10^{-3}	1.63×10^{-3}	4.76×10^{-2}
	20～40	7.41×10^{-1}	1.97×10^{-1}	8.57×10^{-2}	4.63×10^{-2}	1.23×10^{-2}	5.36×10^{-3}	1.78×10^{-3}	4.63×10^{-2}
	40～60	7.44×10^{-1}	1.98×10^{-1}	8.61×10^{-2}	4.66×10^{-2}	1.24×10^{-2}	5.39×10^{-3}	1.79×10^{-3}	4.66×10^{-2}
露地土壤	0～20	7.85×10^{-1}	2.14×10^{-1}	9.46×10^{-2}	5.18×10^{-2}	1.41×10^{-2}	6.24×10^{-3}	2.12×10^{-3}	5.18×10^{-2}
	20～40	7.58×10^{-1}	2.08×10^{-1}	9.23×10^{-2}	5.06×10^{-2}	1.39×10^{-2}	6.16×10^{-3}	2.10×10^{-3}	5.06×10^{-2}
	40～60	7.12×10^{-1}	1.98×10^{-1}	8.85×10^{-2}	4.89×10^{-2}	1.36×10^{-2}	6.08×10^{-3}	2.09×10^{-3}	4.89×10^{-2}

由表 8-23 可知，回填的设施土壤和露地土壤比水容量均大于原状土。0.01 MPa、0.06 MPa 回填土壤大于原状土壤 1 个数量级，说明其释放出的水分远远大于原状土壤。

表 8-23　供试回填土比水容量

土壤	层次/cm	土壤吸力/10^5Pa							参数
		0.1	0.3	0.6	1	3	6	15	$A\cdot B$
设施土壤	0～20	1.26	3.01×10^{-1}	1.22×10^{-1}	6.29×10^{-2}	1.50×10^{-2}	6.11×10^{-3}	1.85×10^{-3}	6.28×10^{-2}
	20～40	1.33	3.31×10^{-1}	1.38×10^{-1}	7.21×10^{-2}	1.79×10^{-2}	7.46×10^{-3}	2.34×10^{-3}	7.21×10^{-2}
	40～60	1.18	3.00×10^{-1}	1.27×10^{-2}	6.70×10^{-2}	1.70×10^{-2}	7.18×10^{-3}	2.29×10^{-3}	6.70×10^{-2}
露地土壤	0～20	1.04	2.69×10^{-1}	1.19×10^{-2}	6.11×10^{-2}	1.46×10^{-2}	5.93×10^{-3}	1.80×10^{-3}	6.11×10^{-2}
	20～40	1.16	2.95×10^{-1}	1.24×10^{-3}	6.59×10^{-2}	1.68×10^{-2}	7.09×10^{-3}	2.27×10^{-3}	6.59×10^{-2}
	40～60	0.96	2.54×10^{-1}	1.10×10^{-3}	5.95×10^{-2}	1.58×10^{-2}	6.86×10^{-3}	2.27×10^{-3}	5.95×10^{-2}

在同一吸力下，土壤比水容量主要随 $A\cdot B$ 变化而变化，所以 $A\cdot B$ 值越大，说明其供水性能越好。从 $A\cdot B$ 值来看，以耕层土壤最大，说明耕层土壤水分有效性、供水性要好于下层土壤。原状设施土壤 0～60 cm 土层 $A\cdot B$ 值均小于露地土壤，表明原状设施土壤在 0～60 cm 土层供水性能弱于露地土壤，灌水后设施土壤水分比露地土壤更易到达较深的土层内。而回填土 $A\cdot B$ 均高于原状土，这也是回填土比水容量大于原状土的原因。

2）土壤水分扩散率

土壤水分扩散率反映了土壤水分在水平方向上的运动轨迹，这一参数的变化反映了土壤孔隙度孔隙大小、分布及导水性能，是土壤水分运动定量研究的一个重要参数。因此，研究设施土壤水分扩散率，可为设施土壤水盐运移深入研究以及设施土肥管理提供一定的理论依据。

（1）土壤含水量 θ 与玻尔兹曼常数 λ 的关系。λ 值是表征水分在土壤中的渗透速率，可通过比较不同土层的 λ 值来探求各土层渗透速率的差异。

由图 8-24 和图 8-25 可知，设施土壤和露地土壤各土层的玻尔兹曼常数 λ 均随土壤含水量的增加呈减小的变化趋势。设施土壤 20～40 cm 土层的 λ 值最大，0～20 cm 次之，40～60 cm 最小。这表明 20～40 cm 的土层水分渗透速率较其他土层快。而露地土壤 λ 值则是随着土层深度的增加而减少，说明上层土壤的水分扩散速率大于下层土壤。出现以上差异主要是由于设施土壤全年或部分时间没有接受雨水的淋溶，加上蒸发量大，使得大量盐分在土壤表层(0～20 cm)积聚。由于盐分的表层积聚使得 Na^+ 含量较高，其高度分散性，引起土壤团聚体破坏，增加了水化作用，减少了土壤中的孔隙度，使得土壤水分扩散性能降低。而在 20～40 cm 的土层，由于植物根系的深插作用，导致土壤结构发生变化，大孔隙增多，毛管孔隙减少，土壤的孔隙度增加，有利于水分的扩散。40～60 cm 由于容重较大，土壤紧实，降低了土壤的水分扩散速度。而作为对照的露地土壤，随着土层深度的增加，土壤容重也随之增加，土壤结构变得紧实，孔隙度减小，所以越到下层，水分扩散速率越慢。

对比设施土壤和露地土壤同层次的 λ 值可以看出，设施土壤的 λ 值均大于同层次露地土壤层次的 λ 值，主要是由于露地土壤的基质势要高于设施土壤，此外，这一变化还与不同阶段水分运移的驱动力有关。在湿润锋到达 10 cm 之前，即在高含水量阶段时，土壤水分运动的驱动力主要为水势梯度，此间的水势梯度由于接近水室一直较高，并且露地土

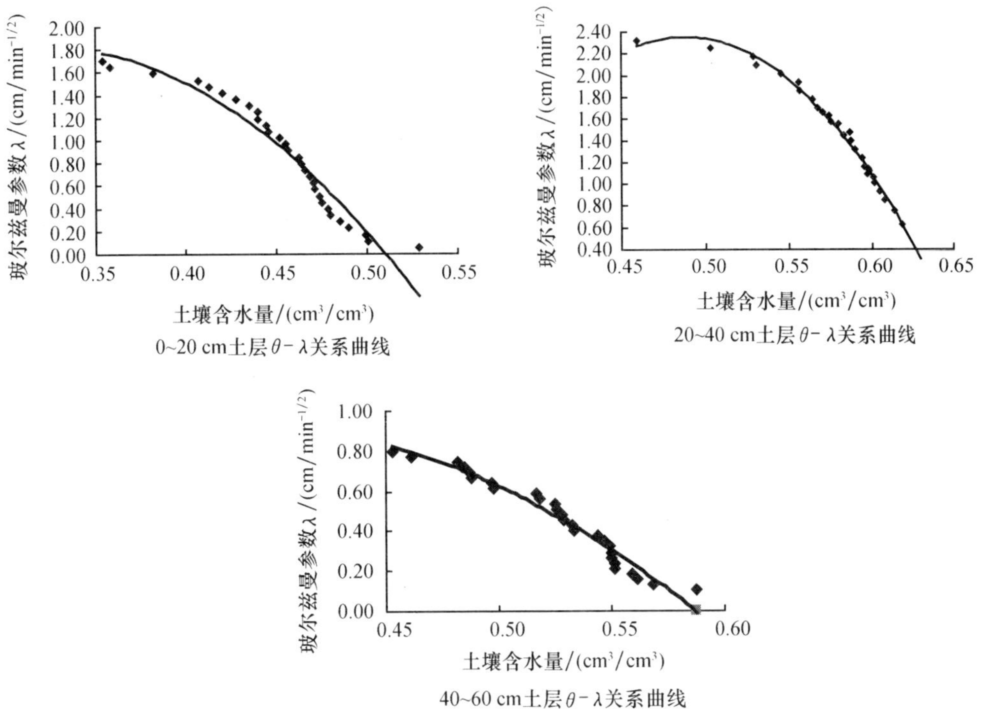

图 8-24 设施土壤各层 θ～λ 关系曲线

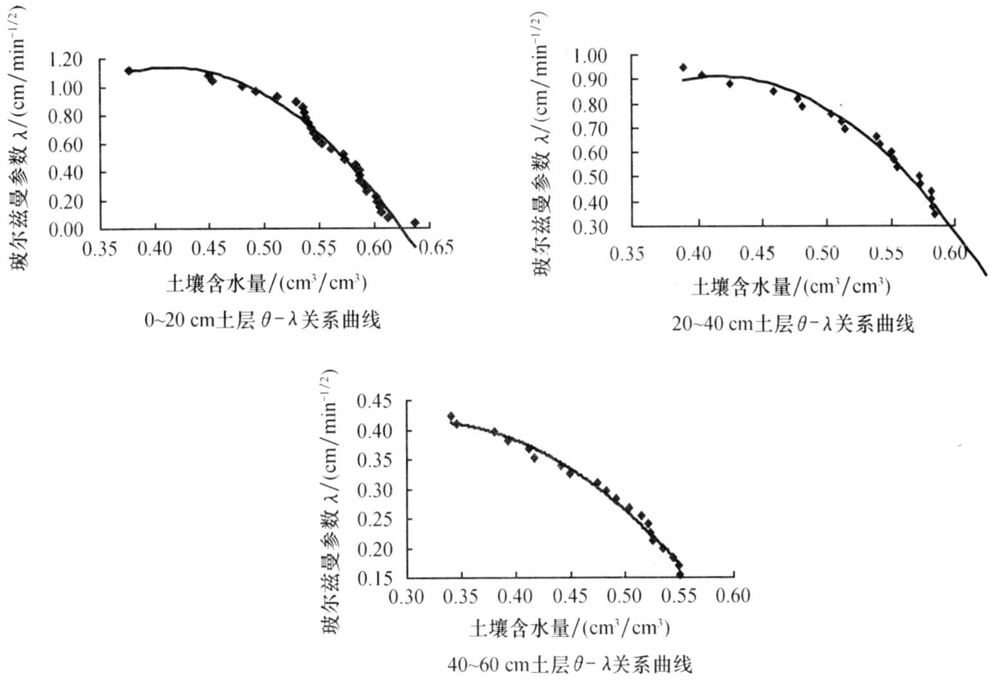

图 8-25 露地土壤各层 θ～λ 关系曲线

壤的基质势要高于设施土壤，对水分的吸持力增强，导致渗透速率降低；随着水分含量的减少，此间的水分渗透主要受水势梯度和基质势的共同影响（以基质势为主），所以较高的基质势会导致 λ 值的减小。此外，上述变化还受到温度的影响，温度的升高，导致水的黏滞性和表面张力下降，基质势相应增大，在低含水量时，这种影响表现得更加明显，所以温度在低含水量状态时不容忽视。

为了进一步明确设施土壤各土层体积含水量 θ 与玻尔兹曼常数 λ 间的关系，就两者关系进行拟合，结果见表 8-24。拟合结果表明 R^2 值均在 0.93 以上，拟合效果较好，这与其他条件下的研究结果较为一致。

表 8-24　土壤含水量与玻尔兹曼常数关系的模拟模型

供试土壤	层次/cm	二次函数模型	R^2
设施土壤	0～20	$\theta=-50.973\lambda^2+30.696\lambda-3.4125$	0.9332
	20～40	$\theta=-101.2\lambda^2+98.926\lambda-21.773$	0.9930
	40～60	$\theta=-22.041\lambda^2+16.734\lambda-2.2311$	0.9677
露地土壤	0～20	$\theta=-25.672\lambda^2+21.251\lambda-3.2591$	0.9725
	20～40	$\theta=-18.858\lambda^2+15.693\lambda-2.3538$	0.9871
	40～60	$\theta=-4.3209\lambda^2+2.708\lambda-0.0096$	0.9872

（2）土壤含水量 θ 与土壤水分扩散率 $D(\theta)$ 之间的关系。土壤水分扩散率 $D(\theta)$ 是土壤水分扩散型方程中必不可少的参数，它反映了土壤水分在水平方向上的运移轨迹，同时也反映了土壤水分及其土壤含水量随时间的变化状况，它对土壤中的溶质运移影响很大。图 8-26 和图 8-27 分别为设施土壤和露地土壤各土层体积含水量 θ 与土壤水分扩散率 $D(\theta)$ 的关系曲线。

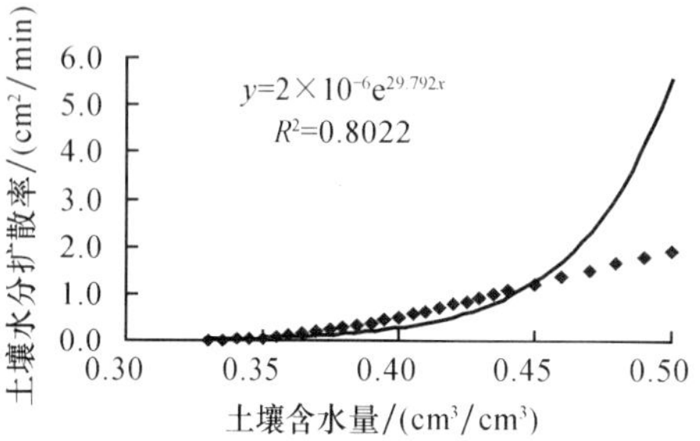

0~20 cm土层 $D(\theta)$-θ 关系曲线及拟合结果

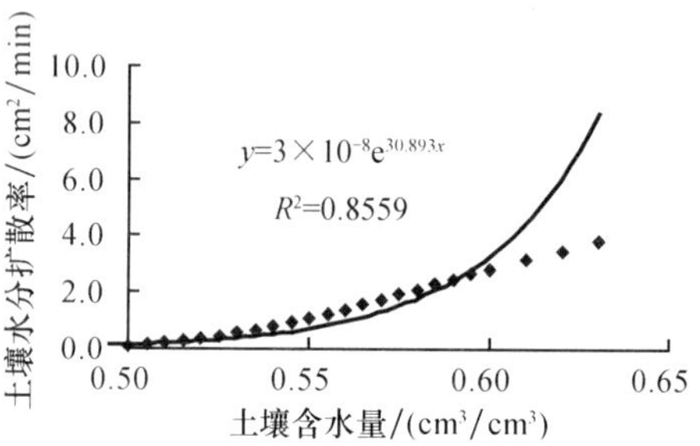

20~40 cm土层 $D(\theta)$-θ 关系曲线及拟合结果

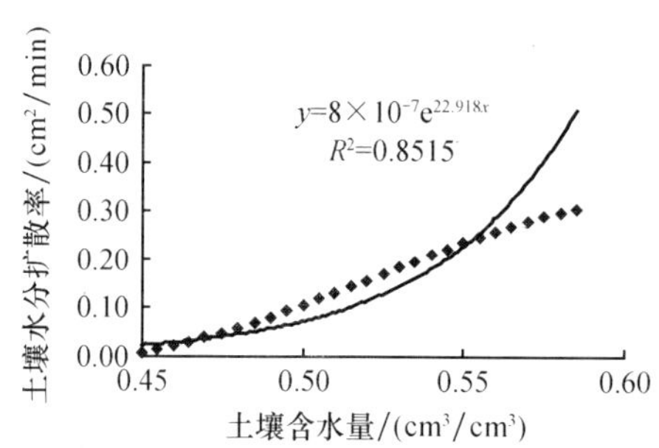

40~60 cm土层 $D(\theta)$-θ 关系曲线及拟合结果

图 8-26　设施土壤各土层 $D(\theta)$-θ 关系曲线及拟合结果

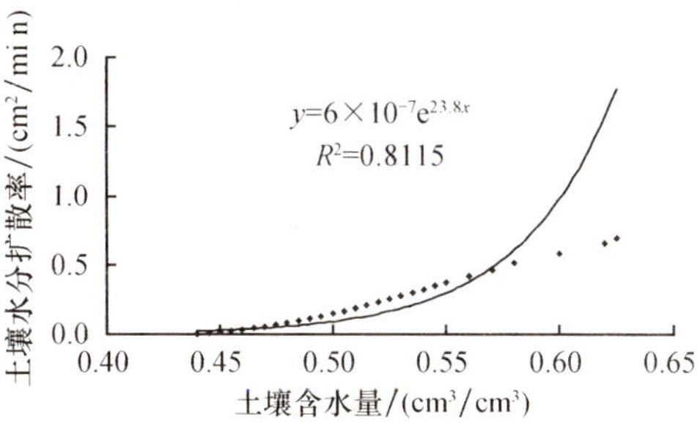

0~20 cm土层$D(\theta)$-θ关系曲线及拟合结果

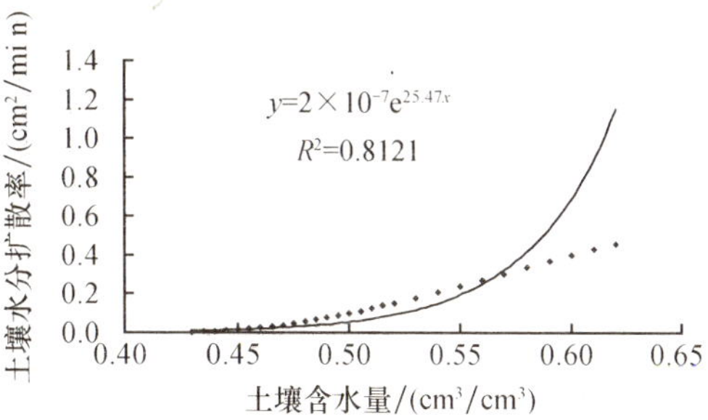

20~40 cm土层$D(\theta)$-θ关系曲线及拟合结果

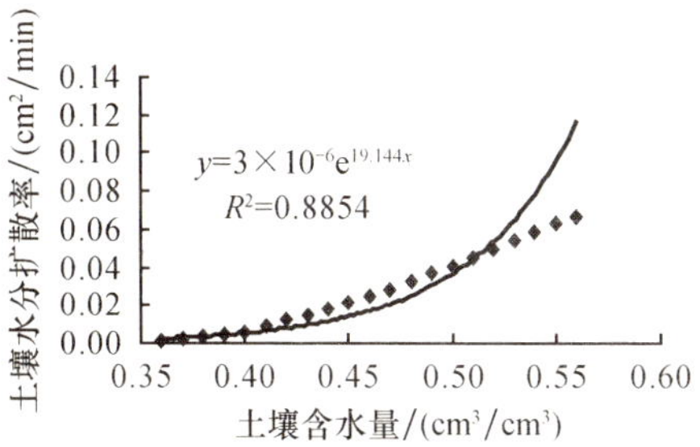

40~60 cm土层$D(\theta)$-θ关系曲线及拟合结果

图 8-27 露地土壤各土层 $D(\theta)$-θ 关系曲线及拟合结果

由图 8-26 和图 8-27 可知，设施土壤与露地土壤的水分扩散率在空间分布上是不均匀的。在土壤含水量高于 0.45 cm^3/cm^3 时，$D(\theta)$随土壤含水量的升高而急剧增加，主要是因为土壤含水量高时水分主要在大、中孔隙中运动，土壤对水分的阻滞力相对较小，故土壤水分扩散率增大；当土壤含水量低于 0.45 cm^3/cm^3 时，土壤水分扩散主要以水汽运动形式为主，其 $D(\theta)$随土壤含水量升高而增加缓慢。在设施土壤各层中，20～40 cm 土壤水分扩散率最大，0～20 cm 次之，40～60 cm 最小，而露地土壤各层的土壤水分扩散率随着容重的增加而降低，造成以上差异主要是由于设施土壤的盐分表聚，在 0～20 cm 土层表现得尤为明显，土壤非活性孔隙比例相对降低，使其在水分不饱和状态下易造成土壤板结，进而使土壤更加紧实，不利于水分的运移。杨香云等(2004)研究表明，尤其在低含水量时，土壤溶液的黏滞性对土壤水分扩散率影响较大，且浓度越大，其黏滞性越大。由于在长期的设施环境下，设施土壤的盐分表聚现象明显，其表层盐分离子浓度高于下层土壤，土壤溶液的黏滞性也大于下层土壤，也不利于土壤水分的扩散。20～40 cm 土层的容重较大，但黏粒含量较低，在一定程度上可导致其传导水分的大孔隙和毛管孔隙的数量多，进而有利于水分的运移。40～60 cm 土壤容重最大，土壤更加紧实，水分扩散率最低。由于相比于设施土壤，露地土壤的黏粒相对较高，土壤容重从上到下依次增大，而水分在土壤中的渗透速率主要取决于土壤孔隙度和土壤中充水毛管数量，所以露地土壤孔隙度可能是导致其水分扩散率降低的主要原因。

对比设施土壤和露地土壤同层次的 $D(\theta)$，可以看出设施土壤均大于露地土壤。0～20 cm，20～40 cm，40～60 cm 土层，设施土壤水分扩散率分别是露地土壤的 3 倍，6.8 倍和 4 倍。主要是在颗粒组成上，设施土壤水稳性团粒结构(0.02～2 mm)组成比例大于露地土壤，导致设施土壤的基质势小于露地土壤的基质势，即水吸力小于露地，而且土壤水分扩散的主要驱动力就是基质势，并随梯度的增大而增大。其次是在露地土壤黏粒组成比例相对于设施土壤较高，土壤中黏粒含量越高，膨胀性增加，对水的吸持性越强，故水分不容易扩散。当土壤含水量相同时，黏粒含量越高，土壤对水的束缚越强，土壤的水分扩散率就越小；土壤黏粒含量越小，土壤中相对自由水含量增多，水分扩散率就越高。所以颗粒组成的不同是导致设施土壤的水分扩散率较露地土壤高的主要原因。

通过对 $D(\theta)$-θ 关系的拟合研究表明，二者之间的关系均符合指数模型：$D(\theta)=ae^{b\theta}$（a，b 均为常数）的指数增长曲线（表 8-25），且决定系数 R^2 均在 0.80 以上，经相关分析表明，均达到极显著水平。可见，较高含水量有利于水分扩散作用的进行。

表 8-25　土壤水分扩散率随土壤含水量变化的相关分析

土　壤	层次/cm	方　程	A	b	r
设施土壤	0～20	$D(\theta)=ae^{b\theta}$	2×10^{-6}	29.792	0.8956**
	20～40	$D(\theta)=ae^{b\theta}$	3×10^{-8}	30.893	0.9251**
	40～60	$D(\theta)=ae^{b\theta}$	8×10^{-7}	22.918	0.9228**
露地土壤	0～20	$D(\theta)=ae^{b\theta}$	6×10^{-7}	23.8	0.9008**
	20～40	$D(\theta)=ae^{b\theta}$	2×10^{-7}	25.47	0.9012**
	40～60	$D(\theta)=ae^{b\theta}$	3×10^{-6}	19.144	0.9409**

注：$n=30$，$\alpha_{0.05}=0.355$，$\alpha_{0.01}=0.456$。

8.2.3　设施土壤的水盐运移特征

由于“盐随水动”，土壤水盐运移方程随着土壤水分运移的发展逐渐发展起来，其共同特点在于运用动力学观点及物质与能量守恒分析土壤溶质运移。水分和盐分运动往往不是同步进行的。早在 20 世纪初，Slichter（1899）就指出土壤中溶质不是以相同速率运动的。鉴于上述不同步性，Barrclough 等（1989）作了大量的研究，认为在土壤水盐运移过程中，由于可动、不可动水体或大孔隙流、优先流和通管流等因素的影响，使溶质运移过程中的吸附、解吸不同，即出现溶质运移的两区运移、分解过程。土壤水分既是盐分的溶剂，又是盐分运移的载体，控制了土壤水分运移方向和水量，在很大程度上制约了土壤盐分运移方向和数量。Fick（1855）提出的自由水中溶质的分子扩散定律被逐渐引入土壤溶质运移研究，为土壤水盐运移定量研究奠定了理论基础。Nielsen 等（1961，1962）推导了溶质运移的对流-弥散方程，开创了土壤水盐运移定量研究的新时代。

国内外对水盐运移的模拟做了大量研究。Low（1955）提出了描述土壤水分在渗透势梯度影响下的运动模型。Weeks（1968）等研究了土壤水盐在温度梯度下砂壤土中的运动情况，认为渗透势的影响可忽略，但 Nassar（1989）研究表明，溶质对土壤水分有明显影响。随后，Christiaens（1996）在考虑其他影响因素的基础上，提出了不同条件下的相应模型。张蔚榛（1983）提出了土壤水盐运移模型的初步研究结果，随后，李韵珠等（1985）就露地土壤，开展了不同条件下水盐运移研究。由于土壤水盐运移基本方程的非线性，土壤的非均质性和初始与边界条件的复杂性，只有在极其理想的条件下才能求得解析解。因此，目前对于模型求解，多数采用数值方法。水盐运移数值模拟方法主要有：有限差分法、有限元法、二维有限分析数值解、特征有限元法和跟踪法等，运用较多的是有限差分法和有限单元法。

可见，土壤水盐运移多集中于对露地土壤水盐变化特征及模拟的研究，设施土壤水盐方面的研究主要表现在设施土壤盐分调控上，对其运移模拟研究甚少。因此，本研究通过室内土柱模拟实验，就设施土壤不同灌水量的水盐运移特征进行研究，以期为设施土壤的水盐调控及水肥管理提供科学依据。

8.2.3.1 供试土壤

土样采集于四川省双流县永安镇牧马坪典型设施栽培区。在设施大棚内进行设施土样采集，该区设施栽培始于 2001 年，土样采集于 2007 年。采集土样时选择多个典型大棚，开挖剖面，分 0～5 cm，5～10 cm，10～20 cm，20～30 cm，30～40 cm，40～60 cm 土层采样。土壤风干，过 2 mm 筛备用。土壤机械组成采用比重计法测定，按国际制质地分类系统分类，土壤容重采用环刀法测定，供试土壤基本性质见表 8-18。

8.2.3.2 试验装置

设施土壤水分、盐分与水盐运移测定的实验装置均为玻璃土柱。设施土壤水分测定的土柱高 60 cm、内径 15.0 cm×15.0 cm，土柱两对应侧面由表层向下在 5 cm、10 cm、20 cm、30 cm、40 cm、50 cm 处开口，其长×宽为 4 cm×4 cm。底部设排水滤层及马氏供水瓶控制地下水位；按原状土随机实测容重分层填入(图 8-28)。

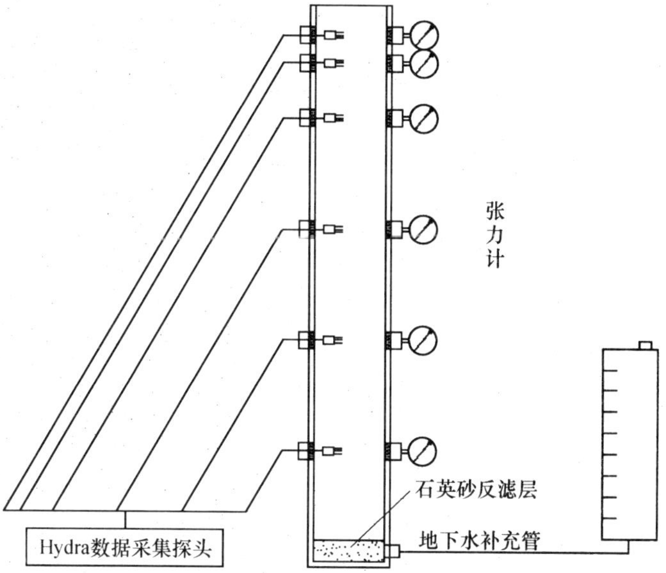

图 8-28　模拟试验装置图

在开口处一侧安装张力计监测土壤吸力变化，一侧安装 Hydra 数据采集探头，在不同时刻采集土壤水分和电导率数据。

8.2.3.3　实验设计

1）不同灌水量下设施土壤的水分运动

按照研究区域设施土壤种植作物的需求，灌水量设置为 4 个处理，分别为：1200 ml、1000 ml、800 ml 和 600 ml，并以处理 1、处理 2、处理 3 和处理 4 表示，每一处理 3 次重复，共 12 根实验土柱。土柱填装好之后放入四川农业大学教学科研园区标准温室内，灌水采用一次灌水，在灌水后每天 14 时采集土壤水分数据。

2）不同灌水量下设施土壤盐分离子的迁移特征

灌水量设置为 4 个处理，分别为：1200 ml、1000 ml、800 ml、600 ml，并分别用处理 1、处理 2、处理 3 和处理 4 表示，每一处理 3 次重复，共 12 根实验土柱。土柱填装好之后放入四川农业大学教学科研园区标准温室内，灌水采用一次灌水，在灌水后每天 14 时采集土壤电导率数据。同时，于灌水后 1 d、5 d、15 d、25 d 采集土样，同一个灌水量的三根土柱同时从取土孔取土，同层土样混合为一个土样，每次取土后用实体介质填满取土后留下空间，以免影响内部土壤的水盐运动。土样风干后用浸提法测定土样的含盐量和主要盐分离子含量。

3）不同灌水量下设施土壤水盐运移特征

灌水量设置为 4 个处理，分别为：1200 ml、1000 ml、800 ml、600 ml，并以处理 1、处理 2、处理 3 和处理 4 表示，每一处理 3 次重复，共 12 根实验土柱。土柱填装好之后放入四川农业大学教学科研园区标准温室内，灌水采用一次灌水，在灌水后每天 14 时采集土壤水分和电导率数据。

8.2.3.4　测定项目与方法

土壤水分和电导率采用 Hydra 数据采集探头进行测定，土壤水吸力采用张力计测定。待测液制备：采用去离子水，按土水比 1∶5 提取，振荡 3 min，过滤所得。K^+、Na^+ 采用火焰光度计法；Ca^{2+}、Mg^{2+}、SO_4^{2-} 采用 EDTA 滴定法；HCO_3^- 采用双指示剂中和滴定法；Cl^- 采用硝酸银滴定法；盐分总量采用离子加和法。

8.2.3.5　不同灌水量下设施土壤的水分运动

1）水分含量时间变化特征

土壤水分是盐分运动的载体，按照“盐随水来，盐随水去”规律，灌水后土体中盐分的迁移是水分迁移引起的。各层土壤水分的变化在相互之间存在着不同程度的相互依赖关系，在相同的种植、耕作方式和雨养条件下，它反映了土壤特性对降水和土表蒸发变化。设施环境中长期高温，无降雨，耕作方式一致，灌水是土壤水分的唯一来源，其内部蒸发强烈导致灌水后土壤水分运动有其特殊性。

从图 8-29 中可以看出，灌水后随着时间的推移，各土层水分变化特征不尽一致。总体表现为 0～5 cm 和 5～10 cm 土层变化较为明显，随着土层加深，不同土层土壤含水量变化趋于平缓，其中 0～5 cm 土层水分变化尤为强烈。可见灌水后，土壤水分主要集中在表层（0～20 cm）土壤。不同灌水量下各土柱含水量均在灌水 1 d 后达到最大值，之后随着表层水分蒸发而逐渐减少。从整个土壤剖面水分分布来看,灌水后 1 d 各土柱不同土层水分均有所上升。上述土壤水分的变化,是由于这一时段土壤水分处于入渗初期阶段,故水分运动主要以向下运动为主。1 d 以后,由于温室内小环境的作用,上层土壤水分随着蒸发作用开始不断地减少,且变幅较大,随土层的加深土壤水分变化逐渐变小,灌水量越大,表层土壤水分变化越大。处理 1 土壤水分变化主要集中在 0~10 cm 土层,处理 2~处理 4 在 0~20 cm 土层内变化尤为明显。对于设施蔬菜栽培灌水频繁,灌水量大而蒸发强烈的条件,其内部水分运动变化较大的是 0~20 cm 的表土层,下层土壤水分含量变化相对稳定。因此对设施条件土壤灌水量的确定,应以 0~20 cm 土壤含水量为基础计算较适宜。从时间上来看,模拟 1~25 d 土壤水分含量呈现逐渐减少的变化趋势,处理 1~处理 3 灌水 5 天后土壤剖面含水量与灌水前含水量相当,处理 4 灌水 5 d 后 0~20 cm 土层小于灌水前,20 cm 以下土层水分含量和灌水前相当。在 25 d 的模拟时间内,处理 1~处理 4 随灌水量的减小剖面水分变化呈逐渐增大的趋势。1 d 时达到最大,之后随着实验时间推移水分逐渐减少。在灌水后水分达到最大值时,处理 1 土柱含水量增加了 13.1%,处理 2 土柱含水量增加了 9.4%,处理 3 土柱含水量增加了 7.3%,处理 4 土柱含水量只增加了 3.0%,与 0~5 cm 土层相比水分含量增加幅度变小。到实验末期,各处理 0~10 cm 水分含量变化趋于一致,保持在 18.6%~21.5%。上述水分的变化,与设施土壤的环境条件密切相关。

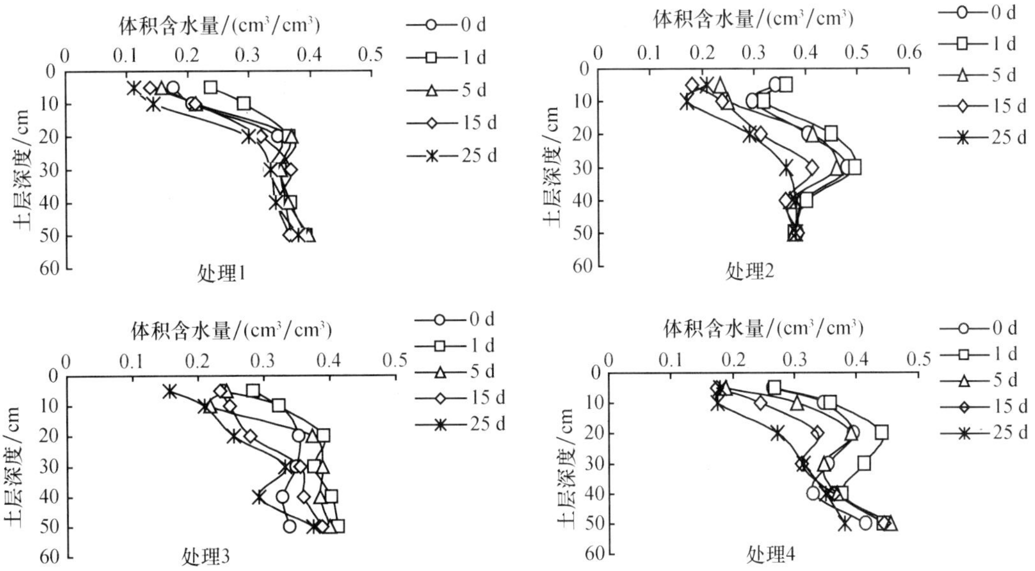

图 8-29 不同灌水量下土壤剖面水分时间变化特征

2)不同灌水量土壤水势变化特征

土壤水势包括基质势、压力势、溶质势、重力势,一般情况下只考虑土壤基质势。土壤中水分总是从高基质势流向低基质势,因此基质势的大小能反映土壤水分的运动方向。根据土壤水分特征曲线和含水量得到土壤基质势,其结果见表 8-26 所示。灌水后各处理土壤水分含量迅速达到饱和,土壤基质吸力趋于 0,随着水分流出与土面蒸发土壤水分的减少土壤水势又呈上升的趋势。

表 8-26 不同处理下土壤基质吸力(kPa)的状况

土柱编号	层次/cm	时间/d				
		0	1	5	15	25
处理 1	0～5	15.24	10.03	23.74	34.43	68.13
	5～10	13.66	9.42	18.94	24.23	66.42
	10～20	6.97	5.89	5.68	9.12	11.29
	20～30	16.72	13.87	13.73	11.61	16.53
	30～40	13.02	11.73	12.23	14.64	15.13
	40～50	15.87	12.28	11.78	16.41	13.93
处理 2	0～5	7.24	6.00	25.74	31.43	78.03
	5～10	11.68	9.12	20.95	24.33	72.82
	10～20	4.17	2.94	3.88	9.81	12.35
	20～30	4.28	3.78	5.02	7.60	12.35
	30～40	4.54	4.31	5.63	6.11	5.16
	40～50	15.49	14.23	14.39	13.35	13.78
处理 3	0～5	24.00	13.54	22.40	25.74	78.72
	5～10	8.84	8.84	32.06	20.95	36.85
	10～20	6.58	4.73	5.48	14.36	19.61
	20～30	14.17	10.71	9.52	13.29	17.30
	30～40	17.90	8.33	9.90	12.75	27.71
	40～50	22.43	10.13	11.42	12.93	14.86
处理 4	0～5	17.04	16.41	53.18	70.06	72.57
	5～10	6.97	6.28	10.81	22.10	68.74
	10～20	4.50	3.12	4.65	7.68	15.63
	20～30	13.44	7.53	14.48	21.86	21.09
	30～40	17.49	10.61	11.61	12.23	14.02
	40～50	9.73	7.40	6.70	7.33	13.78

由表 8-26 土壤基质势变化可以看出，灌水前土壤处于非饱和状态，水分含量较低，灌水 1 d 后土壤基质势均低于灌水前，各土柱均表现为 10～20 cm 土层基质势最低，说明灌水后水分在 10～20 cm 土层保存较好。灌水后随时间的延长，土壤水分随蒸发的减少各层土壤基质势总体呈上升的趋势，其中以 0～10 cm 变化最大，主要是因为随着灌水时间的推移土壤表面蒸发成为土壤中水分的主要散失方式，上层土壤水分减少使土壤基质吸力增加，下层的水分就会向上运动而补充上层土壤水分。从时间上看，主要集中在灌水后 5 d 内这种变化最为明显，并且主要集中在 0～10 cm 土层内。设施栽培以浅根系菜蔬为主，因此灌水应该采用少量多次的方式。不同灌水量之间土壤基质吸力差异不大。主要是因为灌水后除土壤自身保存的水分多，其余的都排出了 0～50 cm 深的土体。

上述研究结果表明，设施环境中灌水后土壤水分变化主要集中在 0～20 cm 土层，20 cm 以下土壤含水量较稳定，变化幅度较小；灌水 5 d 后土壤水分变化最强烈。不同灌水量对土壤水分有明显影响，表现为灌水量大土壤 0～50 cm 剖面水分变化小，变化土层浅。针对设施栽培灌水频繁，作物根系较浅的特点，设施土壤灌水量的确定以 0～20 cm 土壤含水量为基础计算较适宜。

8.2.3.6　不同灌水量下设施土壤盐分离子的迁移特征

1）不同灌水量下 Ca^{2+}、Mg^{2+} 的迁移特征

交换性 Ca 和 Mg 是土壤中主要的盐基离子，施肥、灌溉等农田管理措施对 Ca^{2+}、Mg^{2+} 的组成也会产生较大影响。王丹等(2007)研究表明，作物对 Ca^{2+}、Mg^{2+} 的吸收利用与其在土壤中的交换性含量有很好的相关关系。

(1) 不同灌水量下 Ca^{2+} 的迁移特征。由图 8-30 可知，0～5 cm 土层处理 1 土柱 Ca^{2+} 浓度在灌水后 1 d 达到最大值，比灌水初期增加了 29.4%，之后呈下降的趋势；处理 2 和处理 3 土柱 Ca^{2+} 浓度均在灌水后 5 d 时达到最大值，在 15 d 和 25 d 呈现下降的趋势；

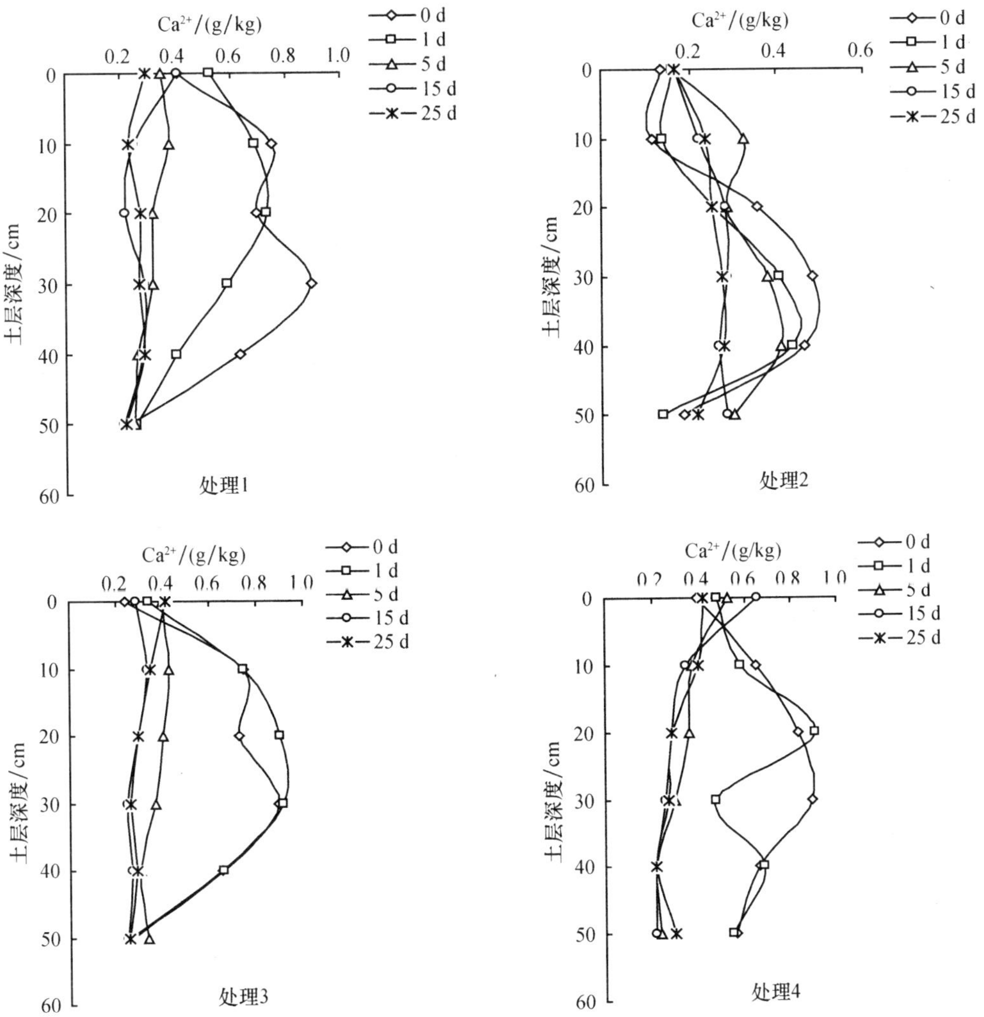

图 8-30　不同灌水量下土壤剖面 Ca^{2+} 迁移特征

处理 4 土柱 Ca^{2+} 浓度在 15 d 时达到最大值，25 d 时有所下降。从各处理土柱在 0～5 cm 土层 Ca^{2+} 浓度的变化可知，灌水后 Ca^{2+} 浓度均会出现上升的变化趋势，灌水量越少上升的时间就越长。5～10 cm 土层各土柱在灌水后 Ca^{2+} 浓度随水分向下运动，因此 Ca^{2+} 浓度均呈现出下降。随时间的增加处理 1-处理 3 土柱 Ca^{2+} 浓度都呈持续下降的趋势，处理 4 土柱在 15 d 之后 Ca^{2+} 浓度呈上升的变化趋势。可能因为处理 4 土柱灌水量小，到蒸发后期下层水分开始向上运动把盐分带到 5～10 cm 土层。10～20 cm 土层除处理 2 外，Ca^{2+} 浓度均呈现出先升高再降低的变化趋势，而处理 2 土柱在灌水后 1 d 时出现了下降，这可能与其灌水前 Ca^{2+} 浓度较低有关。20～30 cm 土层处理 1 和处理 2 土柱 Ca^{2+} 浓度变化明显强于处理 3 和处理 4 土柱，这是因为灌水量大对土层影响深度就较深的缘故。30～40 cm 土层各土柱 Ca^{2+} 浓度变化趋势较一致，灌水后 Ca^{2+} 浓度均呈现出减小的变化趋势。40～50 cm 土层处理 1-处理 3 土柱 Ca^{2+} 浓度变化一致，灌水后 Ca^{2+} 浓度是先降低再升高最后趋于稳定，处理 4 土柱因为灌水前 Ca^{2+} 浓度较高而出现了先降低，后有缓慢升高的趋势。各土层在整个剖面上来看，0～5 cm 变化最大，5～50 cm 土层变化相对一致，灌水后 5 d 内变化强烈，5 d 以后变化趋于稳定。

（2）不同灌水量下 Mg^{2+} 的迁移特征。由图 8-31 可知，灌水后 Mg^{2+} 在整个土柱剖面上都发生了较大的变化，总的来看，上层土壤变化强于下层土壤，各土柱变化主要集中在 0～20 cm 土层。处理 1 和处理 2 土柱 0～5 cm 土层灌水后 Mg^{2+} 浓度变化相对不大，处理 1 土柱灌水后呈现上升的趋势，处理 2 土柱变化不明显。处理 3 和处理 4 土柱灌水后 1 d 内出现小幅下降，1 d 以后呈现出明显的上升。由此说明处理 1 和处理 2 土柱灌水量对 Mg^{2+} 浓度在 0～5 cm 表层土壤的影响弱于处理 3 和处理 4 土柱的灌水量。5～10 cm 土层，处理 1 土柱 Mg^{2+} 浓度表现为先升高、后降低、又升高的趋势。处理 2-处理 4 土柱在灌水 1 d 内 Mg^{2+} 浓度均出现了降低的变化，处理 4 土柱却在 1 d 后出现了急剧升高的趋势，5 d 以后变化不明显。处理 2 和处理 3 土柱 Mg^{2+} 浓度均在 5 d 后才出现升高的变化。10～20 cm 土层在灌水 5 d 内各土柱 Mg^{2+} 浓度均出现降低的变化趋势，灌水量大则

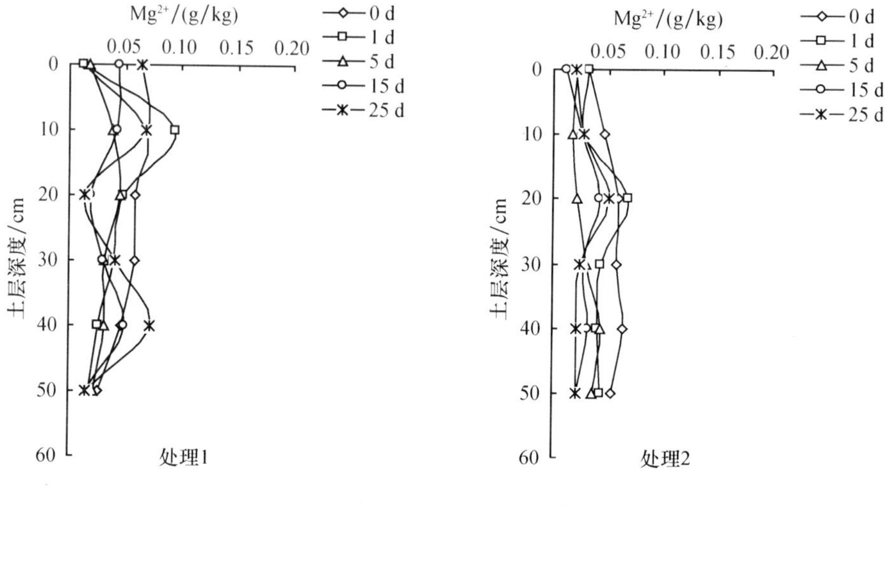

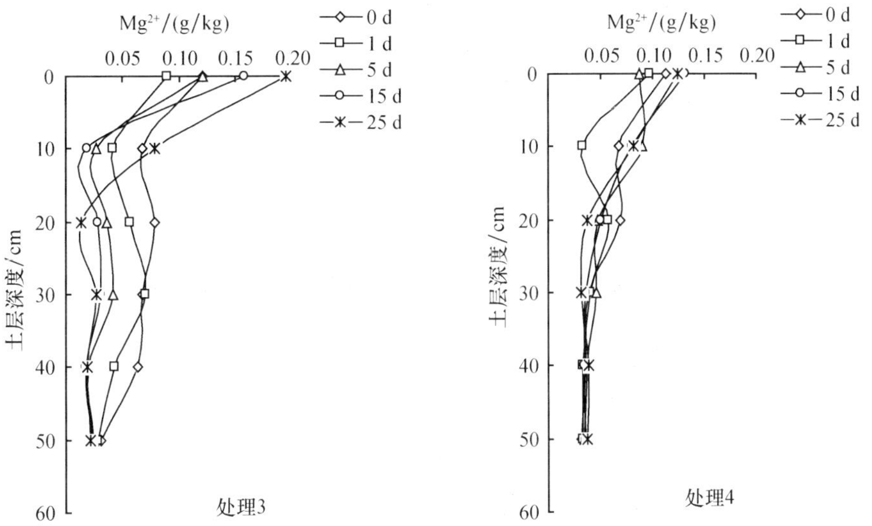

图 8-31　不同灌水量下土壤剖面 Mg^{2+} 的迁移特征

降低较大。5 d 后各土柱变化不大。20～30 cm、30～40 cm、40～50 cm 土层 Mg^{2+} 浓度整体变化幅度较小，灌水后 1 d 时出现了小幅下降。30～40 cm 土层处理 1 土柱在灌水 1 d 后 Mg^{2+} 浓度出现了持续上的趋势，这主要是因为处理 1 土柱灌水量最大，易于将上层土壤中的 Mg^{2+} 带到下层的缘故。

2）不同灌水量下 K^+、Na^+ 的迁移特征

(1) 不同灌水量下 K^+ 的迁移特征。由图 8-32 可知，灌水对水溶性 K^+ 的影响主要集中在 0～20 cm 土层内，其中 0～5 cm 变化最为强烈，20～50 cm 土层各土柱在灌水后的整个模拟实验阶段变化均较小。0～5 cm 土层灌水 1 d 后，土壤 K^+ 浓度均表现为降低的变化，处理 1 土柱降低幅度最大，处理 4 土柱降低幅度最小。灌水 5 d 后，处理 1、处理 2 和处理 4 土柱土壤 K^+ 浓度均呈现出升高的变化趋势，处理 3 土柱持续降低。到实验末期(25 d)

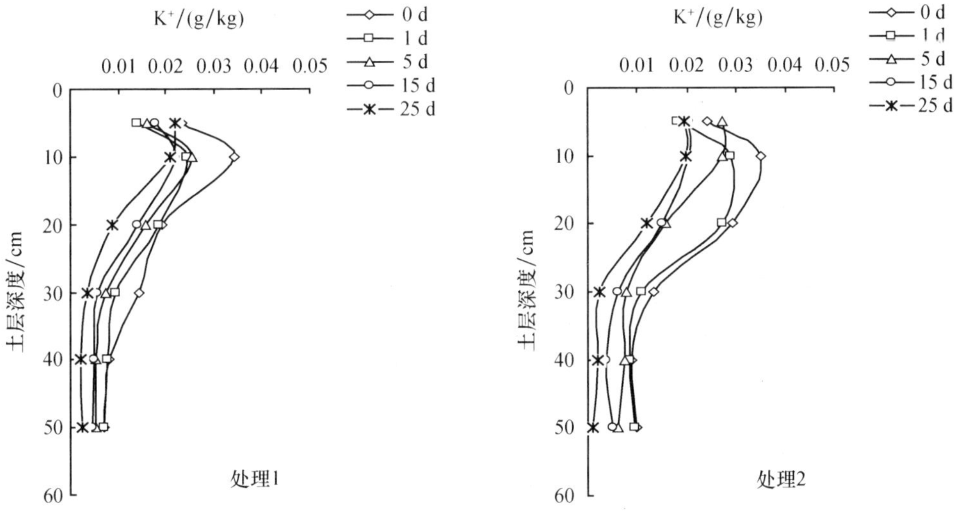

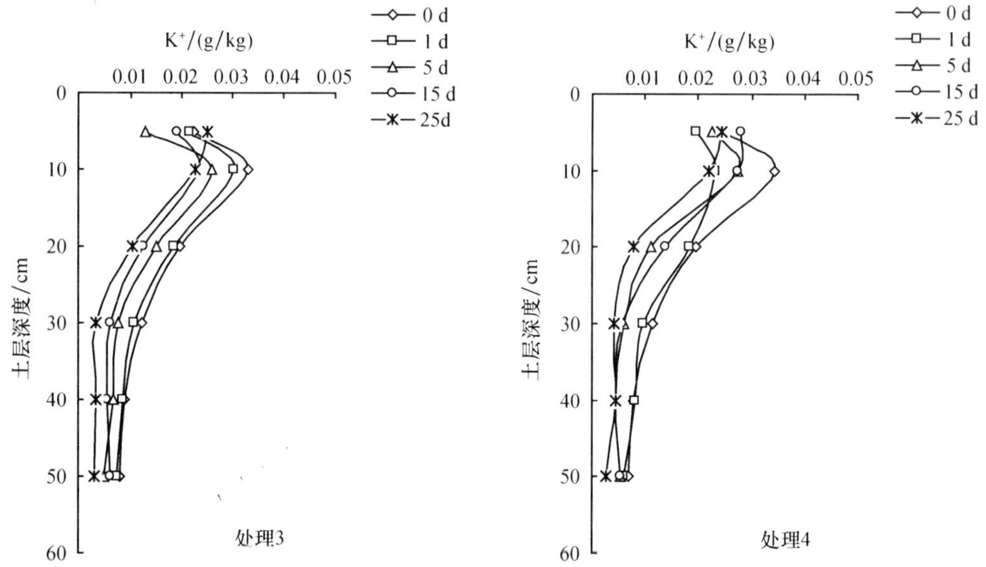

图 8-32　不同灌水量下土壤剖面 K^+ 的迁移特征

时各土柱土壤 K^+ 浓度都保持在灌水前的含量范围内，没有出现明显的升高。5～10 cm 土层土壤 K^+ 浓度的变化与 0～5 cm 土层相似，在灌水 1 d 后均表现为降低的变化，灌水 5 d 后有所上升，但低于灌水初期土壤 K^+ 浓度。到模拟实验末期(25 d)，各土柱土壤 K^+ 浓度变化趋于一致，均明显低于灌水前。各土柱 10～20 cm 土层，土壤 K^+ 浓度变化较为一致，不同的灌水量对其影响不明显。到灌水末期，10～20 cm 土层土壤 K^+ 浓度比灌水前均有所下降。各土柱 20～50 cm 土层灌水后也出现了下降的变化趋势，但下降不明显，各土柱变化规律近乎一致。

(2) 不同灌水量下 Na^+ 的迁移特征。由图 8-33 可以看出灌水对设施土壤整个剖面上 Na^+ 浓度的影响较为明显，且不同灌水量之间差异较大。各土柱 0～5 cm 土层灌水后 Na^+ 浓度均表现为降低的变化，处理 1 和处理 2 土柱灌水后 1 d 内 Na^+ 浓度最低，1～5 d 呈增加的变化趋势，5 d 后其变化幅度较小。处理 3 土柱灌水后 1 d 内 Na^+ 浓度呈减小的变化趋势，1～5 d 也呈增加的变化趋势，上升幅度较处理 1 和处理 2 土柱快，5～25 d 却呈缓慢上升的变化趋势。处理 4 土柱在灌水后 1～5 d Na^+ 浓度均呈下降的变化趋势，5～25 d 表现为先增加再降低的变化，到 25 d 时基本和灌水后 5 d 时相当，比灌水前有所下降。5～10 cm 土层处理 1 和处理 2 土柱 Na^+ 浓度在 1～25 d 呈现出先升高再降低的变化趋势，到实验末期 25 d 时 Na^+ 浓度明显低于灌水前。处理 3 土柱在灌水后 1～5 d Na^+ 浓度呈增加的变化趋势，之后变化幅度较小，实验末期 25 d 时 Na^+ 浓度却高于灌水前。处理 4 土柱在灌水后 1～5 d Na^+ 浓度呈降低的变化趋势，5～25 d 却呈增加的变化趋势，实验末期 25 d 时 Na^+ 浓度略低于灌水前。10～20 cm 土层实验末期 Na^+ 浓度均低于灌水前，处理 1-处理 3 土柱在 15 d 时达到灌水后最低值，而处理 4 土柱则在灌水后 15 d 达到最高值。20～30 cm 土层和 30～40 cm 土层 Na^+ 浓度变化规律较为一致，总体上呈下降的变化趋势，处理 1 和处理 2 土柱 Na^+ 浓度下降幅度较处理 3 与处理 4 土柱大。40～50 cm

土层，处理 1 和处理 2 土柱 Na^+ 浓度在 1～25 d 呈先降低再升高最后降低的变化趋势，实验末期 25 d 时 Na^+ 浓度明显低于灌水前；处理 3 与处理 4 土柱 Na^+ 浓度却呈一直下降的变化趋势。

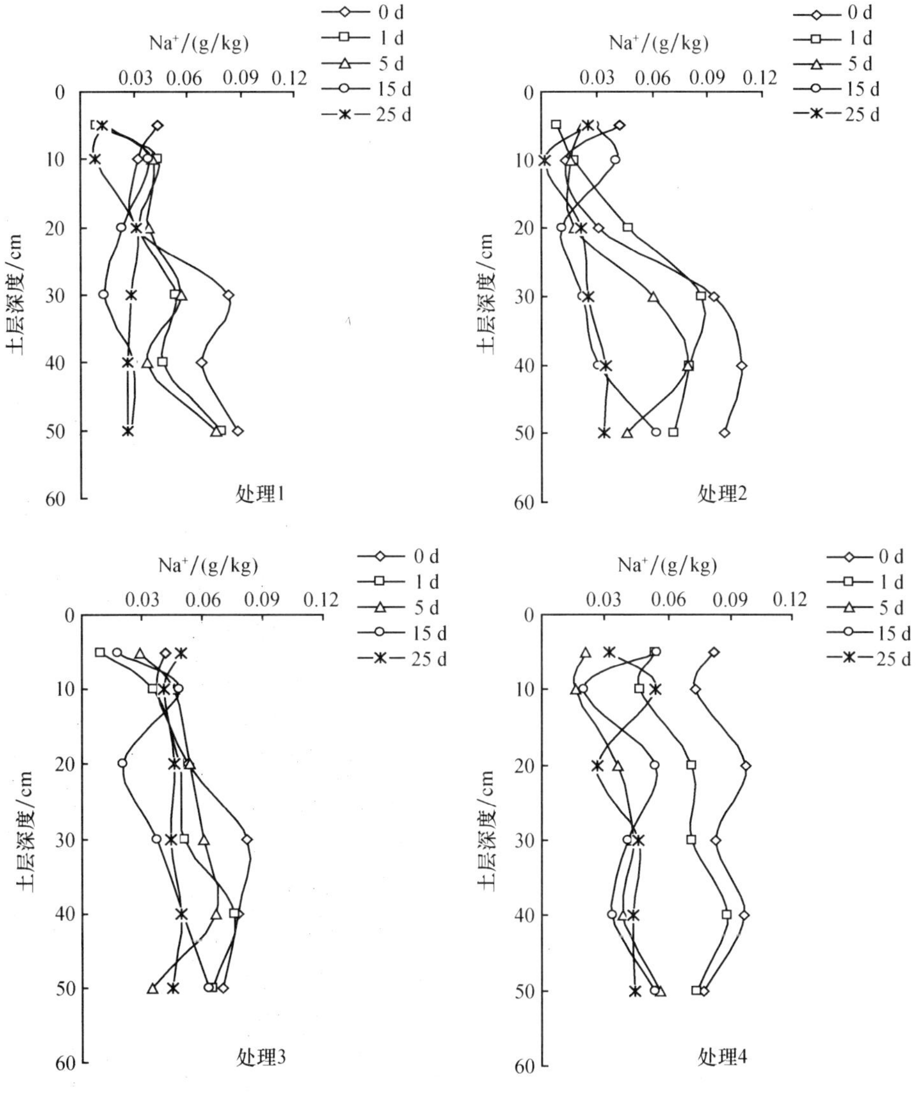

图 8-33　不同灌水量下土壤剖面 Na^+ 的迁移特征

3）不同灌水量下 Cl^-、HCO_3^- 及 SO_4^{2-} 的迁移特征

（1）不同灌水量下 Cl^- 的迁移特征。从图 8-34 中可以看出，灌水后各土柱 0～50 cm 土层 Cl^- 浓度表现出不同的变化规律，其中 0～10 cm 各土柱 Cl^- 浓度变化较为复杂。0～5 cm 土层，处理 1 土柱灌水后 1 d 时 Cl^- 浓度均呈下降的变化趋势，1 d 后其变化较为平缓。处理 2 土柱在灌水后 1 d 时 Cl^- 浓度也呈下降的变化趋势，灌水后 1～5 d 却呈上升的变化趋势，且达到灌水前水平，在 5～15 d 呈下降的变化趋势，15 d 后又呈上升的变化趋势。处理 3 土柱 Cl^- 浓度的变化规律基本与处理 2 土柱一致，只是数值大小不同而

已。处理 4 土柱 Cl^- 浓度的变化规律与处理 2 土柱相反，灌水 1 d 后 Cl^- 浓度迅速下降，到 5 d 时达最低值，5～15 d 呈上升的变化趋势，15～25 d 却呈减小的变化趋势。5～10 cm 土层各土柱 Cl^- 浓度总体上呈下降趋势，实验末期 Cl^- 浓度低于灌水前。处理 1、处理 2 和处理 4 土柱在灌水后 5 d 内 Cl^- 浓度迅速下降，5 d 后变化不明显。处理 3 土柱 Cl^- 浓度呈先降低，再升高，最后降低的变化趋势。10～50 cm 土层各土柱 Cl^- 浓度均在灌水后 5 d 内变化较快，降低幅度明显，5 d 后变化不明显。上述结果表明不同灌水量主要影响表层的 Cl^- 浓度变化，灌水后在 10 cm 以下土层内 Cl^- 浓度变化趋于一致。

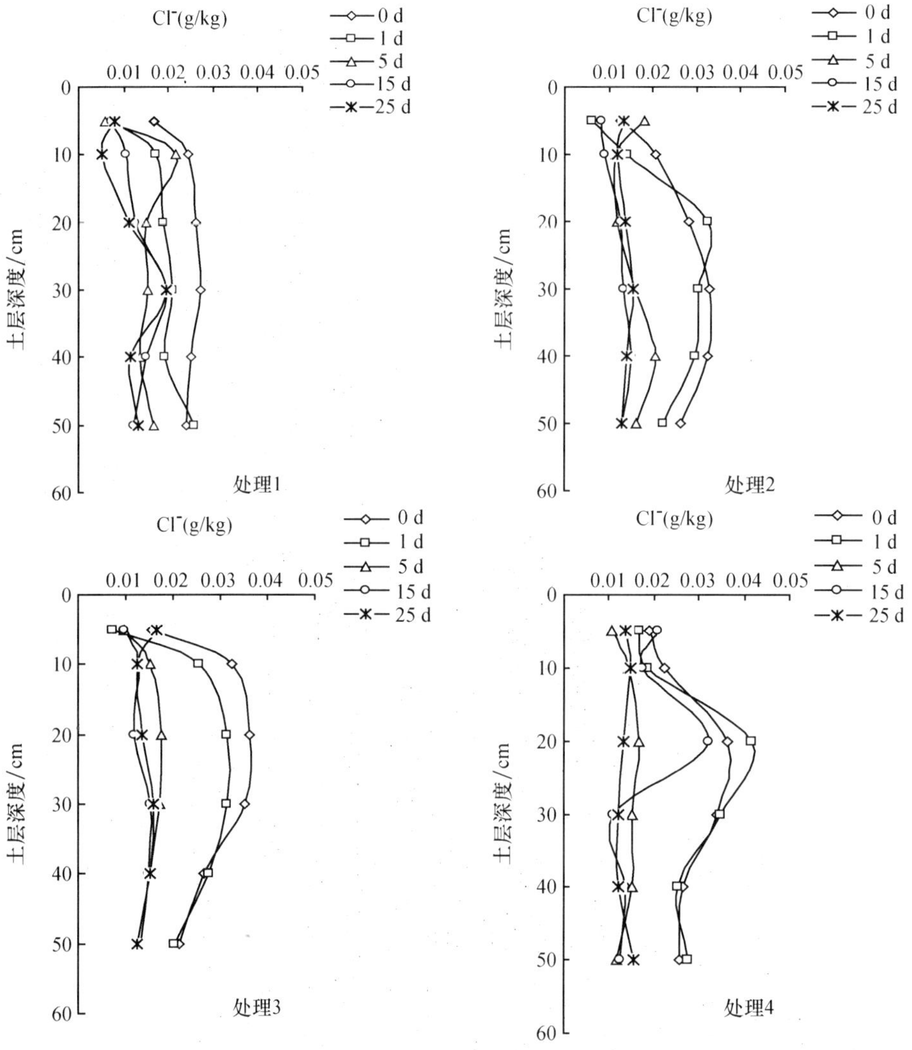

图 8-34　不同灌水量下土壤剖面 Cl^- 的迁移特征

(2) 不同灌水量下 HCO_3^- 的迁移特征。由图 8-35 可知，在灌水后各土层 HCO_3^- 浓度整体上呈上升的变化趋势，在整个 0～50 cm 剖面上变化幅度均较为明显。0～5 cm 土层，处理 1 土柱在灌水后 5 d 内 HCO_3^- 浓度呈上升的变化趋势，5～25 d 却呈下降的变化趋势,实验末期低于灌水前。处理 2 土柱 HCO_3^- 浓度在整个灌水期内变化不明显,整体上呈微弱上升的变化趋势。处理 3 土柱在灌水后,HCO_3^- 浓度 1～15 d 呈上升的变化趋势,15 d 后变化不大。处理 4 土柱在灌水后 1～5 d HCO_3^- 浓度呈上升的变化趋势,5 d 后变化不明显。5～10 cm 土层,处理 1、处理 2 与处理 4 土柱灌水后 HCO_3^- 浓度均表现为灌水 1 d 内上升,1～15 d 呈下降的变化趋势,15～25 d 又呈上升的变化趋势;处理 3 土柱 HCO_3^- 浓度在灌水时段内却一直呈上升的变化趋势。各土柱到实验末期 5～10 cm 土层 HCO_3^- 浓度均高于灌水前。10～20 cm 土层灌水后 1 d 时各土柱 HCO_3^- 浓度均呈上升的变化,1～5 d 处理 1 土柱仍呈上升的变化趋势,处理 2、处理 3 与处理 4 土柱却呈下降的变化趋势,到实验末期,各土柱 HCO_3^- 浓度均高于灌水前。20～30 cm 各土柱在

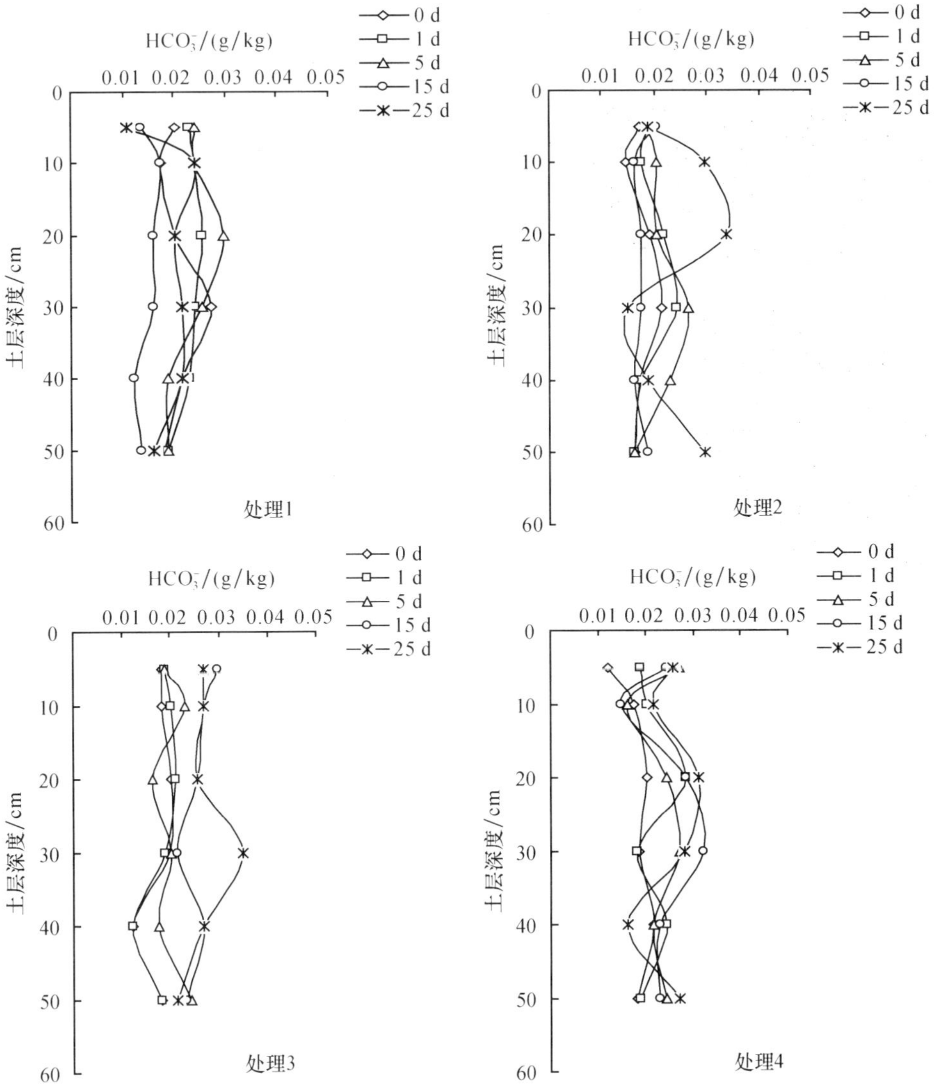

图 8-35 不同灌水量下土壤剖面 HCO_3^- 的迁移特征

灌水后 1～5 d HCO_3^- 浓度均呈上升的变化趋势，5 d 以后各土柱 HCO_3^- 浓度变化较为复杂。处理 1 土柱 HCO_3^- 浓度呈下降的变化趋势，处理 2 土柱却呈先降低再上升的变化趋势，处理 3 土柱呈一直上升的变化趋势，处理 4 土柱却呈先上升、再降低的变化趋势；实验末期处理 1 和处理 2 土柱 HCO_3^- 浓度与灌水前相差不明显，处理 3 和处理 4 土柱均高于灌水前。30～40 cm 土层灌水后 1 d 时各土柱 HCO_3^- 浓度均呈上升的变化，处理 1 土柱 1～5 d 呈下降的变化趋势，5 d 后呈一直上升的变化趋势；处理 2 土柱 1～5 d 呈上升的变化趋势，5～15 d 呈下降的变化趋势；15～25 d 又呈上升的变化趋势；处理 3 土柱在灌水后 HCO_3^- 浓度呈一直上升的变化趋势；处理 4 土柱 1～5 d HCO_3^- 含量呈下降的变化趋势，5～15 d 呈上升的变化趋势，15～25 d 又呈下降的变化趋势。实验末期处理 1、处理 2 和处理 4 土柱 HCO_3^- 浓度与灌水前差异不明显，处理 3 土柱 HCO_3^- 浓度高于灌水前。40～50 cm 土层灌水后 1 d 时各土柱 HCO_3^- 浓度变化均不明显，处理 1 土柱 1 d 后呈先下降再上升的变化趋势；处理 2 土柱在灌水后 HCO_3^- 浓度却呈一直上升的变化趋势；处理 3 和处理 4 土柱，1～5 d HCO_3^- 浓度呈上升的变化趋势，5～15 d 却呈下降的变化趋势；15～25 d 处理 3 土柱 HCO_3^- 浓度呈下降的变化趋势，处理 4 土柱呈上升的变化趋势；实验末期处理 1、处理 2 土柱 HCO_3^- 浓度与灌水前差异不明显，处理 3 和处理 4 土柱高于灌水前。

(3) 不同灌水量下 SO_4^{2-} 的迁移特征。相对其他盐分离子而言，SO_4^{2-} 不易随水分移动，灌水后各处理变化较小。从图 8-36 可知，在整个剖面上 SO_4^{2-} 浓度在 0.25 g/kg 左右，无明显差异。各处理间 SO_4^{2-} 浓度也较接近。从灌水后时间来看，灌水后 SO_4^{2-} 浓度略低于灌水前，在 0～50 cm 土层没出现明显的累积现象。根据 SO_4^{2-} 的不易移动性的特点来作为其他易移动盐离子淋洗的参比标准，来评价土壤的淋洗状况指标。

4) 不同灌水量下土壤总盐分的迁移特征

(1) 不同灌水量下土壤总盐分迁移特征。土壤盐分离子随着土壤水分的运动而迁移。王火焰等(2005)研究表明，在一维积水入渗过程中，上层土壤发生脱盐，下层土壤积

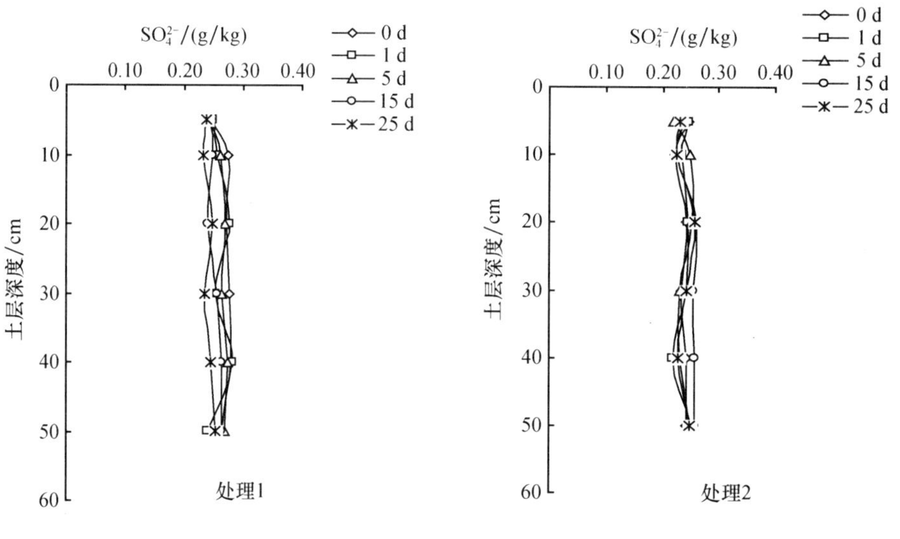

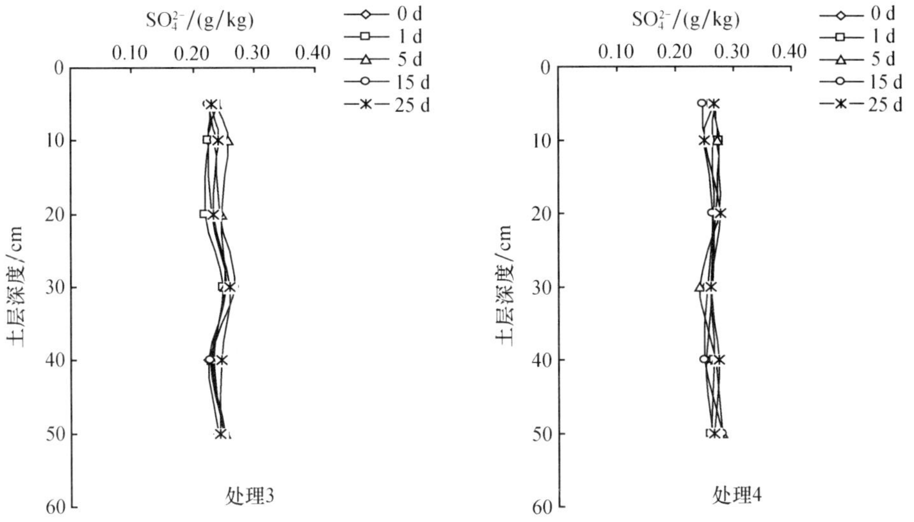

图 8-36 不同灌水量下土壤剖面 SO_4^{2-} 的迁移特征

盐，土壤存在着明显的脱盐区和积盐区。灌水后土壤盐分随水分向下运动，土壤溶液电导率发生变化，不同灌水处理之间电导率变化各不相同。灌水后土柱剖面上各盐分离子变化各不相同，为了更好地反映土壤剖面盐分的迁移特征，现就各土柱盐分离子总量进行分析。由图 8-37 可知，灌水后各土柱的盐分离子总量总体上均呈下降的变化趋势。从整个剖面上看，灌水后电导率均在 20～30 cm 土层最大，表层最低，在 50 cm 土层电导率较稳定，与灌水前较一致，说明一次灌水对盐分在剖面上的积累深度影响不大。盐分主要集中

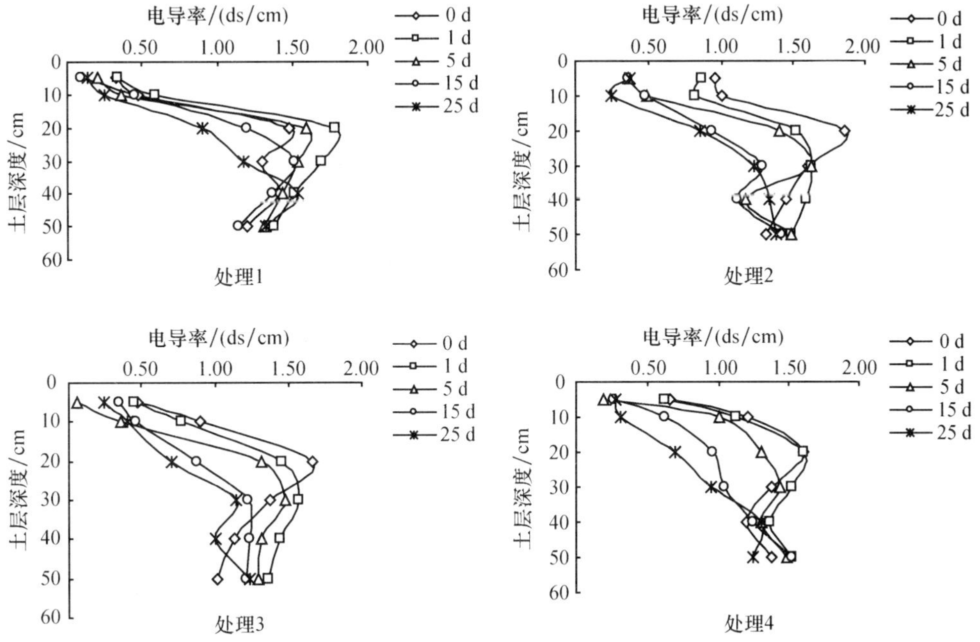

图 8-37 不同灌水量下盐分总量的迁移特征

在 20～30 cm 土层是因为供试土壤采集于夏季，处于设施揭棚期，由于雨水的多次淋洗盐分被带入了 20～30 cm 土层。处理 1 在40 cm 深度土层电导率较接近灌水前，50 cm 土层灌水后电导率大于灌水前；处理 2-处理 4 灌水后 0～20 cm 土层电导率均低于灌水前，灌水后随时间的延长均呈逐渐下降的趋势，其中处理 2、处理 3 灌水 1～5 d 后 20 cm 以上土层电导率降低，20 cm 以下土层电导率均高于灌水前。这是由于灌水量不同，盐分随水分被带到的土层深度不一致，总的来说灌水量越大盐分被带到的土层越深。

从灌水后土壤电导率变化来看，盐分没有出现明显的表聚现象。说明虽然设施环境内部蒸发强烈，水分有由下向上的运动趋势，但是一个灌水周期内盐分不会出现明显的表聚。盐分容易在 20～30 cm 土层聚集，不易淋洗到更深层土体。

(2) 不同灌水量下钠吸附比在剖面分布。钠吸附比(SAR)表示土壤溶液中钠离子和钙镁离子的相对数，SAR 越大，钙镁离子总量相对的阳离子总量的比值就越小，而钠离子所占比值越大，对土壤有害性越大。因此土壤评价中除盐分总量外，钠含量指标是很重要的一个方面。从表 8-27 可以看出，供试土壤 SAR 值较小，对作物生长影响较小，但是 SAR 随着灌水量的变化而变化。从剖面上看灌水前 0～5 cm 土层 SAR 大于 10～30 cm 土层，灌水后 0～5 cm 土层 SAR 急剧降低，5 cm 以下土层开始上升，说明土壤中钠离子易随水分运动到较深土层。处理 1、处理 2 的 0～5 cm 土层，在灌水后 1 d 时 SAR 均达到最小值，处理 1 在 10 cm 土层深度有所增加，其余各土层均开始降低，10 cm 灌水后 15 d 内都呈现出增加的趋势。5～15 d 的 10 cm 以下土层 SAR 有所降低，15 d 后变化较小；处理 3 灌水后 0～5 cm 土层 1 d 时 SAR 降到最低，随时间的延长 0～5 cm 土层 SAR 开始上升。到 25 d 时达到灌水前的水平，5～10 cm 土层 15 d 处于上升的趋势，之后开始降低，10 cm 以下土层 SAR 变化较小；处理 4 灌水后 0～20 cm 土层有所下降，20 cm 以下土层变化不明显。说明随着灌水量的减小，对土壤剖面 SAR 的影响土层逐渐减少，钠离子在土壤中易随土壤水分运动而在土壤剖面迁移。

表 8-27　不同处理 SAR 在各土层的变化

	土层深度/cm	时间/d				
		0	1	5	15	25
处理 1	0～5	0.09	0.02	0.03	0.03	0.03
	5～10	0.05	0.07	0.09	0.10	0.02
	10～20	0.05	0.05	0.09	0.07	0.08
	20～30	0.12	0.10	0.14	0.03	0.07
	30～40	0.12	0.10	0.10	0.07	0.06
	40～50	0.24	0.21	0.21	0.08	0.08
处理 2	0～5	0.14	0.03	0.05	0.05	0.06
	5～10	0.05	0.06	0.04	0.11	0.00
	10～20	0.07	0.12	0.05	0.03	0.05
	20～30	0.18	0.18	0.13	0.09	0.07
	30～40	0.21	0.17	0.17	0.08	0.09
	40～50	0.29	0.24	0.11	0.16	0.07

续表

	土层深度/cm	时间/d				
		0	1	5	15	25
处理 3	0～5	0.10	0.02	0.06	0.04	0.09
	5～10	0.06	0.06	0.10	0.12	0.09
	10～20	0.08	0.07	0.12	0.05	0.12
	20～30	0.12	0.07	0.13	0.10	0.12
	30～40	0.13	0.13	0.14	0.14	0.13
	40～50	0.19	0.17	0.18	0.17	0.12
处理 4	0～5	0.16	0.10	0.04	0.09	0.06
	5～10	0.12	0.08	0.03	0.04	0.11
	10～20	0.15	0.10	0.08	0.13	0.07
	20～30	0.12	0.14	0.11	0.11	0.12
	30～40	0.16	0.15	0.11	0.10	0.12
	40～50	0.14	0.14	0.15	0.15	0.11

8.2.3.7 不同灌水量下设施土壤水盐运移特征

土壤水分是包含各种土壤盐分离子的溶液，按照“盐随水来，盐随水去”的原理，土壤水分的运动，必然带动土壤溶液中盐分的运动。土壤盐分的变化一般通过土壤电导率来表示，根据室内模拟实验，可得到不同土层水分与电导率的变化特征。灌水后土壤中的水溶性盐分溶于土壤水中，随水分的运动而运动。由图 8-38 至图 8-41 可以看出设施土壤电导率和土壤水分变化规律较一致，变化范围主要集中在 0～30 cm 土层，灌水后电导率随水分增加而迅速上升，之后随水分蒸发及水分再分布的影响而缓慢下降。

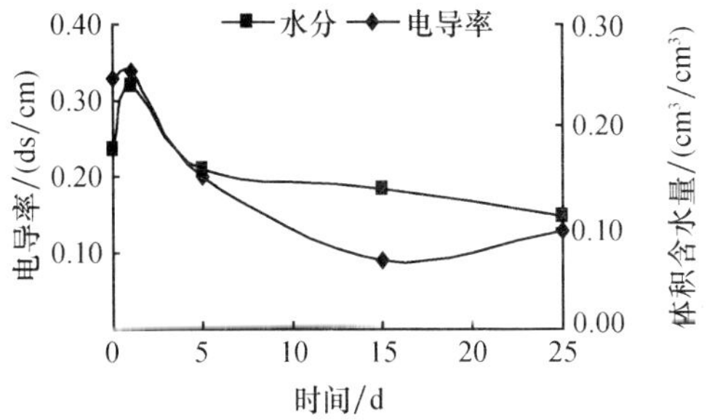

5 cm土层深度土壤水分及电导率随时间变化特征

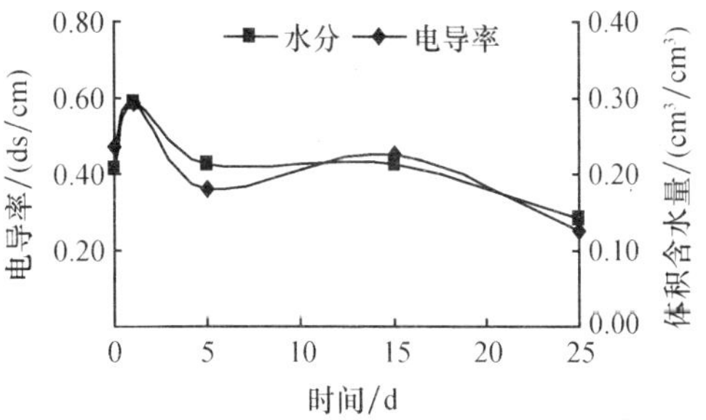

10 cm土层深度土壤水分及电导率随时间变化特征

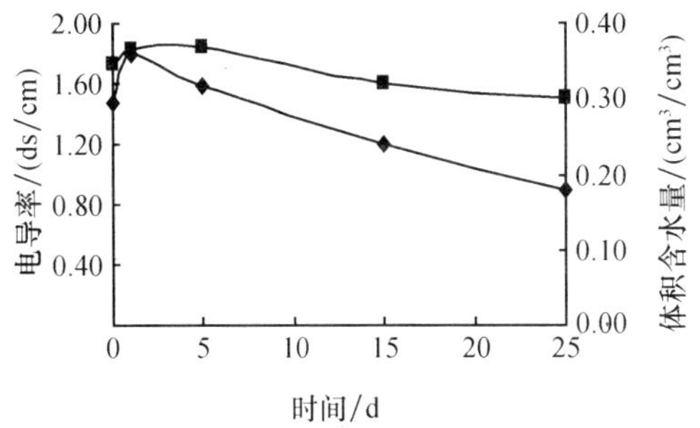

20 cm土层深度土壤水分及电导率随时间变化特征

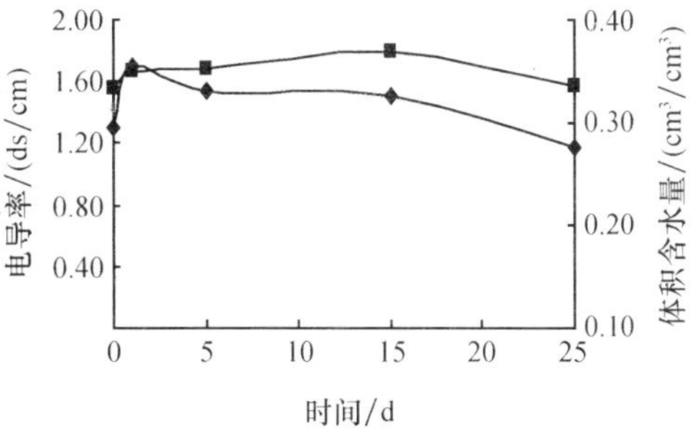

30 cm土层深度土壤水分及电导率随时间变化特征

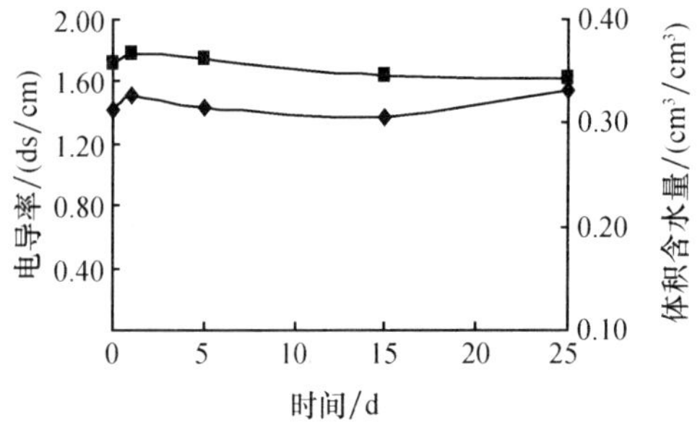

40 cm土层深度土壤水分及电导率随时间变化特征

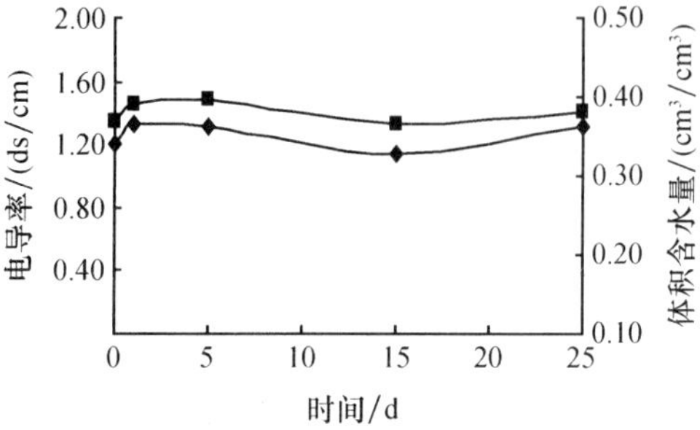

50 cm土层深度土壤水分及电导率随时间变化特征

图 8-38　处理 1 不同土层水分电导率随时间迁移的特征

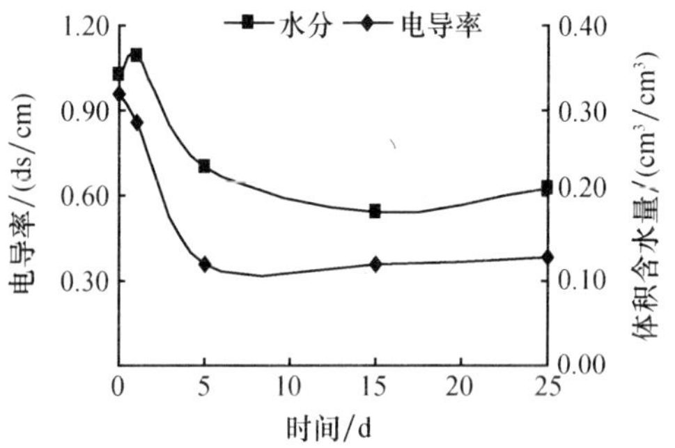

5 cm土层深度土壤水分及电导率随时间变化特征

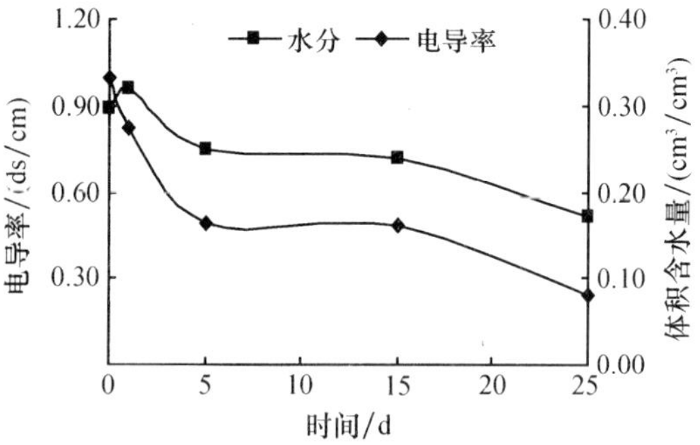

10 cm土层深度土壤水分及电导率随时间变化特征

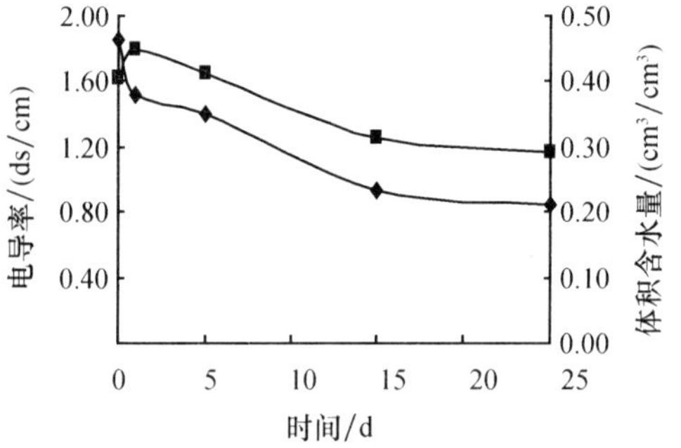

20 cm土层深度土壤水分及电导率随时间变化特征

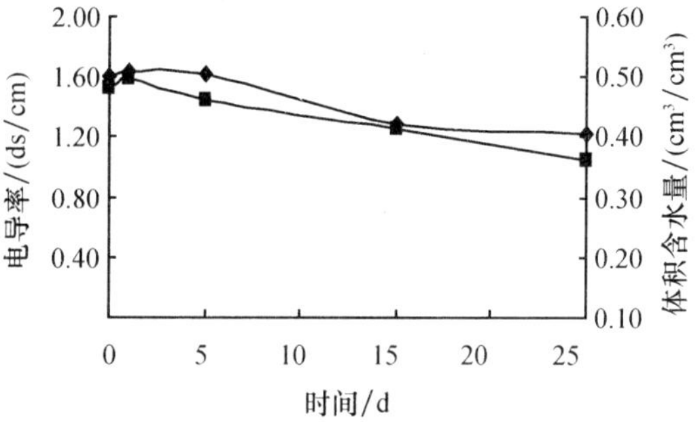

30 cm土层深度土壤水分及电导率随时间变化特征

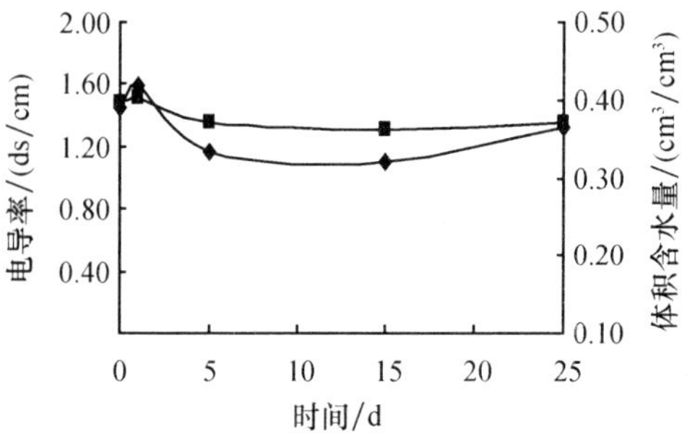

40 cm土层深度土壤水分及电导率随时间变化特征

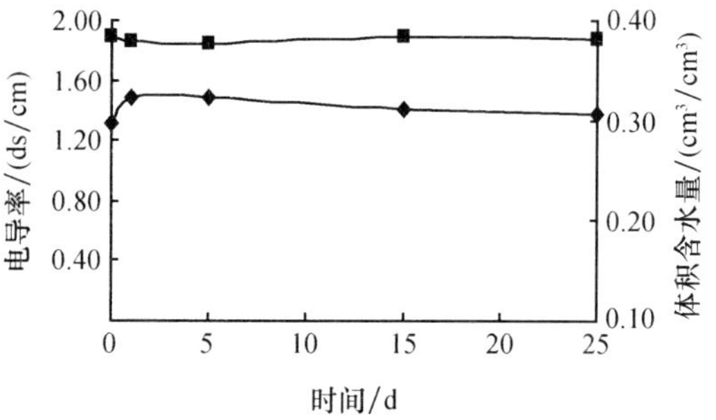

50 cm土层深度土壤水分及电导率随时间变化特征

图 8-39　处理 2 不同土层水分电导率随时间迁移的特征

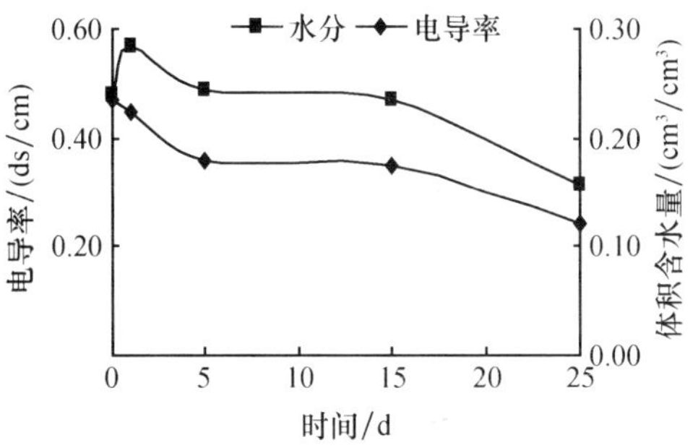

5 cm土层深度土壤水分及电导率随时间变化特征

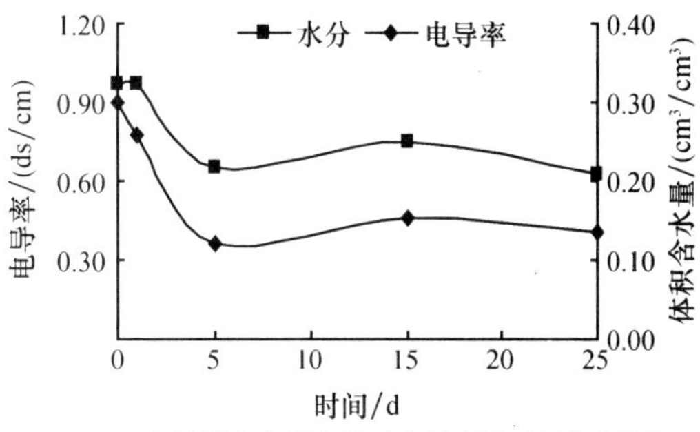

10 cm土层深度土壤水分及电导率随时间变化特征

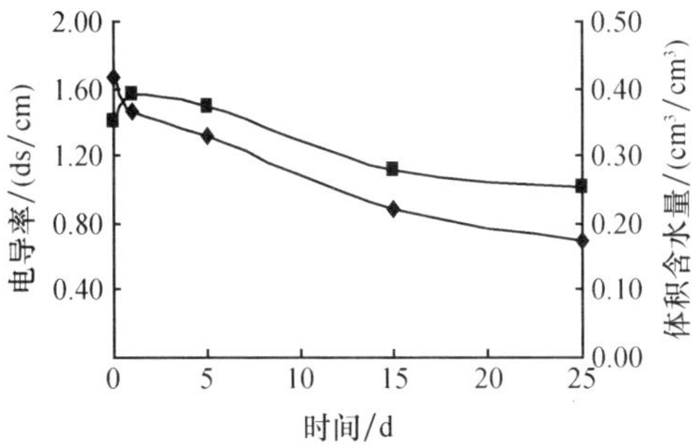

20 cm土层深度土壤水分及电导率随时间变化特征

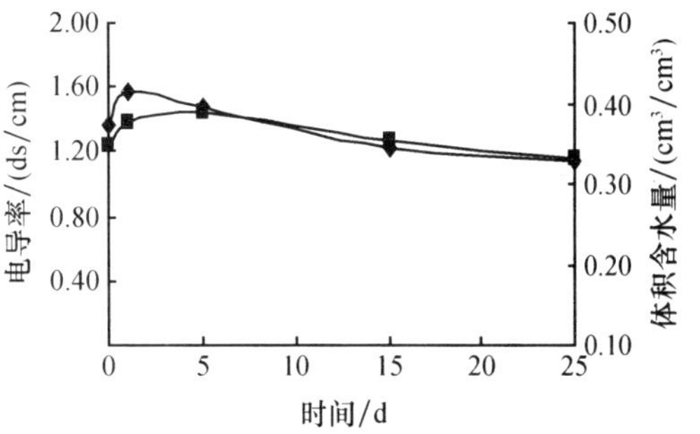

30 cm土层深度土壤水分及电导率随时间变化特征

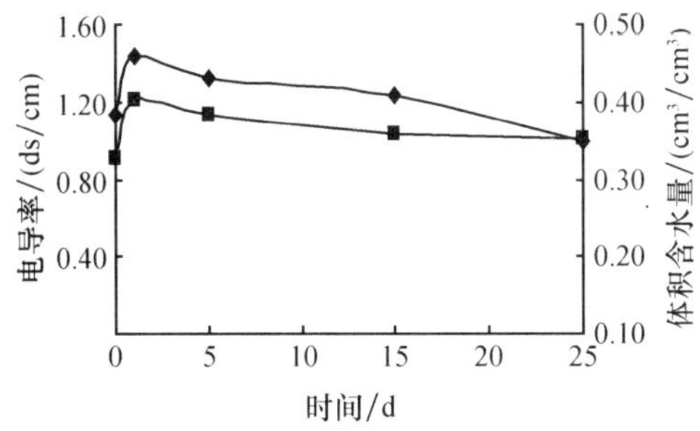

40 cm土层深度土壤水分及电导率随时间变化特征

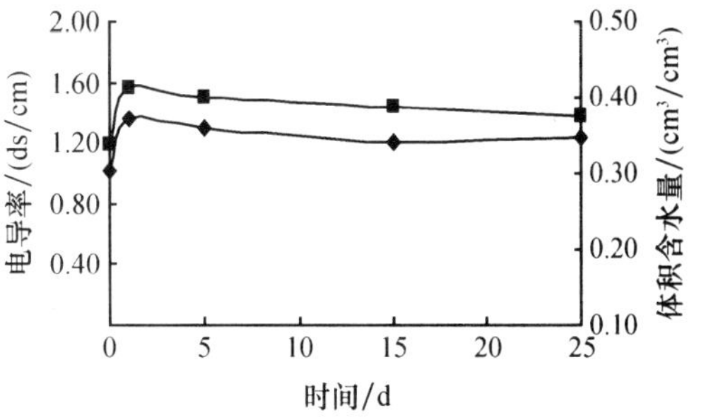

50 cm土层深度土壤水分及电导率随时间变化特征

图 8-40 处理 3 不同土层水分电导率随时间迁移的特征

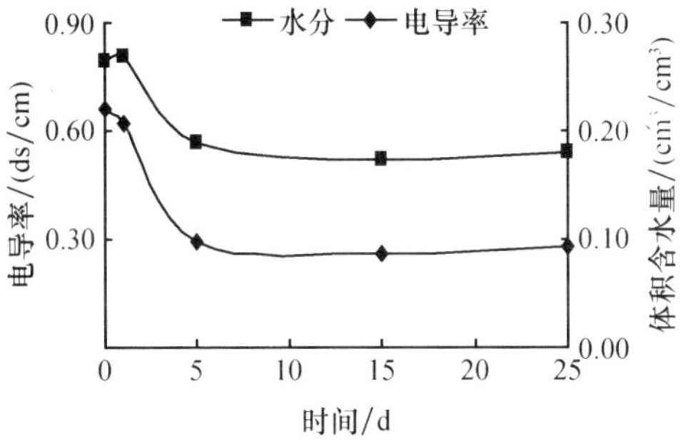

5 cm土层深度土壤水分及电导率随时间变化特征

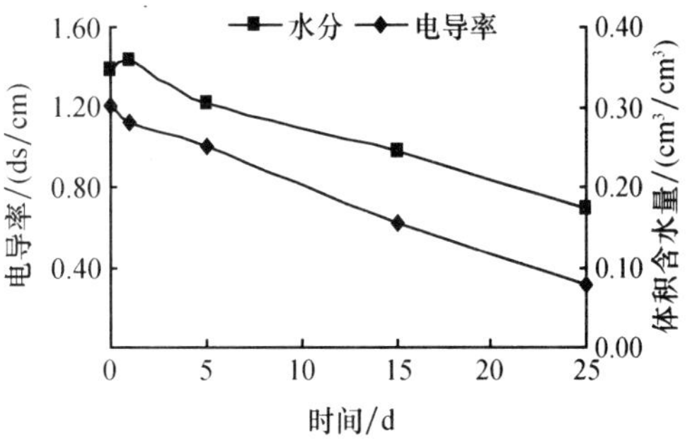

10 cm土层深度土壤水分及电导率随时间变化特征

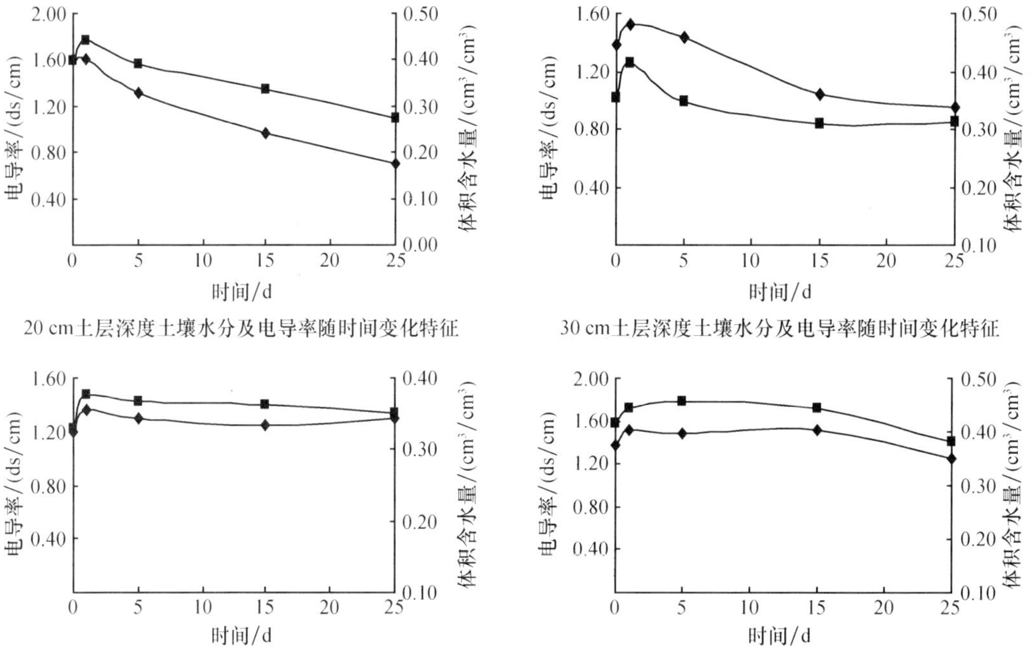

20 cm土层深度土壤水分及电导率随时间变化特征

30 cm土层深度土壤水分及电导率随时间变化特征

40 cm土层深度土壤水分及电导率随时间变化特征

50 cm土层深度土壤水分及电导率随时间变化特征

图 8-41　处理 4 不同土层水分电导率随时间迁移的特征

处理 1(图 8-38)灌水后 1 d 时电导率都有所上升，由表层到底层上升幅度逐渐减少，灌水后较短的时间内出现电导率上升可能是由于土壤初始含水量较少，灌水后一部分土壤吸附的盐分离子解离到土壤溶液中引起的。灌水后 1 d 时 5 cm、10 cm、20 cm、30 cm、40 cm 和 50 cm 土层深度电导率分别为：0. 34 ds/cm、0. 59 ds/cm、1. 79 ds/cm、1. 70 ds/cm、1. 51 ds/cm 和 1. 38 ds/cm，分别增加了 3. 03％、25. 53％、20. 95％、30. 77％和 7. 10％，由此可见，土壤 0～20 cm 土层电导率呈上升趋势，20～50 cm 呈下降趋势，表明盐分随水分淋洗后在土壤内 20 cm 深度处容易发生积累。30 cm 以下土层电导率变化很小，30～40 cm 土层电导率保稳定持在 1. 41～1. 54 ds/cm，40～50 cm 土层电导率稳定保持在 1. 25～13. 2 ds/cm。

处理 2(图 8-39)0～20 cm 土层灌水后电导率均呈下降趋势，20～50 cm 土层电导率在灌水后 1 d 时有所上升，之后呈下降趋势，0～20 cm 土层表现处于处理 1 不同的变化规律可能是因为灌水前处理 2 土壤含水量高于处理 1，土壤含水量高，灌水后盐分立即随水分向土体深层迁移，而下层土壤由于盐分的积累而电导率有所增加，之后盐分离子随土壤水分的运动继续向下迁移而被带出了 50 cm 以下的土壤中。灌水 1 d 后 5 cm、10 cm、20 cm、30 cm、40 cm 和 50 cm 土层深度的电导率分别为：0. 86 ds/cm、0. 82 ds/cm、1. 52 ds/cm、1. 63 ds/cm、1. 59 ds/cm 和 1. 49 ds/cm，由此可见，电导率在 30 cm 土层处达到最大值，说明盐分在 30 cm 处出现了积累。

处理 3(图 8-40)0～20 cm 土层灌水后电导率均呈下降趋势，20～50 cm 土层电导率在灌水后 1 d 时有所上升，与处理 2 变化较一致。20～50 cm 土层在灌水 1 d 后电导率变化较小，主要是因为处理 3 灌水量小于处理 1 和处理 2，达到土体下层的水分相对较少，因此 20 cm 以下土层电导率只在灌水初期有所变化。灌水 1 d 后 5 cm、10 cm、20 cm、30 cm、40 cm 和 50 cm 土层深度的电导率分别为：0.45 ds/cm、0.78 ds/cm、1.46 ds/cm、1.57 ds/cm、1.44 ds/cm 和 1.36 ds/cm，与处理 2 相似，土壤盐分在 30 cm 土体处累积最大。30～40 cm 土层电导率保稳定持在 1.2～1.3 ds/cm；40～50 cm 土层电导率稳定保持在 1.29～1.38 ds/cm。

处理 4（图 8-41）0～10 cm 土层灌水后电导率均呈下降趋势，10 cm 土层深度处灌水后 1 d 保持在灌水前的水平，20～50 cm 土层电导率灌水后 1 d 时有所上升，之后呈下降的变化趋势，这主要是因为处理 4 灌水量最少，水分对盐分的淋洗主要集中在土壤上层。灌水 1 d 后 5 cm、10 cm、20 cm、30 cm、40 cm 和 50 cm 土层深度的电导率分别为：0.29 ds/cm、1 ds/cm、1.31 ds/cm、1.44 ds/cm、1.30 ds/cm 和 1.49 ds/cm。与处理 2、处理 3 相似，盐分在 30 cm 土层深度处积累最多。灌水 1 d 后电导率随土壤水分减少而降低，可能是土壤盐分离子在迁移过程中一部分与土壤发生了交换吸附的关系。

从上述 4 个处理电导率变化可以看出，灌水量不同土壤剖面电导率变化有所不同，灌水量越大影响土层越深，处理 1～4 号土柱随灌水量的减少，剖面电导率变化呈逐渐减小的趋势。同时，电导率变化与土壤水分含量的变化有较一致的变化规律，土壤与盐分离子之间发生的交换吸附也会对电导率发生一定的影响。从电导率在土壤剖面的变化可以看出，土壤盐分容易在 20～30 cm 土层发生积累，对根系较深的作物会有一定的危害，因而灌水在实际的设施栽培中应合理调节土壤水分含量和灌水量及灌水次数。

上述研究结果表明，不同灌水量对土壤表层电导率影响较大，电导率和土壤水分变化趋势一致，不同灌水量直接影响着土壤剖面电导率的变化，灌水量越大影响土层越深。

8.2.4 设施土壤的水盐调控

近些年来，随着农业与农村经济的发展和科学技术水平的提高，我国设施栽培面积不断扩大。人们为了获得更大的经济效益，过量施肥、不适当的灌水，造成保护地水、肥的大量浪费，并使土壤产生一系列的退化问题。由于设施栽培特殊的水肥管理措施，会导致设施土壤的水热条件与当地露地土壤不同，使土壤养分状况也发生了变化。大量研究表明，设施土壤的次生盐渍化实质上是一种"肥害"。因此，设施土壤次生盐渍化的调控，其实质上也是一个合理的"水"与"肥"调控过程。

8.2.4.1 设施土壤水分调控

"盐随水来，盐随水去"是多年来人们对土壤盐分运动的一个基本认识，也说明了水分运动是控制土壤盐分运动的主要因素。因此，有很多专家在研究积盐比较严重的温室或大棚时提出了在休闲季节利用灌水压盐和洗盐的方法。水是盐分向表土积聚的动力，也可以借助灌水压盐。据调查，凡是水大肥也大的温室，盐害较轻。利用灌溉洗盐，改进灌溉技术，浇足浇透，将土表的盐分稀释下淋，以降低根系周围的盐分浓度。夏秋揭膜，充分利用雨水淋洗表层土壤中的盐分，可以有效地控制土壤次生盐渍化等障碍因子的发展。因此，合理的水分调控，是防治设施土壤次生盐渍化的一项较为有效的措施。

解决土壤积盐问题，最常见的是灌水洗盐。基于次生盐渍土 0～25 cm 土层盐分比较集中，而 25～50 cm 土层含盐低、变化小的特点，童有为提出双层暗管排水洗盐方法，研究结果表明，一次灌水可使 0～5 cm、5～10 cm、10～20 cm 3 个土层的脱盐率分别达 80%、50%、70%。设施土壤水热条件与露地迥然不同，灌水方法也应有所差别。每次浇水不宜小水勤浇而应浇足灌足，将土表刚积聚的盐分稀释下淋，以降低根系周围的盐分浓度。据郑东峰等(2007)报道，用滴灌进行盐渍土的黄瓜盆栽实验时，发现滴灌具有很强的淋洗土壤盐分的功能。这是因为与漫灌相同的水量时，滴灌持续滴水，与土壤作用时间长，形成无数次小水滴洗盐，脉冲式向外推进，致使盐分集中到湿润锋边沿。在多滴头的情况下，湿润锋相互重叠，使盐分侧向移动变成向下移动，形成一个平面整体向下洗盐。张玉龙等(2003)研究表明，滴灌方式下的设施土壤，由于一次灌水量较小，底层土壤盐分含量上移较少，而淋洗至底层的盐分也很少，盐分积累也就较轻，但其效果与施肥状况密切相关。张玉龙等(2004)研究表明，渗灌方式下的设施土壤，耕层土壤全盐含量、EC 值、NO_3^--N 含量均随灌溉控制下限土壤水吸力值的增大而减小，灌溉定额越大，耕层土壤的盐分积累越严重，不同灌水方法表现为沟灌最重，渗灌次之，而以滴灌最轻，这些结果的出现是由于在保护地土壤水-盐耦合运动过程中，水分运动的方向及数量不同，导致盐分在不同深度土体中积累不同造成的。杨丽娟等(2000)研究则表明，渗灌区土壤硝酸盐含量大于滴灌、沟灌区，在同一土壤层次，随着土壤水分增加，土壤 NO_3^--N 含量表现出呈指数函数减少地趋势。淹灌方式下的设施土壤，表土层盐分含量却有所下降，次表土层盐分含量明显高于灌水前含盐量，心土层盐分含量变化甚微。王国庆等(2004)研究表明温室土壤表层的盐基离子随着淹灌水向下运移，并非直接洗脱进入地下水体，而是在土体的次表土层内受阻并逐渐聚集，阻断温室土壤的毛管孔隙作用，影响土壤毛管水携盐分向下运动，使土壤次表土层含盐量明显上升，但这一方式，随温度升高，设施内灌溉后土壤水将强烈上行运动，易于出现地表复盐现象。

上述研究可见，滴灌效果虽好，但设施内部盐分离子的变化，与施肥状况密切相关。渗灌，这种方法投资较大、施工技术要求较高，还会因灌水过量造成水分深层渗漏、作物苗期根层土壤水分常常不足和易于引发土壤表层积盐以及渗灌管埋深较浅时易影响农事操作等，而这些缺点在保护地栽培过程中表现得也很突出。淹灌只能使土壤盐分暂时性向次表土层聚集，对苗期生长有一定的压盐作用，但随着温度升高，设施内灌溉后土壤水的强烈上行运动，必将出现地表复盐作用。另外，杨建军等(2004)研究表明，灌水洗盐虽能较好地降低土壤盐渍化程度、减少土壤硝态氮积累，但可促进土壤富磷化，提高了土壤磷素流失的潜能。

因此，要彻底解决设施土壤次生盐渍化问题，就不同灌水条件下水盐运移的研究，还有待于进一步深化，以期更好地为防止设施土壤退化提供依据。

8.2.4.2 设施土壤水肥调控

由于设施栽培特殊的水肥管理措施，会导致设施土壤的水热条件与当地露地土壤不同，土壤养分状况也发生着变化。

姬景红等(2007)研究表明，沟灌、渗灌和滴灌对硝态氮与铵态氮含量的剖面分布具有相似特征。在 0～20 cm 土层，同一土层、不同灌水方法处理间和同一灌水方法处理、不同土层间硝态氮、铵态氮含量的差异都十分显著。20～80 cm 土层各处理间土壤硝态氮含量均很低，且处理间差异变得很小；铵态氮在 20 cm 以下土层含量极微。在 0～20 cm 土层，各处理土壤硝态氮和铵态氮含量的排列顺序均为渗灌＞沟灌＞滴灌，但硝态氮的含量要远远高于铵态氮，差异十分明显。可见，保护地土壤硝态氮表现出强烈的表聚特点，表聚程度以渗灌为最大，沟灌次之，滴灌最小。纪艳青等(2007)研究表明，膜下滴灌方式下的设施土壤，追肥时期，NO_3^- 含量呈上升趋势，定植后 40 d 时 NO_3^- 含量达最高。定植 40 d 以后不再向土壤中追施肥料，不同土层中 NO_3^- 的含量呈下降趋势。垂直方向，3 个土层中 NO_3^- 的含量基本相同。水平方向，距离滴头较远(10～15 cm)土层中 NO_3^- 的含量较高。

8.3 生物调控

通过农艺生物措施，如深翻改土、合理耕作、增施有机肥、种植耐盐作物等，可有效减少土壤蒸发，防止土壤返盐，降低盐渍化程度，提高作物产量。

8.3.1 轮作与休闲

不同作物及品种对养分需求不同，耐盐能力也各有不同，轮作种植有利于减少盐分积累。同时，利用农作物间的化学他感作用进行合理的间作或套种，对于提高作物产量，减少土传病害的发生也具有明显的优势。范浩定等(2004)根据大棚水旱轮作试验的结果提出，安排在种植 2～3 年蔬菜后种植 1 季水稻，对土壤盐分积累的改良效果最好，蔬菜产量和质量提高，增产增效明显。葱蒜类蔬菜的根系分泌物对多种细菌和真菌具有较强的抑制作用，与葱茬和蒜茬轮作能够减轻果菜类真菌、细菌和线虫病害。杨凤娟等(2003)采用盆栽试验，研究了不同作物轮作和休闲方式对日光温室黄瓜连作土壤微生物数量、酶活性及后茬黄瓜生长和产量的影响，结果表明，大葱-黄瓜轮作处理有利于改善连作土壤的微生物结构，促进微生物正常活动和繁殖，有利于增强土壤转化酶、脲酶、过氧化氢酶和多酚氧化酶活性，提高土壤肥力，改善后茬黄瓜的生长发育，提高产量和品质。吴焕涛等(2008)研究发现，与连作相比，利用大葱、糯玉米、豇豆、番茄等作物与黄瓜轮作可以不同程度地降低土壤容重，增加土壤孔隙度；轮作和休闲可提高土壤 pH，降低 EC，平衡土壤养分，改善土壤理化性状，减轻土壤次生盐渍化和酸化。

在环境调控难度较大的季节，如南方地区的夏季，对温室实行一季空闲，揭开塑料温室和日光温室覆盖材料(薄膜)，进行雨水淋洗，使表土中盐分随着雨水淋融向下移动，达到消除盐害的目的。在作物休闲的同时，利用某些作物较强的耐盐和吸肥特性，进行生物洗盐，也是一种较为理想的生物除盐措施。盛夏温室轮闲时种植能大量吸收盐分的植物如盐蒿、苏丹草等，这些植物吸肥力强、生长迅速，有一定的除盐效果。苏丹草在含 1%的氯化物、硫酸盐的盐渍土上仍能正常生长，苜蓿的耐盐极限为 0.8%。这些植物吸肥能力强，生长迅速，有一定的除盐效果。有研究表明，种植禾本科作物玉米具有良好的除盐效果，夏季栽培 55 d 玉米可以使土壤电导率由 2.5 ms/cm 降到 1 ms/cm，既增加了日光温室的效益，又能有效降低土壤含盐量。

8.3.2 耕作和田间管理措施

对发生盐害温室，可通过对土壤的耕、翻、耙、种等田间作业，调控土壤的水、肥、气、热和盐分的重新分配。深翻深耕是改土治盐的有效方法，可改善土壤结构，增加土壤孔隙度，有利于盐分淋洗。中耕除草可破坏毛细管作用，防止盐分上升，提高土壤温度，增加土壤透性，促进幼苗根系的发育和幼苗生长。温室换土也是解决温室土壤盐害的有效措施，但实施成本大，一般操作可行性不大。对于大型连栋温室，可以采用埋设暗管排水排盐的工程措施，张振华等(2003)在江苏张家港和无锡温室蔬菜种植研究表明，埋设暗管能较好地调控大棚土壤盐渍障碍。

8.3.3 选用抗性品种和使用生物制剂

作物种类不同、生理特性不同，其耐盐性强弱不一样。葛祥书等(1998)研究表明，一般蔬菜的耐盐次序为：花椰菜、花菜、结球生菜、番茄＞芹菜、茄子＞甜椒＞黄瓜、刀豆、草莓。在积盐较重的老龄大棚，可逐渐选择种植耐盐蔬菜品种，既能相对缓解盐化的危害，又能起到轮作换茬的作用，是调节土壤养分，防止土壤返盐，促进设施栽培可持续利用的有效途径。此外，国内外已选育出很多对一些病虫害(如凋萎病、黄萎病、黑腐病、根结线虫等)具有抗性的蔬菜品种，根据条件可选择引用。

此外，利用某些生物制剂，如比嘉照夫研发的EM(effectivemicroorganism)生物制剂对土壤进行处理，对提高土壤肥力、抑制土壤中有害微生物的生存与繁殖，增强植物代谢功能，缓解连作障碍、土壤酸化和盐渍化等问题均具有良好的改良效果。

8.4 小　　结

本章针对设施土壤的主要障碍问题，开展了化学调控、物理调控方面的研究，同时结合目前一些研究，介绍相关生物调控的研究成果。在化学调控、物理调控方面的研究，得到了以下主要成果。

(1) 除硝态氮肥对土壤铵态氮含量无显著影响外，施用不同形态氮肥可以增加土壤铵态氮、硝态氮和速效钾的含量，提高钾的有效性，降低钾肥固定率，而不同形态氮肥处理之间土壤缓效钾、速效磷含量差异不显著。铵态氮和硝态氮含量与氮肥用量呈显著正相关；速效钾含量与铵态氮肥和酰胺态氮肥用量呈显著正相关，施入钾肥的固定率表现为铵态氮肥＜酰胺态氮肥＜硝态氮肥＜未施氮肥，施用铵态氮肥更有利于提高钾的有效性。

(2) 与不同形态氮肥试验处理相比，施用有机肥能够显著增加土壤中的各种养分含量，但有机肥与碳酸氢铵或尿素的交互作用对土壤铵态氮含量无显著影响。与单施有机肥相比，有机肥与不同形态氮肥的交互作用可以增加土壤硝态氮和速效钾的含量，降低速效磷含量，特别是有机肥与铵态氮肥配施使土壤速效磷含量降低最为显著，而有机肥与不同形态氮肥的交互作用对铵态氮和缓效钾含量影响不显著。

(3) 不同比例氮磷钾肥交互作用，氮肥施用比例从0.3 gN/kg土增加至0.8 gN/kg土，设施土壤铵态氮和硝态氮含量增加，硝化作用时间延长，从15 d延长至60 d，而磷、钾肥对氮的含量变化无显著影响。氮、钾肥对速效磷含量变化的影响也不显著。磷肥施用比例增加则有利于增加土壤速效钾含量，降低钾的固定量。

(4) 不同施肥条件下，土壤中的氮素均由铵态氮向硝态氮转化，硝化作用最终完成约需 60 d。速效钾和缓效钾的含量变化处于动态平衡中，当速效钾含量降低到培养前的 26.43%～54.22%时被吸附固定的部分缓效钾得到释放，而当速效钾含量增加到培养前的 59.10%～85.40%时钾素又被固定。而随培养时间的延长，不同形态氮肥处理和不同比例氮磷钾肥配比处理，使土壤中速效磷的含量呈下降的趋势，有机无机肥配施处理，土壤培养 7～30 d 速效磷含量增加，60 d 后降低。

(5) 土壤溶液中 SO_4^{2-} 含量最高，决定了盐分总量的主要变化趋势，而电导率受 Ca^{2+} 的影响最大，二者呈极显著正相关。土壤含盐量和电导率与有机肥、氮肥和钾肥的施用量均呈显著正相关，而磷肥施用量对设施土壤的电导率影响不显著。不同施肥条件通过增加不同盐分离子含量提高土壤含盐量和电导率。施用氮肥不同程度地增加了土壤溶液中 K^+、Na^+、Ca^{2+}、Mg^{2+}、NO_3^- 的含量，特别是施用硝酸钙易造成 Ca^{2+} 和 NO_3^- 含量地增加，并能显著提高土壤电导率，因此农业生产中不宜施用硝酸钙；施用有机肥显著增加了 K^+、Na^+、Cl^- 的含量，施用钾肥增加了 K^+、Ca^{2+}、Mg^{2+} 含量，磷肥对土壤盐分离子含量变化无显著影响。

(6) 设施土壤各土层水分特征曲线均低于相邻的露地土壤，土壤持水性弱于露地土壤。根据实际测定的土壤水分特征曲线拟合的相关方程，认为供试土壤含水量和土壤水吸力之间存在显著的幂函数关系，拟合效果较好。设施栽培后对土壤的持水性物理特性影响较大。设施土壤的田间持水量、毛管孔隙和有效含水量在 0～40 cm 土层都较露地土壤有所增加。设施土壤持水性的物理特性在不同土壤层次间差异大，而露地土壤各层间变化较小，设施土壤有效水含量在 0～20 cm 土层比 40～60 cm 土层高 13.58%，0～20 cm 土层比露地土壤高 9.48%，20～40 cm 土层比露地高 8.50%，40～60 cm 土层比露地低 1.5%。

(7) 设施土壤和露地土壤供水性能随土壤吸力增加而递减。在整个 0.01～1.5 MPa 吸力段土壤释出的水量比较多。设施土壤的供水性优于露地土壤，耕层土壤供水性能优于底层土壤。设施土壤的 θ-λ 关系曲线符合二次抛物线，其中设施土壤的差异主要与设施土壤盐分表聚有关；设施土壤和露地土壤 θ-λ 曲线的差异主要与颗粒组成和基质势有关；并且设施土壤水分扩散率均大于同层次的露地土壤的水分扩散率。设施土壤中，20～40 cm 土层的水分扩散率最大，0～20 cm 次之，40～60 cm 最小；露地土壤中，随着土层深度的增加，水分扩散率呈现逐步降低的趋势。设施土壤水分扩散率与土壤含水率密切相关，随土壤含水量的增加呈现指数增长的趋势变化。

(8) 灌水后 HCO_3^- 在土层中的含量会上升，Mg^{2+} 容易在土壤表层聚集，Ca^{2+}、K^+、Na^+ 和 Cl^- 容易随灌水被带出土壤，而 SO_4^{2-} 离子不易随土壤水分运动而迁移。从各离子的变化特征综合来看，灌水后土柱中盐分总量会减少，灌水量是影响土壤中盐分离子变化的重要因素，适宜灌水量是灌水洗盐的关键，对盐渍土壤洗盐采用 5 d 一次的灌水方式比较合适。不同灌水量对设施土壤内部盐分运动具有明显影响，灌水淋洗后土壤易在 0～20 cm 土层形成脱盐区，20～30 cm 土层形成集盐区；不同灌水量主要影响表层土壤盐分的淋洗程度，而对盐分累积深度影响较小；通过 SAR 分析可见供试土壤盐分中钠离子相对含量较低，钠离子易随水分运动而在土壤剖面上发生迁移，灌水量大小对钠离子运动有较大影响。

主要参考文献

艾天成，李方敏，黄志新. 2006. 设施土壤盐分组成特征分析. 湖北农业科学，45(3)：316-317

白军红，王庆改. 2004. 天然盐碱化湿地土壤水分扩散率的分析. 吉首大学学报(自然科学版)，25(3)：23-25

蔡志远. 2005. 保护地土壤次生盐渍化的形成与防治. 天津农林科技，(1)：24-26

蔡祖聪. 2003. 尿素和 KNO_3 对水稻土无机氮转化过程和产物的影响(Ⅰ)无机氮转化过程. 土壤学报，40(2)：239-244

常丽新. 2000. 土壤钾的生物有效性和土壤供钾能力. 河北农业科学，(12)：64-67

陈劲憬. 2003. 基肥种类对日光温室土壤环境及番茄生育的影响. 北京：中国农业大学出版社

陈新，梁成华，张恩平，等. 2005. 长期定位施肥对蔬菜保护地土壤磷素空间分布的影响. 中国农学通报，21(12)：209-212，276

崔德杰，刘永辉，隋方功. 2005. 长期定位施肥对土壤钾素形态的影响. 莱阳农学院学报，22(3)：165-167

崔敏，冉炜，沈其荣. 2006. 水溶性有机质对土壤硝化作用过程的影响. 生态与农村环境学报，22(3)：45-50

戴德荣. 2005. 土壤磷素生物有效性与流失潜能间的研究进展. 环境科学与技术，28(S)：125-137

邓建才，陈效民，柯用春，等. 2004. 土壤水分对土壤中硝态氮水平运移的影响，中国环境科学，24(3)：280-284

邓建才，卢信，陈效民，等. 2005. 封丘地区土壤水分扩散率的研究. 土壤通报，36(3)：30-36

杜立宇，李延东，梁成. 2008. 不同施肥处理对保护地土壤非交换性钾释放能力的影响. 河南农业科学，(6)：54-57

杜振宇，周健民，王火焰. 2007. NH_4^+ 对 K^+ 在土壤肥际微域中迁移和转化的影响. 土壤学报，44(3)：492-498

范浩定，吴爱芳，周仕龙. 2004. 大棚蔬菜土壤盐渍化治理技术研究. 长江蔬菜，(4)：48-49

范钦祯. 1993. 铵对土壤钾素释放、固定影响的研究. 土壤学报，30(3)：245-251

冯绍元，丁跃元，曾向辉. 2001. 温室滴灌线源土壤水分运动数值模拟. 水利学报，(2)：59-62

冯玉科. 2002. 不同施肥条件下土壤有效态磷、钾的动态变化及其对水稻养分吸收及产量的影响. 杭州：浙江大学出版社

傅高明. 1996. 黑麦有机氮在土壤中矿化与淋洗的研究. 土壤肥料，(3)：1-6

高菊生，徐明岗，王伯仁，等. 2005. 长期有机无机肥配施对土壤肥力及水稻产量的影响. 中国农学通报，21(8)：492-498

葛箐萍. 1998. 大棚土壤的理化性状. 土壤通报，29(1)：88-99

葛祥书. 1998. 对发展设施农业的几点看法(由北京中心示范农场想到的). 农村机械化，(10)：21-221

葛晓光，张恩平，高慧，等. 2004. 长期施肥条件下菜田-蔬菜生态系统变化的研究(Ⅱ)土壤理化性质的变化. 园艺学报，31(2)：178-182

郭大应，谢成春，熊清瑞，等. 2000. 喷灌条件下土壤中的氮素分布研究. 灌溉排水，19(2)：76-77

郭文，赵良菊. 1998. 甘肃省几种耕地土壤钾的吸附研究. 甘肃农业科技，(10)：62-65

黄昌勇. 2002. 土壤学. 北京：中国农业出版社

黄化刚，张锡洲，李廷轩，等. 2007. 典型设施栽培地区养分平衡及其环境风险. 农业环境科学学报，26(2)：676-682
黄绍文，金继运. 1995. 土壤钾形态及其植物有效性研究进展. 土壤肥料，(5)：23-29
姬景红，张玉龙，黄毅，等. 2007. 灌溉方法对保护地土壤有机氮组分及剖面分布的影响. 水土保持学报，21(6)：99-104
纪艳青，王秀峰，魏珉，等. 2007. 黄瓜设施栽培土壤中无机阴离子的运移和分布规律研究. 安徽农业科学，35(2)：405-407
贾可. 2000. 磷肥在蔬菜上的产量效应及土壤中磷肥转化的研究. 保定：河北农业大学硕士论文
金继运. 1992. 土壤钾素研究进展. 土壤学报，30(1)：9-11
巨晓棠，刘学军，张福锁. 2004. 不同氮肥施用后土壤各氮库的动态研究. 中国生态农业学报，12(1)：92-94
康瑞昌，李铮，武怀庆，等. 1995. 土壤有机质与施用有机肥对产量的影响. 山西农业科学，23(3)：31-34
科技部. 2004. 科技部"十五"工厂化高效农业示范工程系列报道(七)——温室蔬菜连作障碍综合治理技术研究与产业化示范. 温室园艺，(8)：12-14
来剑斌. 2003. 土壤水分运动特征及其参数确定. 西安：西安理工大学
雷宝坤，刘宏斌，段宗颜，等. 2004. 滇池流域设施条件下氮磷对土壤硝酸盐累积的影响. 云南农业大学学报，19(3)：334-334
李东坡，武志杰，梁成华，等. 2004. 设施土壤生态环境特点与调控. 生态学杂志，23(5)：192-197
李海云，王秀峰，邢禹贤. 2001. 设施土壤盐分积累及防治措施研究进展. 山东农业大学学报(自然科学版)，32(4)：535-538
李海云，王秀峰. 2004. 不同阴离子化肥对设施土壤理化性状的影响研究. 中国生态农业学报，12(4)：126-128
李娟，章明清，林琼，等. 2005. 钾、钙、镁交互作用对烤烟生长和养分吸收的影响. 安徽农业大学学报，32(4)：529-533
李俊良，崔德杰，孟祥霞. 2002. 山东寿光保护地蔬菜施肥现状及问题的研究. 土壤通报，33(2)：126-128
李丽，武丽萍，成绍鑫. 2000. 腐殖酸钾与速效磷肥结合形态对磷的有效性影响. 土壤肥料，(3)：7-9
李世清，李生秀. 2000. 有机物料和氮肥相互作用对微生物体氮的影响. 微生物学通报，27(3)：157-162
李寿田. 2003. 氮磷钾在土壤中的交互作用对养分迁移转化的影响. 南京：中国科学院南京土壤研究所
李廷轩，周健民，段增强，等. 2005. 中国设施栽培系统中的养分管理. 水土保持学报，19(4)：70-75
李轶，张玉龙，虞娜. 2007. 施用沼气肥对保护地土壤硝酸盐及盐分累积的影响. 土壤通报，38(2)：409-411
李永梅，杜彩琼，林春苗. 2003. 铵态氮肥施入土壤中的转化. 云南农业大学学报，18(1)：26-29
李韵珠，陆锦文，黄坚. 1985. 蒸发条件下粘土层与土壤水盐运移(国际盐渍土改良学术讨论会论文集). 北京：北京农业大学出版社，176-190
李振高，俞慎. 1997. 土壤硝化-反硝化作用研究进展. 土壤，29(6)：281-286
梁成华，罗磊，杜立宇，等. 2005. 腐殖酸对耕地棕壤固钾与释钾作用的影响研究. 土壤学报，42(3)：468-472
梁成华，魏丽萍，罗磊. 2002. 土壤固钾与释钾机制研究进展. 地球科学进展，17(10)：679-683
廖晓勇，张杨珠，刘学军，等. 2001. 农田生态系统中土壤氮素行为的研究现状与展望. 西南农业学报，14(3)：94-98
刘宝存，孙明德，吴静，等. 2002. 氮硫交互作用对小麦苗期生长和养分吸收的影响. 华北农学报，17(3)：90-93

刘美英. 2003. 硼肥、锌肥及其交互作用对春小麦产量、养分吸收和品质的影响. 呼和浩特：内蒙古农业大学硕士论文
刘新平，赵哈林，何玉惠，等. 2007. 沙质农田表层土壤水分扩散率测定及氯化钴试纸的应用研究. 水土保持学报，21(6)：16-21
刘杏认，任建强，刘建玲. 2006. 有机肥对油菜硝酸盐含量和土壤盐分累积的影响. 土壤通报，37(5)：920-923
刘永菊，曹一平，张福锁. 1999. 北京郊区蔬菜地长期施用粪肥对土坡环境质量的影响. 平衡施肥与可持续优质蔬菜生产. 北京：中国农业大学出版社，33-40
鲁如坤. 2000. 土壤农业化学分析方法. 北京：中国农业科技出版社
吕殿青，张树兰，杨学云. 2007. 外加碳、氮对黄绵土有机质矿化与激发效应的影响. 植物营养与肥料学报，13(3)：423-429
吕福堂，司东霞. 2004. 日光温室土壤盐分积累及离子组成变化的研究. 土壤，36(2)：208-210
茅国芳，汪琦，黄钊贞，等. 2007. 设施栽培土壤化肥减量施用的生态效应研究. 上海农业学报，23(1)：52-58
孟鸿光，李忠，刘一俭，等. 2000. 沈阳城郊温室土壤特性调查研究. 土壤通报，31(2)：70-72
庞荣丽，介晓磊，谭金芳. 2005. 有机酸对不同磷源施入土壤后速效磷变化的影响. 中国农学通报，21(12)：250-253
钱晓晴，汤炎，封克，等. 1994. 作物吸氮过程中 NH_4^+、K^+ 拮抗现象的土壤因素研究. 土壤通报，25(6)：256-258
秦耀东. 2003. 土壤物理学. 北京：高等教育出版社，1-27
邱燕，张鼎华. 2003. 南方酸性土壤磷素化学研究进展. 福建稻麦科技，(9)：14-17
沈明卫，郝飞麟. 2006. 灌溉方式对土壤中水分运动影响的模拟研究. 浙江大学学报(农业与生命科学版)，32(2)：186-190
沈其荣，沈振国，史瑞和. 1992. 有机肥氮素的矿化特征及其化学组成的关系. 南京农业大学学报，15(1)：59-64
史春余，张夫道，张俊清，等. 2003. 长期施肥条件下设施蔬菜地土壤养分变化研究. 植物营养与肥料学报，9(4)：437-441
宋新山，何岩，邓伟，等. 2000. 松嫩平原盐碱土水分扩散率研究. 土壤与环境，9(3)：210-213
苏红. 2007. 长期定位施肥对保护地土壤全盐量影响的研究. 安徽农业科学，35(22)：6862，6867
苏娜，杨丽娟，周崇俊，等. 2006. 有机肥与氮肥配施对设施土壤中碱解氮含量的影响. 安徽农业科学，34(24)：6542- 6543
孙志高，刘景双. 2008. 三江平原典型草甸小叶章湿地土壤水分扩散率研究. 干旱区资源与环境，22(2)：20-22
索东让. 2005. 长期定位试验中化肥与有机肥结合效应研究. 干旱地区农业研究，23(2)：71-75
唐树梅，漆智平. 1997. 土壤水含量与氮矿化的关系. 热带农业科学，(4)：54-60
田茂洁. 2004. 土壤氮素矿化影响因子研究进展. 西华师范大学学报(自然科学版)，25(2)：36-40
汪邓民，龚文丰，陈建军，等. 2003. 多元肥料互作对烤烟产质量影响的效应分析及施肥决策. 中国烟草学报，9(2)：17-21
汪建飞，盛蒂，段立珍. 2004. 土壤外源尿素水解速率影响因子研究. 安徽技术师范学院学报，18(5)：15-20
王朝辉，宗志强，李生秀. 2002. 菜地和一般农田土壤主要养分累积的差异. 应用生态学报，13(9)：1091-

1094
王丹,康跃虎,万书勤.2007.微咸水滴灌条件下不同盐分离子在土壤中的分布特征.农业工程学报,23(2):83-87
王国庆,何明,封克.2004.温室土壤盐分在浸水淹灌作用下的垂直再分布.扬州大学学报(农业与生命科学版),25(3):51-54
王国庆.1999.钾对设施土壤吸附特性及西瓜阳离子吸收和品质的影响.上海:上海交通大学
王火焰,周健民,陈小琴.2005.氮磷钾肥料在土壤中转化过程的交互作用Ⅰ.硫酸铵在水稻土中的转化.土壤学报,42(1):71-77
王柳.2003.京郊日光温室土壤环境特征与黄瓜优质高产相关性的研究.北京:中国农业大学出版社
王绍辉,任理,张福墁.2000.日光温室黄瓜栽培条件下土壤水分动态的数值模拟.农业工程学报,16(4):110-115
王绪奎,陈光亚.2001.设施农业中的土壤问题及对策.江苏农业科学,(6):39-42
王学军.1998.日光温室土壤次生盐渍化分析.北方园艺,(3):12-13
王艳杰,邹国元,付桦.2005.土壤氮素矿化研究进展.中国农学通报,21(10):203-208
王兆荣,王宏燕,种传立,等.1991.有机物料的腐解及土壤有机质的调控.东北农学院学报,22(4):307-313
魏朝富,陈世正,谢德体,等.1995.长期使用有机肥对紫色水稻土有机无机复合性状的影响.土壤通报,32(2):159-166
魏新平,王文焰.1999.用水平土柱测定非饱和土壤水扩散率的瞬时剖面法.水利水电技术,30(9):61-62
文启孝,程励励,陈碧云.2000.我国土壤中的固定态铵.土壤学报,37(2):145-155
吴凤芝,赵凤艳,刘元英.2000.设施蔬菜连作障碍原因综合分析与防治措施.东北农业大学学报,31(3):241-247
吴焕涛,魏珉,杨凤娟,等.2008.轮作和休茬对日光温室黄瓜连作土壤的改良效果.山东农业科学,(5):59-63
吴巍,张宽,王秀芳,等.1998.土壤有效钾的吸附特征与钾肥有效性的研究.植物营养与肥料学报,4(3):271-276
吴艳飞,张雪艳,李元,等.2008.轮作对黄瓜连作土壤环境和产量的影响.园艺学报,35(3):357-362
武继承,王志勇,郑惠玲.2001.土壤氮素的变化特征研究.土壤肥料,(2):14-17
夏立忠,李忠佩,杨林章.2005.大棚栽培番茄不同施肥条件下土壤养分和盐分组成与含量的变化.土壤,37(6):620-625
夏立忠,杨林章.2003.大棚番茄优化施肥与土壤养分和盐分的变化特征.中国蔬菜,(2):4-7
谢建昌,周健民.1999.我国土壤钾素研究和钾肥使用的进展.土壤,17(5):679-682
谢森传,张思聪,惠士博.2002.土壤水分运动对渗灌技术的影响研究.灌溉排水,21(1):1-5
邢世和,周碧青,祝金虹,等.1999.耕作土壤非交换性钾有效性的研究.土壤与环境,8(2):117-120
徐福利,梁银丽,陈志杰,等.2003.延安市日光温室蔬菜施肥现状与环境效应.西北植物学报,23(5):797-801
徐国华,鲍士旦,史瑞和.1995.生物耗竭土壤的层间钾自然释放及固定特性.土壤,27(4):182-185
徐力刚,杨劲松,徐南军,等.2004.农田土壤中水盐运移理论与模型的研究进展.干旱区研究,21(3):254-257
徐力刚,杨劲松,张妙仙,等.2003.微区作物种植条件下不同调控措施对土壤水盐动态的影响特征.土壤,35(3):227-231
徐万里,付明鑫,毛端明,等.2001.新疆高产棉区棉田土壤有效钾的吸附特征和钾肥有效性的研究.新疆

农业科学,38(4):189-192
徐卫红,王正根,李传林. 2000. 施氮和不同品种水稻对紫色土钾素形态的影响. 植物营养与肥料学报,6(4):389-396
徐晓燕,马毅杰. 2001. 土壤矿物钾的释放及其在植物营养中的意义. 土壤通报,32(4):173-175
徐星凯,王子健,刘琰. 2002. 土壤-植物系统中稀土元素与氮磷养分的交互作用. 应用生态学报,13(6):750-752
杨凤娟,吴焕涛,魏珉,等. 2009. 轮作与休闲对日光温室黄瓜连作土壤微生物和酶活性的影响. 应用生态学报,20(12):2983-2988
杨建军,沈根祥,姚政,等. 2004. 灌水洗盐对设施农业中土壤养分的影响. 上海农业学报,20(2):63-66
杨丽娟,张玉龙. 2000. 灌溉方法对番茄生长发育及吸收能力的影响. 灌溉排水,19(3):58-61
杨绍聪,吕艳玲,段永华. 2005. 玉溪市设施栽培与露地栽培的土壤化学性状对比分析. 土壤,37(4):433-438
杨香云,陈晓飞,丁加丽,等. 2004. 溶质种类和浓度对棕壤土水分扩散率的影响. 灌溉排水学报,23(3):45-48
尹逊霄,华珞,张振贤. 2005. 土壤中磷素的有效性及其循环转化机制研究. 首都师范大学学报(自然科学版),26(3):95-101
于飞,周健民,王火焰,等. 2005. 不同氮肥与磷肥的互作效应. 生态环境,14(6):930-935
余海英,李廷轩,周健民. 2005. 设施土壤次生盐渍化及其对土壤性质的影响. 土壤,37(6):581-586
余海英,李廷轩,周健民. 2007. 设施土壤盐分的累积,迁移及离子组成变化特征. 植物营养与肥料学报,13(4):642-650
余海英. 2006. 设施土壤养分状况及盐分的累积、迁移特征. 雅安:四川农业大学硕士学位论文
袁可能. 1981. 土壤有机矿质复合体研究. 土壤学报,18(4):12-13
袁新民,同延安,杨学云. 2000. 有机肥对土壤 NO_3-N 累积的影响. 土壤与环境,9(3):97-100
张春兰,吕卫光. 2000. 有机物料在设施蔬菜栽培中的作用. 北京:中国农业大学出版社,146-155
张迪,魏自民,李淑芹,等. 2005. 生物有机肥对土壤中磷的吸附和解吸特性的影响. 东北农业大学学报,36(5):571-575
张鸿龄,梁成华,孙铁珩. 2007. 长期定位施肥对保护地土壤供钾特性的影响. 生态学杂志,26(9):1339-1343
张会民,徐明岗,吕家珑,等. 2007. 长期施钾下中国3种典型农田土壤钾素固定及其影响因素研究. 中国农业科学,40(4):749-756
张俊,徐绍辉,刘建立,等. 2006. 应用三次样条函数计算土壤水分扩散率. 土壤,38(3):338-341
张清东. 2006. 木质素对土壤-磷吸附作用的影响. 农业环境科学学报,25(1):152-155
张树兰. 1998. 陕西几种土壤中硫酸铵的硝化作用及其影响因素. 干旱地区农业研究,16(1):64-68
张蔚榛. 1983. 地下水非稳定流计算方法和地下水资源评价. 北京:科学出版社
张玉龙,张继宁,黄毅,等. 2004. 塑料大棚番茄栽培不同渗灌量对耕层土壤性质的影响. 农业工程学报,20(2):105-108
张玉龙,张继宁,张恒明,等. 2003. 设施蔬菜栽培不同灌水方法对表层土壤盐分含量的影响. 灌溉排水学报,22(1):41-44
张振华,姜泠若,胡永红,等. 2003. 设施栽培大棚土壤养分、盐分调查分析及其调控技术. 江苏农业科学,(1):73-75
郑东峰,王学君,徐长英,等. 2007. 日光温室蔬菜覆膜敞穴施肥方法与效果初步研究. 山东农业科学,(5):70-71

郑子成，李廷轩，何淑勤，等. 2006. 保护地土壤生态问题及其防治措施的研究. 水土保持研究，13(1)：12-15

周建斌，翟丙年，陈竹君. 2004. 设施栽培菜地土壤养分的空间累积及其潜在的环境效应. 农业环境科学学报，23(2)：332-335

周晓芬，张彦才，李巧云. 2004. 不同供钾源及其用量对钾素营养的影响. 河北农业科学，(1)：14-19

朱林，张春兰，沈其荣，等. 2002. 施用稻草等有机物料对连作黄瓜根系活力、硝酸还原酶、ATP 酶活力的影响. 中国农学通报，18(1)：17-19

朱维琴，章永松，林咸永. 2000. 土壤矿物固定态铵研究进展. 土壤与环境，9(4)：333-335

朱兆良，文启孝. 1992. 中国土壤氮素. 南京：江苏科学技术出版社，213-249

Barrclough D A. 1989. Usable mechanistic model of nitrate leaching. J of Soil Sci，40：543-554

Cassman K G，Roberts B A，Kerby T A，et al. 1989. Soil potassmm balance and cumulative cotton response to annual potassium additions on a venniculitic soil. Soil Sci Soc Am J，53：805-812

Chang C，Sommerfeldt T G，Entz T. 1991. Soil chemistry after eleven annual applications of cattle feedlot manure. Environ Qual，20：457-480

Chappell M A，Evangelou V P. 2000. Influence of added K^+ on inducing ammonium fixation and inhibiting nitrification. J. Soil Sci，165：420-426

Chen C C，Turner F T，Dixon J B. 1989. Ammonium fixation by high-charge smectite in selected Texas Gulf Coast soils. Soil Sci Soc Am J，53(4)：1035-1040

Christiaens K. 1996. Combining GIS and a dynamic nitrogen simulation model to assess nitrogen leaching susceptibility on a regional scale：A case study. In：Van Cleemput，Hofman G，Vermoesen A. Progress in Nitrogen Cycling Studies. The Netherlands：Kluwer academic Publisers，407-411

Emani P R，Barbers S A. 1991. Predicted soil phosphorus uptake as afected by banding potassium chloride. Soil Sci Soc Am J，55：534-538

Fan M X，Mackenzie A F. 1993b. Urea and phosphate interaction in fertilizer microsites：ammonia volatilization and pH changes. Soil Sci Soc Am J，57：839-845

Fick A. 1855. On liquid diffusion. Phil Mag J Sci，10：31-39

Gardner W R，Fireman M. 1958. Laboratory study of evaporation from soil column in the presence of a water table. Soil Sci，85(5)：244-249

Jelle G F，Sipke E W，Andrew K S，et al. 2005. Inducing condensed tannin production in colo phospermum mopane：Absence of response to soil N and P fertility and physical damage. Plant and Soil，273：203-209

Jennifer D，Wayne K，Swank T. 2002. Using soil temperature and moisture to predict forest soil nitrogen minerlization. Biol Fertil Soils，36：177-182

King L D，Bums J C，Wester P W. 1990. Long-term swine lagoon effluent application on 'Coastal' Bermuda grass：Effort on nutrient accumulation in soil. Environ Qual，19：756-760

Li C Y，Lee N H. 2008. The effect of compressive load on the moisture content of oak blocks during radio-frequency/vacuum drying. Forest Products Journal，58(4)：34-39

Low A. J. 1955. Improvements in the structural state of soils under leys. European Journal of Soil Science，6：179-199

Mandal B，Mukhopadhyay A K. 1984. Ammonium fixation in soils from application of NH_4^+-producing fertilizers. J Indian Soc Soil Sci，32：486-487

Nassar I N，Horton R. 1989. Water transport in unsaturated，non-isothermal，salty soil：I Experimental results. Soil Sci Soc Am J，53：1323-1329

Nielsen D R，Biggar J W. 1961. Miscible displacement in soils：Ⅰ Experimental information. Soil Sci Soc Am Proc，25：1-6

Nielsen D R，Biggar J W. 1962. Miscible displacement in soils：Ⅲ Theoretical consideration. Soil Sci Soc Am Proc，26：216-221

Nielsen J D. 1972. Fixation and release of potassium and ammonium ions in Danish soils. Plant and Soil，36：71-88

Selim H M，Zhou L，Xue S K. 2002. Alachlor transport during transient water flow in unsaturated soils. Soil Science Society of America Journal，66(6)：1773-1784

Slichter C S. 1899. Theoretical investigations of the motion of groundwater. In：19th annual report U. S. Geological Survey. 2：295-384

Slichter，Sumner. 1921. The Turnover of Factory Labor. New York：D. Appleton and Company

Weeks L V，Richards S J，Letey J. 1968. Water and salt transfer in soil resulting from thermal gradients. Soil Sci Soc Amer Proc，32：193-197

Younie D，Watson C A. 1992. Soil nitrate-N levels in organically and intensively managed grassland systems. Aspects Appl，30：235-238

Zhou J M，Huang P M. 1995. Kinetics of monoammonium phosphate induced potassium release from selected soils. Canadian Journal of Soil Science，75(2)：197-203